网络空间内生安全

——拟态防御与广义鲁棒控制

（上册）

邬江兴　著

科学出版社

北　京

内 容 简 介

本书从“结构决定功能”的内源性安全机理诠释了改变游戏规则的“网络空间拟态防御”思想与技术形成过程、原意与愿景、原理与方法、实现基础与工程代价以及尚需完善的理论和方法问题等。通过包括原理验证在内的应用实例和权威测试评估报告等相关材料，从理论与实践的结合上，证明了由创新的动态异构冗余构造形成的内生安全机制。作为一种不可或缺的使能技术，可赋予 IT、ICT、CPS 等相关领域新一代软硬件产品高可信、高可靠、高可用三位一体的内生安全机制与融合式防御功能。

本书可供信息技术、网络安全、工业控制、信息物理系统等领域科研人员、工程技术人员以及普通高校教师、研究生阅读。

图书在版编目（CIP）数据

网络空间内生安全：拟态防御与广义鲁棒控制. 上册 / 邬江兴著. —北京：科学出版社，2020.6

ISBN 978-7-03-065218-8

Ⅰ. ①网… Ⅱ. ①邬… Ⅲ. ①计算机网络－网络安全－研究 Ⅳ. ①TP393.08

中国版本图书馆 CIP 数据核字(2020)第 088433 号

责任编辑：任　静 / 责任校对：王萌萌

责任印制：吴兆东 / 封面设计：迷底书装

科学出版社 出版

北京东黄城根北街 16 号

邮政编码：100717

http://www.sciencep.com

北京建宏印刷有限公司印刷

科学出版社发行　各地新华书店经销

*

2020 年 6 月第 一 版　开本：720×1 000　1/16

2024 年 8 月第六次印刷　印张：22 1/4

字数：446 000

定价：168.00 元

（如有印装质量问题，我社负责调换）

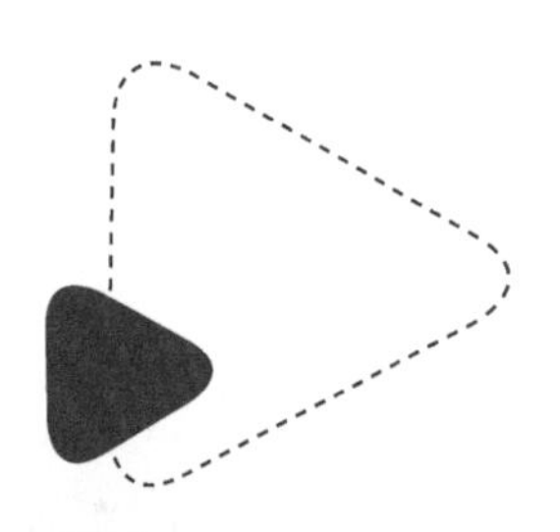

作者简介

邬江兴，1953年生于浙江省嘉兴市。现任国家数字交换系统工程技术研究中心(NDSC)主任、教授，2003年当选中国工程院院士。先后担任国家“八五”“九五”“十五”“十一五”高技术研究发展计划(863 计划)通信技术主题专家、副组长、信息领域专家组副组长，国家重大专项任务“高速信息示范网”“中国高性能宽带信息网——3Tnet”“中国下一代广播电视网——NGB”“新概念高效能计算机体系结构研究与系统开发”总体组组长，“新一代高可信网络”“可重构柔性网络”专项任务编制组负责人，移动通信国家重大专项论证委员会主任，国家“三网融合”专家组第一副组长等职务。20 世纪 80 年代中期发明了“软件定义功能、复制 T 型数字交换网络、逐级分布式控制构造”等程控交换核心技术，90年代初主持研制成功具有自主知识产权的中国首台大容量数字程控交换机——HJD04，带动了我国通信高技术产业在全球的崛起。本世纪初先后发明了“全IP移动通信、不定长分组异步交换网络、可重构柔性网络架构、基于路由器选择发送机制的IPTV”等网络通信技术，主持开发世界首套基于全IP的复合移动通信系统CMT、中国首台高速核心路由器、世界首个支持IPTV业务的大规模汇聚接入路由器——ACR等信息通信网络核心装备。2008年提出面向领域高效计算的“基于主动认知的多维可重构软硬件协同计算架构——拟态计算”，2013 年推出基于拟态构造的高效能计算机原型系统并通过了国家验收，被中国科学院和中国工程院两院院士评为2013年度“中国十大科技进展”。2013年，提出了网络空间内生安全思想，创立了基于广义鲁棒控制和内生安全机制的网络空间拟态防御理论，2017年起，先后出版了《网络空间拟态防御导论》《网络空间拟态防御原理》中文专著和《网络空间拟态防御——广义鲁棒控制与内生安全》英文版专著。先后获得过国家科技进步一等奖3项，国家科技进步二等奖4项。曾获得1995年度和2015年度何梁何利科学与技术进步奖、科学与技术成就奖。其领衔的网络与交换研究团队还获得2015年度国家科技进步奖创新团队奖。

出 版 说 明

近些年来，基于内生安全(Endogenous Safety and Security，ESS)和广义鲁棒控制(Generalized Robust Control，GRC)理论的拟态防御技术，借助国家工业和信息化部(以下简称工信部)专项试点计划的推动，快速步入实用化阶段。继2018年1月13日，世界首台拟态构造的域名服务器在中国联合通信公司河南公司上网运行，4月14日又有多种基于拟态构造的Web服务器、路由/交换系统、云服务平台、防火墙等网络装置在河南景安网络科技公司体系化地投入线上运营服务。5月11日，基于拟态构造的COTS级信息通信网络设备，作为中国南京拟态防御首届国际精英挑战赛——“人机大战”的目标设施，与包括全国第二届“强网杯”前20名网络战队和特邀的6支国外顶级团队在内的豪华阵容开展了激烈的人机博弈，并首次增加了“线下白盒”注入式攻击比赛内容，用“改变了的游戏规则”检验了拟态构造技术对抗注入式后门或恶意代码的防御能力。2019年5月22日，在南京举办的第二届拟态防御国际精英挑战赛，参加的团队包括2018年全球排名前15名的10支战队和国内19支顶尖团队，比赛采用了创新的“黑盒/白盒/登顶”BWM赛制，历时20多个小时，实施了296万次有效攻击和5700多次高危漏洞攻击，无一人一队得手。比赛结果证明，拟态构造的网络服务设备不仅能自然阻断基于软硬件代码漏洞的攻击，而且对白盒条件下由各战队现场植入的“自主编制的测试例”也有着“金刚不坏之躯”的抗攻击能力。2019年6月26日，紫金山实验室(PML)开通了世界上首个面向全球、全时域、采用常年赏金制度的网络内生安全试验床(NEST)，既能为全球黑客提供彰显 “无坚不克”众测功夫的专业场合，又能为全球信息产品生产厂家展现其 “固若金汤”的舞台。两年多来的试点应用，积累了大量“已知的未知”或“未知的未知”攻击场景快照(也包括目标设备软硬件自身的偶发性故障)，采集到了可供进一步分析的高价值问题场景数据，甚至发现了一些利用尚未公布或披露的漏洞后门、病毒木马实施网络攻击的可复现场景，以线上服务的统计数据诠释了拟态防御构造的内生安全机制，在抑制拟态界内包括未知安全威胁在内的广义不确定扰动之独特功效。有力佐证了建立在系统工程理论基础之上的拟态构造，能够使信息系统在全寿命周期内达成高可靠、高可用、高可信“三位一体”的经济技术目标。2019年4月，国家工信部在郑州组织了试点任务技术测试验收，对线上拟态构造设备进行了服务功能、性能及黑盒、白盒安全性测试，结果表明“被测设备的服务性能与安全性能完全达到了理论预期”。同年9月，国家工信部组织了试点任务的评估验收会，会议认为“拟态构造在技术成熟度、普适性和经济性方面都达到了可推广应用程度”“试点任务执行情况完全达到了拟态防御预期目标”。其“改变网络空间游戏规则”的革命性意义，预示着“可量化设计、可验证度量”的内生安全机制必将成为信息领域及其相关领域新一代软硬件产品标志性的使能技术之一。

从科学研究或技术发展意义上说，基于内生安全体制机制的拟态防御只是初步完成了“发现、认知、度量、控制”四个阶段的基础性研究工作。换言之，也只是将基于目标对象漏洞后门等的防御问题从定性、描述性研究阶段提升到可定量设计、可验证度量的技术发展阶段。但是，高性价比、低使用门槛的工程实现技术，特别是领域专用软硬模块和设计工具的开发，仍是降低拟态构造应用复杂度需要努力克服的瓶颈问题。2018年5月，在南京正式宣布成立的全国性的“拟态技术与产业创新联盟”，将担负起“众人拾柴成就燎原大火”之重任，以开放、开源、协同模式致力于打造全球化的产业技术命运共同体，并联合保险业等社会金融资本营造起合作多赢的商业环境。

本书提出的相对正确公理及其再发现以及创新的编码信道纠错理论，是内生安全体制机制感知或管控确定或不确定威胁的基本理论依据，发明的具有内源性测不准机制和广义鲁棒控制特性的动态异构冗余构造，能为目标对象提供高可靠、高可信、高可用三位一体内源性安全的服务功能，可有效瓦解或规避基于内生安全问题的蓄意攻击和扰动。此次修订出版，为了强调内生安全体制机制对拟态防御应用的根本性支撑作用，以及内生安全体制机制对广义鲁棒控制的普适性意义，故对《网络空间拟态防御导论(第二版)》的部分内容做了重要修订和补充完善，调整和增加了一些章节内容，专门撰写了“编码信道数学模型与分析”一章，并将主书名定为“网络空间内生安全”，副书名定为“拟态防御与广义鲁棒控制”，以强调内生安全与拟态防御和广义鲁棒控制间的因果关系。

邬江兴
2020年3月于珠海

序　言

信息世界网络空间与现实世界物理空间一样有着相同的哲学本质，如同德国哲学大师黑格尔所说的那样“一切事物都是自在(内生)的矛盾，矛盾是一切运动和生命力的根源。”矛盾的同一性指出，同一性是事物存在和发展的前提，且互为发展条件。矛盾的斗争性则会促进矛盾双方此消彼长，造成双方力量的发展不平衡，为对立面的转化和事物质变创造条件。“有利必有弊”的矛盾有着与形式逻辑中完全不同的意义。以信息技术为例，大数据技术能够根据算法和数据样本发现未知的规律或特征，而蓄意污染数据样本、恶意触发算法缺陷也可能使人们误入歧途，结果的不可解释性是其内生安全问题；初级人工智能靠大数据、大算力、深度学习等算法获得前行动力，而结果的不可解释性与不可推论性则是其内生安全问题；区块链技术开辟了无中心记账方式的新纪元，大于等于51%的共识机制却不能避免市场占有率大于51%的COTS级软硬件产品中的漏洞后门问题，后者就是区块链1.0时代的内生安全问题；采用共享资源机制的信息通信网络技术，业务传送拥塞就是网络的内生安全问题；当代计算技术的发展使人类步入了辉煌的信息时代，但是既有计算技术本身的缺陷也使得网络空间充满风险和不确定威胁。譬如，分支预测(branch prediction)是一种解决CPU处理分支指令(if-then-else)导致流水线失败的数据处理优化方法。然而，幽灵漏洞(spectre)正是这种降低内存延迟、加快执行速度的“预测执行”的副作用或暗功能，一旦被恶意程序利用，就可能使受害进程保存的敏感数据被识别，即发生基于时间敏感侧信道的信息泄露事件等自在矛盾所特有的表现，不再一一列举。推广到一般：从网络空间的现象观察，一个确定功能总是存在着显式副作用或隐式暗功能；从网络空间的工程实践经验可知，无法获得一个没有伴生或衍生功能的纯粹功能；从一般哲学意义上讲，自然界或人工系统中不存在逻辑意义上的“当且仅当的功能”，即不存在没有矛盾的事物。如果一个软硬件实体的暗功能和副作用能被某种因素触发而影响到实体服务功能的可信性，则称这些副作用和暗功能为“内生安全”(Endogenous Safety and Security，ESS)问题。作者以为，内生安全问题应当具有若干技术特征：① 内生安全问题属于元功能或本征功能的已知或未知效应；②内生安全问题涉及的功能与元功能是同一构造上的负面形态表达，所有工程技术上的努力只可能降低其负面功能的影响而不可能消除内生安全问题本身；③内生安全问题是内因，通常需要外因扰动才可能导致内生安全风险或安全威胁；④内生安全问题与内生安全功能同为自身构造或算法的内源性表达，后者的作用就是借助构造本身的作用或效应尽量降低前者受到外部因素扰动时的不良影响。由于人类技术发展和认知水平的阶段性特征导致软硬件设计脆弱性或漏洞问题不可能彻底避免；全球化时代，开放式产业生态环境，开源协同技术模式和“你中有我、我中有你”的产业链使得软硬件后门问题不可能完全杜绝；就一般意义而言，穷尽或彻查目标系统软硬件代码漏洞或后门问题在可以预见的将来，仍然存在难以克服的理论与技术挑战；因而对于一个拥有成千上万行软硬件代码及相关实体构件的信息系统或控制装置，只要存在一个高危漏洞或被植入一个后门(陷门)，就可能导致整个系统的服务不可信或部分乃至所有功能的失效。换言之，迄今为止，对基于内生安全问题的不确定性威胁防御几乎无计可施，信息系统或控制装置安全性不可量化设计、无法验证度量似乎已成为网络空间的“永恒之痛”。

作者将内生安全问题抽象为两类问题。一类是狭义内生安全(Narrow Endogenous Safety and Security，NESS)问题，特指一个软硬件系统除预期的设计功能之外，总存在包括副作用、脆弱性、自然失效等因素在内的显式或隐式表达的非期望功能；另一类是广义内生安全(General Endogenous Safety and Security，GESS)问题，除了狭义内生安全问题之外，还包括刻意设计让最终用户不可见功能，或不向使用者明确声明或披露的软硬件隐匿功能等人为因素，例如蓄意设计的前门、后门、陷门等“暗功能”问题。与此相对应的有，直接或间接利用基于软硬件广义内生安全问题引发的非期望事件，称为广义不确定扰动(General Uncertainty Disturbance，GUD)。显然，广义不确定扰动包含自然因素和人为因素引发的安全扰动。可能引发两类安全威胁：一是显著影响目标对象本体功能或服务功能的可靠性、可信性和可用性；二是非法获得或侵犯他人隐私信息与数据资源。作者统一将其称为不确定安全威胁(Uncertainty Security Threaten，UST)。

大量的网络安全事件表明，网络空间绝大部分安全威胁都是由人为攻击这个外因，通过目标对象自身存在的“内生安全问题”的内因相互作用而形成的。一个直观的推论就是，欲彻底解除网络空间安全威胁就必须彻底排除其内生的安全问题，因为外因毕竟只能通过内因起作用。然而，从哲学原理上说，内生安全问题是不可能“彻底消除”的，只能在时空约束前提下实施“条件规避或危害控制”。换句话说，无论理论和实践层面，任何试图无条件地彻底消除或根除内生安全问题的努力都是徒劳的。遗憾的是，迄今为止，传统的网络安全思维模式和技术路线很少能跳出“尽力而为、问题归零”的惯性思维，挖漏洞、打补丁、查毒杀马乃至设蜜罐、布沙箱，层层叠叠的附加式防护措施，包括内置层次化的检测与外置后台处理的组织方式(借鉴生物学的内共生思想)，在引入安全功能的同时不可避免地会引入新的内生安全隐患。即使作为网络空间“底线防御”的加密认证措施，算法的数学意义也许极其强壮，但是实现算法的宿主软硬件却不能保证没有内生安全问题的存在，“面多了加水，水多了加面”的游戏总是在反复上演，始终挣脱不出逻辑悖论之魔咒。至此，网络空间安全为什么会陷入万劫不复的境地也就不难理解了。但是，怎样才能“条件规避或化解”基于内生安全问题的不确定威胁影响，这是个既需要重大理论创新又需要重大技术发明才能解决的科学技术难题。

2008 年，作者曾根据“结构决定功能、结构决定性能、结构决定效能”的公理，提出了面向领域的软硬件协同计算架构——拟态计算架构，该架构不同于经典的冯·诺依曼结构，采用的是“结构服从应用”的技术路线，基于主动认知的多维环境动态重构思想，实时感知计算任务关于时间的负载分布和能耗状况，调度合适的软硬件功能模块(算粒)，协同完成当前的计算任务以拟合期望的能效曲线。使得同一任务在不同时段、不同负载、不同资源、不同运行场景下，系统能够通过主动认知的方式选择合适能效比的模块或算粒来获得理想的全任务处理效能。出于对条纹章鱼(俗称拟态章鱼)神奇功能的赞叹和生物拟态现象之灵感激发，我将这种功能等价条件下，基于主动认知的动态变结构软硬件协同计算命名为拟态计算(Mimic Structure Calculation，MSC)。十年后，ISCA2018 年会上，图灵奖得主 Petterson、Hennessy 共同预言，这类领域专用软硬件协同计算架构(Domain Specific Architecture，DSA)将成为未来十年计算机体系结构发展的重要方向之一。

需要特别指出的是，这种基于能效的软硬件变结构协同计算很容易转换为基于性能的变结构协同处理，因而拟态计算架构在效能和性能目标间具有自由转换、联合优化与动态管理的功能。而传统的面向性能的计算处理架构往往是刚性的，其处理环境通常是静态的、确定的和相似的，加之缺乏安全性分析及相关设计指标体系，导致系统构建时就存在一些错误的安全性假设，既无法证明自身的安全性也无法回避众多的内生安全问题。而拟态计算环境则具有内源性的基于主动认知的多样性、动态性和随机性的协同处理特点，其任务功能与算法结构间的非确定性关系如同一团“防御迷雾”，恰好能弥补传统信息处理系统在应对基于内生安全问题攻击时的静态性、确定性和相似性安全缺陷。一个直观的推论就是，针对攻击者利用目标对象环境内生安全问题实施的“里应外合”式的蓄意行动，有意识地运用基于威胁感知的功能等价动态变结构协同处理环境的非确定性，应当可以扰乱或瓦解以内生安全问题为基础的攻击链的稳定性与有效性，创造出以内源性的“测不准”效应规避内生安全问题的新型防御体制机制。既然内生安全问题出自结构本身，那么功能等价条件下，变化结构本身无疑能成为内生安全问题新的解决之道。拟态计算的变结构协同计算的“它山之石”就可以打磨目标环境不确定变化的“防御之玉”，这就是基于构造效应的内生安全(以下简称内生安全)机制最初的构想。读者不难发现，拟态计算和内生安全的本质都是功能等价条件下的软硬件变结构协同处理体制机制。因此，将内生安全机制视为基于主动认知的变构造计算在应用维度上的一种变换，在理论和实践意义上都是十分贴切的。

2013 年，作者正式提出并创建了基于内源性安全机制的网络空间拟态防御概念和内生安全思想，并大胆提出了一个基于“结构决定安全”的猜想：“是否存在这样一种结构或算法能将针对目标对象内生安全问题的网络威胁，归一化为可靠性和鲁棒控制理论与方法能够处理的确定或不确定扰动问题”。2016 年，由国家数字交换系统工程技术研究中心(NDSC)牵头研制的、基于内生安全机理的拟态防御原理验证系统通过了国家组织的权威性测试评估。其独特的基于内生安全机制的广义鲁棒控制架构突出表现在五个方面：一是能将针对拟态括号内执行体个体未知漏洞后门的隐匿性攻击，转变为拟态界内攻击效果不确定的事件；二是能将效果不确定的攻击事件归一化为具有概率属性的广义不确定扰动问题；三是基于拟态裁决的策略调度和多维动态重构负反馈机制产生的“测不准”防御迷雾，可以瓦解试错或盲攻击的前提条件；四是借助“相对正确”公理的逻辑表达机制，可以在不依赖攻击者先验知识或行为特征信息情况下提供高置信度的敌我识别功能；五是能将非传统安全威胁归一化为广义鲁棒控制问题并可实现一体化的处理。为此，作者将基于动态异构冗余架构测不准效应形成的“防御迷雾”，用于化解或规避目标对象内部“已知的未知风险”或“未知的未知威胁”的原理与方法，称之为网络空间拟态防御(Cyberspace Mimic Defense，CMD)。与此同时，相应的内生安全理论框架也初见端倪。

令人振奋的是，随着具有内生安全机制的拟态构造信息系统或控制装置不断得到广泛应用，“改变网络空间游戏规则”的广义鲁棒控制构造及其内生安全机制正不断彰显出其勃勃生机与旺盛活力，有望在软硬构件即便存在不能彻底消除的内生安全问题时，也能依靠创新的内生安全机制规避或瓦解来自网络空间的不确定威胁。

序　言

作者深信，人类将迎来以目标对象内生安全功能为核心的网络空间防御技术新时代。网络攻防代价严重失衡的战略格局有望从根本上得到逆转，“安全性与开放性”“先进性与可信性”“自主可控与安全可信”严重对立状况将能在经济技术全球化环境中得到极大统一，基于目标对象软硬件代码缺陷的攻击理论及方法不可避免地会受到颠覆性的挑战，信息领域与相关行业既有的技术与产业格局也将重新洗牌并迎来强劲的市场升级换代需求。具有广义鲁棒控制构造和内生安全功能的新一代信息系统、工业控制装置、网络通信设备等基础设施必将重塑网络空间安全新秩序。

邬江兴

2020 年 3 月于珠海

前　言

今天，人类社会正以前所未有的速度迈入数字经济时代，数字革命推动的信息网络技术全面渗透到人类社会的每一个角落，活生生地创造出一个万物互联、爆炸式扩张的网络空间，一个关联真实世界、虚拟世界甚至心灵世界的数字空间正深刻改变着人类认识自然与改造自然的能力。然而不幸的是，网络空间内生安全问题正日益成为信息时代或数字经济时代最为严峻的挑战之一。正是人类本性之贪婪和科技发展的阶段性特点，使得人类所创造的虚拟世界不可能成为超越现实社会的圣洁之地。不择手段地窥探个人隐私与窃取他人敏感信息，肆意践踏人类社会的共同行为准则和网络空间安全秩序，谋取不正当利益或非法控制权，已经成为当今网络世界、现实世界乃至智能世界发展的“阿喀琉斯之踵”。

网络空间安全问题尽管多种多样，攻击者的手段和目标也日新月异，对人类生活与生产活动造成的威胁之广泛和深远更是前所未有，但对信息系统或控制装置等的不确定安全威胁的本质原因则可以归结为以下五个方面：一是，哲学原理注定无法彻底避免信息系统软硬件设计缺陷可能导致的安全漏洞问题；二是，经济全球化生态环境衍生出的信息系统软硬件后门问题不可能从根本上杜绝；三是，现阶段的科学理论和技术方法尚不能有效地彻查软硬件系统中的漏洞后门等“暗功能”；四是，上述原因致使软硬件产品设计、生产管理和使用维护等环节缺乏有效的安全质量控制手段，造成信息技术产品的内生安全问题随着数字经济或社会信息化的加速，而成为网络世界陷入万劫不复境地的主要根源之一；五是，相对补救性质的防御代价而言，网络攻击成本之低，似乎任何具备网络知识或对目标系统软硬件漏洞具有发现和利用能力的个人或组织，都可以成为随意跨越和践踏网络空间诚信准则的“黑客”。因此，内源性的安全问题无所不在，由此相关的网络安全威胁也无所不在。

如此悬殊的攻防不对称代价和如此之大的利益诱惑，很难相信网络空间技术先行者们或市场垄断企业，不会处心积虑地利用全球化形成的国家间分工、产业内部分工乃至产品构件分工机会，施以“隐匿漏洞、预留后门、植入病毒木马”等全局性制网手段，谋求在市场直接产品利润之外，通过掌控用户“数据资源”和敏感信息获取不当或不法利益。作为一种可以影响个人、企业、地区、国家甚至全球社会的超级威胁或新形态的恐怖力量，网络空间漏洞后门等暗功能事实上已成为战略性资源，不仅会被众多不法个体或有组织的犯罪团伙或恐怖势力觊觎和利用，而且毫无疑问会成为各国政府谋求“网络威慑能力”“网络反制能力”或“制网络权、制信息权”的战力建设与运用目标。事实上，无论是否公开宣称军事化，网络空间早已成为常态化、白热化、无硝烟的真实战场，各利益攸关方的博弈无所不用其极。但是，目前总的态势仍然是“易攻难守”。

现行的主被动防御理论与方法大多以威胁的精确感知为基本前提，遵循“威胁感知，认知决策，问题移除”的边界防御理论和技术模式。实际上，当前情况下无论是网元设备还是附加型防护设施，不论是基于 Intranet 的区域防护还是基于零信任安全架构(Zero-Trust Architecture，ZTA)的全面身份认证措施，由于都无法彻底排除或杜绝内生安全问题，因而对于“已知的未知”安全风险或者“未知的未知”安全威胁，不仅边界防御在理论层面已经难以自洽，就是实践意义上也无合适的技术手段进行效果可量化的设计布防。更为严峻的是，迄今为止，全球既未提出任何不依赖于攻击特征或行为信息的威胁感知新理论，也未发现技术上有效，经济上可承受，且能普适化运用的新型防御体制。以美国人提出的“移动目标防御”(Moving Target Defense, MTD)为代表的各种动态防御技术，或者以内置探针联合后台大数据智能分析为代表的“内共生”(Endosymbiosis)防御技术，或者以本质(Intrinsic)安全为代表的网络安全协议技术，在干扰或阻断基于目标对象漏洞之攻击链可靠性方面，以及靠大数据协同分析发现已知的未知威胁方面，或者用安全协议方式对抗中间人劫持、DDOS 攻击方面，确能取得不错的功效。但在应对目标系统内部固有的暗功能影响或潜藏的基于软硬件后门的不确定威胁方面，即使施以认证加密类的底限防御手段，也无法彻底避免蓄意利用宿主对象内生安全问题“旁路、短路或反向加密”的风险，2017 年发现的基于 Windows 漏洞的勒索病毒 WannaCry 就是反向加密的典型案例。事实上，基于边界防御的理论、定性描述的技术体系和“摸着石头过河”的工程实践，无论是在支持“云-网-端”新型使用或应用模式，还是在零信任安全架构 ZTA 部署等方面都已经遭遇难以逾越的技术壁垒。

生物免疫学知识告诉我们，脊椎生物的特异性抗体只有受到抗原的多次刺激后才能形成，当同种抗原再度入侵机体时方能实施特异性清除。这与网络空间现有防御模式极其相似，我们不妨将其类比为基于精确特征的“点防御”。同时，我们也注意到，脊椎动物所处环境中，时时刻刻存在形态、功能、作用各异，数量繁多的其他生物，也包括科学上已知的有害生物抗原。但健康生物体内并未高频度的发生显性的特异性免疫活动，绝大部分的入侵抗原应当是被与生俱来的非特异性选择机制清除或杀灭的，生物学家将这种通过先天遗传机制获得的神奇能力，命名为非特异性免疫。我们不妨将其类比为泛在化、内源性的“面防御”。生物学的发现还揭示，特异性免疫是以非特异性免疫为基础的，后者触发或激活前者，而前者的抗体只有通过后天获得，在二次应答中起作用，且生物个体间的特异性免疫存在质和量上的差别。至此，我们知道脊椎动物因为具有“点面”结合的双重性质的融合免疫机制，才获得了抵御已知或未知抗原入侵的非凡能力。遗憾的是，人类在网络空间从未创造出这种“具有面防御性质的非特异性免疫和点防御性质的特异性免疫融合机制”，总是以点防御的特异性力量竭力去应对千变万化的面防御任务。理性的预期和严酷的现实表明，“堵不胜堵、防不胜防、漏洞百出”是必然之结局，战略上就不可能根本摆脱被动应付的态势。

造成这种尴尬局面的核心问题是，一方面因为生物科技界至今未搞清楚非特异性免疫是如何做到既有广泛性又不关注具体特征的“敌我识别”机制，只是猜测，可能的识别机制是吞噬细胞与被吞噬颗粒(抗原)之间的表面亲水性差异。按常理推论，连机体特异性免疫形成的有效信息都不能携带的生物遗传基因(截至目前没有证据表明后天免疫抗体具有遗传性状)，不可能拥有未来所有可能入侵的细菌、病毒、衣原体等抗原特征信息，无法用“他山之石攻玉”。另一方面网络空间虽然可以基于已发现的漏洞后门或病毒木马等行为特征形成各种漏洞或关于攻击的信息库，但当前的库信息中肯定不包含未知的漏洞后门或病毒木马等特征信息，更无法囊括明天或未来什么形式的攻击特征信息，只能等待亡羊补牢。我们这样提出问题的目的不是“指责”生物科技界至今未能弄清楚“造物主如何使脊椎生物具有对入侵抗原实施与生俱来的非特异性选择清除能力”，而是想知道在网络空间是否也可能存在类似的敌我识别和融合式防御机制，可以有效抑制包括已知的未知风险或未知的未知威胁在内的广义不确定扰动之内源性的功能，并能获得不依赖(但不排斥)任何附加式防御技术有效性的内生安全体制机制。运用这样的体制机制、构造功能和协同效应，可以将基于内生安全问题的攻击事件归一化为经典的可靠性扰动问题，借助鲁棒控制与可靠性理论和方法，以及编码信道纠错理论，使得信息系统或控制装置能获得管控广义不确定扰动影响的稳定鲁棒性与品质鲁棒性。即需要从理论和方法层面找到融合处理可靠性与可信性问题新的解决途径。

作者在多年的技术实践中深深感到，传统网络安全技术前行动力即将耗尽，亟待创新理论提供新动能。首先是，无论从哲学原理还是软件工程上来说，不可能设计出无缺陷或无漏洞的软硬件代码(有人曾给出 10%缺陷代码量的激进估计)，因为任何事物有利必有弊，给定一个功能总会存在显式的副作用或隐式的暗功能，矛盾的双方存在对立统一关系。其次是，在目标对象上无论打多少补丁或堵多少漏洞，堵漏过程中难免会引入新的副作用或暗功能，这种“叠罗汉”式的不可持续机制，理论上就不存在使内生安全问题归零的可能性。再者，从哲学意义上说，任何附加式防御或基于层次化组织效应的“内共生”措施，或者“本质安全”类的安全协议技术都不可能从根本上消除目标对象的内生安全问题，至多起到隔离或影响攻击链可靠性或有效性的作用，但对从内部发起的主动攻击几乎完全无效，更糟糕的是，附加安全措施自身的内生安全问题还可能给目标对象带来新的不确定威胁。显而易见，规避或弱化目标对象特定场景下的内生安全问题影响，最有效的方式就是发明一种能自动识别和规避特定场景中内生安全问题的新机制，该机制不奢望“问题归零”，只期望能达到“兵来将挡、水来土掩”的目的。换言之，就是需要创造和发明一种新的理论与构造来颠覆既有的基于软硬件代码设计缺陷的攻击理论和方法。

首先要克服的理论挑战是如何感知未知的未知威胁，也就是说在不依赖攻击者先验知识或攻击行为特征信息的情况下，怎样才能实现最低虚警、漏警、误警率的敌我识别，这个问题乍看起来似乎有悖于认识论的基本教义。其实，哲学意义上本来就没有绝对的已知或毫无悬念的确定性，“未知”或“不确定性”总是相对的或有界的，与认知空间和感知手段强相关。诸如，“人人都有这样或那样的缺点，但独立完成同样任务时，在同一个地点、同时犯完全一样的错误属于小概率事件”的公知(作者将其称为“相对正确”公理，业界也有共识机制的提法)，就对未知或不确定的相对性认知关系给出了具有启迪意义的诠释。相对正确公理的一种等价逻辑表达——异构冗余构造和多模共识机制，能够在功能等价及相关约束条件下，将单一空间下的未知问题场景转换为功能等价多维异构冗余空间共识机制下的可感知场景，将不确定性问题变换为可用概率表达的差模或共模问题，将基于个体的不确定行为认知转移到关于群体(或元素集合)行为层面的相对性判识上来，进而将多数人的认知或共识结果作为相对正确的置信准则(这也是人类社会民主制度的基石)。需要强调的是，基于同一构造和机制的原因，凡是相对性判识就一定存在如同量子叠加态的“薛定谔猫”效应，正确与错误总是同时存在，只是概率不同而已，因此理论上就不可能支持“绝对正确”的说法。相对正确公理在可靠性工程领域的成功应用，就是 20 世纪 70 年代首先在飞行控制器领域提出的非相似余度构造(Dissimilarity

Redundancy Structure，DRS）。基于该构造的目标系统在一定的前提条件下，即使其软硬构件存在分布形式各异的随机性故障，或者存在未知设计缺陷导致的统计意义上的不确定失效，都可以被多模表决机制变换为能用概率表达的差模或共模事件，从而使我们不仅能通过提高或改善构件质量的方式提高系统可靠性，也能通过构造技术的创新来显著地增强系统的可靠性与可用性。对于利用目标对象内生安全问题的不确定威胁而言，非相似余度构造从某种意义上说也具有与敌我识别作用相同或相似的功效。尽管不确定威胁的攻击效果对于功能等价的异构冗余个体而言往往不是概率问题，但是这种攻击事件在群体层面的反映通常会以差模形态呈现(除非攻击者能协调一致的实现异构冗余部件时空维度上的共模表达)，而这恰恰又属于典型的概率问题。换言之，在给定的约束条件下，不确定的个体表现可以被相对正确公理变换为群体层面的概率问题。不过，在小尺度空间上，基于DRS构造的目标对象，虽然能够抑制包括未知的人为攻击在内的广义不确定扰动，且具有可设计标定、验证度量的品质鲁棒性；但是，其构造的静态性、相似性和确定性等安全缺陷，决定了其内生安全问题仍然具有相当程度的可利用性，“试错攻击”等手段常常会破坏DRS构造目标对象的稳定鲁棒性。

其次，绝大多数安全事件如果从鲁棒控制的观点视之，也可以认为是由针对目标对象内生安全问题引起的广义不确定扰动之模型摄动。换言之，哲学原理告诉我们，人类不可能具备彻底管控或抑制软硬件产品副作用或暗功能的能力，所以产品设计、制造或运维服务过程中，因为存在“无法彻底消除的内生安全问题”，要么在强约束条件下对特定应用环境的安全性作“尽力而为”的努力，要么只能“万般无奈地放任”其成为网络空间最主要的安全污染源。由此，生产厂家不承诺软硬件产品安全质量，或者不对产品安全质量引起的后果承担任何法律责任的行为，似乎都可以心安理得地归结为“哲学原理或世界性难题”所致。经济技术全球化时代，恢复产品质量神圣承诺和商品经济基本秩序，从源头治理被恶性污染的网络空间生态环境，除了要具备可感知基于内生安全问题的不确定扰动功能外，还需要创造出一个能够有效规避“试错攻击”的鲁棒控制构造，这个构造应当具备四个基本特性：①使试错攻击前提条件难以成立；②使攻击者很难感知试错攻击的效果；③应能尽快消除系统差模或有感共模记忆状态；④能为目标对象规避不确定安全威胁提供稳定鲁棒性和品质鲁棒性。显然，这样的构造相对攻击者而言，具有“测不准”的性质。

再者，不可能指望广义鲁棒控制构造及其内生安全机制产生的内源性安全效应能够规避来自网络空间的所有安全威胁，甚至不敢奢望能彻底规避针对目标对象内生安全问题引发的所有安全威胁。但是，我们仍然期望创新的广义鲁棒构造和内生安全体制机制能够从原理上自然地融合(吸纳)现有或未来的网络安全技术，以增强构造内的多样性、动态性和随机性。无论是导入静态防御、动态防御或是主动防御还是被动防御的技术元素，都应当能使目标对象的安全性获得指数量级的增长。实现信息系统或控制装置“服务提供、可信防御、鲁棒控制”一体化的经济技术目标，实践“大道至简”的技术憧憬。

最后，还需要从理论和应用的结合上完成体系架构设计、共性技术开发、关键技术攻关、原理系统验证到应用试点、行业示范全过程的工程实践。

基于内生安全体制机制的网络空间拟态防御就是上述思想不断迭代发展与实践层面不懈探索的结果。

2013 年 11 月，作者提出基于拟态计算的变结构协同计算模式的内生安全特性来构建拟态防御的设想，并得到国家科技部和上海市科学技术委员会的立项支持。翌年 5 月，“拟态防御原理验证系统”研究项目启动，同时，内生安全思想正式诞生。

2016 年 1 月，国家科技部委托上海市科学技术委员会组织了全国 10 余家权威测评机构和研究单位的上百名专家，对“拟态防御原理验证系统”进行了历时 4 个多月的众测验证与技术评估，结果表明：“被测系统完全达到理论预期，原理具有普适性。” 彰显了内生安全机理的“神奇”作用和富有前途的实用化意义。

2017 年 12 月，《网络空间拟态防御导论》面世，内生安全理论初见端倪；2018 年 10 月，《网络空间拟态防御原理——广义鲁棒控制与内生安全》出版，内生安全理论框架基本形成；2019 年 12 月，《网络空间拟态防御——广义鲁棒控制与内生安全》英文版由德国 Springer 公司向全球发行，内生安全理论得到进一步充实完善。

2018 年 1 月，世界首台拟态构造的域名服务器在中国联合网络通信有限公司河南分公司上网运行；2018 年 4 月，基于拟态构造的 Web 服务器、路由/交换系统、云服务平台、防火墙等网络装置，首次在河南景安网络公司体系化部署并投入线上服务；2018 年 5 月和 2019 年 5 月，基于拟态构造的信息通信网络成套设备，作为中国南京“强网”拟态防御国际精英挑战赛“人机大战”的目标设施；2019 年 6 月，南京紫金山实验室(PML)，面向全球，全天时的开放基于内生安全功能的 COTS 级信息产品的众测服务环境——网络内生安全试验床(NEST，网址https://nest.ichunqiu.com)。

2019 年 4 月和 9 月，国家工信部在郑州分别组织了试点设备线上测试及应用设备的评估验收，会议认为“一年多来的使用表明，拟态构造设备在技术成熟度、技术普适性和技术经济性方面都达到了可推广应用的程度”“试点任务执行情况完全达到了拟态防御理论预期目标”。2018 年 5 月，由国内近百家研究单位和企业发起的“拟态技术与产业创新联盟”正式创立，预示着网络信息技术与安全产业即将揭开新的历史篇章。

为了便于读者理解内生安全体制机制与拟态防御原理间的因果关系，体现新概念、新理论循序渐进的表述特点，本书分为上、下册，共 15 章。第 1 章“基于漏洞后门的内生安全问题”由魏强负责编撰，从漏洞后门的不可避免性分析入手，着重介绍了漏洞后门的防御难题，指出网络空间绝大部分的信息安全事件都是攻击者借助目标对象内生安全问题发起的，通过感悟与思考方式提出了转变防御理念的初衷。第 2 章“网络攻击形式化描述”由李光松、吴承荣、曾俊杰负责编撰，概览或试图总结目前存在的典型网络攻击形式化描述方法，并针对动态异构冗余的复杂网络环境提出了一种网络攻击形式化分析方法。第 3 章“经典防御技术概述”由刘胜利、光焱负责编撰，从不同角度分析了目前网络空间三类防御方法，并指出传统网络安全框架模型存在的四个方面问题，尤其是目标对象和防御系统对自身可能存在的漏洞后门等安全威胁没有任何的防范措施。第 4 章“防御理念与技术新进展”、第 5 章“基础防御要素与作用分析”由程国振、吴奇负责编撰，概略性地介绍了可信计算、定制可信空间、移动目标防御以及区块链等新型安全防御技术思路，并指出了存在的主要问题。初步分析了多样性、随机性和动态性等方法对于破坏攻击链稳定性的作用与意义，同时指出了面临的主要技术挑战。第 6 章“内生安全与可靠性技术”由斯雪明、贺磊、杨本朝、王伟、李光松、任权等共同参与撰写，概述了基于异构冗余技术抑制不确定性故障对目标系统可靠性影响的作用机理，指出异构冗余架构与相对正确公理逻辑表达等价，具有将不确定威胁问题变换为可控概率事件的内在属性。用定性和定量的方法，分析了非相似余度架构的容侵属性以及至少 5 个方面的挑战，提出在此架构中导入动态性或随机性能够改善其容侵特性的设想，并给出了内生安全体制机制的期望特征。第 7 章“动态异构冗余架构”由刘彩霞、斯雪明、贺磊、王伟、任权等共同参与撰写，提出了一种称之为“动态异构冗余”的信息系统广义鲁棒控制架构，并用定量分析证明了内生性防御机制能够在不依赖攻击者任何特征信息的情况下，迫使基于目标对象内生安全问题的攻击行为，必须面对“非配合条件下，动态多元目标协同一致攻击”难度的挑战。同时还给出了基于 DHR 的内生安全体制机制的内涵与特征。第 8 章“拟态防御原意与愿景”由赵博等共同参与撰写，提出了在动态异构冗余架构基础上引入生物拟态伪装机制形成测不准效应的设想，期望造成攻击者对拟态括号内防御环境或行为(包括其中的漏洞后门等暗功能)的认知困境，以便显著地提升跨域多元动态目标协同一致攻击难度。第 9 章“网络空间拟态防御”、第 10 章“拟态防御工程实现”、第 11 章“基础条件与工程代价”由贺磊、胡宇翔、李军飞、任权等共同参与撰写，系统地介绍了基于内生安全机制的拟态防御基本原理、方法、构造和运行机制，对拟态防御的工程实现做了初步的探索研究，就拟态防御的技术基础和应用代价问题进行了讨论，并指出一些亟待解决的科学与技术问题。第 12 章“拟态构造防御原理验证”由马海龙、郭玉东、郭威、张铮、扈红超等撰写，分别介绍了拟态防御原理在路由交换系统、网络存储系统、Web 服务器和 SaaS 云等系统中的验证性应用实例。第 13 章“原理验证与测试评估”由伊鹏、张建辉、张铮、庞建民等撰写，分别介绍了路由器场景和 Web 服务器场景的拟态原理验证测试情况。第 14 章“拟态构造设备试点应用与发展”专门介绍了路由/交换机、Web 服务器、域名服务器等拟态构造产品现网使用和测试情况以及未来发展路标。第 15 章“编码信道数学模型与分析”由贺磊等撰写，试图揭示 DHR“结构编码”体制机制的数学原理，以便为工程应用中的抗攻击性与可靠性量化设计提供理论依据，同时证明了香农第二定理只是编码信道理论的一种特例。

读者不难看出全书的逻辑安排是：指出漏洞后门是网络空间安全威胁的核心问题；分析现有防御理论方法在应对不确定性威胁方面的基因缺陷；从基于相对正确公理的非相似余度构造出发，获得无先验知识条件下将随机性失效转换为概率可控的可靠性事件的启示，并设想了内生安全体制机制需要具备的基本架构和特征；提出了基于多模裁决的策略调度和多维动态重构负反馈机制的动态异构冗余构造，指出在该构造基础上导入拟态伪装机制能够形成攻击者视角下的测不准效应，并提出了基于该构造的内生安全体制机制；发现这种类似脊椎动物非特异性和特异性双重免疫机制的广义鲁棒控制架构，具有内生的安全功能和防御效果，可独立应对基于拟态括号内漏洞后门等已知的未知安全风险或未知的未知安全威胁，以及传统的不确定扰动因素影响；系统地阐述了网络空间拟态防御原理、方法、基础与工程实现代价；给出了带有原理验证性的应用实例；介绍了原理验证系统的测评情况与验证结果；给出了拟态构造网络产品现网试点使用情况及未来发展路标；最后，基于 DHR 结构编码性质的体制机制，提出了编码信道的数学模型与分析方法。

毫无疑问，基于内生安全体制机制的动态异构冗余构造的拟态防御，在带来独特技术优势的同时必然会增加设计成本、体积功耗、使用维护方面的开销。

与所有安全防御技术的“效率与成本”规律相同，“防护效率、防御成本与贴近目标对象的程度呈正比”，拟态防御也不例外。事实上，任何防御技术都是有代价的且不可能泛在化地使用，所以“隘口部署、要点防御”才得以成为军事教科书上的金科玉律。信息通信网络领域的应用实践表明，拟态防御技术增加的成本相对于目标系统全寿命周期获得的综合收益而言，远不足以影响其广泛应用的价值(相对同类非拟态产品硬成本的增加量一般<20%)。此外，当今时代微电子、软件可定义、硬件可重构以及虚拟化、异构化等技术手段和开发工具的持续进步，开源社区模式的广泛应用，以及不可逆转的全球化趋势，使得目标产品市场价格只与应用规模强相关而与复杂度相对解耦，“牛刀杀鸡”和模块化集成已成为抢占市场先机工程师们的首选模式。更由于“绿色高效、安全可信”使用观念的不断升华，在追求信息系统或控制装置更高性能、更灵活功能的同时，更注重应用的经济性和服务的可信性，促使人们传统的成本价值观念与投资理念转向更加关注系统全寿命周期(包括安全防护等在内)的综合投资和使用效益方面。因而作者相信，随着拟态防御方法的不断完善与持续进步，网络空间游戏规则即将发生深刻变革，新一代具有内源性安全功能的软硬件产品呼之欲出，内生安全技术创新之花必将蓬勃绽放。

目前，基于内生安全和广义鲁棒控制体制机制的拟态防御虽经过几轮迭代也只是完成了理论自洽、原理验证、共性技术突破和关键技术攻关，正在广泛结合相关行业特点展开有针对性的应用研究开发，一些试点和示范应用项目已取得重要进展并获得了宝贵的工程实践经验。毫无疑问，书中所涉及的内容肯定会存在理论和技术初创阶段无法回避的完备性与成熟性问题，一些技术原理也只是刚刚脱离“思想实验”阶段，稚嫩和粗糙的表述在所难免。此外，书中也给出了一些理论和实践层面亟待研究解决的科学与技术问题。不过，作者深信，任何理论或技术的成熟都不可能在书房或实验室里完成，尤其像基于内生安全体制机制的拟态防御或广义鲁棒控制这类与应用场景、工程实现、等级保护、产业政策等强相关，跨领域、改变游戏规则的颠覆性理论与技术，必须经历严格的实践检验和广泛的应用创新才能修成正果。本书就是秉承这一理念，以期获得抛砖引玉之功效，达成“众人拾柴火焰高”的目的。此外，作者自认为在网络空间安全领域、信息技术领域、网络通信领域、工业控制领域及其相关行业开辟了一个极富学术意义的新方向——内生安全方向，热忱欢迎广大读者开展多种形式的理论辨析与技术探讨，由衷期望基于内生安全体制机制的拟态防御技术能给当今网络空间易攻难守的战略格局带来颠覆性影响，结构决定安全、可量化设计、可验证度量产品安全性的广义鲁棒控制架构与内生安全使能机制，能为信息技术、信息通信技术、工业控制技术、信息物理技术以及相关产业带来强劲的创新活力与旺盛的市场换代需求。

本书适合作为网络安全学科研究生教材或相关学科参考书，对有兴趣实践基于内生安全体制机制的拟态防御应用创新，或发展融合构造的新一代高可靠、高可信、高可用技术装备，或开创未知的未知威胁感知与发现设备新市场，或有志向完善和发展内生安全理论与方法的科研人员具有入门指南意义。为使读者全面了解本书各章节衔接关系，便于专业人士选择性阅读之需要，特附“各章关系视图”。

作　者

2020 年 3 月于珠海

各章关系视图

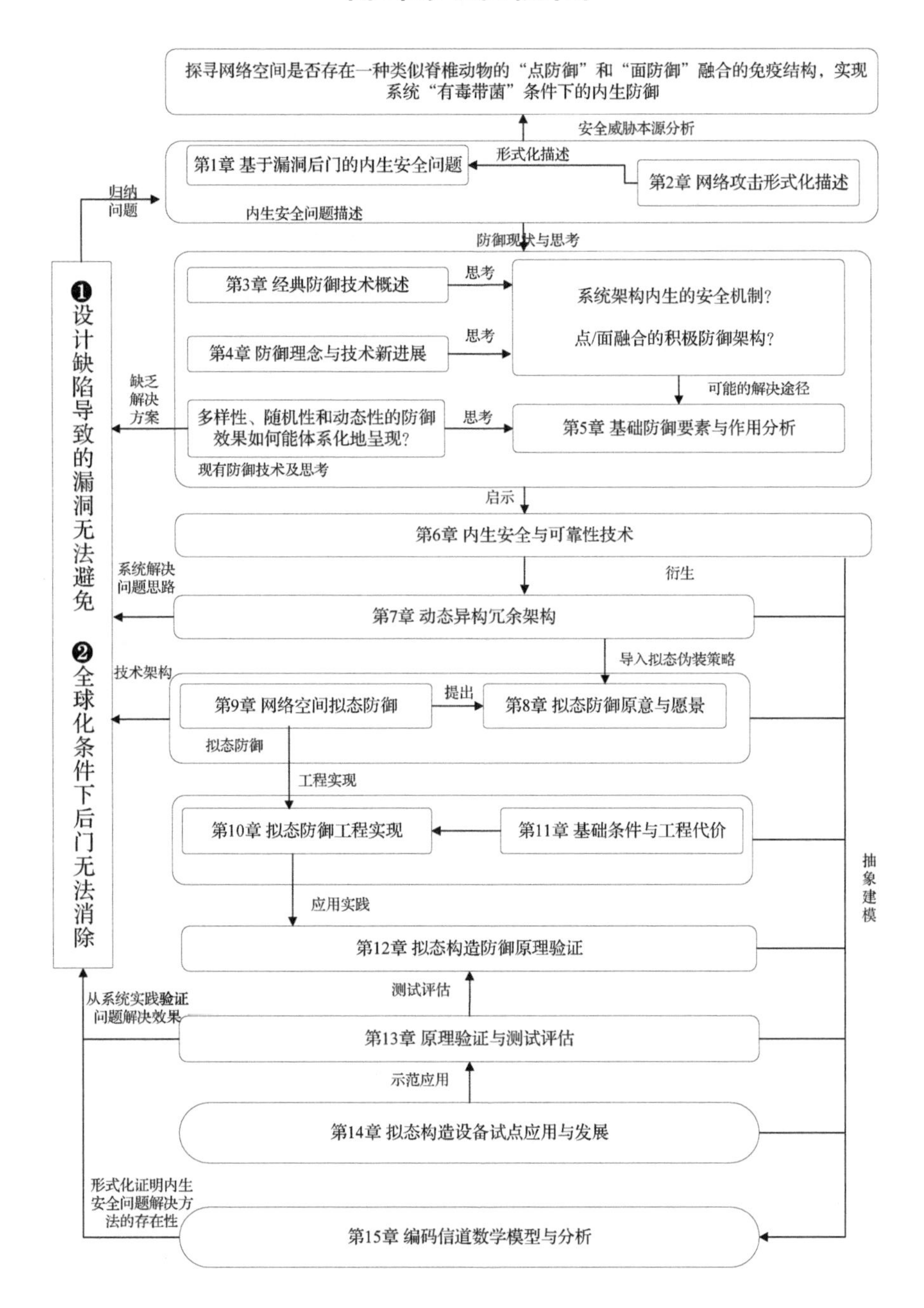

探寻网络空间是否存在一种类似脊椎动物的“点防御”和“面防御”融合的免疫结构，实现系统“有毒带菌”条件下的内生防御
安全威胁本源分析
第1章 基于漏洞后门的内生安全问题
形式化描述
第2章 网络攻击形式化描述
归纳问题
内生安全问题描述
防御现状与思考
第3章 经典防御技术概述
思考
系统架构内生的安全机制?
点/面融合的积极防御架构?
第4章 防御理念与技术新进展
思考
缺乏解决方案
可能的解决途径
多样性、随机性和动态性的防御效果如何能体系化地呈现?
思考
第5章 基础防御要素与作用分析
现有防御技术及思考
❶设计缺陷导致的漏洞无法避免
❷全球化条件下后门无法消除
启示
第6章 内生安全与可靠性技术
系统解决问题思路
衍生
第7章 动态异构冗余架构
导入拟态伪装策略
技术架构
第9章 网络空间拟态防御
提出
第8章 拟态防御原意与愿景
拟态防御
工程实现
第10章 拟态防御工程实现
第11章 基础条件与工程代价
抽象建模
应用实践
第12章 拟态构造防御原理验证
测试评估
从系统实践验证问题解决效果
第13章 原理验证与测试评估
示范应用
第14章 拟态构造设备试点应用与发展
形式化证明内生安全问题解决方法的存在性
第15章 编码信道数学模型与分析

致　谢

非常感谢对本书出版工作做出贡献的各位同仁。特别要对直接或间接参与撰写或修改补充工作的同事们致以最诚挚的谢意，除了本书前言部分提到的负责或共同参与本书相关章节编撰的同事外，还要由衷感谢第 1 章撰写组的柳晓龙，总结了漏洞利用缓解机制的相关材料，麻荣宽、宋晓斌、耿洋洋完成了收集漏洞类型及实例统计分析等工作；第 3 章撰写组的何康、潘雁、李玎等负责相关素材的搜集工作，尹小康负责整章格式的调整和修改；第 4～5 章撰写组的王涛、林键等收集并整理了大量新型防御方面的资料；第 8 章撰写组的刘勤让参与了相关内容的编写工作；第 12 章和第 13 章撰写组的张杰鑫参与了 Web 服务器验证性应用实例和 Web 服务器场景的拟态原理验证测试情况撰写。第 14 章中国联通河南公司、河南景安网络科技公司、北京润通丰华公司、北京天融信公司、深圳中兴通信、武汉烽火网络、成都迈普通信公司等参与了相关内容的撰写工作。第 15 章撰写组的贺磊、任权为拟态防御数学原理的建立做出了重要贡献。此外，季新生全程参与了本书策划、写作思路设计和修订等工作；祝跃飞、陈福才、扈红超等对本书的写作思路和部分内容安排提供了宝贵建议；陈福才、扈红超、刘文彦、霍树民、梁浩、彭建华等参与了本书的审阅过程。

特别感谢国家科技部高新技术发展及产业化司冯记春司长、秦勇司长、杨贤武副司长、强小哲处长、问斌处长，上海市科学技术委员会寿子琪主任、陈克宏副主任、干频副主任、缪文靖处长、聂春妮处长、肖菁副处长，中共中央网络安全和信息化领导小组办公室王秀军副主任，工业和信息化部网络安全管理局赵志国局长等相关领导，总参谋部通信与信息化部黄国勇副部长等长期以来对本研究方向始终不渝的支持。

由衷感谢国家高技术研究发展计划(863 计划)、国家自然科学基金委、中国工程院、上海市科学技术委员会、河南省通信管理局等对本项研究工作的长期资助。

最后，我要诚挚地感谢国家数字交换系统工程技术研究中心(NDSC)全体同仁以及我的妻子陈红星女士，十余年来全力以赴、始终如一地参与和支持这项研究工作。

上册

基于漏洞后门的内生安全问题 / 1

网络攻击形式化描述 / 38

第5章 基础防御要素与作用分析 / 150

第6章 内生安全与可靠性技术 / 190

下册

第1章

基于漏洞后门的内生安全问题

众所周知，数学家艾伦·麦席森·图灵提出了一种抽象计算模型——图灵机“回答了什么是可计算问题”，数学家约翰·冯·诺依曼提出了存储程序体系结构解决了“如何控制程序走向的计算问题”，随后一代又一代的计算机科学家与工程师们都致力于如何提高计算处理性能和降低使用门槛、改善人机功效的研究与实践，而微电子科学与工程的进步则开创了人类社会数字化、计算机化、网络化和智能化的新时代，生生造就出一个基于计算机控制的、无所不在的网络空间——Cyberspace。遗憾的是，计算机体系构造或内源性层面的安全问题被长期忽视，近期发现的熔断(Meltdown)、幽灵(Specter)、骑士(VoltJockey)(详见1.1.3节)硬件漏洞更令人尴尬，且似乎不太可能用纯软件的方法来完美补救。而软件脆弱性问题尽管人们很早就认识到并为之进行了不懈努力，但至今也没有找到理想的解决方案。事实上，按照哲学原理，任何给定功能总存在显式的副作用或隐式的暗功能，现有的软硬件构造及代码编写技术在理论上就不可能彻底消除内生安全问题，充其量能满足强约束条件下的应用就极其不易了。加之，全球化产业分工和开放开源协同技术模式的发展，供应链或技术链乃至产业链可信性无法确保的问题使得潜在后门威胁更趋复杂化。作者以为，基于目标对象内生安全问题的攻击理论和方法是造成当前网络空间泛在化安全威胁的最主要原因之一，虽然内生安全问题不可避免，但由此带来安全威胁除了传统的附加型防御方法外，应当存在着可以从目标对象内部有效管控或规避此类威胁的安全理论与机制，这不仅涉及网络空间安全防御思想的转变，也关系到IT、ICT、CPS、ICS等领域和相关行业技术内涵的扩展，包括赋能新一代信息技术与产品内生性的安全功能，并期望能以增量改造方式升级传统的信息系统或控制装置等，使之也能够获得相应的阳光雨露。

1.1 漏洞后门的危害

20世纪90年代以来，互联网不仅呈现出异乎寻常的指数增长趋势，而且爆炸性地向经济和社会各个领域进行广泛的渗透与扩张，尤其近十年基于“万物互联”概念提出的物联网使得网络空间信息通信基础设施上的联网设备大幅增加，工业控制系统、人工智能、云计算/云服务、移动支付等新型应用领域澎湃兴起。值得欣慰的是，互联网正在给人类社会带来巨大的财富，按照梅特卡夫定律($V=K\times N^2$)，“网络的价值等于网络节点数的平方，网络的价值与联网用户数的平方成正比”。然而令人寝食不安的是，网络空间的安全风险越来越大，各种信息安全事件层出不穷，且愈演愈烈，严重影响到人类社会活动和发展的方方面面。可以说，网络安全威胁从未像今天这样距离我们每一个人的生活如此之近。作为当前网络信息技术发展的重要组成部分，信息系统软硬件中的安全漏洞也就成了直接影响安全性的决定性因素。实践证明，绝大部分的信息安全事件都是攻击者借助软硬件漏洞发起的。挖掘软硬件漏洞，利用漏洞开发后门或设计者蓄意留有后门，对目标进行攻击和控制，是一种成熟的攻击模式。随着攻击者技术水平的快速提升，漏洞后门的危害也就越来越大。

(1)勒索病毒(WannaCry)席卷全球。2017年5月12日，一起大规模信息安全攻击波及了150个国家，20万台终端被感染。此次网络攻击涉及一个名为WannaCry的勒索软件，这种病毒在感染电脑后能够迅速扩散，被感染的电脑的文件将被加密，用户只有交纳比特币(一种难以追踪的网络货币)作为赎金才能将文件解密。英国十余家医院，以及联邦快递和西班牙电信等大公司成为被攻击目标。我国众多高校纷纷中招，中石油2万座加油站断网近2天。

(2)美国遭史上最大规模分布式拒绝服务(Distributed Denial of Service，DDoS)攻击、东海岸网站集体瘫痪。2016年10月，恶意软件Mirai控制的僵尸网络对美国域名服务器管理服务供应商Dyn发起DDoS攻击，从而导致许多网站在美国东海岸地区宕机，如GitHub、Twitter、PayPal等，用户无法通过域名访问这些站点。事件发生后，多家安全机构参与了这次事件的追踪、分析、溯源和响应处置，发现并追踪溯源了一个由摄像头等智能设备组成的僵尸网站。

(3) 希拉里邮件门事件。2015 年初，邮件门事件首次被曝光，希拉里在 2009～2013 年担任美国国务卿期间，违规使用私人电子邮箱和位于家中的私人服务器收发大量涉密的邮件，涉嫌违反美国《联邦档案法》，面临调查时又匆匆删除。2016 年夏季，美国民主党全国委员会、筹款委员会、竞选团队被黑客组织入侵，近 2 万封邮件被维基解密披露。邮件显示，希拉里涉嫌抹黑竞争对手，以及可能涉嫌洗钱等财务问题。10 月 28 日，黑客 Kim Dotcom 翻出了被希拉里删除的邮件，导致美国联邦调查局重新开始调查希拉里邮件门事件，这对于大选前夕的希拉里来说，频繁传出的负面消息导致曾人气领先的希拉里惜败。

(4) 区块链的智能合约安全。2018 年 4 月，黑客利用以太坊 ERC-20 智能合约中 BatchOverFlow 漏洞攻击 BEC（美链的代币“美蜜”）智能合约，成功向两个地址转出了天量级别的 BEC 代币，导致市场上海量 BEC 被抛售。此事使得当日 BEC 的价值几乎归零。64 亿人民币瞬间蒸发。仅仅三天后，另一个智能合约 SmartMesh（SMT）曝出漏洞，交易所表示，因 SMT 出现异常交易，各交易平台暂停 SMT 的充提和交易。

(5) 台积电事件。2018 年 8 月 3 晚间接近午夜时分，全球晶圆代工龙头大厂台积电位于台湾新竹科学园区的 12 英寸晶圆厂和营运总部突然传出电脑遭病毒入侵，且生产线全数停摆的消息。而不到几个小时，该公司位于台中科学园区的 Fab15 厂，以及台南科学园区的 Fab14 厂也陆续传出同样的消息，这意味着台积电在台湾北、中、南三处重要生产基地几乎同日因为病毒入侵而导致生产线停摆。

相比以往，网络安全事件呈现出以下三大新的趋势。

(1) 金融网络安全引发普遍担忧。2016 年，孟加拉央行 8100 万美元失窃，2019 年，DragonEx 等数字货币交易所失窃 5.7 亿美元，越南先锋银行也被曝出黑客攻击未遂，近一年来黑客利用 SWIFT 系统漏洞入侵了一家又一家金融机构，俄罗斯也未能幸免，其中央银行遭黑客攻击，3100 万美元不翼而飞。

(2) 关键性基础设施成为黑客攻击的新目标。2019 年，IBM 披露中东工业和能源行业，遭伊朗黑客组织恶意数据擦除软件 ZeroCleare 的“摧毁型”攻击。2019 年 11 月，印度 Kudankulam 核电站遭遇攻击，被迫关闭一座反应堆。回顾近年来发生的重大网络安全事件，黑客关注的不仅仅是各种核心数据的窃取，更多的是针对一些关键性基础设施，政府、金融机构、能源行业都成为黑客攻击新的目标。

(3) 有政治背景的黑客行动越来越多。2019 年 4 月，俄罗斯黑客组织“奇幻熊”（Fancy Bear）通过散发恶意文档进行网络攻击，干扰乌克兰大选。2020

年 2 月，印度黑客组织在我国新型冠状病毒疫情期间，利用肺炎疫情相关题材作为诱饵文档，对抗击疫情的医疗工作领域发动 APT 攻击。从近年来发生的诸多网络安全事件可以看出，有国家支持的政治黑客行动越来越多，未来的网络安全将可能影响到一个国家的稳定，网络安全上升到国家高度已成定局，接下来就要看各国如何应对了。

究其根源，所有这些信息安全事件都存在一个共同点，那就是信息系统或软件自身存在可被利用的漏洞后门。漏洞后门给国民经济、国家安全、社会稳定等带来了严重威胁。

1.1.1 相关概念

关于漏洞，学术和产业界、国际组织及机构在不同历史阶段、从不同角度给出过不同的定义，但至今尚未形成广泛共识。曾经有过基于访问控制的定义[1]、基于状态迁移的定义[2]，基于安全策略违背的定义[3]、基于脆弱点或者可被利用弱点的定义[4-6]等。

其中一个易于理解、较为广泛接受的说法[7]为：漏洞(vulnerability)是指软件系统或信息产品在设计、实现、配置、运行等过程中，由操作实体有意或无意产生的缺陷、瑕疵或错误，它们以不同形式存在于信息系统的各个层次和环节之中，且随着信息系统的变化而改变。漏洞一旦被恶意主体所利用，就会造成对信息系统的安全损害，从而影响构建于信息系统之上正常服务的运行，危害信息系统及信息的安全属性。应该说，这个定义较好地从软件与系统的角度对漏洞的概念进行了阐述。但要充分理解今天所面临的计算泛在、物件联网、复杂系统条件下的漏洞概念可能还可以在内涵与外延上进一步探讨。

在计算机出现之前，人们是较少谈到“漏洞”这个概念的。如果从计算的角度去理解漏洞，也许可以更本质化、更一般化地理解漏洞的含义。计算(computation)被认为是基于给定的基本规则进行演化的过程[8]。计算其实是在探索事物之间的等价关系，或者说同一性，而计算机则是一种利用电子学原理，根据一系列指令对数据进行处理的工具。从这种意义上，可以将漏洞理解为计算实现的某种“瑕疵”，这种瑕疵既可以表现为逻辑意义上的“暗功能”，又可以以具体实现中的特定“错误”形式呈现。漏洞的存在与形态，与计算范式、信息技术、系统应用、攻击者能力与资源有着直接的关系，也随之发展变化而衍生伴随。同时，漏洞具备持久性与时效性、一般性与具体性、可利用性与可修复性等对立统一的特点。

后门(backdoor)一般是指那些绕过安全性控制而获取对程序或系统访问权

的程序方法。后门是一种进入系统的方法，它不仅绕过系统已有的安全设置，而且能挫败系统上各种增强的安全设置。基于上述对于漏洞的理解，可以将后门阐述为有意识地创建了计算实现中具有逻辑意义的“暗功能”。于是，主动漏洞发现就变成主动寻找计算的“暗功能”或者找出有可能改变计算原意的某种“错误”的过程。本书所指的漏洞后门主要基于该理解。后门问题是技术后进国家和国际市场依赖者尚不可回避的问题，也是当今开放式产业链与开源式创新链等全球化条件下供应链可信性不能确保的根本原因之一。由于硬件工艺的不断提升，单个芯片上已经可以集成数亿、数十亿乃至上百亿只晶体管；软件系统复杂性逐渐增加，操作系统代码量已超过亿行，一些应用系统的代码量动辄数十万、数百万甚至数千万行；一些新型开发和生产工具技术的推广应用，如面向应用领域的可执行文件的自动生成技术使得人们并不需要关心具体的编程或编码问题，可重用(reuse)技术的推广应用使得软硬件工程师也不用关心标准模块、中间件、IP核或厂家工艺库等逻辑的具体实现问题。这使得在全球化的创新链、生产链、供应链和服务链环境中设置、隐藏后门变得更加容易。随着攻击技术的发展，后门的核心技术已经从依赖于关键漏洞的利用技术，发展到不依赖于漏洞的利用技术。

1.1.2 基本问题

关于漏洞，存在四个方面的基本问题值得研究：准确定义、合理分类、无法预知、有效消除。

1. 漏洞的准确定义问题

由于计算范式的不断演化、信息技术的不断发展、新型应用的不断部署，导致漏洞的内涵和外延仍在不断发生变化，准确定义漏洞较为困难。

Tesler[9]给出了从计算机出现至 1991 年，从批处理(batch)到分时共享到桌面系统乃至网络 4 种计算范式。自 20 世纪 90 年代以来，又先后出现了云计算、分子计算、量子计算等范式。在单用户、多用户、多租户等不同条件下，在分布式、集中式计算等不同计算环境下漏洞各不相同。

不同系统对于安全的需求不同，对于漏洞的认定就会有所不同，有的系统中认为是漏洞，有的系统中可能构不成漏洞。同样的漏洞在有的系统中危害程度高，有的危害程度低。对于漏洞的危害程度是很难统一定义的。在不同系统或不同环境下，同一个漏洞的危害级别就不一致。特别是人为因素的介入使得漏洞问题有可能成为不确定问题。软硬件设计的脆弱性在拥有不同资源和能力的攻击者面前，有的可能成为漏洞，有的则不然。

随着时间维度的变化，人们对于漏洞的理解也在变化。从最初的基于访问控制的定义发展到现阶段的涉及系统安全建模、系统设计、实施、内部控制等全过程的定义，随着信息技术的发展，人们对于漏洞的认知会更加深刻，可能还会对漏洞赋予更为准确的含义甚至重新划定范畴。

2. 漏洞的合理分类问题

瑞典科学家林奈阐述过："通过有条理的分类和确切的命名，我们可在认识客观物体时将其区分开来……分类和命名是科学的基础。"漏洞广泛存在于各类信息系统之中，且数量日益增多、种类各异。为了更好地了解漏洞的具体信息、统一管理漏洞资源，需要研究漏洞的分类方法。漏洞的分类指对于数量巨大的漏洞按照成因、表现形式、后果等要素进行划分、存储，以便于索引、查找和使用。由于目前对漏洞本质的认识还不全面，要做到用科学性、穷尽性、排他性原则来合理分类有一定难度。

早期研究中，漏洞分类主要是出于消除操作系统中编码错误的需要，因此分类依据更关注于漏洞形成的原因，今天来看的确存在一定的局限性，不能全面深入地反映漏洞的本质。这些分类包括安全操作系统（Research Into Secure Operating System，RISOS）分类法[10]、保护分析（Protection Analysis，PA）分类法[11]等。美国普渡大学 COAST 实验室的 Aslam[12]针对 UNIX 系统提出了基于产生原因的错误分类法。随着研究的深入，研究者已经注意到漏洞生命周期的概念，同时网络攻击也给系统安全带来了严重的威胁影响，因此这一阶段研究者开始关注于漏洞的危害与影响，并将此引入分类依据中，这部分分类研究包括：Neumannn[13]提出了一种基于风险来源的漏洞分类方法；Cohen[14]提出了面向攻击方式的漏洞分类法，Krsul 等[15]提出了面向影响的漏洞分类法等。随着认识的进一步深入，研究人员逐渐将漏洞与信息系统的关系、漏洞自身的属性特点、漏洞利用与修复方式等方面的理解，以多维度、多因素的划分依据融入分类中，从而更加准确地刻画漏洞的属性和关联程度。这些研究包括：Landwher[16]提出了三维属性分类法，按照漏洞的来源、形成时间和位置建立三种分类模型；加利福尼亚大学戴维斯分校的 Bishop[17]提出了一种六维分类法，将漏洞从成因、时间、利用方式、作用域、漏洞利用组件数和代码缺陷六个方面将漏洞分为不同类别；Du 等[18]提出将漏洞的生命周期定义为"引入—破坏—修复"的过程，根据引入原因、直接影响和修复方式对漏洞进行分类；Jiwnani 等[19]提出了基于原因、位置和影响的分类法。

随着漏洞越来越成为一个影响广泛的安全问题，出现了专业的机构对漏洞的专业性和社会性问题进行管理，于是有关漏洞库的管理机构应运而生。漏洞库作为对漏洞进行综合管理和发布的机构，也对漏洞的命名和分类制定了严格的标准。美国国家漏洞库(National Vulnerability Database，NVD)提供了常见的公共漏洞和暴露(Common Vulnerabilities and Exposures, CVE)的列表。中国国家信息安全漏洞库(China National Vulnerability Database of Information Security，CNNVD)、国家信息安全漏洞共享平台(China National Vulnerability Database，CNVD)、开源漏洞库(Open Source Vulnerability Database，OSVDB)、BugTraq漏洞库、Secunia 漏洞库，以及大量的商业公司漏洞库都有自己的分类方法。中国也出台了信息安全技术安全漏洞相关规范，如《信息安全技术安全漏洞标识与描述规范》(GB/T 28458—2012)等，但是目前分类规范还没有正式发布，由此可见分类取得共识的难度。

遗憾的是，目前这些分类方法至今仍没有一个分类被广泛接受。应该说，在揭示漏洞事物本身的特点、发展规律以及彼此差异和内在联系，以及人的因素在漏洞形成与利用方面的闭环作用仍然存在理论研究与实践分析不足的问题。

3．漏洞无法预知的问题

关于漏洞的无法预知问题，可以概括为 4W 问题，即人们不知道什么时候(when)、会在什么地方(where)、由谁(who)、发现什么样(what)的漏洞。这里，未知漏洞包含未知类型的漏洞和已知类型的未知漏洞。目前人类无法预测新的漏洞类型，也做不到对特定类型漏洞的穷尽。

漏洞类型从最初的简单口令问题，发展到缓冲区溢出、结构化查询语言(Structured Query Language，SQL)注入、跨站脚本(Cross-site Scripting，XSS)、竞态漏洞(Race Condition)到复杂的组合漏洞问题。各类软件、组件、固件都出现了相应的漏洞，甚至出现了需要系统与固件的配合的关联漏洞。漏洞的成因与机理也变得越来越复杂。有一些“极客”追求高度的自我认同，致力于寻求未被发现的新型漏洞，而不再满足于追求已知类型的漏洞。

企业级网络安全产品供应商奇安信集团旗下的威胁情报中心报告显示[20]，2018 年公开披露的在野攻击活动中利用的 0day 漏洞总共有 14 个，2019 年公开披露的在野攻击活动中利用的 0day 漏洞总共有 17 个，从趋势上看，未来针对浏览器和移动设备的攻击案例会越来越多。黑客使用未知软件漏洞数量快速增长，再次表明网络犯罪和网络间谍活动的技术正变得越来越先进。计算机程序内的秘密漏洞尤其被犯罪团伙、执法部门和间谍看重，因为软件厂商在没有收到警告的情况下不会发布修复补丁。2015 年，名为“黑客团队”的电子文件被发布到网上，里面包括 6 个能够被犯罪分子迅速利用的“零日漏洞”。软件厂商开发和发布补丁，要么直接宣布漏洞，要么在公布补丁时披露相关漏洞。

4. 漏洞有效消除问题

随着软件系统越来越复杂，软件的安全漏洞长期存在而且难以避免，这已经是一个共识。造成这一现状的原因固然很多，但大体而言，这与软件行业的特性和传统观念有关。软件的开发是为了与硬件匹配实现特定的功能，因而其功能实现是第一要务。至于软件的安全问题，是在功能实现之后才考虑的。而且由于软件更新快，竞争激烈，抢先推出可用的软件占领市场远比安全问题的考虑更为重要。人们逐渐认识到，软件实现过程中会存在 bug(错误)，而这些 bug 会影响到程序的稳定性和功能的正常使用。随着系统和设备不断地接入网络，人们发现 bug 有可能会与安全有关，这些与安全有关的漏洞会影响软件自身乃至系统的安全。早期，人们还比较乐观，试图通过定理证明的方法来确保软件的安全，然而这样一劳永逸的事情无法做到。接着，人们开始对 bug 或者漏洞进行分类，试图研究特定漏洞的消除方法。令人失望的是，抽象解释、静态符号执行这些建立在程序分析基础上的分析方法都遇到了瓶颈，静态分析技巧遇到了过程间分析准确性低、指向分析难度大等一系列问题，这些问题被证明在可计算性上属于停机问题。20 世纪 80 年代以来，模型检测技术可以较好地用于时序问题的检测，然而随之而来的是状态爆炸问题，至今这也是困扰模型检测技术发展的重要障碍。20 世纪 90 年代后期，工业界为了应对软件开发的安全需要，在等不及上述学术成果应用的前提下，开始逐渐采用一种称为 Fuzzing 测试(模糊测试)的手段来帮助产品进行漏洞发现。Fuzzing 测试是一种通过随机构造样本的方式来试图触发程序内在错误的方法。

由于摩尔定律的持续有效以及软硬件设计方法的趋同性发展，硬件系统的复杂性也陡然增加。与软件系统相同，其设计缺陷以及可能导致的安全漏洞也长期存在且往往难以修复。例如，Intel 公司过去 5 年 CPU 产品中的 Meltdown 和 Spectre 就属于此类漏洞。

1.1.3 威胁影响

1. 广泛存在引发的安全威胁

理论上讲，所有的信息系统或设备都存在设计、实现或者配置上的漏洞，漏洞具有泛在性特点。近年来，漏洞相关的研究也逐渐向 CPU(Central Processing Unit)芯片等硬件及工业控制系统等原有的封闭系统延伸。相比软件与系统安全问题，CPU 出现安全隐患所造成的危害更为严重。工业控制系统作为重要的国家关键信息基础设施，其安全问题更是关乎国计民生、社会稳定。

1)近期频出的 CPU 漏洞成为热议话题

随着 Intel 被曝出几乎影响全球计算机的 CPU 漏洞后，该研究领域引起了安全界的广泛关注。自 1994 年第一个 CPU 漏洞出现以来，CPU 漏洞的危害从最初的拒绝服务直到可以被用来实现信息窃取，其危害程度不断加深、漏洞利用的技巧性也逐步提升。

第一个 CPU 漏洞“奔腾浮点除错误”(Pentium FDIV bug)[21]出现在 Intel 奔腾处理器中，于 1994 年被 Lynchburg 大学 Thomas 教授发现。出现该漏洞的原因是 Intel 为提高运算速度，将整个乘法表刻录在处理器内部，但是在 2048 个乘法数字中，有 5 个刻录错误，因此在进行特殊数字的运算时会出错。后续“CPU F00F 漏洞”[22]，同样出现在 Intel 处理器中，影响所有基于 P5 微架构的 CPU。之后 AMD 处理器被爆出 TLB 漏洞，在受影响的 Phenom 处理器中，TLB 会导致 CPU 读取页表出错，出现死机等拒绝服务现象。

2017 年，Intel 处理器出现 ME(Management Engine)漏洞[23]成为 CPU 漏洞演变的转折点，ME 是 Intel 在 CPU 中内置的低功耗子系统，可以协助专业人员远程管理计算机，设计的初衷是用于远程维护，但由于存在漏洞反而使得攻击者可以通过 ME 后门进而控制计算机。高危影响的代表性 CPU 漏洞是 Meltdown[24]和 Spectre[25]漏洞，2018 年 1 月由 Google Project Zero 团队、Cyberus 技术公司及国外多所高校联合发现，1995 年之后的 Intel 处理器均受影响。Meltdown 漏洞“熔化”了用户态与操作系统内核态之间的硬件隔离边界，攻击者利用该漏洞可以从低权限的用户态突破系统权限的限制，“越界”读取系统内核的内存信息，造成数据泄露。与 Meltdown 漏洞类似，Spectre“幽灵”漏洞破坏了不同应用程序之间的隔离。攻击者利用 CPU 预测执行机制对系统进行攻击，通过恶意程序控制目标程序的某个变量或者寄存器，窃取应该被隔离的私有数据。8 月 15 日英国金融时报报道，Intel 公司新近披露了其芯片的最新漏洞“L1 终端故障—L1TF”，昵称“预兆”(Foreshadow)，它可能让黑客获取内存数据。该漏洞被比利时鲁汶大学和包括美国密歇根大学以及澳大利亚德莱德大学的团队分别发现。美国政府计算机应急准备小组(Computer Emergency Readiness Team，CERT)8 月 14 日警告称，攻击者可能利用该漏洞获取包括密钥、密码在内的敏感信息。据专家称，相比一般漏洞，“预兆”漏洞的利用难度较高。2019 年 12 月 11 日，Intel 官方正式确认并发布了清华大学汪东升、吕勇强、邱朋飞和马里兰大学 Gang Qu 等发现的“骑士漏洞”(VoltJockey)，该漏洞将影响 Intel 公司第 6、7、8、9 和第 10 代 Core™ 核心处理器，以及“至强”处理器 E3v5&v6 和 E-2100&E-2200 等系列处理器，该漏洞是因为现代主流处理器微体系架构设计时采用的动态电源管理模块 DVFS 存在安全隐患，利用该漏洞可以从 Intel 或 ARM 的 CPU 可信区 SGX、TrustZone 获得密钥，并无需借助任何专门的硬件技术，可以直接用纯软件的方法从网上远程攻击获取。表 1.1 列出了近几年具有代表性的处理器漏洞的相关信息。

CPU 漏洞的成因有设计逻辑问题和具体实现问题两种，以设计逻辑问题居多，例如 Meltdown、Spectre、VoltJockey 和 ME 漏洞等均是在设计 CPU 功能时对于可能存在的安全隐患没有考虑充分导致出现了权限隔离失效、非授权访问等漏洞。具体实现问题则是由于各厂商在 CPU 的实现细节上出现了安全隐患所导致的，例如 FDIV 漏洞、F00F 漏洞等。

表 1.1 处理器的代表性漏洞

厂商	漏洞名称或编号	漏洞类型	漏洞详情	受影响产品
Intel	CVE-2012-0217	本地提权	sysret 指令存在漏洞	2012 年前生产的 Intel 处理器
	Memory Sinkhole	本地提权	可在处理器“系统管理模式”中安装 rootkit	1997～2010 年生产的 Intel x86 处理器
ARM	CVE-2015-4421	本地提权	获得 root 权限，可通过 ret2user 技术利用该漏洞	华为海思 Kirin 系列
AMD	CNVD-2013-14812	拒绝服务	微码没有正确处理相关指令及事务，导致拒绝服务	AMD CPU 16h 00h - 0Fh 处理器
Broadcom	CVE-2017-6975	代码执行	处于同一 WiFi 网络中的攻击者可利用该漏洞在设备使用的博通 WiFi 芯片(SoC)上远程执行恶意代码	iPhone5-7、Google 的 Nexus 5、6/6P 及三星的 Galaxy S7、S7 Edge、S6 Edge 等大量设备
Intel	CVE-2017-5689	权限提升	可以远程加载执行任意程序，读写文件	Intel 管理固件版本包括 6.x, 7.x, 8.x 9.x, 10.x, 11.0, 11.5 和 11.6
Intel	CVE-2017-5754	越权访问	低权限用户可以访问内核的内容，获取本地操作系统底层的信息	1995 年之后除 2013 年之前的安腾、凌动之外的全系 Intel 处理器
Intel/ AMD	CVE-2017-5753/ CVE-2017-5715	信息泄露	在云服务场景中，利用 Spectre 可以突破用户间的隔离，窃取其他用户的数据	1995 年之后除 2013 年之前的安腾、凌动之外的全系 Intel 处理器及 AMD、ARM、英伟达的芯片产品
Intel	CVE-2018-5407	信息泄露	可允许攻击者从同一 CPU 内核中获取其他进程中的加密数据，包括密码、加密密钥等	在 Skylake 和 Kaby Lake CPU 系列上已得到了确认
Intel	TLBleed	信息泄露	可允许攻击者监听到 TLB 信息，然后还原密钥	Skylake 、 Coffee Lake 、 Broadwell 等 CPU 系列
ARM/ Intel	Spectre-NG	代码执行 信息泄露	允许攻击者访问并利用虚拟机(VM)执行恶意代码，进而读取主机的数据，窃取诸如密码和数字密钥之类的敏感数据，甚至完全接管主机系统	影响型号范围未准确披露

由于 CPU 处于计算机的底层核心，因此其漏洞具有隐蔽性强、危害性大、损害面广的特点。

隐蔽性强：CPU 是最底层的计算执行终端，其内部结构对上层是透明的，因此其漏洞的隐蔽性很强，非从事 CPU 安全的人员很难捕捉到该类漏洞。

危害性大：由于 CPU 的特权层级比操作系统还要低一级，因此利用 CPU 漏洞可以获得比操作系统漏洞更高的权限。特别是在互联网“云”概念普及的时代，利用 CPU 漏洞可以实现诸如虚拟机逃逸、突破虚拟机隔离等危害性较大的操作。

损害面广：由于 CPU 是计算的基本组件，因此计算设备，如 IOT 设备、PC、服务器、嵌入式设备等都需要 CPU 组件，通常一个 CPU 漏洞会危及大量的设备，实现跨行业、跨领域的损害。

2）工业控制系统漏洞成为关注焦点

2018 年 4 月，据国家工业信息安全发展研究中心监测，我国有 3000 余个工业控制系统（Industrial Control System, ICS）暴露在互联网上，其中 95%以上有漏洞，可以轻易被远程控制，约 20%的重要工控系统可被远程入侵并完全接管，面临巨大安全风险[26]。

工业控制系统遭受攻击的事件近年来不断被曝出，其中最具代表性的是 2010 年震网病毒（Stuxnet）的爆发，Stuxnet 是首个针对工业控制系统的蠕虫病毒，利用西门子公司控制系统（SIMATIC WinCC/Step7）存在的漏洞感染数据采集与监控系统（Supervisory Control and Data Acquisition，SCADA）。该病毒以破坏伊朗布什尔核电站设备为目标。Stuxnet 同时利用微软和西门子公司产品的 7 个最新漏洞进行攻击，最终造成伊朗的布什尔核电站推迟启动。类似的事件还包括 2016 年 12 月，黑客利用 Industroyer 病毒袭击了乌克兰电网控制系统，造成乌克兰首都基辅断电超过一小时，数百万户家庭被迫供电中断，电力设施损毁严重。攻击者利用西门子 SIPROTEC 设备中的漏洞 CVE-2015-5374，使目标设备拒绝服务，无法响应请求。2019 年 3 月，委内瑞拉发生大规模停电事故，包括首都加拉加斯在内的 23 个州有约 20 个州都出现了电力供应中断，国民生产生活陷入瘫痪，国家接近崩溃边缘，目前事故原因尚无定论，委内瑞拉总统公开指责美国使用高技术武器攻击能源供应系统。

工业控制系统漏洞呈现出行业覆盖面广、漏洞种类多、危险系数高、漏洞个数日益增多的趋势。截至 2020 年 2 月，CNVD 共收录了工业控制系统行业漏洞 2340 多个，其中大部分漏洞来源于通信协议、操作系统、应用软件和现场控制层设备，包含缓冲区溢出、硬编码凭证、身份验证绕过、跨站点脚本等多种类型的常见漏洞，图 1.1 给出了该平台从 2010～2018 年收录的漏洞统计数据。自 2010 年的震网事件发生后，工业控制系统行业漏洞呈现爆发式增长趋势，CNVD 收录的漏洞从 2010 年的 32 个急剧增长到 2017 年的 381 个。

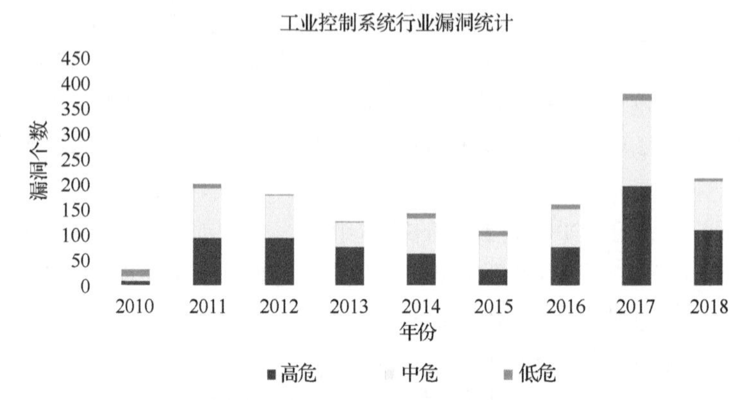

图 1.1　2010～2018 年工业控制系统行业漏洞统计

万物互联已经成为当今乃至未来时代的大趋势，越来越多的个体将被接入同一网络体系内，不仅包括智能穿戴、智能家居等生活中经常接触的物品，未来还将涉及商贸流通、能源交通、社会事业、城市管理等多个领域。全球领先的数据分析与商业咨询公司 Strategy Analytics 预测[27]，到 2025 年将有 386 亿台联网设备，到 2030 年将有 500 亿台联网设备。

“软件定义”之风在 IT 业界越刮越猛，从软件定义功能、软件定义计算(SDC)、软件定义硬件(SDH)、软件定义网络(SDN)、软件定义架构(SDA)、软件定义存储(SDS)、软件定义互连(SDI)到软件定义数据中心(SDDC)、软件定义基础设施(SDI)等，各种产品和技术纷纷贴上“软件定义”标签，甚至有人提出“软件定义一切(SDX)”“软件定义世界”“一切皆软件”，“软件定义”俨然成为最先进技术的代名词，未来将会看到越来越多的计算、存储、传输与交换乃至整个 IT 基础设施正在变成软件定义的。而随着软件定义的普及，这些地方必定会存在各种各样的潜在漏洞。漏洞带来的安全威胁将会更加巨大。

2. 过度同质化带来生态危机

1)同构导致环境相似

尽管多年的研究都警示软硬件单质化(software monoculture)或单一性会造成很大的安全风险，但是现在部署的大多数信息系统仍然采用一个相对静态的固定架构和大致相似的运行机制。这使得在一个系统上起作用的攻击可以既容易又快捷地适用于所有相同环境或类似配置的系统。

图灵-冯·诺依曼可计算架构或等效架构是Cyber空间占绝对统治地位的处理架构，市场经济法则、垄断行为又造成网络空间多样性匮乏，导致网络空间技术和系统架构同质化倾向严重，信息系统架构体制和运行机制的静态性、确定性、透明性和相似性成了最大的“安全黑洞”，因为一旦存在的“漏洞或后门”被攻击者利用就会造成持续的安全威胁。在全球化的大环境下，网络空间生态环境非常脆弱，信息装置对未知技术缺陷或漏洞后门特别敏感，现有的基于精确感知的防御体系一旦缺乏先验知识就无法应对“未知漏洞”的威胁。即使是基于大规模用户“共识机制”的区块链技术可能也未曾考虑到，Wintel联盟占有桌面终端和操作系统80%以上的市场，Google公司的Android系统占有70%以上的移动终端市场等产业或市场割据方面的因素。一旦这些软硬件的漏洞后门被蓄意利用，加之授时定位服务的全球覆盖，突破“51%的共识门限”并非是不可逾越的屏障。

2) 重用导致基因相似

代码重用至少包含集成第三方库、借鉴开源代码以及自身历史代码的继承等三种方式。

心脏出血漏洞(Heartbleed)，是一个出现在加密程序库OpenSSL的程序错误，首次于2014年4月披露，该程序库广泛用于实现互联网的传输层安全(Transport Layer Security，TLS)协议，包括中国的阿里巴巴、腾讯、百度等大型网站纷纷中招。

许多国产浏览器，如360、傲游、世界之窗、UC、搜狗等都是使用的开源内核，因此一旦开源内核发现漏洞，国产浏览器也将面临安全风险。具体统计信息见表1.2。

表1.2 采用开源内核的浏览器

国产浏览器	开源内核
猎豹安全浏览器	1.0～4.2版本为Trident+Webkit，4.3版本为Trident+Blink
360安全浏览器	1.0～5.0为Trident，6.0为Trident+Webkit，7.0为Trident+Blink
傲游浏览器	傲游1.x、2.x为IE内核，3.x为IE与Webkit双核
世界之窗浏览器	最初为IE内核，2013年采用Chrome+IE内核
搜狗高速浏览器	1.x为Trident，2.0及以后版本为Trident+Webkit
UC浏览器	Blink内核+Trident内核

由于操作系统代码注重向后兼容，导致一段漏洞代码片段所涉及或可能影响的版本广泛，从Windows操作系统的长老漏洞到Linux操作系统的破壳漏洞。漏洞影响的版本覆盖范围广泛，时间跨度长久。

长老漏洞：Windows 操作系统自 1992 年开始就存在着一个本地提权漏洞，可使黑客攻击者获得系统最高控制权，从而轻易破坏和禁用任何安全软件，包括反病毒软件、防火墙、主动防御软件、沙箱和还原系统等，也可以用于绕过 Windows Vista/Windows 7 的使用者账户控制(User Account Control，UAC)保护，或者在服务器网站上提升权限，控制整个网络服务器，直接威胁到政府、企业、网吧以及个人计算机用户的信息安全。该漏洞潜伏了 18 年之久，影响包括 Windows NT 4.0、Windows 2000、Windows XP、Windows 2003、Windows Vista、Windows 7、Windows Server 2008 等在内的所有 Windows 操作系统版本。

破壳漏洞：2014 年 9 月 24 日 Bash 被公布存在远程代码执行漏洞，该漏洞潜伏 10 年以上，会影响目前主流的 Linux 和 Mac OS X 操作系统平台，包括但不限于 Redhat、CentOS、Ubuntu、Debian、Fedora、Amazon Linux、OS X 10.10 等平台。该漏洞可以通过构造环境变量的值来执行想要执行的攻击代码脚本，漏洞会影响到与 Bash 交互的多种应用，包括超文本传输协议(HyperText Transfer Protocol，HTTP)、OpenSSH、动态主机配置协议(Dynamic Host Configuration Protocol，DHCP)等。这个漏洞将严重影响网络基础设施的安全，包括但不限于网络设备、网络安全设备、云和大数据中心等。特别是 Bash 广泛地分布和存在于设备中，其消除过程具有“长尾效应”，且易于利用其编写蠕虫进行自动化传播，同时也将导致僵尸网络的发展。

1.2 内生安全问题的不可避免性

如今人类社会已进入数字经济时代，数据增长呈爆炸式发展。一方面，人们的生产和生活都越来越离不开软件程序和信息设备，生活中需要应用各种社交软件和终端，生产中需要用到各种控制系统。特别是随着智能设备和物联网的发展，人们触手可及的地方都有软件程序和信息设备，可以说人们已经被各种信息系统所包围并被淹没在呈几何级数扩张的数据世界中。另一方面，随着网络技术和信息技术的发展以及云计算/大数据时代的来临，各种涉及国计民生的事务也越来越依赖于关键信息基础设施、信息服务系统和相关的数据资源，可以毫不夸张地说，网络空间基础设施、服务系统以及数据资源的破坏可以影响一个国家的政治、经济和军事运作机制，甚至事关网络空间国家主权和数据资源的有效掌控等战略性问题。

随着软硬件产品越来越丰富，智慧功能越来越复杂，软硬件代码的数量越来越庞大，不可避免地会出现各种各样的设计缺陷。这些设计缺陷在别有用心的黑客眼里就是攻击信息系统的利器——漏洞。另外，由于信息系统越来越重要，基于某些政治、经济和军事方面的原因，越来越多的设备或者系统被安装后门和预置漏洞，越来越多的高级持续性威胁(Advanced Persistent Threat，APT)攻击不断涌现，漏洞后门成为信息系统的安全之殇，给维护或保障网络空间安全带来了极大的挑战。回顾信息技术和社会信息化发展历程，一方面信息系统设计缺陷或漏洞后门问题人类至今仍未找到杜绝和完全管控的办法，另一方面基于漏洞后门的网络攻击业已成为人们这个时代政治、经济和军事利益博弈的新战场。因此，在全球化大背景下，随着软硬件信息产品越来越丰富，功能越来越复杂，供应链越来越开放，设计缺陷会越来越多，各种预置的漏洞和后门也将层出不穷。

实践表明存在这样的一个规律，即对于同一个系统，其漏洞会随着时间的推移不断出现，而不是一次性全部被发现。这是由于人们的安全认知水平和技术能力具有时代局限性，所以一些漏洞在当前认知水平和时间尺度下不会被发现或暴露，需要随着人们认知水平和技术能力的提高而逐步被发现。同理，由于不同群体或者不同个人的认知水平、技术能力和资源掌控程度也是大不相同，所以漏洞的暴露范围也同样具有局限性。与漏洞的无意性质及被利用性前提不同，后门是蓄意设计或预留的隐匿功能(尤其是硬件后门)。通常具有很强的伪装性和指向明确的目标，且触发或注入方式多种多样，除了可以利用宿主系统正常的输入输出通道激活和升级功能外，还可以利用声波、光波、电磁波、红外辐射等非传统的侧信道方式穿透物理隔离屏障实现内外部信息的隐密交互。其“里应外合”式的协同攻击特性往往使得传统的安全防护体系如同虚设或使目标系统“被单向透明”，甚至可以轻易对宿主系统造成“一击毙命”的永久性损坏。无论在防御难度或直接毁伤能力方面都远远高于依赖注入技术的漏洞的影响。总之，未知漏洞后门就像一个个不知道埋藏位置、不知道引爆方式的地雷一样，始终是高悬网络空间安全之上的“达摩克利斯之剑”。

1.2.1 存在的必然性

漏洞和后门总是时不时地被人们发现，从来也没有间断过。根据统计规律来看，漏洞的数量与代码数量存在一定的比例关系，随着系统复杂性的增加、代码数量的增大，漏洞数量也必然随之增加。因为各类软硬件工程师在编写代码的过程中，每个人的思维存在差异，对设计规则的理解不可能完全一致，在合作过程中也会出现一定的认识偏差；另外，每个工程师都会有自己的编码习惯和思维，因此随着代码数量的增加和系统功能的复杂化，逻辑漏洞、配置漏洞和编码漏洞等各种各样的漏洞就会被带入最终的应用系统。同时，由于全球化经济的发展和产业分工的专门化、精细化，集成创新或制造成为普遍的生产组织模式，各种产品的设计链、工具链、生产链、配套链、服务链等供应链条越来越长，涉及的范围和环节越来越广、越来越多，不可信或可信性难以精确掌控的供应链给安全管控带来了极大的挑战，也给漏洞和后门的预埋植入提供了众多的机会。这些非主观因素引入系统的漏洞或人为预埋进入系统的后门，不论从技术发展角度还是从利益博弈角度来解释，其出现都是必然的，且难以避免。

1. 复杂性与可验证性的矛盾

随着现代软硬件产业的发展，为了保证产品质量，测试环节在软硬件生命周期中所占的地位已经得到了普遍重视。在一些著名的大型软件和系统公司中，测试环节所耗费的资源甚至已经超过了开发。即便如此，不论从理论上还是工程上都没有任何人敢声称杜绝了软硬件中所有的逻辑缺陷。

一方面，代码数量和复杂性的持续增长，导致对验证能力的需求急剧上升，然而现阶段所具备的验证能力还不足以跟上代码复杂性导致的需求增长；另一方面，代码验证对未知且不可预期的安全风险也不具备验证能力，而越是复杂的代码，其出现不可预知漏洞的可能性就越大。因此导致了代码复杂性与可验证性之间的矛盾。此外，验证规则自身的完备性设计在理论上也未能得到根本性的突破，而且随着验证对象代码量的急剧膨胀，验证规则的全局实施在工程上往往变得难以实现。

1) 代码复杂性增加了漏洞存在的可能性

软硬件的漏洞数量与代码行的数量等特性相关，一般认为代码规模越大，功能越复杂，漏洞数量就会越多[28]。首先，从直观上来说，代码行数的显著增加通常会导致代码结构更加复杂，潜在的漏洞数量增多。其次，从程序逻辑上来看，复杂代码相比简单代码逻辑关系更加错综复杂，出现逻辑漏洞和配置漏洞的概率会更大。例如，在浏览器、操作系统内核、CPU、复杂 ASIC 这样的代码中，经常被发现在复杂的同步和异步事件处理上出现竞态问题。最后，复杂或者更为庞大的程序开发对开发人员驾驭复杂代码的能力提出了更高的挑战，开发人员技术与经验水平参差不齐，在架构设计、算法分析、编码实现中难免出现漏洞。

2) 有限的验证能力难以应对

目前的验证能力存在至少三个方面的问题：一是漏洞类型复杂多样，精确建模、统一表达存在相应困难，在漏洞特征要素的归纳、提取、建模、匹配等各方面的能力尚有待提升，二是从分析问题的可计算性、实现算法的可伸缩性上看，现有代码程序分析方法在满足路径敏感、过程间分析、上下文相关的条件要求下，对代码程序进行路径遍历、状态搜索的过程中普遍遇到路径爆炸、状态空间爆炸等问题，从而难以达成高代码覆盖率、遍历测试的分析目标。此外，随着信息系统日趋复杂，系统间复杂层次关联、动态配置管理、演化衍生伴随等特点带来的各种新问题，对于系统漏洞的发现、分析、验证提出了更高的挑战。在这三个方面因素的综合作用下，复杂性持续增加与可验证能力有限之间的剪刀差矛盾更为凸显，漏洞后门的查找发现也更为困难。

2. 供应链管理的难题

经济全球化和生产分工精细化大背景下，“设计、制造、生产、维护、升级”等环节被视为完整供应链来安排和部署。整个供应链上的每一个环节都可视为构成最终产品的一块“木板”，但是最终产品的安全性却会因为其中的一块“短板”而出现问题。随着全球化的快速发展和生产分工越来越精细，产品供应链的链条越来越长，涉及范围越来越广，供应链的管理显得越来越重要却又越来越困难。由于供应链涉及的链条环节众多，所以供应链也就成为暴露攻击面最多的地方，备受攻击者的青睐，如社会工程学攻击、漏洞攻击、后门预埋等各种各样的攻击方式都可以在供应链中找到实施的地方。例如，苹果公司的XcodeGhost事件，由于Xcode的某版本编译器被预埋了后门，导致由该版本编译器编译产生的所有程序都具有预置的漏洞，使得漏洞开发人员能够随意地控制运行这些程序的系统。因此，如何保证来自全球化市场、商用等级、非可信源构件的可信性成为非常棘手的问题。

1）供应链安全的重要性

随着越来越多的涉及国计民生的产品和服务依赖于网络提供与发布，国家安全与网络安全越发密不可分，正如习近平主席所指出的那样，“没有网络安全就没有国家安全”。因此各类网络产品及其供应链的安全，特别是网络基础设施产品及其供应链的安全，对网络空间乃至国家安全都具有至关重要的作用。

例如，在美国的“量子”项目中，美国正是利用其在IT供应链上的先行者角色和市场垄断地位，在全球布控其监视系统。斯诺登事件不断曝光的材料显示，美国利用其在芯片、网络设备和技术等领域的核心竞争优势，在出口的电子信息产品中预埋漏洞、后门或控制、隐匿漏洞信息传播，实现对全球的网络入侵和情报获取，增强其全球布控和监视能力。2020年2月，西方媒体爆料，从上世纪70年代开始，美国中央情报局（CIA）和德国联邦情报局秘密收购了瑞士加密公司 Crypto AG，该公司为大约 120 个国家提供通信加密设备，美国从窃听行动中获取了大量情报。

由此可见，如果一个国家能够掌握产品供应链更多的环节，尤其是不可替代的核心环节，则其在网络空间安全上能占据战略主动权包括制网权，至少现在的状况可以支持这一论点。

2) 供应链管理的困难

供应链难于管理的地方主要在于链条的开放性并且涉及环节众多，不可能采取理想的封闭模式实施精确管控。在全球化和生产分工精细化趋势不可逆转的今天，供应链只会越来越长，涉及的范围会越来越广，可管理性的挑战会越来越大。

(1) 供应链风险与全球化趋势的矛盾。供应链的风险主要源于供应链环节太多和供应链涉及的范围太广。环节越多、涉及范围越广，暴露的攻击面也就越大，不可控因素也就越多，风险随之相应增高。因此，供应链安全要求缩短产品供应链的环节和范围，理论上封闭的供应链才能保证供应链的攻击面尽可能少暴露。但是，随着社会的发展，全球化趋势已经无可避免，封闭意味着落后。同时，随着科学技术的不断发展和知识的累积，人们很难做到对知识和技术的全面掌握，因此专业化和社会分工的精细化也就成为必然。全球化、专业化和分工精细化必然导致供应链的开放性、多元性、协作性和可信性不能确保的基本态势。

(2) 供应链风险与基础设施安全的矛盾。美国在其发布的《全球供应链安全国家战略》里提到，信息技术和网络的发展是供应链风险发生的一个重要原因；美国国家标准与技术研究院(National Institute of Standards and Technology，NIST) 在《网络空间供应链风险管理最佳实践》里提到，基础设施安全是供应链风险管理的重要对象。

电子信息技术和互联网技术的发展，解决了人们社会交往受地域限制的局限，处于世界各个角落的人们可以便利地实时互动；随着物联网的发展，商品从研发、生产、运输、存储、销售到使用维护的全过程都越来越依赖于网络；工业互联网的兴起，从产品市场需求分析、产品设计定型到生产工艺设计、流程规划组织和质量控制等全过程都将随网络元素的导入而发生革命性改变。因此，网络基础设施作为现代社会几乎一切活动的基础，需要高度的可控性与可信性。然而，网络基础设施自身就属于软硬件类的信息产品，其设计、生产、销售和服务等整个过程与其他产品一样，安全性受制于供应链的可信性，很难设想以可信性不能确保的软硬构件搭建的网络基础设施能够保证其上层应用的安全性。

当前技术条件下，供应链的风险可控与网络基础设施的安全可信本质上是相互矛盾的。

3. 现有理论与工程水平无法解决

从认识论角度观察，漏洞似乎是信息系统与生俱来的，必然与信息系统全生命周期终生纠缠。局限于现有科学理论与工程技术水平，漏洞的发现还缺乏系统性的理论和完备的工程基础，往往表现为一个偶然现象，还无法做到对所有漏洞的预先发现和处理。

软件出现漏洞的概率目前无法评估，卡内基·梅隆大学的 Humphrey[29]曾经对近 13000 个程序进行了多年研究，认为通常专业编码员每编写一千行的代码，就会产生 100～150 个错误。按照这个数据推论，具有 160 万行代码的 Windows NT 4 操作系统，就可能产生不低于 16 万个错误。许多错误可能非常微小以至于没有任何影响，但是其中大概数千个错误会带来严重的安全问题。

1) 程序证明的困境

基于形式化方法的程序验证和分析是确保软件正确、具有可信性的重要手段。相比软件测试，基于定理证明的程序验证具有语法和语义的严格性以及与属性相关的完备性。通过程序分析的方式来证明一个软件的安全属性也是学术界研究了很长时间的问题，旨在将程序验证系统的可靠性和正确性完全建立在严格的数理逻辑基础之上。但是，现在面临的难题很多都已被证明属于停机问题，如经典的指向分析、别名分析等。随着软件规模的急剧膨胀和功能的日趋复杂，程序的正确性证明理论和方法既难以应对复杂软件的完备性分析，也无法对给定软件做出安全性证明，定理证明陷入困境。同理，硬件代码的程序证明也面临一样或类似的问题。

除了证明自身的安全，还有两个问题也很棘手，即如何证明补丁后的程序修复漏洞的正确性；如何证明源代码与编译后的可执行代码在安全属性上的一致性问题。例如，2011 年微软发布的补丁 MS11-010 是对 2010 年补丁 MS10-011 的再次修补，其原因就在于漏洞的修补并不完全，还可以构造逻辑条件再次触发此漏洞。

2) 软硬件测试的局限

作为一种检测程序安全性的分析手段，软硬件测试能够真实有效地发现代码中的各类错误，但软硬件测试也有两个方面的明显不足，就是“测不到，测不全”问题。首先，考虑所有可能输入值和它们的组合，并结合所有不同的测试前置条件进行穷尽测试是不可能的。在实际测试过程中，对软硬件进行穷尽测试往往会产生天文数字的测试用例。通常情况下，每个测试都只是抽样测试。

因此，必须根据风险和优先级，控制测试工作量。其次，程序测试很难自动覆盖整体代码，并且随着代码数量的增加和功能结构复杂化的影响，代码分支路径会爆炸性增长，在有限的计算资源与时间条件的约束下，程序测试的优良性变得难以保证。传统的白盒测试，即使走过了某条路径，也不代表这条路径上的相关问题得到了较好的测试。未覆盖的代码部分也就成为“测试盲区”，无法对该部分代码的安全性给出正确结论。即便对于已经覆盖到的代码，无论对于现在通常使用的模糊测试还是符号执行技术，测试过程也只是对于已覆盖路径在某些特定条件下的验证，并非完全性验证。最后，也是最关键的一点，测试可以证明缺陷存在，但不能证明缺陷不存在。

3）安全编程的困惑

为了提高代码安全性、减小漏洞出现概率并有效指导工程师进行安全实践，安全编程规范应运而生。作为最佳安全实践的手段之一，毋庸置疑，安全编程规范的出现促进了编码安全水平的整体提升，但其实施应用中也有很多不足。首先，作为编程安全问题的经验传承，其自身的总结、丰富、完善有一个过程，新问题的模板化会有一定的时延性，从而带来推广的滞后性，这种滞后性导致在较长时间内该类安全问题仍会在大量的编程实践中被引入。其次，编程人员水平参差不齐，刻意培养训练存在不足。有的具体规约对代码具有较为严格的逻辑和时序要求，这对于编程者了解掌握与熟练应用提出了较高的要求。最后，互联网时代行业竞争导致软硬件追求快速的版本迭代，一般而言，开发团队对于功能开发的重视程度普遍高于安全编程，因而出现代码安全质量问题的概率也在迅速增大。

4）自动化水平的制约

现有的静态分析工具包括 Coverity、Fortify 等自动查错的产品，也有 Peach 等 Fuzzing 测试套装工具。自动化工具的主要优点在于可以实现程序分析的自动化从而免去人工代码审计的巨大工作量。从目前看，自动化分析主要基于模式匹配，具有较多的误报和漏报现象，而漏洞发现是一个高度依赖积累和经验的工作，大多数的自动化工具仅能作为漏洞发现的辅助工具使用。在人机交互与自动分析精度之间取得平衡，也是自动化工具面临的一个难题。此外，漏洞发现还往往依赖于穷举算法下可以提供的处理能力，即使经济条件许可，处理时间也会达到令人完全无法忍受的程度。

综上所述，现有的漏洞发现理论和工程技术水平都有自身的缺陷，在解决软件漏洞问题方面都不够全面彻底。需要特别指出的是，即使现有的理论和工程技术也往往都是针对已知漏洞特征的分析、发现和解决。在未知漏洞问题的解决上，目前的理论和工程技术要么效费比甚微，要么完全无效。因此，漏洞问题的解决不能指望现有的基于特征提取的被动防御思维方式，需要大力发展不依赖特征的主动防御理论和技术，使信息系统具备内生的安全防御属性，通过增加漏洞后门利用难度而不是杜绝漏洞后门的方式，颠覆易攻难守的战略格局。

1.2.2 呈现的偶然性

如前所述，漏洞要么是因为编码人员的思维局限性或者编码习惯上的问题而引入系统，要么由某些利益攸关方通过各种手段预置到系统中。因此，其呈现也必然具有偶然性。纵观整个漏洞被发现的历史，虽然时不时有漏洞被发现，但是每个漏洞在什么时候被发现，是怎么被发现的，都有其偶然性，是一个无规律的现象。从认识论关于事物总是可以认识的观点出发，漏洞的存在和发现都属于必然事件，但是具体在什么时间、什么系统上和以什么样的方式呈现出来却是偶然的。这其中既有对漏洞认识的时间或时代局限性问题，也有对复杂代码完备性检查的技术能力问题。

1. 呈现时间的偶然性

如图 1.2 所示，每一个漏洞后门都具有生命周期，自其被带入系统那一天起，其发现、公开、修复、最终消亡发生的时间点、各阶段时间窗口的长度，均受到理论方法发展水平、技术工具成熟度情况、研究处置人员技能水平等多种因素的影响，具有一定的偶然性。在漏洞类型从代码漏洞、逻辑漏洞到组合漏洞的不断演进过程中，也曾发生过很多有意思的历史拐点。新的漏洞与新的漏洞类型往往是由于某个天才的灵光一闪而发现的，而新的防御方法与机制的出现又催生了新的对抗方式及漏洞类型出现。

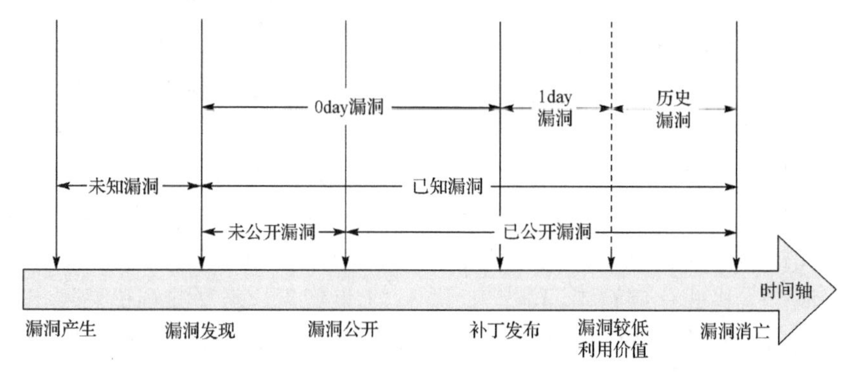

图 1.2 漏洞在各个时间阶段的名称[7]

“潜伏”于程序中的漏洞有时会历经十年以上没有被曝光(业内又称长老漏洞)，但可能因为一次意外而暴露出来，也可能随着分析工具增强了对“更深层次”路径的分析能力而被发现，也可能是一段大家都没有关注到的代码被别人偶然看到所致等。从表 1.3 可以看到，有的漏洞甚至存在了近 20 年之久才被发现，这些漏洞具有显著的“高龄”特点，反映了其在发现时间上具有很大的随机性。

表 1.3 “高龄”漏洞存在时间表

漏洞名称	漏洞编号	漏洞类型	发现时间	存在时间	影响危害
LZO 漏洞	CVE-2014-4608	缓冲区溢出	2014 年 7 月	20 年	远程攻击者可利用该漏洞造成拒绝服务(内存损坏)
长老漏洞	MS11-011	权限提升	2011 年 2 月	19 年	获得系统最高权限
本地提权漏洞	MS10-048	权限提升	2010 年 1 月	17 年	获得系统最高权限
MY 动力系统“暴库”漏洞		SQL 注入	2012 年 3 月	10 年	可导致数据库地址流出，造成网站用户隐私泄露
破壳漏洞	CVE-2014-6271	操作系统命令注入	2014 年 9 月	10 年	远程攻击者可借助特制环境变量执行任意代码
脏牛漏洞	CVE-2016-5195	竞争条件	2016 年 10 月	9 年	恶意用户可利用此漏洞来获取高权限
Phoenix Talon	CVE-2017-8890、CVE-2017-9075、CVE-2017-9076、CVE-2017-9077	远程代码执行	2017 年 5 月	11 年	可被攻击者利用来发起 DOS 攻击，且在符合一定利用条件的情况下可导致远程代码执行，包括传输层的 TCP、DCCP、SCTP 以及网络层的 IPv4 和 IPv6 协议均受影响
WinRAR 目录穿越漏洞	CVE-2018-20250	远程代码执行	2019 年 2 月	19 年	解压处理过程中允许解压过程写入文件至开机启动项，导致代码执行，攻击者可完全控制受害者计算机

漏洞呈现的时间特性反映了人们对漏洞认知的发展过程和积累过程。漏洞也许伴随一个错误的出现而被发现，也许是通过某个理论被证明，即漏洞的最终呈现往往是偶然的。以漏洞类型为公众所知(发表文献或早期漏洞编号)的时间为参考标准，图 1.3 给出了 Web 和二进制代码两方面最为常见的 9 种典型漏洞类型发现时间，说明了漏洞呈现时间偶然性的特点。其中，缓冲区溢出漏洞[30]发现时间最早，位于 20 世纪 80 年代，90 年代后，相继发现竞态漏洞[31]、SQL 注入漏洞[32]、格式化字符串漏洞[33]，进入 21 世纪后，新型漏洞仍然层出不穷，如整型溢出漏洞[34]、XSS 漏洞[35]、释放后重用漏洞[36]、服务端请求伪造漏洞[37]、PHP 反序列化漏洞[38]。

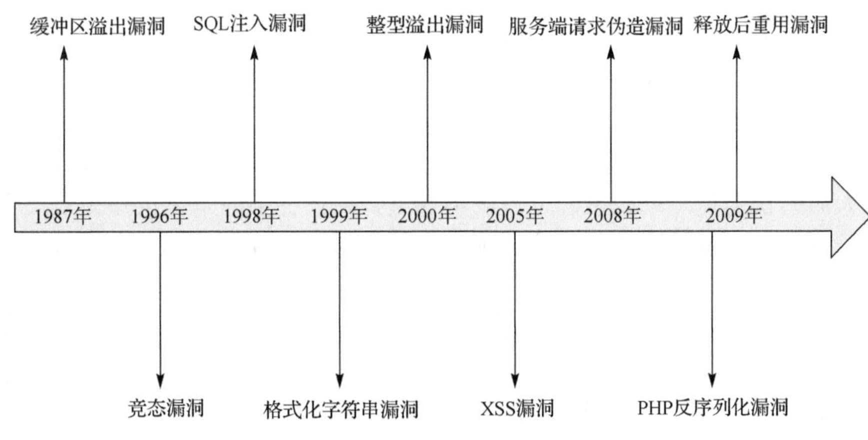

图 1.3 部分重要类型漏洞出现的时间

2. 呈现方式的偶然性

在漏洞分布的统计规律和发现暴露的时机场合等具体呈现方式上，漏洞的出现往往具有较大的偶然性。漏洞分布情况会受到来自研究热点、新品发布、技术突破、产品流行甚至经济利益等多重因素的影响，其在数量变化、类型分布、比例大小等统计特征上呈现出不规律现象。图 1.4 统计了 CNNVD 从 2012～2019 年收录的漏洞，其收录的漏洞总数为 79419 个，可以看到每年发现漏洞的数量在统计数值上具有起伏变化。

图 1.4 2012～2019 年 CNNVD 收录的漏洞分布图(来自 CNNVD 官网)

此外，1.1.2 节提到了漏洞具有 4W 特点，因此漏洞以何种方式被曝光、何时被曝光也存在极大的不确定性。从暴露方式上看，存在攻击样本捕获后分析、APT 攻击遭曝光而暴露、研究者自行公布(往往也称作不负责任的披露)、厂商公告修复、比赛中参赛选手使用曝光(如 PWN 类比赛展现的 0day 漏洞)等多种方式，因而一个具体漏洞的暴露方式具有较大的不可预知性。

1.2.3 认知的时空特性

人们的认知是一个积累的过程，不仅是约束条件下的个体认知积累，还是时间长河中人类整体认知的积淀。正如牛顿所说的，我们之所以成功是因为我们站在巨人的肩膀上。每个人的认知都具有一定的范围局限，特别是在这个数据爆炸、信息爆炸和知识爆炸的时代，没有一个人能够掌握所有方面的知识。因此，人类社会需要形成一个有层次、分领域的认知格局，才能在不同领域、不同专业方向上进行持续深入的研究，才能不断地提升人类对自然界的整体认知水平。正是这样一个从个体到整体、“以有涯随无涯”的过程使得认知具有时空特性，也决定了漏洞呈现的时空性质。

今天认为安全的系统，明天未必安全；“我”认为安全的系统，在“他”眼里未必安全；在环境 A 里面安全的系统，放到 B 环境中未必安全。这就是漏洞因认知而呈现的时空差异。

1. 量变到质变的积累过程

漏洞是一直存在的，但是漏洞的发现则具有时间属性，需要随着认知不断积累到一定程度才能使漏洞呈现出来。以 2015 年震惊世界的 Rowhammer 漏洞[39]问题为例，最初该漏洞只是由从事集成电路研究的卡内基·梅隆大学的研究人员发现的一个现象。重复性使用机器码指令 CLFLUSH 或 Cache Line Flush，能够清除缓存并强制进行读取和更新。研究人员发现，如果利用这种技术迫使内存反复读取并给一排电容充电，将会引起大量的比特产生翻转，即所谓的 Rowhammer 现象。谷歌的 Project Zero 团队作为一个安全研究团体关注到这一成果并进行深入研究发现，恶意程序可以利用比特翻转的 Rowhammering 运行未经授权的代码，该团队设计出如何使 CPU 重定向，从错误的内存地址运行代码，利用 Rowhammering 改变操作系统的内存映射的内容。来自阿姆斯特丹自由大学的四位研究人员已经在 Windows 10 上使用 Rowhammering 与新发现的一种存储重复数据删除矢量相结合的方法成功实现攻击。即使系统的补丁完全修复，并运行着各种安全加固措施，此种方式还是可以使攻击者控制操作系统。硬件供应商都试图在 DDR4 架构中引入防止或减少 Rowhammering 漏洞的缓解措施或功能，但谷歌公司以及 Third I/O 公司的研究表明，DDR4 也不能免疫 Rowhammering。

量变到质变还体现在某类信息系统应用的日趋广泛或者某类漏洞数量的增

多会引起人们更多的关注，从而发现此类信息系统的新问题，或者对某类漏洞的利用研究更加深入，引起利用技术的变革，导致该类漏洞的攻击更为流行。例如，云计算广为人们采用，于是就有人针对多租户、虚拟化特点寻找虚拟主机穿透、虚拟主机分配算法的漏洞等[40]。以数组越界为例，20 世纪 70 年代人们不检查数组越界问题，因为数组越界一般被认为是C语言的数据完整性错误，在给定计算能力条件下，自动检查这个问题会降低程序执行效力。考虑到效费比，通常的做法是将此问题留给程序编写员自行解决，并没有认识到数组越界可能会造成严重的安全危害。直到 80 年代，莫里斯蠕虫的爆发，才使人们意识到这个问题的严重性。这正好说明堆栈溢出漏洞一直存在于程序中，只是受制于人们对堆栈溢出的认知局限，只有当认知随时间发展到一定阶段，能够认识到堆栈溢出如何产生、如何造成安全危害的时候，堆栈溢出漏洞才得以呈现出来。

2. 绝对和相对的依存转化

漏洞和 Bug 转化的相对性：在软硬件工程中，人们经常谈到代码 Bug 的概念。一般认为，Bug 与漏洞的联系在于与安全相关的 Bug 才被认为是漏洞。然而，判断一个 Bug 是否与安全相关既取决于该代码运行的环境，也带有一定的主观性。也就是说对于一个 Bug 而言，存在这样的情况，在一定条件下属于 Bug，而在另外一些条件下，则属于漏洞。

此外，不存在绝对可以利用的漏洞，也不存在无法利用的漏洞。即使漏洞绝对存在也可以通过技术手段降低漏洞利用的可靠性，这已成为当今主动防御的一个重要研究方向。同理，有些漏洞目前可能没有好的利用办法，随着技术的发展，不代表未来不可以利用。有些漏洞在给定系统环境下不可以利用，不代表在另外的运行环境中不可以利用。

有些漏洞单独看是不可以利用的，但在组合条件下有可能获得新生。例如，大多数内存破坏型漏洞遭遇到地址空间布局随机化(Address Space Layout Randomization，ASLR)防护机制就难以奏效，但是如果结合一些芯片实现中的问题，这些漏洞又可以利用了。例如，2017 年初，阿姆斯特丹的 VUSec 团队[41]打造了一个 JavaScript 程序，可以轻松绕过 Intel、AMD、NVIDIA 等品牌的 22 款处理器 ASLR 保护。VUSec 所展示的这次攻击，就是利用了芯片与内存交互方式的漏洞，芯片有一个名为内存管理单元(Memory Management Unit，MMU)的部件，专门负责映射计算机在内存中存储程序的地址。为了跟踪那些地址，MMU 会不断地检查一个名为页表(page table)的目录。通常设备会将页表存储在处理器缓存中，让最常访问的信息随时可被计算核调用到一小块内存。但是，网页上运行的一段恶意 JavaScript 代码，同样可以写入那块缓存。最关键的是，它还能同时查看 MMU 的工作速度，通过密切监视 MMU，JavaScript 代码可以找出其自身地址，于是他们打造了名为 ASLRCache(AnC)的旁路攻击程序，可在 MMU 进行页表搜寻时侦测页表位置。

3. 特定性和一般性的对立统一

漏洞存在于特定的环境中，脱离具体环境谈漏洞是不科学的。每个漏洞的呈现需要特定的环境和特定的条件，例如一个远程溢出漏洞，如果在一个隔离的环境中，该漏洞就会因为不具备呈现环境而不会对系统产生影响。这就是在环境 A 里面安全的系统，放到 B 环境中未必安全的原因。一种漏洞类型或模式，源自特定系统或者软件代码，也是关于这一类型或模式普遍存在的问题。

漏洞同时也具有一般性。例如，Windows 操作系统同一版本中的漏洞肯定存在于安装这一版本的所有应用系统中，对于相似或相同的运行环境存在相似或相同的可利用条件。但是，漏洞的存在性与可利用性并不总是一致的，运行环境的差异就可能造成漏洞的不可利用性，也就是说漏洞不可利用不等于漏洞不存在。一个 bug 失去一定条件，可能不会成为漏洞。一个漏洞若失去依附的环境可能会失去可利用性，漏洞也就未必是漏洞了。这一对立统一性是不依赖特征提取的内生防御机理有效性保证的重要基础。

1.3 内生安全问题导致的防御难题

1.3.1 高可持续威胁攻击依赖的主要手段

APT 攻击，中文译作“高级持续性威胁”，它是一种智能化的网络攻击，使得相关组织或者团体能够利用先进的计算机网络攻击和社会工程学攻击的手段，对特定高价值数据目标进行长期持续性侵害的攻击形式。APT 是由美国空军的信息安全分析师于 2006 年创造的术语，一般来说，APT 具备以下三个特点。

高级：攻击者为黑客入侵技术方面的专家，能够自主地开发攻击工具或者挖掘漏洞，并通过结合多种攻击方法和工具，以达到预定攻击目标。

持续性渗透：攻击者会针对确定的攻击目标，进行长期的渗透。在不被发现的情况下，持续攻击以获得最大的效果。

威胁：这是一个由组织者进行协调和指挥的人为攻击。入侵团队会有一个具体的目标，这个团队训练有素、有组织性、有充足的资金，同时有充分的政治或经济动机。

表 1.4 列出了主要的 APT 攻击的漏洞利用情况。

表 1.4 APT 事件与漏洞

序号	APT 事件	漏洞利用情况	发生时间	影响
1	摩诃草行动	CVE-2013-3906 CVE-2014-4414 CVE-2017-8570	2009 年 11 月 2018 年 3 月甚至更早	主要窃取科研教育、政府机构领域的数据
2	蔓灵花行动	CVE-2012-0158 CVE-2017-12824 微软公式编辑器漏洞	2013 年 11 月 2018 年初	窃取国内某部委以及大型能源央企、巴基斯坦政府和人员情报
3	Patchwork 事件	CVE-2014-4114	2014 年	窃取军事和政治机构情报
4	方程式组织	CVE-2016-6366 CVE-2016-6367	2016 年	受控 IP 及域名分布在 49 个国家，主要集中在亚太地区
5	丰收行动	CVE-2015-1641 CVE-2012-0507 CVE-2013-0640	2015 年 3 月甚至更早	窃取部分大使馆通讯录和军事外交相关的文件
6	MONSOON 事件	CVE-2015-1641	2015 年 12 月	窃取中国及一些南亚国家的大量军事情报
7	Petya 勒索病毒事件	CVE-2017-0199	2017 年 6 月	加密文件甚至导致系统崩溃
8	影锤行动		2019 年 4 月	大量升级软件的华硕电脑被植入恶意代码，并且通过匹配用户 MAC 地址实施针对特定目标的攻击
9	FruityArmor 组织	CVE-2019-0797 CVE-2018-8453 CVE-2018-8611 CVE-2018-8589	2019 年上半年	DNS 被大规模劫持
10	VPNFilter 恶意软件事件	针对 IOT 设备的多种漏洞	2018 年 5 月	主要受害国为乌克兰，影响了至少全球 54 个国家和地区的 50 万设备
11	海莲花组织	微软 Office 漏洞 MikroTik 路由器漏洞 永恒之蓝漏洞	2018 年全年 2012 年首次攻击	窃取东南亚国家、中国及其相关科研院所、海事机构、航运企业等情报
12	Darkhotel 组织	CVE-2018-8174 CVE-2018-8242 CVE-2018-8373	2018 年 5 月	窃取中国企业高管、国防工业、电子工业等重要人员和机构情报
13	iPhone 漏洞利用链事件	CVE-2019-7287 CVE-2019-7286 等 14 个 iOS 零日漏洞	2019 年 8 月	可在 iOS 10 到 iOS 12 的几乎每个版本提升攻击者权限
14	Android 零日漏洞事件	Android 媒体驱动程序 v412 中的 1 个零日漏洞	2019 年 9 月	超过 10 亿的三星、华为、LG 和索尼智能手机易受攻击，攻击者能够使用短信完全访问设备上的电子邮件

续表

序号	APT 事件	漏洞利用情况	发生时间	影响
15	WhatsApp 零日漏洞事件	WhatsApp 中的 1 个缓冲区溢出漏洞	2019 年 5 月	监听 20 个不同国家 1400 多名客户的手机，其中包括人权活动家、记者和其他人
16	Hacking Team	CVE-2018-5002	2018 年 6 月	中东地区政府相关部门

可以看出，每一次 APT 中几乎都带有 0day 漏洞，当然也包括一些 Nday 漏洞。说明漏洞已经成为 APT 所依赖的重要手段，在网络攻防中扮演着重要的角色，是撬动攻防双方博弈的非对称性的重要杠杆。

1.3.2 具有不确定性的未知威胁

已知威胁是指具有明显特征的攻击类型，可以被标签化，是可以检测到的。当然，所有的已知威胁初始都是未知威胁。包括跨站脚本攻击、暴力破解、错误配置、勒索软件、水坑攻击、钓鱼攻击、SQL 注入攻击、DDoS 等。

我们可以借用经济学的概念来描述未知威胁。在经济学中，美国人富兰克·奈特区分了风险与不确定性的关系：风险是一种人们可知其概率分布的不确定性，但是人们可以根据过去推测未来的可能性；而不确定性则意味着人类的无知，因为不确定性表示人们根本无法预知没有发生过的将来事件，它是全新的、唯一的、过去从来没有出现过的。其中已知的未知威胁就是风险，而未知的未知威胁则可以用不确定性来描述。

在基于邮件 APT 的攻击中，攻击者从前期踩点、扫描，到利用 Flash、Excel 等漏洞控制目标。在整个攻击过程中，前期的踩点和扫描均是已知威胁，工业界和学术界提出了很多种防御方法；利用漏洞的环节，其使用的 0day 漏洞和后门属于已知的未知威胁。漏洞类型已知，利用手段也不新颖，但是所利用的漏洞是未知的，这类威胁一般难以检测和防御，但通常仍然可以对其威胁进行建模并阻止。

而未知的未知威胁更多情况下是指后门和未知类型漏洞。据路透社报道，根据斯诺登泄露的文件称，受美国国家标准与技术研究院批准，美国国家安全局(National Security Agency，NSA)和加密公司(RSA)达成了价值超过 1000 万美元的协议，要求在移动终端中广泛使用的加密技术中放置后门，能够让 NSA 通过随机数生成算法 Bsafe 的后门程序轻易破解各种加密数据。如果报道属实，那么 NSA 所放置的后门可看作未知的未知威胁。因为在一个已经在数学上证明是安全的算法的实现中植入后门，是完全无法被预测的。同时也可看到，移动平台现在已经成为 APT 攻击的一个常规方面。2016 年 8 月，由以色列网络军火商 NSO 集团开发的“Pegasus”间谍工具被披露，该工具内部使用了被称为“三叉戟”的 3 个 iOS 0day 漏洞，分别是 CVE-2016-4655、CVE-2016-4656、CVE-2016-4657，只需要点击一个链接，就可以完全控制一部 iPhone，在监听使用 iPhone 的关键人物方面威力巨大。

漏洞后门作为一种非对称的网络威慑能力，是网络技术先进国家刻意追求、蓄意设计、精心储备的战略资源。这些国家必定将网络空间的科研优势适时转换为技术和产业优势，并通过技术出口、产品供给、渠道分发、服务提供和市场垄断获得“种植后门”和“隐匿漏洞”的卖方优势，进而在网络空间取得“信息单向透明和行动绝对自由”战略优势。

随着开源社区的发展，创设后门往往选择针对开源软件加入后门，OpenBSD、OpenSSL 都受到了这些质疑，以 Heartbleed 漏洞为例，这些漏洞的设置非常隐蔽、难以发掘。其次，随着软硬件技术的发展，在硬固件中设置漏洞无论是可利用资源情况还是已有技术状况都是可支撑的，2012 年 5 月，英国剑桥大学博士生 Skorobogatov 等[42]就查出 ProASIC3 芯片存在后门。尤其是，随着集成电路工艺技术的发展，单芯片晶体管数量可以轻松达到数千万至数亿甚至数十亿规模乃至更多，即使设置一个功能相当复杂的智能后门也最多占用几万乃至百万只晶体管而已，不会对目标对象标称功能性能产生任何可以觉察的影响，但是若要在这样的环境下检测芯片中的后门几乎成为不可能的事情。发表在 2016 年 10 月 7 日的《科学》杂志上的最新研究称，晶体管采用碳纳米管和二硫化钼材料，栅极长度仅为 1nm(人类头发丝直径的五万分之一)，打破了业内栅极长度不能低于 5nm 的极限。这意味着芯片后门的设置将更为容易且隐蔽，而对后门的检测或发现挑战将更难逾越。芯片尚且如此，那么组件、构件、部件、模块乃至系统或者规模更大的网络中的硬件后门问题将更令人不寒而栗。

1.3.3　传统的“围堵修补”作用有限

过去对于漏洞后门的防御手段，是以“围堵修补”为特征的。

1. 开发过程尽量减少漏洞引入，但疏漏在所难免

为了在开发阶段尽可能减少漏洞引入，微软提出安全开发周期(Security Development Lifecycle，SDL)的管理模式来指导软件开发过程。SDL 是一个安全保证的过程，它在开发的所有阶段都引入了安全和隐私的原则。并且从 2004 年起，SDL 一直都是微软在全公司实施的强制性策略。但是 SDL 的实施、运维成本十分昂贵，目前只有巨头公司实际在用。

除 SDL 方法以外，人们还开发了一些轻量级的工具来帮助减少编码时引入一些常见漏洞，包括诸如 Clang Static Analyzer 之类的基于编译器的源码分析工具。该工具是开源编译器前端 clang 中内置的针对 C、C++和 Objective-C 源代码的静态分析工具，能提供涵盖常规安全漏洞(缓冲区溢出、格式化字符串等)的检查。另外，gcc 编译器支持-Wformat-security 选项，可用于检测源码中的格式化字符串漏洞。运行这些插件选项的编译器一旦检测到漏洞，就会发出警告，通知软件开发人员可疑漏洞位置，然后开发者对可疑代码进行查找定位、分析确认后，可修改并消除漏洞。

当然，无论采取上述哪种手段方法，这种在开发阶段对漏洞的“围堵”在确实能够有效消除部分问题的同时，也仍会留下不少“漏网之鱼”。

2. 在测试阶段运用挖掘手段自查，但仍疲于补洞

漏洞挖掘经历了人工挖掘、模糊测试、符号执行、智能挖掘等技术的发展。早期，漏洞挖掘主要依赖于人工逆向分析，耗时耗力、难以规模化。接下来，模糊测试方法通过随机变异生成样本来测试程序，提高了漏洞挖掘的自动化程度，成为工业界普遍接受的方法。目前著名的模糊测试工具有 SPIKE、Peach Fuzzer、AFL 等。面向高代码覆盖率的测试要求，针对模糊测试固有的盲目性问题，安全人员又提出了符号执行的技术[43-46]，符号执行技术将输入符号化，通过符号表达式来模拟程序的执行，遇到条件分支时，收集约束条件并求解出两个分支对应的输入，从而获得输入与路径的对应关系，并且有效提高了测试过程的代码覆盖率。代表性的工具有微软的 SAGE(Scalable Autorated Guided Execution)[47]，应用该工具微软发现了自身软件的大量漏洞。近期，随着机器学习等技术的发展，智能化方法在漏洞挖掘领域的应用成为近年来的研究热点。例如，针对污点传播类型的漏洞，德国的 Yamaguchi 等[48]提出利用机器学习自动提取漏洞模式；针对高代码覆盖率的样本构造问题，微软提出利用深度学习来加强模糊测试方法，该实验结果表明与 AFL 相比，针对 ELF 和 PNG 的解析器测试覆盖率提高了 10%。

尽管厂商和安全研究人员致力于不断提升自身的漏洞挖掘能力，并在测试阶段采取了自行“查缺补漏”的模式。但是，在软件发布后厂商经常面临不少第三方提交的漏洞等待修补。此外，近年来出现了很多野外漏洞利用工具进行定向攻击的案例，大量 0day 漏洞在地下广为流传。

3. 不断完善漏洞利用缓解措施，但对抗从未停止

既然无法根除漏洞，安全人员试图采取缓解措施，增加漏洞利用的难度。

漏洞利用与缓解技术一直是漏洞攻防研究的热点，但是在漏洞攻防领域往往是“道高一尺魔高一丈”。一种缓解措施产生，往往会催生一种绕过技术。

以 Windows 平台下栈保护技术攻防两端的对抗过程为例，如表 1.5 所示。最早在 Visual Studio 2002 引入/GS 保护 1.0 版本，在函数 prologue 中插入安全 cookie，然后在 epilogue 中检查 cookie，如果发现不一致则终止程序的执行。2003 年 Litchfield[49]提出通过结构化异常处理(Structured Exception Handing，SEH)覆盖旁路的办法。随后在 Visual Studio 2003 开始引入 GS 保护选项 1.1 版本，加入 SafeSEH 保护机制。2010 年 Berre 等提出伪造 SEH 链表方式绕过 SafeSEH 保护。为了防止栈中的 ShellCode 执行，引入了数据执行保护(Data Execution Prevention，DEP)[50]，若执行的代码位于不可执行内存页，将抛出异常，终止进程。为了绕过 DEP 保护，催生了返回导向编程(Return Oriented Programming，ROP)[51]技术，即通过利用代码段已有的代码片段来实现 ShellCode 的功能。为了防止攻击者准确找到 ROP gadgets，Windows 引入 ASLR 机制，将 DLL 加载基地址随机化。为了精确定位，攻击者发明了信息泄露的方法，泄露出 DLL 加载基地址以后再精确定位 ROP gadgets。

在近年来的 Pwn2Own 黑客大赛中，不断进行漏洞缓解措施加固的最新版本的 Windows、MacOS 和 Ubuntu 操作系统，仍然可以被黑客绕过防护并获得系统最高权限。说明虽然漏洞缓解措施增加了漏洞利用的难度，但是仍然无法彻底阻挡漏洞利用成功。

表 1.5 Windows 平台栈保护攻防博弈

漏洞缓解措施	绕过技术
GS cookie 保护	覆盖 SEH handler 的方法
SafeSEH 保护	伪造 SEH 链表的方法
DEP 保护	ROP 技术
ASLR 技术	信息泄露方法

4. 精心设计白名单等检测机制，但绕过防护案例时有发生

除了在降低漏洞数量、增加漏洞利用难度等方面不断发力，安全人员还希望对漏洞利用主体进行限制。精心设计的白名单是一种基于特征的检测机制，在默认情况下，未进入白名单的程序不能运行，数据也不能通过，但随之也出现了许多白名单的绕过技术。

例如，从 Vista 起，Windows 引入了用户访问控制机制(User Access Control，UAC)，当程序对计算机进行更改时需要用户进行确认。UAC 采用白名单机制选择信任的应用程序，但在 Windows 7 上，攻击者可以利用已进入白名单程序

的 DLL 劫持漏洞来绕过 UAC 保护。Windows 8.1 限制了部分 DLL 劫持，但又找到了新的可被劫持的 DLL。Windows 10 对更多的 DLL 劫持进行限制，但仍不能完全杜绝，又出现了通过程序卸载接口绕过 UAC 的方法。还有一些安全防护软件，也采用白名单策略，只允许白名单中的应用在终端上运行。如 Bit9，但其自身易受攻击，Metasploit 曾发布针对 Bit9 Parity 6.0.x 的 DLL 注入攻击载荷，除此以外，Bit9 等厂商曾经遭受过入侵，导致密钥泄露，使得自身的数字签名证书被绕过。一些安全防护软件，比如 Bit9 安全防护软件，采用白名单策略，即只允许白名单中的应用在终端上运行，而不在白名单中的应用则禁用。

1.4 感悟与思考

历经了基于模式匹配的特征搜索、基于结构数据的模糊测试、基于穷尽方式的遍历查找等技术的探索，对于代码实现缺陷类的漏洞，人类尚且陷入于路径搜索能力强化与样本空间构造优化的提升困境中，更毋庸说对于逻辑漏洞和后门设置等更为复杂问题求解的重重困惑。谨慎“怀疑一切”的认知使得我们更加清醒地意识到“漏洞无处不在、后门无法避免”的严峻现实。面对软硬构件供应链可信性不能确保、产业生态环境有毒带菌、设计缺陷能被恶意利用的难解迷局，如何刻画系统的风险并确保系统的安全可信本身就是一个极具挑战的课题，不仅需要打破常规的解题思路，提出创新的理论体系，更亟待颠覆式的技术发明和扭转战略格局的解决方案。

1.4.1 基于不可信组件构造可信系统

在全球化大趋势下，开放式、协作化的创新链和产业链正成为人类技术开发、现代生产活动的基本模式，仅凭一国之力几乎不可能做到供应链层面的彻底自主可控与安全可信；软硬件设计缺陷导致的漏洞问题，目前在理论和技术上尚无有效的解决办法，试图想从根本上杜绝此类问题也违背人类认知和科技发展阶段性的客观规律。这意味着无论从理论上、技术上还是经济上，都不可能完全保证网络空间构成环境内无内生安全问题，即“无毒无菌”几乎不可能成为可实现的愿景。一个很自然的推论，就是如何变换问题场景和解题思路，在网络空间“有毒带菌”的条件下，实现有安全保障的“沙滩建楼”，缓解“已知的未知”风险和“未知的未知”威胁挑战。这就需要跳出传统架构下“亡羊补牢”修复式防御思维定式，使得信息装备的安全性不再过度依赖元件、器件、组件或个体形态的软硬件设计、制作、运行和管理环节的“自主可控”程度与安全可信水平，就是要使信息系统在一定程度或约束条件下能够包容软硬构件“有毒带菌”的现状，无论对随机性故障还是网络攻击都有很好的稳定鲁棒性和品质稳定性。

1.4.2　从构件可信到构造安全的转变

前面已经谈到，从理论层面讲内生安全问题不可能彻底消除，从工程技术层面讲漏洞后门也难以杜绝，单纯地追求软硬构件的自主可控、安全可信，不可能彻底解决未知威胁问题。因此，必须转变“威胁精确感知和精准移除”的解题思路，在构件自身可信性不能确保的今天，需要通过创新的体制机制和系统构造的内生安全效应，来规避或瓦解基于构件供应链可信性不能确保的内生安全问题引发的不确定威胁，并能自然地融合现有安全技术成果，显著地提升网络空间安全防御能力。需要着重考虑的是，技术发展和产品开发要能在全球化的开放环境中进行，最少的依赖封闭环节和保密手段，能够在技术上全面支撑安全管理制度的有效落实，需要什么样的内生安全体制和机制才能保障，内生安全功能应当具备哪些基本特征，我们将在本书 6.9 节给出内生安全体制和机制的技术框架及其基本特征，并在 7.8 节中指出，基于创新的动态异构冗余构造能够很好地实现所期望的内生安全体制和机制。

1.4.3　从降低可利用性到破坏可达性

通常，安全技术往往聚焦于单一实体处理空间或虚拟多空间环境下的共享资源机制，致力于漏洞的可利用性缓解工作，设法改变漏洞利用过程所依赖的脆弱性条件，将静态处理变成动态处理、将单一实体空间变成虚拟化的多空间、将缺乏过程验证的处理加上严格的行为状态校验认证手段、通过破坏攻击可达性将高危漏洞变换为低危漏洞或不可利用漏洞等，但这些手段都被证明在一定条件下是可以绕过的，尤其在漏洞后门被组合应用或已经被病毒木马渗透情况下这些防护手段几乎无效。例如，指令地址和数据地址的动态性对于“里应外合”的网络攻击就很难发挥效用。可利用性缓解措施之所以面临这样的困局，关键问题之一是单一空间共享处理资源机制下的威胁认知或环境虚拟化缺乏必要的独立性，自身安全问题很难自我发现与避免；其次是，没有物理隔离或时空不相关的防御界限，存在被攻击者绕过或旁路的可能，一旦突破就可能全线失守。

1.4.4　变换问题场景是解决问题之道

基于上述认识，能否不再局限于单一处理空间共享资源机制下的解决思路，而是借助可靠性技术的异构冗余构造效应达成变换问题场景克服差模干扰的预期：一是，使目标系统具有功能等价条件下的异构冗余空间属性，只要异构度足够大并赋予必要的时空约束条件，任意子空间中由独立内生安全问题引发的差模扰动都不会使系统功能失去稳定性。二是，即使各个子空间中的异构或独立漏洞都可以成功利用，但由于多模表决机制下攻击者难以达成多元空间协同一致的共模攻击，故而很难影响系统功能的鲁棒性。三是，防御的有效性不以威胁特征信息感知为先决条件，仅取决于构造效应内生的安全机制。四是，目标系统防御功能与服务功能可一体化的实现。最根本的是，要将防御的重点从破坏或扰乱漏洞的可视性、可达性和可利用性，转移到形成目标系统多元空间共模攻击的时空与内容一致性难度上来，即将现有的“单一目标可独立攻击”的场景变换为非配合条件下多元目标协同一致的攻击场景，以便获得类似可靠性技术中的“差模纠正，共模抑制”之功能效果。

需要指出的是，由于漏洞内涵丰富、外延广泛，关于目标系统特定功能本身引入的漏洞以及人类固有思维惯性或认知的时代局限性造成的相同设计(工程实现上的)缺陷问题，不属于本书重点讨论的范畴。

参考文献

[1] Dorothy E. Cryptography and Data Security. New Jersey: Addison-Wesley,1982.

[2] Bishop M, Bailey D. A Critical Analysi of Vulnerability Taxonomies. Sacramento: University of California, Davis，1996.

[3] Krsul I V. Software Vulnerability Analysis. West Lofayette: Purdue University,1998.

[4] Shirey R. Internet Security Glossary. USA: IETF,2007.

[5] Stoneburner G,Goguen A,Feringa A, et al. Risk Management Guide for Information Technology Systems. USA：National Institute of Standards and Technology,2002.

[6] Gattiker U E. The Information Security Dictionary.New York: Springer,2004.

[7] 吴世忠, 郭涛, 董国伟, 等. 软件漏洞分析技术. 北京：科学出版社，2014.

[8] Wikipedia. Computation.https://en.wikipedia.org/wiki/Computation. [2016-12-12].

[9] Tesler L G. Networked computing in the 1990s. Scientific American, 1991, 265(3): 86-93.

[10] Abbott R P, Chin J S, Donnelley J E, et al. Security analysis and enhancements of computer operating systems. Security Analysis & Enhancements of Computer Operating Systems, 1976.

[11] Bisbey R, Hollingsworth D. Protection Analysis Project Final Report. USA: Southern

California University Information Sciences Institute, 1978.

[12] Aslam T. A Taxonomy of Security Faults in the UNIX Operating System. West Lafayette: Purdue University, 1995.

[13] Neumann P G. Computer-Related Risks. New Jersey: Addison-Wesley, 1995.

[14] Cohen F B. Information system attacks:A preliminary classification scheme. Computers and Security, 1997, 16(1): 26-49.

[15] Krsul I, Spafford E, Tripunitara M, et al. Computer vulnerability analysis. Coast Laboratory, 1998.

[16] Landwehr C E. A taxonomy of computer program security flaws. ACM Computing Surveys, 1994, 26(3): 211-254.

[17] Bishop M. A Taxonomy of UNIX System and Network Vulnerabilities. University of California, Davis,1995.

[18] Du W, Mathur A P. Categorization of software errors that led to security breaches// The 21st National Information Systems Security Conference, 1998: 392-407.

[19] Jiwnani K, Zelkowitz M. Susceptibility matrix: A new aid to software auditing. IEEE Security & Privacy, 2004, 2(2):16-21.

[20] 奇安信威胁情报中心. 全球高级持续性威胁(APT)2019 年报告. https://ti.qianxin.com/uploads/2020/02/13/cb78386a082f465f259b37dae5df4884.pdf. [2020-02-18].

[21] https://en.wikipedia.org/wiki/Pentium_FDIV_bug. [2016-12-12].

[22] https://en.wikipedia.org/wiki/Pentium_F00F_bug. [2016-12-12].

[23] https://www.intel.com/content/www/us/en/security-center/advisory/intel-sa-00075.html. [2016-12-12].

[24] Lipp M, Schwarz M, Gruss D, et al. Meltdown. arXiv preprint arXiv:1801.01207, 2018.

[25] Kocher P, Genkin D, Gruss D, et al. Spectre attacks: Exploiting speculative execution. arXiv preprint arXiv:1801.01203, 2018.

[26] 半月谈. 当心！95%工业控制系统有漏洞，面临巨大安全风险. https://baijiahao.baidu.com/s?id=1598969320353507893&wfr=spider&for=pc. [2020-02-16].

[27] 暴走通信. 物联网和联网设备达到 220 亿台，但收益在哪里？. https://baijiahao.baidu.com/s?id=1634289492007203002&wfr=spider&for=pc. [2020-02-16].

[28] 聂楚江, 赵险峰, 陈恺,等. 一种微观漏洞数量预测模型. 计算机研究与发展, 2011, 48(7): 1279-1287.

[29] Humphrey W S. Personal software process (PSP). Encyclopedia of Software Engineering, 2002. DOI: 10.1002/0471028959.sof238.

[30] Pincus J, Baker B. Beyond stack smashing: Recent advances in exploiting buffer overruns. IEEE Security & Privacy, 2004, 2(4): 20-27.

[31] Bishop M, Dilger M. Checking for race conditions in file accesses. Computing Systems, 1996, 9(2):131-152.

[32] Halfond W G, Viegas J, Orso A. A classification of SQL-injection attacks and countermeasures//Proceedings of the IEEE International Symposium on Secure Software Engineering, 2006, 1: 13-15.

[33] Shankar U, Talwar K, Foster J S, et al. Detecting format string vulnerabilities with type qualifiers//USENIX Security Symposium, 2001: 201-220.

[34] Wang T, Wei T, Lin Z, et al. IntScope: Automatically detecting integer overflow vulnerability in x86 binary using symbolic execution// Network and Distributed System Security Symposium, NDSS 2009, San Diego, California, USA, DBLP, 2009.

[35] Duchene F, Groz R, Rawat S, et al. XSS vulnerability detection using model inference assisted evolutionary fuzzing//2012 IEEE Fifth International Conference on Software Testing, Verification and Validation (ICST), 2012: 815-817.

[36] Feist J, Mounier L, Potet M L. Statically detecting use after free on binary code. Journal of Computer Virology and Hacking Techniques, 2014, 10(3): 211-217.

[37] Deral Heiland. Web portals, gateway to information or hole in our perimeter defenses. https://www.doc88.com/p-384368730132.html. [2020-02-16].

[38] CVE. Zend Framework Zend_Log_Writer_Mail 类 shutdown 函数权限许可和访问控制漏洞. http://cve.scap.org.cn/CVE-2009-4417.html. [2016-12-12].

[39] Kim Y, Daly R, Kim J, et al. Flipping bits in memory without accessing them. ACM SIGARCH Computer Architecture News, 2014, 42(3): 361-372.

[40] Ristenpart T, Tromer E, Shacham H, et al. Hey, you, get off of my cloud: Exploring information leakage in third-party compute clouds// ACM Conference on Computer and Communications Security, CCS 2009, Chicago, Illinois, USA, 2009:199-212.

[41] Gras B, Razavi K, Bosman E, et al. ASLR on the line: Practical cache attacks on the MMU. NDSS, 2017.

[42] Skorobogatov S, Woods C. Breakthrough silicon scanning discovers backdoor in military chip// International Workshop on Cryptographic Hardware and Embedded Systems, Berlin: Springer, 2012: 23-40.

[43] Boyer R S, Elspas B, Levitt K N. SELECT: A formal system for testing and debugging programs by symbolic execution. ACM SigPlan Notices, 1975, 10(6): 234-245.

[44] Clarke L A. A program testing system// Proceedings of the 1976 Annual Conference, ACM, 1976: 488-491.

[45] de Moura L, Rner N. Satisfiability modulo theories: Introduction and applications. Communications of the ACM, 2011, 54(9):69-77.

[46] Cadar C, Engler D. Execution generated test cases: How to make systems code crash itself. Lecture Notes in Computer Science, 2005, 3639:902-916.

[47] Godefroid P, Levin M Y, Molnar D. SAGE: Whitebox fuzzing for security testing. Queue, 2012, 10(1): 20.

[48] Yamaguchi F, Maier A, Gascon H, et al. Automatic inference of search patterns for taint-style vulnerabilities// 2015 IEEE Symposium on Security and Privacy (SP), 2015: 797-812.

[49] Litchfield D. Defeating the stack based buffer overflow prevention mechanism of microsoft Windows 2003 server. http: //blackhat.com. [2016-12-12].

[50] Andersen S, Abella V. Data execution prevention: Changes to functionality in Microsoft Windows XP Service Pack 2, Part 3: Memory protection technologies. http://technet.microsoft.com/en-us/library/bb457155.aspx. [2016-12-12].

[51] Checkoway S, Davi L, Dmitrienko A, et al. Return-oriented programming without returns// Proceedings of the 17th ACM Conference on Computer and Communications Security, ACM, 2010: 559-572.

第2章

网络攻击形式化描述

随着网络攻击与防御技术的不断发展，攻击行为表现出不确定性、复杂性和多样性的特点，攻击活动在朝着大规模、协同化和多层次方向发展。对于网络攻击的研究，需要建立客观科学的描述方法才能准确地进行特征分析，把握住一般性的规律，进而给出总体性的防御策略。目前，对于网络攻击行为没有通用的科学理论模型进行刻画，现有的理论模型都是针对特定场景或某些类型的攻击提出的。网络攻击行为的科学描述是分析网络攻击机理，建立网络防御一般性理论的前提和基础。本章试图总结目前存在的主流网络攻击形式化描述方法，针对动态异构冗余的复杂网络环境提出网络攻击形式化分析的一些初步的建议。在后续章节中，尽管本章的内容并未直接应用，但是对于基于目标对象内生安全问题发起的网络攻击机理研究，网络空间防御策略的制定，以及网络攻击防御机制的设计具有重要的指导意义和参考价值。

攻击树、攻击图、攻击网等方法是较早出现的经典网络攻击建模方法，它们主要是描述攻击者从网络终端到网络节点，从网络节点到网络节点，并最终攻击到目标网络设备的反复渗透过程。无论如何，该过程的每一次渗透体现为对网络主体(路由器或终端设备等)的成功攻击，这些网络主体是攻击者从整个网络体系中有意识地筛选出来的脆弱节点或终端。上述方法针对的场景相对简单，很难应用于大规模网络环境复杂的攻击行为描述，也无法对网络攻击过程或防御效果做出定量分析。攻击表面(Attack Surface，AS)理论[1,2]是近年来出现的一种针对网络攻击与防御能力的较为科学的评估方法。与通常基于漏洞后门或软硬件脆弱性来分析网络攻击的方式不同，攻击表面理论则是以外界进入系统内部的所有可能的接口、通道和不可信数据来刻画潜在的攻击，并结合经验数据给出攻击表面的度量。但是，防御方为了提高目标对象安全性，往往会有意识地部署和运行动态变化的网络与系统，使得攻击表面可以利用的资源发生不确定性改变，从而实现攻击面的转移，这种情况下静态的攻击表面理论将不再适用。移动攻击表面(Mobile Attack Surface，MAS)理论[3]是攻击表面理论的一种扩充，目的是在攻击面转移条件下能够对网络攻击过程建立起描述和度量的方法。为应对诸如 APT 等复杂网络攻击，往往需要在目标环境中导入动态性、异构性、冗余性等元素以及闭环反馈控制机制以增强系统鲁棒性或防御能力，这时 AS 或 MAS 理论都难以描述和度量这样的目标环境，需要创建新的描述和度量方法。本章最后一节提出一种从原子攻击行为、组合攻击过程两个层面研究网络攻击的建模思路和方法，用以揭示动态异构冗余闭环控制环境对网络攻击的作用机理。通过对主流原子攻击行为进行分类建模，描述并度量网络攻击行为所针对的漏洞和后门、所依赖的前提条件、知识输入以及攻击成功后的获利概率。

2.1 传统网络攻击形式化描述方法

对于网络攻击，学术界很早就期望能对其进行科学的描述以把握规律找出有效的防御措施。网络攻击建模的方法很多，典型方法包括攻击树、攻击图、攻击网等，文献[4]对这些方法进行了详尽的阐述，本节相关内容的介绍很多引用了文献[4]中的原文，方便起见，不再一一标注说明。

2.1.1 攻击树

攻击树的概念是由 Schneier[5]提出的，是一种使用树形层次结构来描述网络攻击的目标、子目标的建模方法。攻击树模型重点考虑了系统的安全状况，能够描述导致系统安全故障的全部事件集合。

攻击树是多层结构的，包括根节点、叶节点、子节点，根节点的下级是子节点或者叶节点，子节点的下级也是子节点或者叶节点。在层次结构中，树的根节点表示攻击的最终目标，叶节点表示各种可用的攻击方法，根节点和叶节点之间的中间节点表示攻击的子目标。同一父节点的子节点之间的关系可能是“或”“与”“顺序与”三种关系之一。其中“或”关系表示任一子节点目标的实现都可以导致父节点目标的实现；“与”关系则表示所有子节点目标的实现才可以导致父节点目标的实现；“顺序与”关系表示所有子节点目标的按顺序取得才可以导致父节点目标的实现。图 2.1 表示了攻击树层次结构和节点之间的关系。

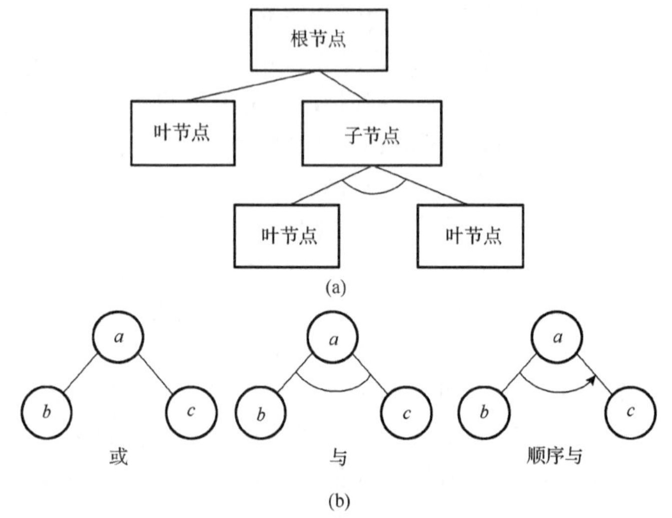

图 2.1　攻击树层次结构和节点之间的关系

攻击树模型提供了一种面向目标的描述多阶段网络攻击的便利方法。攻击树以最简单的形式确定实现最终目标的子目标，所有攻击点都可以划分到“与”“或”序列中，从中可以找出相关和不相关的攻击条件。各攻击点可以通过设置权值来反映其攻击成功的概率。使用攻击树描述网络攻击可以分为三个阶段：首先针对特定网络系统和攻击类型生成攻击树；然后为树中各节点赋予一定的值；最后推导计算得到定性或定量的安全指标。

攻击树形式化描述的方法很多，这里介绍采用BNF(Backus Naur Form)——系统规范语言来描述攻击树。该系统规范由 Garshol [6]建立，通过引入形式化符号来描述给定语言的语法。BNF 系统规范描述语言是一种分级的类型描述语言，所有类型可以通过扩展关键字来继承其他类型定义的属性。父类型的属性默认地传递给子类型，同时这些属性可以被重新定义。类型名由一个标识符和一个命名空间组成，命名空间主要用来辅助组织和划分实体类。命名空间的元素在语法结构上与 Java 语言类似。系统规范描述遵循一定的命名惯例，通常定义实体类的标准名称如 computer 和 application 等。使用已定义的类型来定义实际系统、网络或主机的实例。实体声明的主体部分确定实体在类型声明中定义的属性。实体本身也可以作为属性，用于系统和子系统建模。

攻击树中的节点可以用一个由唯一标识符和一系列系统属性定义的描述模板来表示。描述模板包括描述属性（description property）、前提条件（precondition）、子目标（subgoal）和后验条件（postcondition）等。描述属性主要用于描述任意的攻击特征。前提条件包括系统环境和配置属性，它影响攻击是否能成功实现。前提条件主要包含本地系统变量和参数说明。子目标不同于前提条件，它们是系统入侵前的若干目标。也就是说，对于前提条件，攻击者要尽可能地收集其中有利的成分，以便执行特定的攻击程序。而对于子目标，攻击者要实现最终目标就必须先实现各个子目标。后验条件就是在攻击事件发生后，系统和环境中最终的状态。网络和主机的状态可能会发生变化，也可能表现为被攻击节点生存能力的改变。

2.1.2 攻击图

攻击图模型最初在 1998 年由 Phillips 和 Swiler 提出[7]，其利用图论对网络攻击进行描述，图中包含攻击者从攻击起始点到达其攻击目标的所有可能路径。攻击图提供了一种可视化的方法来表示攻击过程。在模型中，将攻击的状态和攻击者的攻击动作分别对应于图的节点和边。基于目标网络的配置信息、拓扑结构和攻击方法集合，利用攻击图的生成算法，就可以得到一种类似于有限状态机的结构图。攻击图本质上是攻击者能够使目标系统特定安全属性遭受破坏的攻击预案的集合。一种攻击预案是一条由多个原子攻击组成的攻击路径，攻击者可以根据该攻击路径从攻击初始状态一步步地达到其攻击目的。攻击图的构建还考虑了各种攻击动作之间的逻辑与时序关系。攻击图方法既能为防御者刻画攻击者的行为模式，帮助其进行防御，也能够为攻击者提供优化的攻击策略。

攻击图中的状态变迁（边）就对应各种原子攻击，从网络系统整体来分析，原子攻击事件带有随机性因素，是一个概率事件，受漏洞利用的难易程度、先验知识多少、扫描结果可信度等影响。攻击路径的总成功概率取决于攻击者成功实施各种原子攻击的概率，原子攻击概率取值可以通过专家综合评估得到。把原子攻击概率的值赋予攻击图中的边中，通过计算每条攻击序列的总成功概率就可以找到最易被利用的攻击序列。

攻击图的构造是该模型的关键环节，早期研究中攻击图都是手工分析完成的。随着网络拓扑结构的复杂化和目标对象漏洞的增加，依靠手工构造攻击图已经变得不可行。利用模型检测器自动生成攻击图就成为主流的方法，该类生成方法的效果受模型检测器表达能力的制约，常用的模型检验工具有 SMV、

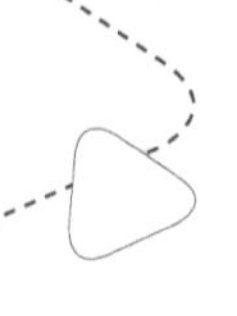

NuSMV、SPIN 等[8-12]。在具体构造中，可以先使用这些模型检测工具的输入语言将网络攻击事件模型进行抽象，并利用计算树逻辑的方法描述相应的安全属性，从模型检验工具的输出得到攻击路径图。

2.1.3 攻击网

攻击网[13]是面向攻击者建立的模型，本质上是一种特殊类型的攻击图。攻击网由攻击状态集、攻击方法集、节点关系等构成。攻击网模型为攻击者进行决策提供服务，攻击者可以根据需要生成一套完整的攻击方案。攻击网可以使用类似于 Petri 网[14]的图形化方法表示，称为攻击网图。一个典型的攻击网图如图 2.2 所示，图中圆圈代表攻击状态，方块代表攻击方法。攻击网图反映了各种攻击方法之间的逻辑关系。对给定的一个攻击网，攻击网图中以圆圈代表的每个状态表示攻击过程中所达到的攻击状态，所有状态节点构成状态集。攻击网图中以方块代表的变迁节点表示攻击方法，而变迁节点的输入节点代表了攻击方法的使能状态，输出节点代表了攻击方法所达到的新状态。攻击网图中的每个变迁节点对应一个攻击方法的实例。模型中的有向弧集代表了攻击方法与攻击状态之间的关系。

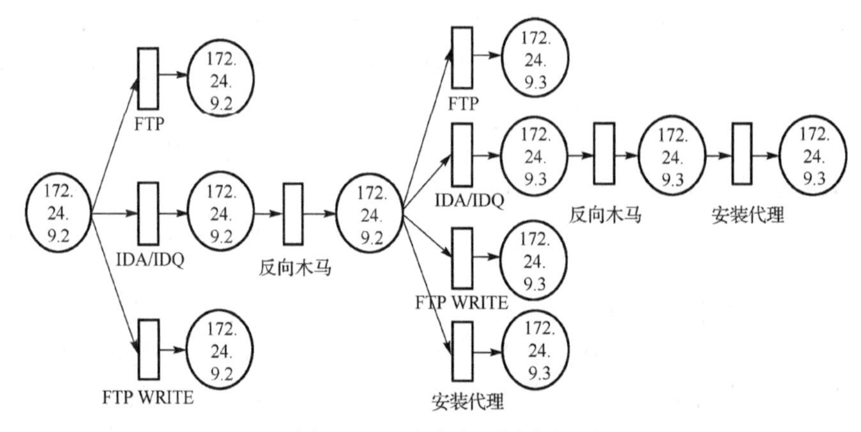

图 2.2　一个攻击网图实例

网络攻击行为是一个状态→攻击方法→状态不断交替的过程。攻击方法的实施和攻击状态的变化构成了网络攻击的过程。攻击网模型体现了各种网络攻击方法成功实施的前提条件和各种网络攻击方法之间的逻辑关系。攻击网模型主要描述了可以实施的各种攻击方法的逻辑和时序关系，体现了网络攻击的过程特性，而攻击网模型运行时标记的分布则表征了攻击过程动态运行的过程。

攻击网是一种基于 Petri 网的攻击模型，可以用 Petri 网的相关理论来进行攻击网的分析研究。基于 Petri 网的攻击网模型是目前最适合描述协同攻击的模型。Petri 网基本构造十分简单，但它具有严密的数学背景和易于理解的图形特征。Petri 网由库所(Places)、变迁(Transitions)和流关系(Flow relation)这三个结构组成[15]。Places 用一个圆圈来代表，表示当系统迁移时的状态或条件，Transitions 用条目或方块表示，用来描述可能改变系统状态的事件。Places 和 Transitions 之间的关系用 Flow relation 的集合表示。Flow relation 是指用于连接 Places 和 Transitions 的单向连线，两种相同结构不可以相连。

攻击网模型可以指导攻击者实施网络攻击，帮助攻击者进行攻击前的推演、攻击方案的选择。在此模型基础上可进行关于网络攻击如何展开的相关分析，包括可达性分析、攻击方案分析和攻击方法的时序性分析。

2.1.4 几种攻击模型的分析

现阶段网络攻击呈现出不确定性、复杂性和多样性，而且攻击活动向大规模、协同化和多层次方向发展，因此对防范和维护工作的要求也越来越高，需要对攻击行为有正确的认识和描述，然后建立有效的形式化模型，才能定性或定量地分析攻击行为。攻击树、攻击图和攻击网模型的分析方法都有自身的特点与优势，但是针对的场景相对简单，很难适用于当前大规模、复杂的网络攻击。

攻击树模型的优点是简单直观、容易理解，具有较好的实用性。攻击树模型也存在一些问题，如攻击行为和结果都用节点表示，并没有进一步区分，可能会造成混乱，而且无法有效地处理对于节点的频繁修改和扩展等问题。与攻击树模型相比，基于 Petri 网的攻击网模型对攻击行为和结果进行了区分，解决了节点扩展等问题，而且增加节点可以不改变原有结构。攻击网的变迁也能很好地表达攻击树中节点所能表达的逻辑关系，而采用基于 Petri 网的图表示更适于直观地展现漏洞及其产生原因，复杂 Petri 网中增加令牌着色后更增强了模型的描述能力。然而，攻击网图表示很容易增长到无法在纸张上显示的大小。攻击树和攻击网都侧重于描述攻击过程所包含的各种攻击行为之间的联系，没有将攻击行为和对目标系统状态所造成的影响区分开，也没有将攻击的危害与系统的安全要求结合起来，而安全预警通常是与目标系统的安全需求紧密相关的。因此，攻击树和攻击网均不宜直接应用于攻击检测和预警系统。

攻击图方法虽然能为防御者刻画攻击者的行为模式，帮助其进行防御，也能够为攻击者提供优化的攻击策略。然而攻击图需要大量准确的输入参数，这在应用上很多时候是不现实的，而且模型对攻击方法的表述过于简单，很难

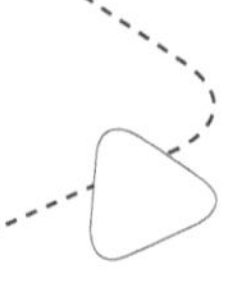

刻画攻击方法之间的复杂逻辑关系[11]。还有，攻击图的生成本身就是一个技术难点，随着网络规模的扩大和网络漏洞的迅速增多，需要开发专门的模型检测工具对网络状态进行自动分析。

2.2 攻击表面理论

为了对网络攻击和系统资源的关系进行科学评估，有学者提出了攻击表面理论[1,2]，定量刻画了网络攻击。有些针对系统的攻击(如利用缓冲区溢出的攻击)，是通过从系统操作环境发送数据到系统实施的。还有些针对系统的攻击(如符号链接攻击)发生在系统向操作环境发送数据的过程中。在这两种类型的攻击中，攻击者通过系统通道(如 socket)进入系统并调用系统方法(或程序)发送数据项到系统或者从系统接收数据项。攻击者也可以通过使用共享的持久性数据项(如文件)，间接地和系统实现数据的传递。因此，攻击者可以利用系统的方法、通道和操作环境中的数据项来攻击系统。在这里把系统方法、通道和数据项作为系统资源，基于系统资源定义系统的攻击表面。通俗地讲，一个系统的攻击表面是指攻击者可以用于发动攻击的系统资源的子集。其度量的大小表明攻击者可能对系统破坏的程度，以及攻击者造成这种破坏所需投入的努力。一般来说，攻击表面越大，这个系统就越不安全，其安全性就越难保障。因此，可以通过减小系统的攻击表面来减轻系统安全风险。不过，这一理论并不适用功能等价条件下的多元异构协同工作环境。

2.2.1 攻击表面模型

为了说明攻击表面理论，考虑下面的模型。假定有一个系统集合 S、一个用户 U 和一个数据存储区 D。对于一个给定的系统 $s \in S$，将其环境定义为一个三元组 $E_s = \langle U, D, T\rangle$，其中 $T = S \setminus \{s\}$ 是系统集合 S 将 s 排除在外的集合。系统 s 与环境 E_s 会发生相互作用。图 2.3 描述了系统 s 和它的环境 $E_s = \langle U, D, |s_1, s_2|\rangle$。例如，$s$ 可以是一个 Web 服务器，s_1 和 s_2 分别是一个应用程序服务器和一个目录服务器。

每个系统 s 都包括一个通信信道(channel)集合，是用户 U 或任何系统 $s_1 \in T$ 与 s 进行通信的路径。信道的具体实例有传输控制协议(Transmission Control Protocol，TCP)/用户数据报协议(User Datagram Protocol，UDP)套接字和命名管道。用户 U 和数据存储区 D 被模型化为 I/O 自动机。用户 U 和数据存储区 D 对于 S 中的系统是全局的。

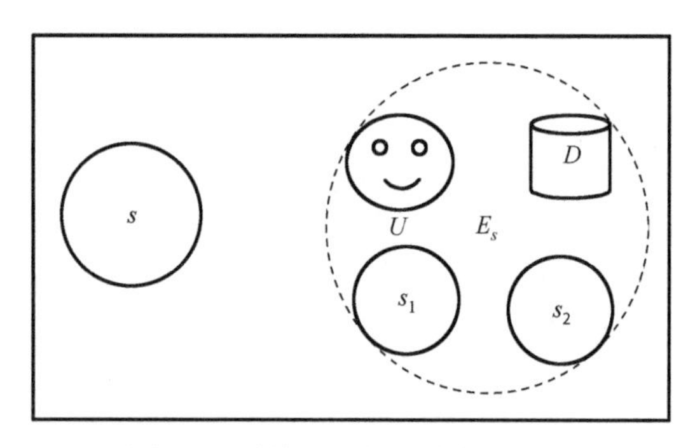

图 2.3　系统 s 及它的系统环境 E_s

假定系统的资源和特性保持不变，并且目标系统对于攻击者总是可达的。从攻击者的角度而言，许多对软硬件系统的攻击需要将数据发送到系统或从系统接收数据。所以，系统的入口点和出口点是攻击的基础。一个系统的入口点可视为一个输入方法(method)，数据通过该方法，从外部环境进入系统。相应地，出口点可以视为数据从系统发送到外部环境中的方法。攻击者可以通过系统的入口点和出口点、通道和不可信的数据项发送数据到系统中(或从系统接收数据)来攻击系统。数据存储区 D 包含永久数据项和临时数据项，其中文件、Cookie、数据库中的记录等属于永久数据项。用户 U 可以利用永久数据项间接地向 s 发送(或接收)数据，因此永久数据项是向 s 发起攻击的另一个基础。如果 s 的入口点可向数据区 D 一个永久数据项 d 读取数据，或者 s 的出口点可以向 d 写入数据，那么 d 称为不可信数据项。这些因素都属于攻击表面，是相关资源的子集。但不是所有的资源都属于攻击表面，且不同的资源对攻击表面度量的贡献不尽相同。资源对攻击表面度量的贡献由该资源用于攻击的可能性决定。

于是将系统的方法、通道、数据项全部表示为系统资源，从而可以用系统资源定义系统的攻击表面(图 2.4)。系统的攻击表面是指攻击者可用于发动攻击的系统资源的子集。攻击者可以利用入口点和出口点之集 M，通过通道集 C 以及不可信数据项集 I，向系统发送数据或从系统获取数据，从而攻击该系统。因此，M、C 和 I 即为攻击表面相关资源的子集。对于给定系统 s 及其环境，可定义 s 的攻击表面为三元组 $\langle M, C, I\rangle$，其中 M 是 s 的入口点和出口点的集合，C 是 s 的通道集合，I 是 s 的不可信数据项集合[16]。

为了度量一个系统的攻击表面，需要鉴别与系统攻击表面相关的资源，并确定每种资源对系统攻击表面度量的贡献。如果攻击者可以利用某个资源对系统进行攻击，那么该资源属于攻击表面的一部分。资源对攻击表面度量的贡献表现为该资源用于攻击的可能性。

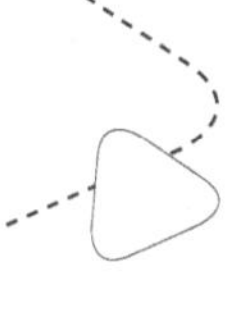

图 2.4　攻击表面模型

可以用破坏潜力与攻击成本的比率来估算资源对系统攻击表面的作用，其中破坏潜力指攻击者利用资源对系统进行攻击而造成的破坏程度；攻击成本指攻击者为获得利用资源进行攻击的必要访问权限而付出的努力[16]。

为此需要分别对每个方法 $m \in M$、每个通道 $c \in C$、每个数据项 $d \in I$ 的破坏潜力-攻击成本比率 $\mathrm{der}_m(m)$、$\mathrm{der}_c(c)$、$\mathrm{der}_d(d)$ 进行评估，其中 der 为相应的破坏潜力与攻击成本比率的函数，从而实现对系统 s 攻击表面的量化评估。系统 s 的攻击表面度量由三元组 $\langle \sum_{m \in M} \mathrm{der}_m(m), \sum_{c \in C} \mathrm{der}_c(c), \sum_{d \in I} \mathrm{der}_d(d) \rangle$ 来决定。

攻击表面度量大小并不意味着系统存在的漏洞多寡，而具有很少的漏洞也并不意味着攻击表面度量就小。较大的攻击表面度量表示：攻击者在利用存在于系统中的漏洞方面，能够以较小的代价造成系统更大的危害。从这个意义上说，更小的攻击表面是降低安全风险的明智选择。

需要指出的是，从哲学观点来看，内因是根本，外因通过内因起作用。攻击表面理论强调减少外因的影响是降低基于系统漏洞安全风险的明智选择，但是除非能彻底阻断外部影响（例如物理隔离）否则并不能解决针对系统漏洞的不确定威胁，然而这在实践中往往是行不通的。更为严重的是，如果系统中存在后门或高危漏洞，即使攻击表面只有一丝缝隙也可能给系统造成很大危害。显然，缩小攻击表面并不能决定系统安全风险的高低。作者完全不同意攻击表面理论的最后结论，因为无视或降低内因作用都是违背哲学精神的。不过，也得到了一个有益的启迪：如果使攻击表面视在的系统可利用资源不再是静态、确定、相似的，则有可能降低安全风险。

2.2.2　攻击表面理论缺陷

移动目标防御(Moving Target Defense，MTD)[17]技术体现了网络空间安全游戏规则的新理念和新技术，旨在通过引入不确定性，部署和运行随机化的网络与系统，大幅提高攻击成本，改变网络防御的被动态势。具体方式包括在平台、网络、软件、数据等层面采取多类型的动态化、随机化技术，增加系统目标的不确定性，破坏攻击者实施攻击的前提条件。这些机制通过不断改变攻击表面的资源或改变各种资源的作用，实现了攻击表面的转移。如果攻击者所依赖的资源已经消失或改变，则原来成功实施的攻击方法将不再有效。这一问题规避思路相对传统防御技术路线是个进步。

但是，攻击实践表明，理论所提出的攻击表面度量指标对于评估攻击表面发生转移(动态变化)的情况并不完全适用，需要引入新的评测体系，原因如下。

(1)当前评测指标基于“攻击表面保持不变”的前提，与动态变化的系统实际情况不符。

(2)攻击的可达性已经成为不确定性问题，因为攻击者无法控制攻击数据包正确地导向到选定的目标。这与之前的“目标攻击表面对于攻击者而言总是可达的”的理想假设前提相悖。

2.3　移动攻击表面

直觉上，防御者可以试图改变系统资源或者修改资源贡献以减小攻击表面来提高系统安全性。然而，不是所有修改都能减小攻击表面。对于系统资源或资源贡献的修改会导致攻击表面的转移，动态的攻击表面已经不能再用原来的攻击表面理论来分析。例如，某种攻击是依赖于被移除(修改)的资源，过去成功的攻击也许就不能再实施了。然而，这个转移过程中很可能增加新的资源到攻击表面，因为我们并不能确保新的资源中没有内生安全问题，从而这一改变也许会为新的攻击提供便利。也就是说，攻击者要么需要花费更高的代价才能维持原有的攻击能力，要么对转移的攻击表面去尝试新的攻击方法。移动攻击表面(MAS)[3]就是试图针对转移的攻击表面进行分析和量化而提出的理论。尽管尚不能准确地对移动攻击表面给出攻击成功的概率，但毫无疑问，移动攻击表面能够显著地增加成功攻击的难度[16]。

2.3.1　移动攻击表面定义和性质

给定一个系统 s 和它的环境 E，s 的攻击表面是三元组 $\langle M,C,I\rangle$，属于 s 的攻击表面的资源集合记为 $R_s = M \cup C \cup I$。给定 s 的两个资源：r_1、r_2，$r_1 \succ r_2$ 表示 r_1 对攻击表面所做的贡献要比 r_2 大。假定修改 s 的攻击表面 R_0，将获得一个新的攻击表面 R_n，那么再假定一个资源 r 对 R_0 的贡献为 r_0，对 R_n 的为 r_n。基于上述假设，可以对攻击表面转移进行定义[3]。

定义 2.1 给定一个系统 s 和它的环境 E，s 原有的攻击表面为 R_0，s 新的攻击表面为 R_n，如果至少存在一个资源 r，满足 $r \in (R_0 \setminus R_n)$ 或者 $r \in (R_0 \cap R_n) \wedge (r_0 \succ r_n)$，那么称 s 的攻击表面发生转移。

如果 s 的攻击表面发生转移，那么利用 s 原有攻击表面实施的某些攻击在 s 新的攻击表面上就无法运行。假设系统和环境使用 I/O 自动机模型刻画，可以为 s 和它的环境之间的交互建立一个并行组合的模型，即 $s \| E$。由于攻击者通过发送数据给系统或者从系统中接收输入来攻击系统，则任何对组合 $s \| E$ 的调用并包含 s 的输入/输出动作都是对 s 的潜在攻击。假定 attacks(s, R) 表示针对 s 的所有潜在的攻击集合，其中 R 为 s 的攻击表面。在 I/O 自动机模型中，如果 s 的攻击表面从 R_0 转移到 R_n，考虑到相同的攻击者和环境，一些在 R_0 上潜在的攻击对于 R_n 将会失效。例如，如果从攻击表面移除一个资源 r，或者减少 r 在转移过程中对攻击表面的贡献，那么针对 s 的新的攻击就不会再利用 r（图 2.5）。

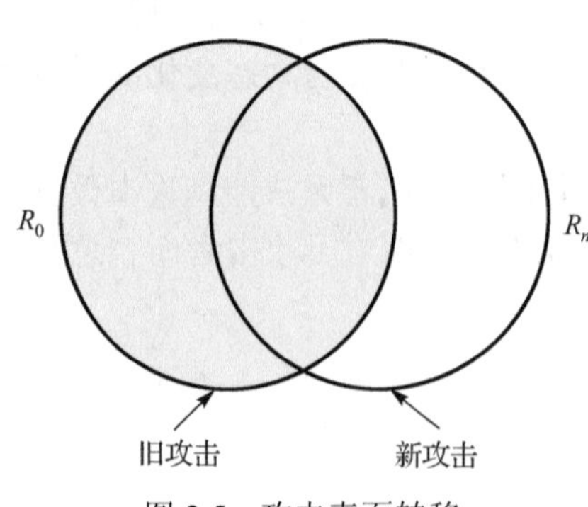

图 2.5 攻击表面转移

定理 2.1 给定一个系统 s 和它的环境 E，如果 s 的攻击表面从 R_0 转移到新的攻击表面 R_n，那么 $\text{attacks}(s, R_0) \setminus \text{attacks}(s, R_n) \neq \varnothing$。

上面只是对移动攻击表面定性的解释，下面对攻击表面的转移进行量化。

定义 2.2 给定一个系统 s 和它的环境 E，s 原有的攻击表面 R_0 和它新的攻击表面 R_n，那么攻击表面的转移量 ΔAS 为 $|R_0 \setminus R_n| + |\{r : (r \in R_0 \cap R_n) \wedge (r_0 \succ r_n)\}|$。

在定义 2.2 中，$|R_0 \setminus R_n|$ 表示属于 s 原有攻击表面，但是被 s 新攻击表面移除的资源数；$|\{r : (r \in R_0 \cap R_n) \wedge (r_0 \succ r_n)\}|$ 表示对 s 旧攻击表面贡献比新攻击表面贡献大的资源数。如果 $\Delta\text{AS} > 0$，那么 s 的攻击表面已经从 R_0 转移到了 R_n。

2.3.2 移动攻击表面的实现方法

防御者可能用三种不同的方法来修改攻击表面。但是三种方法中只有两种属于转移攻击表面。

(1) 防御者可能通过禁用或者修改系统的特性(场景 A)来移动攻击表面或者减少攻击表面度量。禁用系统特性会减少入口点、出口点、通道和数据项的数量，从而改变属于攻击表面的资源数。这样做可以减小属于攻击表面的资源的破坏潜力与攻击成本比率。

(2) 防御者通过启用新特性并禁止旧特性来移动攻击表面。禁止某些特性可以从攻击表面移除相应资源。可能会包含三种情况：减少(场景 B)、保持不变(场景 C)或者增加(场景 D)。启用特性就是增加资源到攻击表面从而增加攻击表面度量；禁用特性会减少攻击表面中的资源，从而减小攻击表面。因此度量值整体的改变可能为负、零或正。

(3) 防御者可能通过启用新特性来修改攻击表面。新特性会增加新的资源到攻击表面从而增加攻击表面度量。然而，攻击表面并没有转移，因为原攻击表面依然存在且过去实施的所有攻击现在依然可实施(场景 E)。防御者可以通过增大现有资源的破坏潜力和攻击成本比率的方法，而不是用转移攻击表面来增加攻击表面度量。表 2.1 中总结了这些情况。

从保护的角度看，防御者对于这些情况的偏爱如下：A>B>C>D>E。场景 A 比场景 B 好，因为场景 B 增加了新资源到攻击表面而新资源可能会给系统带来新攻击。场景 D 增加了攻击表面度量，但是它在移动目标防御中可能是有吸引力的，尤其是当度量的增加很少而对攻击表面的转移很大时。

表 2.1 修改和转移攻击表面的不同场景

场景	特征	攻击表面转移	攻击表面度量值
A	禁用	是	减小
B	启用和禁用	是	减小
C	启用和禁用	是	不变
D	启用和禁用	是	增大
E	启用	否	增大

2.3.3 移动攻击表面的局限性

为应对诸如 APT 等复杂网络攻击，提高目标系统的安全性和可靠性，防御方可能需要构建动态性、异构性、冗余性的网络环境来保护目标对象。网络安全防护的实践表明，导入动态异构冗余机制通常能够显著提升系统的安全性和鲁棒性。遗憾的是，移动攻击表面理论对于动态异构冗余机制的安全防护效能并不能给出合理的解释。

如果系统具有可重构、可重组或可重建特性并拥有功能等价的软硬件冗余资源，且采用动态异构“容错”或“容侵”架构，此种场景下系统原有的规则、通道和数据并未发生任何变化，而整体的攻击表面和可利用的资源实质上却增大了。“容错与容侵”的应用实践也能证明，异构冗余架构对于基于未知漏洞后门等的攻击具有十分显著的防御效果，这与攻击表面或移动攻击表面理论“缩小攻击表面有利于安全性”的说法明显相悖。这表明针对此类对象场景需要引入新的描述方法。

2.4 网络攻击形式化描述新方法

网络安全防御的实践表明，动态异构冗余机制已成为提升目标系统安全性和鲁棒性的重要措施。为了对动态异构冗余环境下的网络攻击进行刻画，本节从原子攻击行为、组合攻击过程两个层面提出网络攻击形式化分析的新策略和新方法，并描述了网络攻击行为所依赖的前提条件、知识输入以及攻击成功概率。

2.4.1 网络攻击过程

尽管不同的学者或理论针对网络环境下主机的攻击过程描述方法不尽相同，但大致可描述成由若干个阶段组成的过程，并且某些阶段可能形成一个反复的子过程[18]，如图 2.6 所示。

大量网络安全事件表明，攻击者主要利用已知的网络弱点并经常利用不同主机弱点进行跳跃式攻击，而且通常选择一条抵抗最少的路径发动攻击，而防御者往往很难发现这样的路径。防御方希望网络主体能大幅度减少甚至阻断这样的路径，使得网络主体间呈现出均匀的高安全特性。如何定量刻画这种特性，乃至从理论上证明异构动态冗余机制的抗攻击性问题是困难的，但若能给出某些安全性定量指标的上界的话，在工程实践上也是十分有意义的。

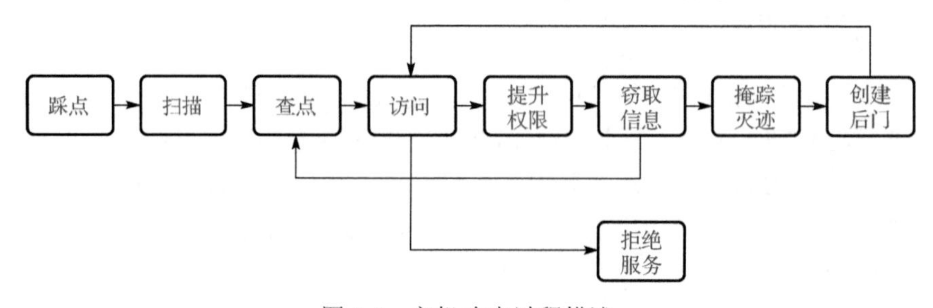

图 2.6　主机攻击过程描述

为了求解这些安全性定量指标的上界，可对传统网络和设备主体及其属性的静态性以及攻击者能力等进行合理假设。

(1) 网络主体总是处于活动状态。或者说认为攻击者完成攻击任务的时间与待机时间相比很短，或者攻击者总是选择在带漏洞的服务和应用程序开启的时候才发起攻击。实际上这一假设有时是不成立的，如晚上目标机器可能不开机，即使开机，其上的服务或应用程序也未必活动。

(2) 网络主体总是能被定位。在发起实质性的网络攻击之前，攻击者可能通过很长的时间来完成对目标主体的定位或渗透。

(3) 网络主体状态不会发生改变。由于传统信息系统的静态性、确定性和相似性攻击者需要利用的目标信息在一段时间内往往不会改变。

(4) 攻击者拥有不对称资源优势。传统信息系统遭受网络攻击体现了攻击与防御的不对称性，攻击者掌握某些漏洞知识和拥有漏洞利用的能力，而防御者对这些漏洞往往一无所知或者两者对这些漏洞的掌握具有显著的时间差。

网络攻击对网络系统的危害主要体现在对机密性、完整性、认证性、不可抵赖性和可用性等安全属性的危害，概括起来分为危害信息安全属性和网络可用性两种。由于危害的发生常常具有滞后性，系统对危害的敏感性反应也不一样，同时，又假定攻击者只要能侵入目标主机即可视为攻击成功，所以至多考虑攻击过程的前 5 个阶段即可。根据危害属性的不同进行简化和分类如下。

(1) 侵入攻击简化类，如图 2.7 所示。

图 2.7　侵入攻击简化类

(2) 拒绝服务攻击简化类，如图 2.8 所示。

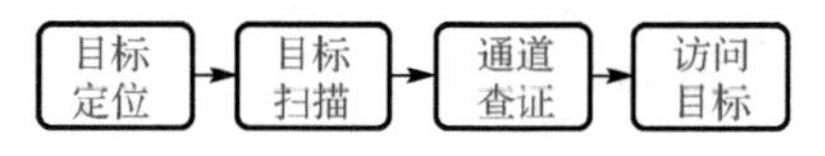

图 2.8　拒绝服务攻击简化类

拒绝服务攻击通常利用代理主机来发起攻击，代理主机的选择具有随机性，视为攻击者的随机攻击目标，代理主机的获取通过侵入攻击链来实现。在传统网络中，拒绝服务攻击一般累积到足够的代理主机后才发起攻击，因此代理主机的获取可认为在攻击准备阶段已完成。在网络攻击分析的众多模型和理论中，网络攻击的成功概率是一个关键性指标，假定在拒绝服务攻击过程中权限提升总是能够自动获取的，或者提权成功概率为 1，以便将攻击过程分析归约到侵入攻击简化类的分析，且无损于安全性定量指标上界的求解。

2.4.2 攻击图形式化描述

借鉴对某一领域内的概念及其关系的一种概念化描述[19,20]——本体定义，提取出网络攻击的攻击行为原子本体(简称原子攻击)，将各类原子本体作用在各攻击过程原子本体(简称攻击阶段)上，就形成了攻击图。攻击图实际上是攻击行为原子本体的有向图。为了便于描述，在攻击图的前端和后端虚拟两个原子攻击，即攻击开始和攻击结束，如图 2.9 所示。

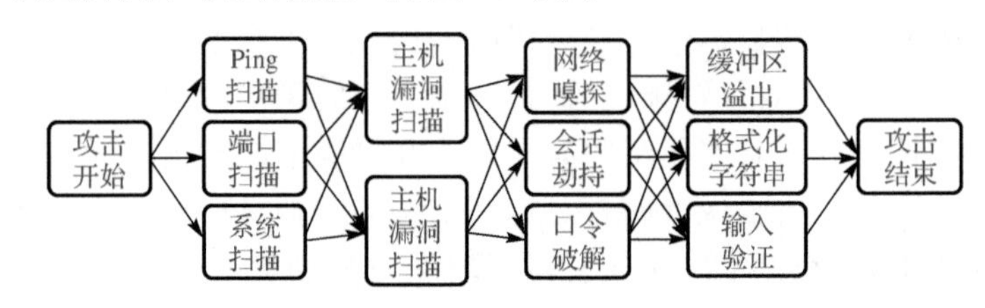

图 2.9 攻击图示意

约定一个完整的网络攻击形式化过程有 n 个攻击阶段(n 个攻击过程原子本体)，记为序组：

$$\langle \text{Step}_0, \text{Step}_1, \text{Step}_2, \text{Step}_3, \cdots, \text{Step}_n, \text{Step}_{n+1} \rangle$$

Step_i 阶段($0 \leqslant i \leqslant n+1$)共有 N_i 种原子攻击(攻击行为原子本体)，组成 Step_i 阶段的原子攻击集合 PASet_i：

$$\text{PASet}_i = \{A_i^1, A_i^2, \cdots, A_i^{N_i}\}$$

Step_0 和 Step_{n+1} 分别只有一种原子攻击——攻击开始和攻击结束，即

$$N_0 = 1, \quad \text{PASet}_0 = \{A_0^1 = \text{Start}\}, \quad N_{n+1} = 1, \quad \text{PASet}_{n+1} = \{A_{n+1}^1 = \text{End}\}$$

攻击图 $G = <V, E, p>$ 构图如下。

(1) $V = \bigcup_{i=0}^{n+1} \text{PASet}_i$。

(2) $E = \{e_k^{ij} =< A_k^i, A_{k+1}^j > | 0 \leqslant k \leqslant n, 1 \leqslant i \leqslant N_k, 1 \leqslant j \leqslant N_{k+1}\}$。

(3) $p: E \to R$，$e_k^{ij} \mapsto p(e_k^{ij})$。

函数 $p(e_k^{ij})$ 用来度量原子攻击 A_k^i 成功后实施原子攻击 A_{k+1}^j 的条件成功概率函数。实际上该函数是边 e_k^{ij} 的赋权函数，例如，权值也可以是用来度量原子攻击 A_k^i 成功后实施原子攻击 A_{k+1}^j 成功的攻击代价(如时间)。边集合 E 在这里被定

义成了完全 $n+1$ 重图，实际上它是完全 $n+1$ 重图的子图；任意子图通过对不存在的边合理赋权(如概率为 0，或代价为无限大值)也可转化为完全 $n+1$ 重图。

2.4.3　攻击链形式化描述

在一个完整的 n 个阶段网络攻击形式化过程序组中：

$$\text{path} = \langle AC_1, AC_2, AC_3, \cdots, AC_n \rangle$$

通常攻击阶段 AC_i（$1 \leqslant i \leqslant n$）采用某些原子攻击来完成，一般来说主机系统响应原子攻击总可认为是有时间顺序的，设这些原子攻击依次为 AC_i^j（$1 \leqslant j \leqslant N_i$）。

定义 2.3　攻击链是指一条由原子攻击组成的序列：

$$\text{ac}_{11} \to \text{ac}_{12} \to \cdots \to \text{ac}_{1N_1} \to \text{ac}_{21} \to \cdots \to \text{ac}_{2N_2} \to \cdots \to \text{ac}_{n1} \to \cdots \to \text{ac}_{nN_n}$$

或

$$\langle \text{ac}_{11}, \text{ac}_{12}, \cdots, \text{ac}_{1N_1}, \text{ac}_{21}, \cdots, \text{ac}_{2N_2}, \cdots, \text{ac}_{n1}, \cdots, \text{ac}_{nN_n} \rangle$$

其中，ac_{ij}（$1 \leqslant j \leqslant N_i$）对应攻击阶段 AC_i（$1 \leqslant i \leqslant n$）。

对于一条攻击链 $\langle \text{ac}_{11}, \text{ac}_{12}, \cdots, \text{ac}_{1N_1}, \text{ac}_{21}, \cdots, \text{ac}_{2N_2}, \cdots, \text{ac}_{n1}, \cdots, \text{ac}_{nN_n} \rangle$，采用概率方法来度量其对系统安全性的影响。记原子攻击 ac_{ij}（$1 \leqslant i \leqslant n$，$1 \leqslant j \leqslant N_i$）的攻击成功率为

$$P(\text{ac}_{ij} \mid \text{ac}_{11}, \text{ac}_{12}, \cdots, \text{ac}_{ij-1})$$

约定 A_0 是空集 $\varnothing$，$\text{ac}_{i0} = \text{ac}_{i-1N_{i-1}}$，则该攻击链的攻击成功率为

$$P = \prod_{i=1}^{n} \prod_{j=1}^{N_i} P(\text{ac}_{ij} \mid \text{ac}_{11}, \text{ac}_{12}, \cdots, \text{ac}_{ij-1})$$

若某条攻击链的攻击成功概率等于 0，称该条攻击链被斩断。显然，某条攻击链

$$\langle \text{ac}_{11}, \text{ac}_{12}, \cdots, \text{ac}_{1N_1}, \text{ac}_{21}, \cdots, \text{ac}_{2N_2}, \cdots, \text{ac}_{n1}, \cdots, \text{ac}_{nN_n} \rangle$$

被斩断当且仅当存在 $1 \leqslant i \leqslant n$ 和 $1 \leqslant j \leqslant N_i$，使得 $P(\text{ac}_{ij} \mid \text{ac}_{11}, \text{ac}_{12}, \cdots, \text{ac}_{ij-1}) = 0$。进一步，如果能够找到使已知的所有攻击链被斩断的最小系统因素集合，那么就意味着采取较少的防御措施就能够获得很好的防御效果。

2.4.4　网络攻击链脆弱性分析

在传统静态架构系统下，攻击链模型为防御者逐次抵御原子攻击并斩断攻

击链提供了较好的定性和定量分析依据，但并未考虑到网络攻击与环境以及目标对象运行机制等相互间的复杂依存关系。

1. 成功实施原子攻击所依赖的条件

根据网络攻击链的形式化描述，攻击链是一条由原子攻击构成的序列。这条攻击链若要成功实施，则需要构成该条攻击链的所有原子攻击都能依次成功实施。因此成功地实施原子攻击是攻击链成功的基础。原子攻击通常是为了实现某一个特定目的，针对特定目标对象实施的攻击行为，之所以称为“原子攻击”，主要是将其看作一个不可再分割或无需再分割的攻击步骤。一个原子攻击要成功实施，需要满足一系列前提条件，各种原子攻击依赖的前提条件可能不尽相同，但共性的前提条件包括但不限于以下几点。

1) 攻击者需要了解相关脆弱性

通常一个原子攻击是针对目标对象某个脆弱性而实施的。最常见的脆弱性是信息系统中存在的漏洞、预先埋设的后门、目标对象使用者的错误配置等。攻击者需要了解与这些脆弱性相关的知识，才能有针对性地选择攻击工具和发起攻击的方法。与脆弱性相关的知识包括：该脆弱性的含义和原理，触发该脆弱性的条件，利用该脆弱性的方法和工具，成功利用该脆弱性可以达到的效果等。但在目标定位、目标扫描、通道查证等阶段的原子攻击可能并不一定需要事先掌握相关的脆弱性知识，因为这些阶段的原子攻击的主要目的是发现目标对象的脆弱性和其他相关知识。漏洞挖掘、漏洞收集/购买、针对漏洞的概念验证等攻击前准备工作主要是为了积累此类前提条件，以便在实施具体原子攻击时，此类前提条件基本就绪。

2) 攻击者具备实施原子攻击的工具及执行环境

通常，针对某个脆弱性有专门的攻击工具，最常见的表现是利用某个漏洞的 Exploit 程序。这些攻击工具和方法的执行需要有相应的系统环境。但有些原子攻击需要在特定的环境中才能运行，例如，一些本地攻击工具需要在目标主机的操作系统的 Shell 中运行，并且还要具备一定权限。这种情况下，可能需要其他原子攻击在之前创造这种条件，或者有一个事先埋入的后门。还有一些需要隐蔽攻击发起源的攻击，相关的执行环境则在“肉鸡”上，需要有其他原子攻击事先掌控相关的“肉鸡”。

3) 攻击者掌握攻击目标的相关知识/信息

针对特定脆弱性的攻击工具和方法，在具体实施过程中需要和攻击目标的相关知识结合使用才能奏效。就像可调用的“函数程序”需要赋予参数一样，目标对象的相关知识是攻击工具和方法的输入参数。对远程攻击来说，最基本的知识就是攻击目标的IP地址和端口号，操作系统类型和版本号，具备基本访问权限的账号和口令，特定函数入口或数据在目标主机上的内存地址，特定文件在目标主机上文件系统中所处的目录等。知道这些关于攻击的相关知识才能调用相关工具或使用相关方法有针对性地发起攻击。目前有很多应用系统采用的是同构的设计，所以这些攻击目标的相关知识是一样的(如库函数入口地址、可执行文件路径、默认用户名口令等)，这样就降低了攻击者所要掌握相关知识的难度。有时，攻击目标中的某些元素的无意识随机性变化，也能起到消除这些前提条件的作用。

4)具备从攻击源到达攻击目标的访问途径

在发动原子攻击时，需要具备从攻击源到攻击目标的可达的访问途径，即攻击者可以采用某种方式连接或“接触”攻击目标。对于远程攻击，最基本的访问途径是从攻击源到攻击目标的网络通道可达，例如，针对攻击目标的IP地址、端口号、统一资源定位符(Uniform Resource Locator，URL)等标识的访问没有被网络中的防火墙、Web应用防护系统(Web Application Firewall，WAF)等安全机制封堵和过滤，并且通常要在一定时间内可持续访问。有一些原子攻击需要的访问途径复杂一些，例如，需要具备一定授权的远程登录连接，需要具备远程访问某个数据库的连接，需要具备使数据包遵循特定的路由到达攻击目标的连接，需要以“读”/“写”方式访问某个文件的途径等。

5)网络环境及目标对象的运行机制允许脆弱性被触发或利用

目标对象即使存在脆弱性，触发这个脆弱性仍需网络环境和目标对象满足某些特定条件，既包括系统当前所处的状态(例如内存中的数据、变量值等特定的组合条件)，也包括外界的特殊输入。只要触发脆弱性的条件被打破，脆弱性就无法被触发或利用。例如外部输入检查处理机制(如WAF)对超长的输入进行过滤，就可以使得通过WEB Request变量传入的超长数据无法到达脆弱性所在的函数，也无法触发脆弱性，尽管防御者不一定深入了解系统所存在的脆弱性以及具体攻击特征。系统中如果存在某个脆弱性(如一个公知的漏洞)，只要能通过系统中或外围部件的某些设置使得该脆弱性无法被触发或利用，就可以消除相关原子攻击的前提条件。

6)目标环境允许脆弱性触发后的预期攻击功能可被执行

即使脆弱性能被成功触发，也并不意味着原子攻击的最终目的能够实现。因为触发或利用脆弱性很可能导致系统的某个模块/进程在某个时刻进入非预期的运行状态，例如程序错误退出或进入“死循环”的状况。通常，攻击者更愿意隐秘地窃取相关信息、在目标对象上获取一个立足点(如Shell)、按照预期改写系统数据、提升相关操作权限等，只有类似拒绝服务的攻击才以导致系统服务异常或中断作为终极目标。因此，攻击者或者攻击工具的制造者往往需要精密地设计可以通过攻击表面入口点的输入的信息和激励序列，使得系统脆弱性被触发后能够按照攻击者的预期目标执行相关功能，否则即使脆弱性被触发，也不能达到执行预期攻击功能的目的。

7) 网络环境允许攻击者随时控制和访问攻击成果

有些原子攻击在发动攻击的瞬间就达到了攻击目的，例如，攻击使得系统通过攻击表面出口点返回了攻击者想获得的信息。有些原子攻击则是为了取得目标对象的长期控制权，为后续的原子攻击创造条件。对于后者而言，成功的攻击还包括建立对攻击成果的可控制和可访问能力，以便为后续的原子攻击提供支持，或者使这种能力可以持续一定的时间。

可以把原子攻击 (ac_{ij}) 的成功实施所需要的各种前提条件用逻辑表达式整合起来：

$$\mathrm{Premise}(ac_{ij}) = \wedge_{k=1}^{t_{ij}}(\mathrm{Pre}_{ij\text{-}k1} \vee \mathrm{Pre}_{ij\text{-}k2} \vee \cdots \vee \mathrm{Pre}_{ij\text{-}ks_k})$$

其中，所有的变量都是布尔变量，$\mathrm{Premise}(ac_{ij})=1$ 表示成功实施原子攻击 ac_{ij} 的前提条件被满足。要使得 $\mathrm{Premise}(ac_{ij})=1$，那么每组 $(\mathrm{Pre}_{ij\text{-}k1} \vee \mathrm{Pre}_{ij\text{-}k2} \vee \cdots \vee \mathrm{Pre}_{ij\text{-}ks_k})$ 中至少有一个前提条件被满足，否则攻击无法实施。事实上，即使这些前提条件全部满足，在实际的攻击过程中也并不意味着攻击所预期的目的能够全部达到，因为攻击的过程总是存在一定的变数的。

2. 成功完成攻击链所依赖的条件

在攻击链模型下，一条攻击链表示的原子攻击序列是按照原子攻击的实施时间排列的。进一步分析，原子攻击之间的关系除了纯粹的时间先后的关系，还有依赖关系。通常，一个前序的原子攻击取得的攻击成果为后续的原子攻击所需前提条件提供支持，当然也有可能仅仅是时间先后的关系。例如，一系列原子攻击的依赖关系如图 2.10 所示。

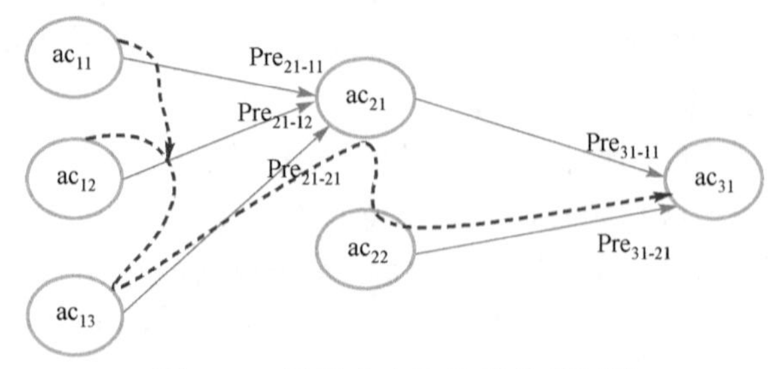

图 2.10　原子攻击的依赖关系图例

假定原子攻击 ac_{11} 的攻击成果可为原子攻击 ac_{21} 的前提条件 $Pre_{21\text{-}11}$ 提供支持，原子攻击 ac_{12} 的成果可为原子攻击 ac_{21} 的前提条件 $Pre_{21\text{-}12}$ 提供支持，原子攻击 ac_{13} 的成果可为原子攻击 ac_{21} 的前提条件 $Pre_{21\text{-}21}$ 提供支持等。假定 ac_{21} 和 ac_{31} 的前提条件的关系可以表述成为

$$\text{Premise}(ac_{21}) = (Pre_{21\text{-}11} \vee Pre_{21\text{-}12}) \wedge Pre_{21\text{-}21}$$

$$\text{Premise}(ac_{31}) = (Pre_{31\text{-}11}) \wedge (Pre_{31\text{-}21})$$

根据图 2.10，可能有两条攻击链，即

$$<ac_{11}, ac_{13}, ac_{21}, ac_{22}, ac_{31}>$$

$$<ac_{12}, ac_{13}, ac_{21}, ac_{22}, ac_{31}>$$

这两条攻击链的成功执行是指其中所有的原子攻击都被成功执行。

根据图 2.10，ac_{11}、ac_{12}、ac_{13} 之间，ac_{21}、ac_{22} 之间没有依赖关系，次序可以颠倒(或者并行执行)，而 ac_{11}、ac_{12}、ac_{13} 和 ac_{21} 之间存在依赖关系，这个次序不可颠倒。上述攻击链中，ac_{11}、ac_{12} 的攻击成果所支撑的后续原子攻击 ac_{21} 的前提条件之间是“或”的关系，所以这两个原子攻击中只要有一个成功就可以了。实际攻击中，如果 ac_{11} 成功了，ac_{12} 可以跳过；同理，如果先执行 ac_{12} 并且成功了，ac_{11} 可以跳过。但是如果先执行原子攻击 ac_{11} 没有成功，原子攻击 ac_{21} 的前提条件 $Pre_{21\text{-}11}$ 得不到支持，所以第一条攻击链就断了，需要转而执行第二条攻击链，即执行原子攻击 ac_{12}，为前提条件 $Pre_{21\text{-}12}$ 提供支持。其余的原子攻击都是为了对后续原子攻击所需的基本条件提供必要的支持。所以实际的执行序列可能如下：

$$<ac_{11},ac_{12},ac_{13},ac_{21},ac_{22},ac_{31}>$$

这个攻击序列就包含了执行 ac_{11} 失败转而跳转到另一个攻击链的步骤。

在图 2.10 中，像 ac_{11}、ac_{12} 这样可以相互替代的原子攻击组成了一个“可替代原子攻击集合”(若“可替代原子攻击集合”中只有一个原子攻击，则说明这个原子攻击没有其他原子攻击可替代)。有的原子攻击是其他原子攻击无法替代的，则单独构成一个“可替代原子攻击集合”。则上述两个攻击链可以合并成如下的序列表示，以增加可替代原子攻击的语义：

$$<\{ac_{11}, ac_{12}\},\{ac_{13}\},\{ac_{21}\},\{ac_{22}\},\{ac_{31}\}>$$

上述序列所代表的攻击过程的成功执行是指从攻击开始到攻击结束，所有“可替代原子攻击集合”中至少有一个原子攻击被成功执行。而每个原子攻击要被成功执行，则必须满足其前提条件，即 $\text{Premise}(ac_{ij})=1$。每个 $\text{Premise}(ac_{ij})$ 则是由一个布尔表达式决定的，构成表达式的基本变量 $Pre_{ij\text{-}kl}$，有的是由某个

原子攻击在攻击成功后取得的攻击成果提供支持的，有的则是外部环境提供的或攻击者本身所满足的(如对某个漏洞的了解)。所有 $\mathrm{Pre}_{ij\text{-}kl}$，排除掉由攻击链中的原子攻击提供支持的，剩余的前提条件可以看作外部环境或攻击者为这个攻击链的执行所应提供的外部前提条件，其中有一些是不可由其他前提条件替代的，成为这个攻击链的必要前提条件。只要这些必要前提条件无法满足，攻击即无法成功。

一个后续的原子攻击的前提条件中，如果有前提条件是前序原子攻击所取得的成果提供的，除了根据依赖关系，前序的原子攻击都成功实施外，考虑到原子攻击之间的衔接，还需要满足以下几点。

1)前序原子攻击结果可有效支撑后续原子攻击所需的前提条件

在攻击链中，前序原子攻击的作用就是为后续原子攻击创造条件。但是前序原子攻击的成功实施，所取得的成果未必等同于后续原子攻击的相应前提条件被满足。例如，如果前序原子攻击仅能将某个账号口令的可能取值范围缩小到某个区间(如 100 个口令)，而后续原子攻击的前提条件是要准备好 3 次尝试的口令，其中必须包含正确的口令(即只有 3 次尝试机会)。这种情况下虽然前序原子攻击的成果对后续原子攻击的相应条件的满足起到了部分支撑作用，但是这种支撑并不是充分的。此外，在实际攻击中，即使某个原子攻击成功实施，其预期的攻击成果也并不一定能 100%地获得。想要后续原子攻击能够成功执行，前序原子攻击的攻击成果要对后续原子攻击的相关前提条件形成充分的支撑，前序原子攻击所获得的成果必须是准确的、有效的，即

$$P(\mathrm{Pre}_{ij\text{-}kl}{=}{=}1 \mid \mathrm{Result}(\mathrm{ac}_{mn}){=}{=}\mathrm{success}, \text{Any } \mathrm{ac}_{mn} \text{ that supports } \mathrm{pre}_{ij\text{-}kl}) \approx 1$$

或可简单表示成

$$P(\mathrm{pre}_{ij\text{-}kl}{=}{=}1 \mid \{\mathrm{ac}_{mn,}\}, \forall\, \mathrm{ac}_{mn} \text{ that supports } \mathrm{pre}_{ij\text{-}kl}) \approx 1$$

2)前序原子攻击成果在一段时间内持续可用

在大部分情况下，一条攻击链的成功执行需要一定的时间。所以前序原子攻击的成果需要在一定的时间内保持可用，至少需要持续到依赖这些攻击成果的后续原子攻击结束。攻击成果持续可用，既包括原子攻击对目标对象造成的影响可持续一段时间，也包括原子攻击所获取的知识在一段时间内是有效的/可用的。

3)网络环境和目标对象运行机制对网络攻击的影响没有破坏攻击链所需的外部前提条件。

凡是原子攻击和攻击链的成功实施都需要满足相应的前提条件，其中有一

些必要前提条件是外部环境对攻击链提供的。而网络环境因素和目标对象运行机制都有可能干扰或破坏网络攻击所需的前提条件。因此攻击链实际上也是非常脆弱的，精密设计的攻击方法只要有一个环节条件没有满足，就无法达成攻击目的。

然而，事实上目前针对某些特定漏洞的原子攻击以及攻击链的成功实施概率非常高，其主要原因是当前目标对象的部署大都是静态的、同构的、确定的。只要原子攻击所需要的前提条件全部满足，系统的静态性、确定性就保证了攻击的高成功率。即对于原子攻击 ac_{ij} 来说：

$$P(\mathrm{Result}(\mathrm{ac}_{ij})=\mathrm{success}|\mathrm{Premise}(\mathrm{ac}_{ij})=1)\approx 1$$

或简单表示成

$$P(\mathrm{ac}_{ij}|\mathrm{Premise}(\mathrm{ac}_{ij})=1)\approx 1$$

结合公式：

$$P(\mathrm{pre}_{ij\text{-}kl}==1|\{\mathrm{ac}_{mn,}\},\forall\ \mathrm{ac}_{mn}\ \text{that supports}\ \mathrm{pre}_{ij\text{-}kl})\approx 1$$

可以推出

$$P(\mathrm{ac}_{ij}|\ (\{\mathrm{ac}_{mn,}\},\ \forall\ \mathrm{ac}_{mn}\ \text{that supports}\ \mathrm{ac}_{ij})\ \text{and}\ (\mathrm{pre}_{ij\text{-}kl}=1, kl\ \text{为外部条件}))\approx 1$$

也就是说，只要前序原子攻击全部完成了，且外部条件能同时满足，后续的原子攻击基本上(有很大概率)也能成功。

同构性决定了如果一个系统的配置(操作系统版本、基本设置等)可以满足某个攻击所需的绝大部分条件，那么因为其他采用相同配置的系统基本上与这个系统同构(也许只有 IP 地址不同，但这也很容易获取)，因而也能满足这个攻击的绝大部分条件。这样只要资深的攻击者设计出可成功实施攻击的工具，这个工具在绝大部分情况下也适用于对其他相同或相似系统的攻击，具有很高的通用性，初级攻击者只要会使用这个工具就能成功实施攻击，甚至很多情况下可以自动执行相关攻击。这也是许多蠕虫恶意代码可以大范围传播的原因之一。

对于攻击链的成功实施，除了每个相关的原子攻击都成功实施，还需要满足几个额外的条件。然而在信息系统具备静态、确定、同构特性的情况下，这几个条件是不难满足的，甚至可以说是自然满足的。显然，只要使网络环境和目标对象具备一定的动态性、随机性、多样性/异构性等特性，网络攻击成功执行所需的基本条件便很容易被打破，可能存在某些原子攻击，其前提条件就无法满足，或者即使勉强满足，攻击成功的概率也会降低，攻击链中前序原子攻击对后续原子攻击的支持也将弱化，所以整个攻击链成功实施的概率也将趋向于 0，即

$\exists i,j, P(\text{Premise}(\text{ac}_{ij})=1)\rightarrow 0; P(\text{ac}_{ij})=\rightarrow 0$

$\exists i,j, P(\text{ac}_{ij}|\text{Premise}(\text{ac}_{ij})=1)\approx 1$ 不再成立或趋向于 0

$\exists i,j, P(\text{Pre}_{ij\text{-}kl}==1|\{\text{ac}_{mn}\}, \forall \text{ac}_{mn} \text{ that supports } \text{Pre}_{ij\text{-}kl})\approx 1$ 不再成立或趋向于 0

导致：

$$P=\prod_{i=1}^{n}\prod_{j=1}^{N_i}P(\text{ac}_{ij}\,|\,\text{ac}_{11},\text{ac}_{12},\cdots,\text{ac}_{ij-1})\rightarrow 0$$

具备动态性、随机性、多样性等特性的网络环境可以对网络攻击所依赖的条件造成的影响包括：攻击者将丧失部分可潜伏资源和运行条件；攻击者无法持续“瞄准”攻击目标，从攻击源到达攻击目标的访问途径不再稳定可靠；攻击者难以对攻击成果持续控制和访问等。如果目标对象本身也注入了动态性、随机性、多样性等特性，那么即使在攻击所依赖的条件被满足的情况下，攻击成功也不再是一个确定性的事件：攻击者无法获得所需的目标对象的准确信息，脆弱性被触发或利用不再是确定性事件，即使能触发脆弱性也并不能确定地执行预期功能，前序原子攻击的成功并不一定能有效支撑后续原子攻击，前序原子攻击成效的可利用时间明显缩短，原子攻击间的协同或配合关系很难建立并保持等。

总之，网络环境和系统运行机制与网络攻击的成功率具有强关联性。在具备动态、异构、冗余等特性的目标系统上，网络攻击被迫面对非配合条件下异构多元动态目标的协同化攻击难度，这种防御环境下的攻击链会变得异常脆弱，基础条件或运行规律的稍许变化都能扰乱或破坏协同攻击结果的时空一致性表现，攻击成功必然会成为一个很小概率事件或非确定性事件。

参考文献

[1] Manadhata P K. An Attack Surface Metric. Doctor Thesis, Pittsburgh: Carnegie Mellon University, 2008.

[2] Howard M, Pincus J, Wing J M. Measuring relative attack surfaces //Computer Security in the 21st Century. New York: Springer, 2005: 109-137.

[3] Manadhata P K. Game Theoretic Approaches to Attack Surface Shifting. Moving Target Defense II —Application of Game Theory and Adversarial Modeling. New York: Springer, 2013: 1-13.

[4] 鲜明，包卫东，王永杰. 网络攻击效果评估导论. 长沙：国防科技大学出版社，2007: 96-120.

[5] Schneier B. Attack trees: Modeling security threats. Dr.Dobb's Journal, 1999, 24(12): 21-29.

[6] Garshol L M. BNF and EBNF: What are they and how do they work. http://www.garshol.priv.no/download/text/bnf.html. [2016-12-13].

[7] Phillips C, Swiler L P. A graph-based system for network-vulnerability analysis// Proceedings of the 1998 Workshop on New Security Paradigms, Charlottesville, Virginia,1998: 71-79.

[8] Ramakrishnan C, Sekar R. Model-based analysis of configuration vulnerabilities. Journal of Computer Security, 2002, 10(1-2): 189-209.

[9] Ritchey R, Ammann P. Using model checking to analyze network vulnerabilities// Proceedings of the IEEE Symposium on Security and Privacy, Washington, 2000: 156-165.

[10] Sheyner O, Haines J, Jha S, et al. Automated generation and analysis of attack graphs// Proceedings of IEEE Symposium on Security and Privacy, Oakland, 2002: 273-284.

[11] Sheyner O. Scenario Graphs and Attack Graphs. Pittsburgh: Carnegie Mellon University, 2004.

[12] 张涛, 胡铭曾, 云晓春, 等. 网络攻击图生成方法研究. 高技术通讯, 2006, 16(4): 348-352.

[13] Mcdermott J P. Attack net penetration testing// Proceedings of the 2000 New Security Paradigms Workshop, Ballycotton, County Cork, 2000: 15-22.

[14] Petri C A. Kommunikation MIT Automaten. Bonn: Bonn University, 1962.

[15] 袁崇义. Petri 网原理与应用. 北京：电子工业出版社, 2005.

[16] 杨林, 于全. 动态赋能网络空间防御. 北京：人民邮电出版社, 2016.

[17] Jajodias S, Ghosh A K, Swarup V, et al. Moving Target Defense: Creating Asymmetric Uncertainty for Cyber Threats. New York: Springer, 2011.

[18] 赵军, 张云春, 陈红松, 等. 黑客大曝光——网络安全机密与解决方案. 7 版. 北京：清华大学出版社, 2013.

[19] Guarion N. Formal ontology,concept analysis and knowledge representation. International Journal of Human-Computer Studies, 1995, 43(5-6): 625-640.

[20] 邓志鸿, 唐世渭, 张铭, 等. Ontology 研究综述. 北京大学学报:自然科学版, 2002, 38(5): 730-738.

第3章

经典防御技术概述

3.1 静态防御技术

3.1.1 静态防御技术概述

从不同技术角度看，目前网络空间防御方法大致可分为三类。第一类侧重于信息的保护，集中在系统本身的加固防护上，主要技术手段有防火墙技术、加解密技术、数据鉴别技术、访问控制技术等，它们在确保网络系统的正常访问通道、鉴别合法用户身份和权限管理以及机密数据信息的安全方面有一定的防护作用。第二类是以入侵检测为代表的各种网络安全技术，主要包括入侵检测、漏洞检测、数据鉴别、流量分析、日志审计等，试图实时或及时地感知攻击行为，并根据攻击特征进行实时的网络防御，侧重于针对已知特征信息的各种攻击方法，采用特征扫描、模式匹配、数据综合分析等技术手段进行动态的监测与联动报警，并结合人工或自动的应急响应，达到封堵或消除攻击威胁的目的。第三类是以网络诱骗为主的各种网络安全技术，以蜜罐和蜜网技术为代表，基本方法是在攻击者对目标对象没有实施攻击和破坏之前，防御方主动构造一些称为“陷阱”的特殊监控环境，诱导正在寻找目标的攻击者，进入预先设置且不易察觉的监测感知空间，然后对攻击者可能实施的攻击行动进行分析，以获得破解攻击行动、实现攻击回溯、反制攻击所需的信息。

上述方法都属于网络空间静态防御方法，对于防护目标，一般通过外置方式提供安全防护功能，与防护目标自身结构和功能的设计基本是相互独立的。其基于先验知识的精确防护技术思想，可以较好地适应网络系统前期规模化部署与后期增强安全性防护的阶段性建设需要，也符合人们对网络空间安全问题渐进式认知的发展规律。实践表明，在防御已知特征和固化模式的攻击方面能起到很好的应用效果，但在防御基于未知漏洞后门的攻击、复杂多变的多模式联合攻击以及源自内部的攻击方面往往是无效的，这正是传统防御方法的“基因缺陷”，网络安全界每一轮重量级未知漏洞的曝光和典型 APT 攻击事件的披露都反复印证了这一点。

3.1.2 静态防御技术分析

当前，网络空间静态防御技术有很多[1]。例如，防火墙、入侵检测系统、入侵防护系统、防病毒网关、虚拟专用网(Virtual Private Network，VPN)、漏洞扫描以及审计取证系统等，其中以防火墙、入侵检测、入侵防护和漏洞扫描等方法应用得最为广泛。下面对这四类技术进行简要分析。

1. 防火墙技术

从防火墙的定义来讲，它在内部网络和外部网络之间形成一道安全屏障，防止非法用户访问内部网络的资源，同时防止此类非法和恶意的网络行为导致内部网络运行遭到破坏[2]。防火墙技术就是通过访问控制策略，对流经的网络流量进行检查，拦截不符合安全策略的数据包。其基本功能是对网络传输中的数据包依据安全规则进行接收或丢弃，对外部屏蔽内部网络的信息和运行情况，过滤不良信息并保护内部网络不被非法用户入侵。

防火墙的访问控制策略一般从两个方面来设定：一方面是预设允许；另一方面是预设拒绝。预设允许策略指除符合事先设定的拒绝访问规则的通信外，其他的均允许通过。而预设拒绝策略指只有符合设定的允许访问规则的通信可以通过，其他的都拒绝通过。两者对比，预设允许策略的防火墙比较容易配置，允许大部分通信通过。预设拒绝策略的防火墙安全性比较高，只允许少部分符合规则的通信通过。

防火墙可分为包过滤、代理型、状态检测、深度检测、Web 应用等几大类型[3]。下面就常用防火墙的特点进行分析。

包过滤型防火墙[4]：包过滤型防火墙处于 TCP/IP 的 IP 层，根据定义的过滤规则审查每个数据包，并判定数据包是否与过滤规则匹配，从而决定数据包的转发或丢弃。过滤规则是按顺序进行检查的，直到有规则匹配。如果没有规则匹配，则按默认的规则执行。防火墙的默认规则应该是禁止。过滤规则基于数据包的包头信息进行制定。包头信息中包括 IP 源地址、IP 目的地址、传输协议(TCP、UDP)、控制报文协议(Internet Control Message Protocol，ICMP)、TCP/UDP 目标端口、ICMP 消息类型、TCP 包头中的 ACK (Acknowledgement) 位等，因此包过滤型防火墙只能实现基于 IP 地址和端口号的过滤功能，但一些应用协议不适合于数据包过滤，且它工作在网络层，只能对 IP 和 TCP 的包头进行检查，不能彻底防止地址欺骗。

代理型防火墙：代理型防火墙工作在应用层。每一种应用都需要安装和配置不同的应用代理程序，如访问 Web 站点的 HTTP，用于文件传输的文件传输协议(File Transfer Protocol，FTP)，用于 E-mail 的简单邮件传输协议(Simple Mail Transfer Protocol，SMTP)/邮件协议版本 3(Post Office Protocol-Version3，POP3)等。它主要使用代理技术来隔离内部网络和外部网络之间的直接通信，以隐藏内部网络的特性。代理型防火墙从一个接口接收数据，按照预先定义的规则检查可信性，如果可信，就将数据传给另一个接口。代理技术不允许内网和外网直接对话，使得内部系统和外部系统完全独立。代理型防火墙除了能实现包过滤型防火墙的功能，还能代理过滤数据内容，实现基于用户身份的认证功能，以及应用协议内部的更详细的控制功能。理论上，采取一定的措施，按照一定的规则，可以借助代理功能实现整套的安全策略，把一些过滤规则应用于代理，能在高层实现过滤功能，因此安全功能比包过滤型防火墙要更加全面。但需要在客户端进行一定的配置修改，并要求检查和扫描数据包的内容以及按特定的应用协议(如 HTTP)进行审查，同时需要代理转发请求或响应，与包过滤型防火墙相比失去透明性优势。

状态检测防火墙：状态检测防火墙采用状态检测包过滤技术，是对传统包过滤的一种功能扩展。它同样工作在网络层，依据五元组信息对数据包进行处理，不同之处在于状态检测防火墙能够通过感知会话信息来做出决策。处理数据包时，状态检测防火墙会先保存数据包中的会话信息并判断其是否被允许。由于数据包在传输过程中会被网络设备(如路由器)分解成为更小的数据帧，状态检测防火墙设备会先将这些小的 IP 数据帧按顺序重组为完整的数据包后再进行决策。但是，在设计状态检测防火墙时，无法对遭受攻击的应用程序进行防护，使得应用程序受到极大的威胁。

深度检测防火墙：在此背景下，深度包检测防火墙技术应运而生[5]。深度包检测防火墙基于深度包检测技术(Deep Packet Inspection, DPI)，在包过滤技术、状态检测技术的基础上能够对 TCP 或 UDP 数据包内容进行深入的分析，从而能够抵御复杂网络中应用程序受到的攻击，提高了防火墙的性能和内部网络的安全稳定。

Web应用防火墙：Web应用防火墙(Web Application Firewall，WAF)是通过执行一系列针对HTTP/HTTPS的安全策略来专门为Web应用提供保护的一种新型网络防御技术。与传统防火墙不同，WAF工作在应用层，因此能够解决传统防火墙难以解决的Web应用安全问题，如SQL注入、XML注入、XSS攻击等。WAF对来自Web应用程序客户端的各类请求进行内容检测和验证，确保其安全性与合法性，对非法的请求予以实时阻断，从而对各类网站站点进行有效防护。不仅如此，最新的WAF方案中还融合人工智能技术，如Imperva公司的WAF产品在提供入侵防护的同时，还提供了针对Web应用网页的自动学习功能，针对特定Web站点，通过记录和分析常用网页的访问模式，定义出针对该网站的网页正常使用模式，从而发现不合规的疑似入侵行为。又如Citrix公司的WAF产品，通过分析双向流量来学习Web服务的用户行为模式，通过建立若干用户行为模型，发现疑似非法入侵行为。国内方面，长亭科技开发的WAF产品“雷池”，采用基于智能语义分析的威胁识别技术，提升了识别能力和应对突发流量的大数据处理能力，同时杜绝因为规则配置或管理不当而导致的安全风险，降低了管理和维护难度。

然而，无论何种防火墙方法都需要有支持规则配置的先验知识，对基于未知漏洞后门或协议缺陷等实施的未知攻击，就没有任何防御作用。同时，若不能及时地更新规则库或安全策略，防火墙的防御效果将大打折扣，强大的后台分析和实时更新能力成为防火墙有效应用的关键性要素，正在兴起的“数据驱动安全”就试图借助云计算和大数据技术来显著地增强这一能力。

2. 入侵检测技术

入侵检测技术[6]通过监视网络或系统资源，寻找违反安全策略的行为或攻击迹象并实时发出报警，是防火墙技术合理而有效的补充，被认为是防火墙之后的第二道安全闸门。它通过收集和分析网络行为、安全日志、审计数据、其他网络上可以获得的信息以及计算机系统中若干关键点的信息，检查网络或系统中是否存在违反安全策略的行为和被攻击的迹象。入侵检测作为一种积极的安全防护技术，提供了对内部攻击、外部攻击和误操作的实时保护[7]，试图在网络系统受到危害之前拦截和响应入侵。入侵检测通过执行以下任务来实现：监视、分析用户及系统活动；系统构造和弱点审计；识别和反映已知攻击活动模式并实时报警；异常行为模式的统计分析；评估重要系统和数据文件的完整性；操作系统的审计跟踪管理，并识别用户违反安全策略的行为等。

入侵检测扩展了系统管理员的安全管理能力(包括安全审计、监视、进攻识别和响应)，提高了信息安全基础结构的完整性。对一个成功的入侵检测系统来讲，它不但可使系统管理员时刻了解网络系统(包括程序、文件和硬件设备等)的任何变更，还能给网络安全策略的制定提供指南。更为重要的是，它的配置管理应当简单，以便非专业人员容易地获得管理网络安全的能力。此外，入侵检测的规模还应根据网络威胁、系统构造和安全需求的改变而改变。入侵检测系统在发现入侵后，会及时做出响应，包括记录事件、报警等。

入侵检测是感知或认知攻击入侵的一种有效方式，入侵检测系统并联在网络上，检查网络上传输的所有数据包中携带的各层信息，因而能及时发现具有威胁的访问[8]。入侵检测系统的基本方法包括：基于主机的(分析来自单个计算机系统的系统审计踪迹和系统日志来检测攻击)、基于网络的(在关键的网段或交换环节通过捕获并分析网络数据包来检测攻击)、基于应用的(分析一个软件应用发出的事件或应用系统的交易日志文件)、采用异常检测(根据已有的系统正常活动知识，推测当前的事件是否属于正常活动的范畴)方法的、采用误用检测(根据已有攻击知识，推测当前事件是否是可疑的攻击行为)方法的；以及基于协议分析的、基于神经网络的、基于统计分析和基于专家系统的方法等，各种方法都有其优缺点。

随着大数据时代的到来，网络攻击的方法日益更新，新型网络入侵呈现出智能化和复杂化的趋势，传统的异常检测技术对于这些新式的网络入侵很难达到期望的效果。面对各种各样的新式网络入侵，多种新的智能入侵检测算法应运而生。包括基于马尔可夫模型的入侵检测系统[9]、基于人工蜂群算法优化支持向量机的网络入侵检测模型[10]、基于自编码网络的支持向量机入侵检测模型[11]、基于深度学习和半监督学习的入侵检测算法[12]等。

入侵检测系统可以防止或减轻网络威胁，分析各种攻击的特征，全面快速地感知探测性攻击、拒绝服务攻击、缓冲区溢出攻击、电子邮件攻击、浏览器攻击等各种常用攻击手段并做出相应的防范。另外，使用入侵检测系统的数据监测、主动扫描、网络审计、统计分析功能，可以进一步监控网络故障，完善网络管理。

但是，入侵检测系统也存在固有的机理性缺陷。例如，随着网络流量和攻击知识的不断增加，以及攻击手法越来越复杂，要求安全策略能适应多样性环境[13]。如果攻击特征库的更新不及时，将直接影响采用模式匹配分析方法的入侵检测系统的检测准确性。此外，误报率和漏报率居高不下，日志过大，报警过多，导致重要的数据被夹杂在过多的一般性数据中，管理员往往被淹没于成百上千的日志信息中，疲于处理海量的报警(包括真实的和错误的)，很容易忽略掉真正的攻击。

入侵检测本质上属于一种发生入侵后的被动防御技术。多数入侵检测系统一般只能检测到已知的或定义好的入侵或者攻击行为，而且检测到入侵后只能采取记录报警，并不能主动采取有效措施及时阻止入侵行为。随着新的攻击技术不断出现，即使同一入侵活动也可能存在许多变种，因此人们很难对所有攻击行为给出一个精确的定义和描述。但是，如果不能精确地提取攻击特征并实时地更新目标对象特征库，入侵检测系统就不可能对入侵行为实施准确的感知和判断，这是入侵检测系统的致命弱点。更为严重的是，基于目标对象未披露漏洞后门实施的未知攻击，入侵检测系统因为没有任何先验知识的支持，理论上不可能对此类攻击行动进行有效的检测与发现。

3. 入侵防护技术

入侵防护技术[14]通常串接在目标对象与外部网络的链路通道上，通过一个网络端口接收来自外部系统的流量，经过检查确认其中不包含异常活动或可疑内容后，再通过另外一个端口将它传送到内部系统中。有问题的数据包以及所有来自同一数据源的后续数据包，都能被入侵防护系统清除。入侵防护系统综合了入侵检测系统的检测功能和防火墙的访问控制功能。与入侵检测相比，入侵防护系统能够对网络起到更好的防御作用，因此越来越受到人们的关注。

由于入侵防护系统是对那些已被明确判断为攻击行为，并可能对网络、数据造成危害的恶意行为进行检测和防御，所以可以显著降低防护目标对异常状况的处理开销，是一种侧重于风险控制的技术方法。入侵防护的设计宗旨就是要先于目标对象发现入侵活动并对攻击性网络流量实现先期拦截，而不是像入侵检测那样只在恶意流量传送时或传送后才发出警报。

根据工作原理的不同，可以将入侵防护系统分为以下三类[15]：

1) 基于主机的入侵防护

基于主机的入侵防护通过在主机/服务器上安装软件代理程序，防止网络攻击入侵操作系统和应用程序。基于主机的入侵防护技术可以根据自定义的安全策略和分析学习机制来阻断对服务器、主机发起的恶意入侵，例如，阻断缓冲区溢出、改变登录口令、改写动态链接库以及其他试图从操作系统夺取控制权的入侵行为，提升主机的安全水平。

2) 基于网络的入侵防护

基于网络的入侵防护通过检测流经的网络流量，提供对网络系统的安全保护。由于它采用在线连接方式，所以一旦辨识出入侵行为，基于网络的入侵防护就可以去除整个网络会话，而不仅仅是复位会话。同样，由于实时在线工作模式，基于网络的入侵防护需要具备很高的性能，所以基于网络的入侵防护通常被设计成类似于交换机的网络设备，并能提供线速吞吐速率以及多个网络端口。

在技术上，基于网络的入侵防护吸取了目前网络入侵检测的所有成熟技术，包括特征匹配、协议分析和异常检测。特征匹配是应用最广泛的技术，具有准确率高、速度快等特点。基于状态的特征匹配不但要检测攻击行为的特征，还要检查当前网络的会话状态，以避免受到欺骗攻击。协议分析是一种较新的入侵检测技术，在充分理解不同协议工作原理的基础上利用网络协议的高度有序性，并结合高速数据包捕捉，来快速检测或提取攻击特征，寻找可疑或不正常的访问行为。

3)应用入侵防护

基于网络的入侵防护有一个特例，即应用入侵防护，它把基于主机的入侵防护扩展成为位于应用服务器之前的网络设备。应用入侵防护被设计成一种高性能的设备，配置在应用数据的网络链路上，直接对数据包进行检测和阻断，以确保用户遵守设定好的安全策略。应用入侵防护在原理上与目标主机/服务器操作系统平台应当无关。

与传统的防火墙和入侵检测相比，入侵防护系统确实具有更大的优势，它能够以更细粒度的方式检查网络流量，及时地对安全事件进行响应，防止各个层面的攻击事件的发生。入侵防护系统可以在一定程度上加强防御程度，及时阻断攻击，但仍然无法从根本上解决误判和漏判问题的发生。目前的入侵防护系统只是简单利用了防火墙的访问控制功能和入侵检测系统的检测功能，但它的出现又带来了新的问题，如单点失效、性能瓶颈、误报与漏报等。

除此之外，工作原理要求入侵防护必须以嵌入模式工作在网络中，而这就可能造成单点故障问题。即便不出现单点故障，对于目标对象或网络仍然存在性能瓶颈问题。这不仅会增加服务时延，而且可能降低网络的效率，特别是在需要与迅速增长的网络流量保持同步，且加载了数量庞大的检测特征库时，入侵防护系统要能支持这种响应速度，无论技术和工程上都存在不小的挑战。绝大多数高端入侵防护产品供应商都通过使用自定义硬件现场可编程门阵列(Field-Programmable Gate Array，FPGA)、网络处理器和专用集成电路(Application Specific Integrated Circuit，ASIC)芯片来提高入侵防护的运行效率。此外，由于攻击特征提取不可能完全精确，加上应用发展的多样性和复杂性，以及攻击者行为隐匿技术的进步，高误报率和漏报率也是入侵防护系统无法回避的问题，甚至可能导致合法流量遭到恶意拦截。

值得注意的是，无论防火墙还是入侵检测或入侵防护技术，其共性都是基于对攻击行为的精确感知和认知，需要丰富、新鲜的攻击特征库信息与高效安全策略算法库等先验知识的支撑，相对目标系统都属于附加式的被动防护模式，对基于目标对象未知漏洞后门或缺乏历史信息等攻击行为不具有可期待的防御效果。

4. 漏洞扫描技术

漏洞扫描是指基于漏洞库，通过扫描等手段对指定的远程或者本地计算机系统的安全脆弱性进行检测的一种网络安全技术。与防火墙、入侵检测、入侵防护技术互相配合，能够有效地提高网络空间安全性。通过漏洞扫描，网络管理员能够了解系统的安全设置和应用服务运行情况，及时发现安全漏洞，客观评估网络风险状况，更正网络安全漏洞和系统中的错误设置，在攻击发生前进行防范。如果说防火墙等属于被动防御手段，那么漏洞扫描就是一种相对主动的防范措施，试图做到防患于未然。漏洞扫描原理如图 3.1 所示。

扫描器一般采用模拟攻击的形式对网络上的目标对象可能存在的已知安全漏洞进行逐项检查。目标对象可以是工作站、服务器、交换机、数据库、应用程序等，系统管理员根据漏洞扫描器提供的安全性分析报告，进行相应的安排或处置。在网络安全体系中，扫描器具有花费低、效果好、见效快、与网络的运行相独立、安装运行简单等优点。

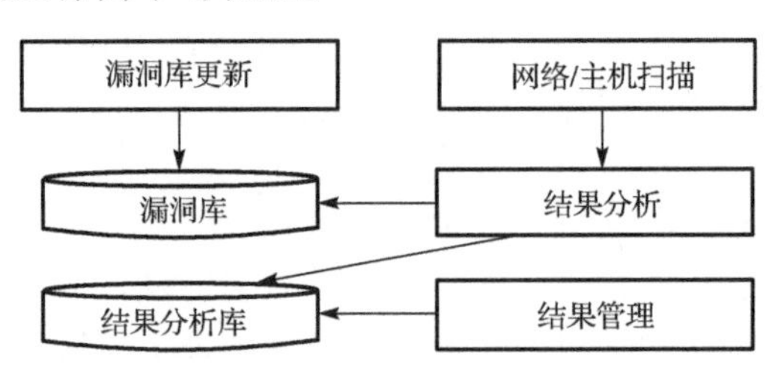

图 3.1 漏洞扫描的原理

漏洞扫描主要通过以下两种方法来检查目标对象是否存在漏洞：①在端口扫描后得知目标主机开启的端口以及端口上的网络服务，将这些相关信息与网络漏洞扫描系统提供的漏洞库进行匹配，查看是否有满足匹配条件的漏洞存在；②模拟黑客的攻击手法，对目标主机系统进行攻击性的安全漏洞扫描，如测试弱口令等，若模拟攻击成功，则表明目标主机系统存在安全漏洞[16]。

根据扫描的执行方式可以将漏洞扫描分为三类[17]。

(1) 网络型安全漏洞扫描器。网络型安全漏洞扫描器在工作时，模仿攻击者从网络端发出数据包，以网络主机接收到数据包时的响应作为判断标准，进而

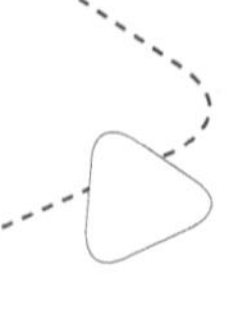

测试基于主机的网络操作系统/系统服务及各种应用软件系统的漏洞。

网络型安全漏洞扫描器的主要功能包括端口扫描检测、后门程序扫描检测、密码破解扫描检测、应用程序扫描检测、阻断服务扫描检测、系统安全扫描测试、提供分析报表和安全知识库的更新。

(2) 主机型安全漏洞扫描器。主机型安全漏洞扫描器主要针对如 UNIX、Linux 和 Windows 等操作系统内部的安全问题进行更深入的漏洞扫描，它可以弥补网络型安全漏洞扫描器仅仅通过外部网络对系统进行的安全测试的不足。

主机型安全漏洞扫描器常常采用客户/服务器应用软件结构，有一个统一的控制台程序，以及分别部署在各重要操作系统的代理程序。安全漏洞扫描系统工作时，由控制台给各个代理程序下达命令进行扫描，各代理程序将扫描测试结果回送到控制台，最后由控制台程序给出安全漏洞报表。

(3) 数据库安全漏洞扫描器。数据库安全漏洞扫描器是专门针对数据库服务器进行安全漏洞检查的扫描器，与网络型安全漏洞扫描器类似。主要是查找不安全的密码设定、过期密码设定、检测登录攻击行为、关闭久未使用的账户以及追踪用户登录期间的活动等。

通常人们认为防火墙、入侵检测、入侵防护以及漏洞扫描等防护技术可以有效保护身后的网络或主机不受外界的侵袭和干扰。但随着网络技术的发展，网络结构日趋复杂，攻击技术迅速创新，传统的静态防御技术由于其先天的问题，暴露出以下的不足和弱点。

(1) 对先验知识(规则库、特征库)强烈依赖。防火墙、入侵检测、入侵防护、漏洞扫描等防护规则及攻击特征的形成更依赖于先验知识，上述防护技术的机理决定了其被动性的基本特质。对于新型的攻击方法，防护能力的持续性强烈依赖于安全人员的专业知识以及厂家的服务保障能力，其运维条件相当苛刻，并存在很大的不确定性。而一旦无法清晰地感知、分析并形成明确的规则，很难形成充分、持续的防御能力。而规则库、特征库的形成完全是被动的，如同疾病接种防疫，一旦无法培育出对症的疫苗，对于新型抗原威胁将毫无办法。

(2) 防御的及时性难以保证。对于防火墙、入侵检测、入侵防护、漏洞扫描等防御技术，防御的及时性也是个巨大挑战。面对技术不断进步的威胁，上述防御方法的有效性取决于能否及时发现新特征、创建新规则。而新特征、新规则的建立则高度依赖于安全分析人员面对新威胁时能否及时形成先验知识，再通过升级特征库、更新规则库及时传递给防御目标。在这一产业化的技术链条中，由于成本和技术门槛的限制，很难形成一个无缝衔接的完美闭环，即发现安全威胁之后能及时分析处理并找出威胁特征，形成防御规则。实践中，由于各种因素和条件的限制，反应链条太长导致遭受威胁时很难达成“发现即防御”的目标。

(3)难防内鬼。对于防火墙、入侵检测、入侵防护等边界防护手段，这一缺陷尤其明显。若入侵行为发生在内部，由于防火墙仅仅是检测外网向内网发送的网络数据包，对于由内向外发送的网络数据检测能力相对较弱，仅靠防火墙很难检测并预警。而现实中，越来越多的 APT 攻击通过“鱼叉式”攻击或者“水坑式”攻击，绕过边界防护，直接接触内网用户，并由内向外通过合规的通信协议窃取信息。另外，边界防护设备很少检测网络内部相互发送的网络数据包，这对于在内网横向移动的攻击方式也是无能为力的。

(4)自身的漏洞后门或被利用。正如本书第 1 章所述，当今技术和产业条件下，作为软硬件结合的信息系统或设备，防火墙、入侵检测、入侵防护系统等自身存在漏洞后门问题是不可彻底避免的。而一旦攻击者有能力发现和利用这些安全缺陷，任何边界防护都可能被绕过、接管或欺骗，使其成为形同虚设的“马其诺防线”，甚至成为为虎作伥的“带路党”。从“斯诺登事件”到“方程式事件”，很多实例都证实了这类威胁。

传统的静态防御技术的重点是通过附加设施对目标系统实施加固防护，通常建立在安全风险评估的基础之上，前提是要能感知威胁、分析威胁、抽取准确的威胁特征，方法是基于精确感知的精确防御。本质上说，静态防御技术是一种典型的“亡羊补牢、后天免疫”式的技术思路，在网络安全发展的初期确实取得了不错的效果，但由于攻防双方信息的严重不对称，攻击者可以低成本持续获得防御方的资源或相关信息，而目标对象因其本身的静态性、相似性和确定性以及所借助的被动防御原理，使得对攻击方信息和手段方法的获取方面存在机理上的滞后性，在如“0day 或 Nday”漏洞后门或新型攻击威胁对抗过程中始终处于下风。

3.2 蜜罐技术

网络欺骗与正面抵御网络攻击的传统防御方法不同，它通过吸引网络攻击者、显著消耗攻击资源来减少网络入侵对目标对象的威胁，以便能先期获取信息、赢得防御部署时间，增强安全防护策略与措施，因此相对于传统网络防御体系具有互补性，利于共同构建多层次的信息安全保障体系[18]。蜜罐技术正是网络欺骗安全防护的一种具体形式。

蜜罐被定义为一类安全资源，它没有任何业务上的用途，其价值就是吸引攻击方对它进行非法使用[19]。蜜罐技术本质上是一种对攻击方进行欺骗的技术，通过布置一些作为诱饵的主机、网络服务或者信息，诱使攻击方对它们实施攻击，以便对攻击行为进行捕获和分析，了解攻击方所使用的工具与方法，推测攻击意图和动机，使防御方清晰地了解他们所面对的安全威胁，并通过技术和管理手段来增强实际系统的安全防护能力。

蜜罐[20]技术也是一种主动的网络保护技术，研究的重点是如何构建一个无破绽的欺骗环境(受控网络、主机或软件模拟的网络和主机)，诱骗入侵者对其进行攻击或在其遭受攻击后做出预警，从而保护实际运行的网络和系统。蜜罐的作用类似于医学上的“细菌培养皿”，在特定的检测环境内观察可能的入侵者行为，记录其活动规律，尽可能地收集入侵信息，以便分析入侵者的水平、目的、所用工具和入侵手段等。

蜜罐的典型应用场景包括网络入侵与恶意代码检测、恶意代码样本捕获、安全威胁追踪与分析、攻击特征提取。

蜜罐技术的弱点也是难点之一，就是如何才能构建一个不易被入侵者感知察觉的监测环境。此外，针对蜜罐的破解技术发展也很快，因为虚拟化的蜜罐环境会影响应用程序性能和效能的发挥，因而只可作为短时间性的“隔离观察室”使用，不能将蜜罐环境当作常态化运行的载体。入侵者可以针对蜜罐检测的时间性窗口实施“蛰伏”策略，也可以通过主动感知蜜罐环境与真实环境的差异性，停止一切攻击活动，待离开隔离观察室后再行动。

3.2.1 网络入侵与恶意代码检测

作为一种主动安全防御策略，蜜罐技术最初的应用场景是辅助入侵检测技术来发现网络中的攻击者与恶意代码。Kuwatly 等[21]依据动态蜜罐技术概念，通过集成主动探测与被动辨识工具，对 Honeyd 虚拟蜜罐进行动态配置，在动态变化的网络环境中构建出自适应蜜罐系统，达到对网络中非法入侵的检测目的。Artail 等[22]进一步提出了混杂模式的蜜罐架构，使用低交互式虚拟蜜罐来模拟服务与操作系统，并将包含攻击的恶意流量引导至高交互式真实服务蜜罐，增强对网络入侵者行为的监视、分析与管控能力。Anagnostakis 等[23]则提出了Shadow(影子)蜜罐的创新思路，组合了蜜罐技术与异常入侵检测技术的各自优势，使用异常检测器监视所有进入受保护网络的流量，检测出的可疑流量通过 Shadow 蜜罐进行处理，Shadow 蜜罐与受保护业务系统共享所有内部状态，入侵攻击在影响受保护业务系统状态之前会被 Shadow 蜜罐检测出来，而被异常检测器识别的合法流量通过 Shadow 蜜罐验证之后，由业务系统向用户提供透明的响应。蜜罐技术对具有主动传播特性的网络蠕虫等恶意代码具有很好的检测效果。Dagon 等[24]针对局域网中如何在爆发初期就检测出蠕虫的问题，实现了脚本驱动并覆盖大量 IP 地址范围的 HoneyStat 蜜罐系统，HoneyStat 针对局域网蠕虫传播场景，生成针对内存操作、磁盘写、网络操作这三种不同类型的报警事件，通过自动化的报警数据收集与关联分析，能够快速、准确地检测出 0day 蠕虫爆发。在欧盟第六框架计划(FP6)资助的 NoAH(Network of Affined Honeypots)项目中，SweetBait 系统[25]集成了 SweetPot 低交互式蜜罐与 Argos 高交互式蜜罐[26]对互联网上传播的蠕虫进行实时检测，能够进一步自动生成检测特征码，并通过分布式部署与特征码共享构建蠕虫响应机制，针对 2008 年底爆发的 Conficker 蠕虫进行了在线检测与分析[27]，验证了系统的有效性。除了网络蠕虫等传统类型恶意代码，研究人员还应用蜜罐技术检测与分析针对浏览器等客户端软件的恶意网页攻击。HoneyMonkey 系统[28]通过引入高交互式的客户端蜜罐技术，使用安装了不同补丁级别的操作系统与浏览器软件来检测和发现针对浏览器安全漏洞实施渗透攻击的恶意页面。谷歌的 Safe Browsing 项目中结合使用机器学习方法与高交互式客户端蜜罐技术，从搜索引擎爬取的海量网页中检测出超过 300 万导致恶意程序植入的统一资源定位符(Uniform Resource Locator，URL)链接，并系统性地对恶意网页现象进行了深入分析。

3.2.2 恶意代码样本捕获

在检测恶意代码的基础上，最近发展出的蜜罐技术还具备恶意代码样本自动捕获的能力。Nepenthes[29]是最早的基于蜜罐技术自动化捕获与采集恶意代码样本的开源工具，Nepenthes 具有灵活的可扩展性，使用单台物理服务器就可以覆盖一个 18 网段的监测，在 33 小时中捕获超过 550 万次渗透攻击，并成功捕获到 150 万个恶意代码样本，在依据不同 MD5 值的消重处理后，最终在这段时间内捕获了 408 个不同的恶意代码样本，实际捕获数据验证了 Nepenthes 蜜罐在自动捕获主动传播型恶意代码方面的有效性。Wang 等[30]提出了物联网平台下的蜜罐 ThingPot，通过分析手机的数据，可帮助发现针对新型物联网设备的攻击行为和技术。实际部署的设备发现了五种针对智能设备的攻击样本。HoneyBow 系统则实现了基于高交互式蜜罐的恶意代码样本自动捕获流程，在 Matrix 分布式蜜网系统 9 个月的实际部署与监测周期中，HoneyBow 平均每天捕获了 296 个不同恶意代码样本，较 Nepenthes 有着明显的优势，但若集成两者的优势，则可达到更好的恶意代码捕获效果。WebPatrol[31]则针对攻击客户端的恶意网页木马场景，提出了结合低交互式蜜罐和“类 Proxy”缓存与重放技术的自动化捕获方法，将分布式存储于多个 Web 站点、动态生成且包含多步骤和多条路径的恶意网页木马场景，进行较为全面的采集与存储，并支持重放攻击场景进行离线分析，WebPatrol 系统在 5 个月的时间内，从中国教育和科研计算机网(CERNET)中的1248个被挂马网站上采集捕获了26498个恶意网页木马攻击场景。研究社区已经证实了蜜罐技术在恶意代码样本采集方面的能力，因此,反病毒工业界目前也已经通过大规模部署蜜罐来采集未知恶意代码样本，如国际著名的反病毒厂商赛门铁克等。

3.2.3 安全威胁追踪与分析

在检测并捕获安全威胁数据之后，蜜罐技术也为僵尸网络、垃圾邮件等特定类型安全威胁的追踪分析提供了很好的环境支持。僵尸网络监测与追踪是应用蜜罐技术进行安全威胁深入分析的一个热点方向，其基本流程是由蜜罐捕获通过互联网主动传播的僵尸程序，然后在受控的蜜网环境或沙箱中对僵尸程序进行监控分析，获取其连接僵尸网络命令与控制服务器的相关信息，然后以 Sybil 节点对僵尸网络进行追踪，在取得足够多的信息之后可进一步进行 sinkhole、关停、接管等主动遏制手段[32]。Freiling 等[33]最早使用蜜罐技术来进行僵尸网络追踪，Rajab 等进一步提出了一种多角度同时跟踪大量实际僵尸网络的方法，包括旨在捕获僵尸程序的分布式恶意代码采集体系、对实际僵尸网络行为获取内部观察的 IRC 跟踪工具以及评估僵尸网络全局传播足迹的 DNS 缓存探测技术，通过对多角度获取数据的关联分析，展示了僵尸网络的一些行为和结构特性。诸葛建伟等利用 Matrix 分布式蜜网系统对 IRC 僵尸网络行为进行了长期而全面的调查[34]，揭示了现象特征[35]。Stone-Gross 等[36]在蜜罐技术监测僵尸网络行为的基础上，通过抢注动态域名的方法，对 Torpig 僵尸网络进行了接管，不仅追踪到了 18 万个僵尸主机 IP 地址，还收集到了 70GB 的敏感信息，验证了僵尸网络追踪与托管技术可以达到的主动遏制效果。针对互联网上垃圾邮件泛滥的现象，Project Honey Pot 项目利用超过 5000 位网站管理员自愿安装的蜜罐软件监控超过 25 万个垃圾邮件诱骗地址，对收集邮件地址并发送垃圾邮件的行为进行了大规模的追踪分析[37]，Steding-Jessen 等[38]使用低交互式蜜罐技术来研究垃圾邮件发送者对开放代理的滥用行为。

3.2.4 攻击特征提取

蜜罐系统捕获到的安全威胁数据具有纯度高、数据量小的优势，通常情况下也不会含有网络正常流量。此外，只要蜜罐系统能够覆盖网络中的一小部分

IP 地址范围，就可以在早期监测到网络探测与渗透攻击、蠕虫等普遍化的安全威胁。因此，蜜罐非常适合作为网络攻击特征提取的数据来源。安全研究人员提出了多种基于蜜罐数据进行网络攻击特征提取的方法，Honeycomb[39]是最早公开的基于蜜罐技术进行自动化网络攻击特征提取的研究工作，作为 Honeyd 蜜罐的扩展模块，对于接收到的网络攻击连接，通过与相同目标端口的保存网络连接负载进行一对一的最长公共子串匹配，如果匹配到超出最小长度阈值的公共子串，即生成一条候选特征，这些候选特征再与已有特征集进行聚合，生成更新后的攻击特征库。Honeycomb 提出了利用蜜罐捕获数据进行攻击特征提取的基础方法，但并未考虑应用层协议语义信息，很多情况下，会由于应用层协议头部中相同内容的影响而提取出与攻击无关的无效特征。Nemean 系统[40]针对 Honeycomb 的这一缺陷，提出了具有语义感知能力的攻击特征提取方法，以虚拟蜜罐和 Windows 2000 Server 物理蜜罐捕获的原始数据包作为输入，首先通过数据抽象模块将原始数据包转换为最小生成树(Shortest Spanning Tree, SST)半结构化网络会话树，然后由特征提取模块应用 MSG 多级特征泛化算法，将网络会话进行聚类，并对聚类进行泛化，生成基于有限状态机的语义敏感特征，最后转换为目标入侵检测系统的特征规则格式进行实际应用[31]。SweetBait/Argos 则针对主动发布型蜜罐应用场景，首先采用动态污点分析技术来检测出渗透攻击，并回溯造成 EIP 指令寄存器被恶意控制的污点数据在网络会话流中的具体位置，在特征自动提取环节支持最长公共子串(LCS)算法与渗透攻击关键字符串检测(CREST)算法。其中，CREST 算法能够依据动态污点分析的回溯结果，提取到简练但更加精确的攻击特征，也能够部分地对抗网络攻击的多态化。HoneyCyber 系统[41]利用了 Double-Honeynet 部署架构来捕获多态网络蠕虫的流入会话与流出会话，并采用主成分分析方法提取多态蠕虫不同实例中的显著数据，进行自动化的特征提取。在实验中，针对人工多态化处理的蠕虫实例，能够达到零误报率和较低的漏报率，但并未针对实际流量环境与多态蠕虫案例进行验证。针对蜜罐系统数量较多、结构复杂、处理需要较强专业性的问题，Fraunholz 等[42]提出了基于机器学习技术的动态蜜罐配置、部署和维护策略。

3.2.5 蜜罐技术的不足

蜜罐技术并非像加密、访问控制、防火墙一样在整体防御体系特定环节中拥有明确的功能需求与定义，而是将攻防领域中的一种对抗性思维方式与技术思路，贯穿于整体防御体系的各个环节，体现在防御者与攻击者之间的智力和技能博弈中。因此，蜜罐技术并不具备固定且明确的边界与内涵，同时还在技术博弈过程中与攻击技术共同发展和演化，从而始终处于动态变化的状态，这导致了蜜罐技术无法像访问控制等安全技术那样拥有较为明确的理论基础，而更多地依赖于一些对抗性的技术策略与手段技巧。这意味着，现有的蜜罐技术无法拥有科学理论的基础支持，同时也难以形成通用化的工程产品形态与标准规范。在安全业界市场上，虽然近年来赛门铁克等一些厂商试图推广蜜罐产品，但始终无法形成一种共性化的通用产品形态，而往往是为安全要求较高的企业客户提供定制化蜜罐技术方案。作为与攻击具有直接对抗性的技术手段，现有蜜罐技术在以下方面还存在着不足与缺陷，使其难以在技术对抗博弈中占据战略上的优势地位。

(1) 蜜罐环境尚无法有效解决仿真度与可控性之间的矛盾：采用与业务系统一致环境的高交互式蜜罐技术虽然存在高度的伪装性与诱骗性，但在攻击行为监控粒度与完备性、环境维护成本与代价等方面存在不足；而具有高度可控性、维护成本较小的低交互式蜜罐技术则往往仿真度不够高，特别是无法捕获新型攻击威胁，而且比较容易被攻击者察觉。

(2) 现有蜜罐技术主要针对具有大规模影响范围的普通或一般性安全威胁，而对于高级持续性威胁，诱骗与监测能力不够充分。蜜罐技术必须具备高度可定制性以及动态环境适应能力，同时还要有很高的隐蔽性，能够融入实际业务系统中，而又不至于被轻易发现。

(3) 在攻防核心技术博弈的层面上，蜜罐技术针对新类型和新平台（如数据采集与监视控制（Supervisory Control and Data Acquisition，SCADA）系统、智能移动平台）的安全威胁的应对研究及开发与攻击技术的快速发展相比，仍具有一定的滞后性。

(4) 传统的被动防御其整个链条由感知—认知—决策—执行等环节组成，遵循“捕获威胁—分析威胁—提取威胁特征—形成防御规则—部署防御资源”的技术模式应对各类网络威胁。蜜罐是感知环节最有效的技术手段之一，同样也可用于对威胁特征的分析与提取。但随着攻防双方对抗的白热化，攻击侧的各种感知技术正在不断发展，例如，利用蜜罐自身的缺陷，一旦探测到所处环境，恶意代码执行静默或自销毁措施等。这些技术使攻击行为难以充分表现，从而导致被动防御链条的首要环节处于失效的风险中。

3.3 联动式防御

每一种安全技术都有其适用范围和独特的价值，联动就是把不同的产品和技术利用组合的方法，达到整体效果上的提升，以适应网络安全防御的整体化与立体的要求，从而应对层出不穷的攻击手段。本质上说，产品之间的联动，表现为信息交流的安全机制。随着信息安全的发展，越来越多的用户认识到，安全不是一个孤立的问题，依靠任何单一的安全产品，都不能保证网络的安全。用户需要的是整体安全，需要一个联系紧密的安全防范体系。可以想象，多种安全产品的协作互动肯定是必然趋势，其应用也会越来越广泛。

联动式网络安全防御技术就是在增强和保证本地网络与主机安全性的同时，还要及时发现正在遭受的攻击并及时采取各种措施使攻击者不能达到其目的，使己方的损失降到最低的各种方法与技术。联动式网络安全防御方法的特点在于：①多层防御体系：各安全组件按其功能和特点构成纵深防御体系，各层之间既能互动，又保持相对的独立。攻击者必须突破所有的防御层，才能对系统造成损害。②系统的防御能力可动态提升。③系统内各安全组件能实现互动，安全组件之间是相互协作的关系，如入侵检测通知防守反击系统，后者根据响应策略库进行各种响应，如通知防火墙切断黑客的入侵连接或者调用攻击程序对黑客实施反击。④自动化响应与人工智能相结合，充分利用自动化响应提高对抗黑客的能力和减轻管理员负担。

3.3.1 入侵检测与防火墙系统间的协作防御

防火墙可通过监测、限制、更改跨越防火墙的数据流，尽可能地对外部屏蔽网络内部的信息、结构和运行状况，以此来实现网络的安全保护，对信息资源提供可靠的安全服务。要想充分利用防火墙保护网络免于 Internet 上的威胁，就必须和其他的安全措施结合起来，才能真正有效地发挥互补的作用。

当前最常见的入侵防护方法是通过网络入侵检测系统和防火墙的联动来实现的。当入侵检测系统发现攻击企图后，就通知防火墙将攻击来源的 IP 地址或端口禁止。信息安全产品的发展趋势是不断地走向融合，走向集中管理[43]。目前防火墙加入侵检测产品互动的方式也有一些不足。首先是，使用两种产品防御攻击会使系统很复杂，任何一个产品发生故障都会导致安全防范体系的崩溃，而且两个产品的维护成本也比较高。其次，一个最重要的问题是目前防火墙和入侵检测产品的互动并没有一个被广泛认可的通用标准，大多数安全厂商各行其是，入侵检测产品厂商只与自己感兴趣的防火墙进行互动，而防火墙厂商提出的开放接口却又互不相同。没有一个通用的标准可以让所有的入侵检测产品和所有的防火墙进行互动。这样，用户在采购安全产品的时候，不得不考虑到不同产品的交互性问题，从而限制了用户选择产品的范围。

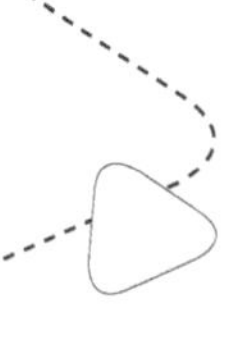

3.3.2 入侵防护与防火墙系统间的协作防御

入侵防护系统与防火墙之间的协作防御是在入侵防护系统设计之初就已经考虑到的，通过与防火墙的联动防御可以在很大程度上减轻入侵防护系统的压力，也就是说在部署了防火墙的情况下，可以屏蔽很大一部分非法通信流量，大大提高了入侵防护系统的效率。

入侵防护系统与防火墙之间的协作防御主要是利用相互传送政策规则来达到整体防御的目的。防火墙根据其配置位置不同也可以分为网络防火墙和主机防火墙，网络入侵防护系统把自身阻塞率最高的安全事件的相关规则传送给网络防火墙，使之能够阻止此类安全事件，尽量减轻入侵防护系统的压力。传送给防火墙的规则是根据入侵防护系统的情况动态变化的，并且规则都具有一定的有效时间，时间一到则自动失效。网络防火墙在使用动态开启端口的协议时，必须发送相关规则给网络入侵防护系统，使得该通信流量能够正常通过。当该通信结束以后，必须通过相反的过程让网络入侵防护系统去除相关的规则设定。反过来也同样，某一台主机上的防火墙可能统计哪些策略规则阻挡了最多的数据包，运用这些策略规则可能阻挡最多的攻击或者不必要的数据流量。推广到一般情况，这些规则对于内部网络上的其他主机也起到了相同的作用。同样，将这些策略规则传送给网络入侵防护系统，可以在数据包进入内部网络之前加以阻止，减轻了主机防火墙的压力，如图 3.2 所示。

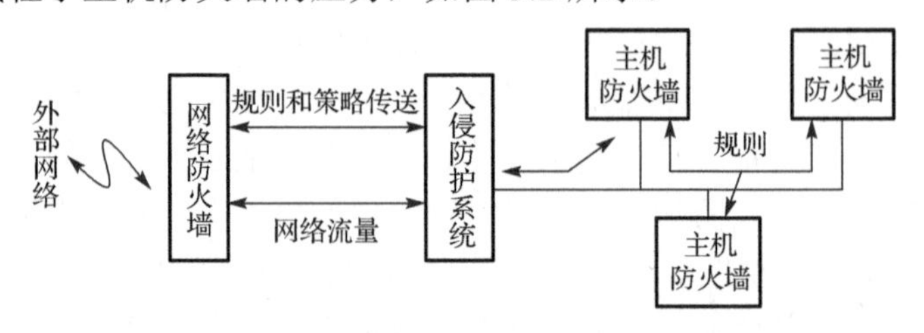

图 3.2 入侵防护系统与防火墙联动防御的示意图

但是目前防火墙与入侵防护系统之间进行协作防御存在一个重大的问题，即针对这两种完全不同的安全防御机制，无法直接把防火墙的规则运用到网络入侵防护系统上，反之亦然。另一个问题是各个主机防火墙运行的环境不尽相同，如果主机防火墙之间需要交换规则，因为语义语法上的差异不能直接对话。

针对上述问题，目前提出的下一代防火墙技术(Next generation firewall, NGFW)[44]，将集成式入侵防御系统、可视化运用识别、智能防火墙等技术相融合，为用户提供应用层一体化的防护，图 3.3 所示为下一代防火墙网络拓扑结构图。

通过对多种系统的集成式和联动式应用，下一代防火墙具备用户身份识别、恶意软件检测、应用程序控制、入侵防御、程序可视化等功能，并能在任何端口上识别和控制应用程序，防护能力较现有防火墙有大幅提升。

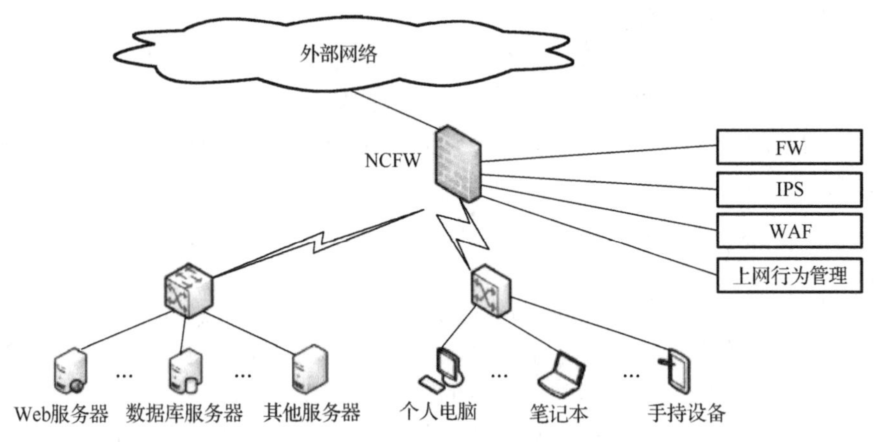

图 3.3 下一代防火墙网络拓扑结构图

3.3.3 入侵防护与入侵检测系统的协作防御

虽然入侵防护系统本身具备入侵检测引擎，能够对各种安全事件进行检测，但是由于它是串联在目标对象上的安全防御机制，它的效率在很大程度上影响目标对象的性能，所以在实际应用中入侵检测引擎所使用的安全事件知识库不能太大，这就造成了入侵防护系统不可能将所有的安全事件都检测到[45]。入侵防护系统与入侵检测系统进行协作防御的最终目的就是利用多种入侵检测系统聚集起来的强大检测能力与入侵防护系统形成互补，使入侵防护系统能够在最大程度上完成入侵防护的功能。

入侵防护系统与入侵检测系统的协作主要是通过网络入侵检测系统给入侵防护系统传递规则实现的。入侵防护系统部署在网关位置，负责对流入与流出数据流进行检测和控制，而多种入侵检测系统分别部署在各个重要的网络节点上。每隔一段时间，入侵检测系统会根据所检测到的安全事件，把发生频率较高的安全事件的检测规则发送给入侵防护系统，达到在网关位置进行防御的目的。而入侵防护系统根据各个入侵检测系统发送过来的检测规则更新自身入侵检测引擎的知识库，例如，把较长时间没有用到的规则缓存起来，把最近发生较多的安全事件的检测规则置为较高的优先级。积极的动态规则更替能够检测到更多的攻击事件，同时把对目标对象的影响降为最低。入侵防护系统也可以向入侵检测系统传递规则，目的是通过多个入侵检测系统验证该规则的有效性，例如，某个规则在多个入侵检测系统的上验证都不能检测到任何攻击，那么就可以认为此规则已经失效了，把此信息反馈到入侵防护系统并删除此项规则，减少系统的无效操作开销。

入侵防护系统与入侵检测系统之间进行协作时，也要考虑规则的兼容性，因而只能先将待传递的规则进行一定程度的抽象，再进行传递。另外，入侵检测系统的检测速率与正确性是决定入侵防护系统与入侵检测系统之间进行协作防御能否成功的关键[46]。

3.3.4 入侵防护与漏洞扫描系统间的协作防御

漏洞扫描系统的主要功能就是检测一个系统存在的漏洞或者错误的设定。因为大多数的攻击都是针对某个漏洞或者错误的设定而来的，漏洞扫描系统的目的就是提前找到这些可能受到攻击的漏洞或系统设定，再通过修正这些漏洞和错误设定来避免受到攻击，从而达成入侵防护目的。如果在做完漏洞扫描以后发现了一些系统漏洞，但是目前还没有能力对此漏洞进行修补，为了防止此漏洞遭到攻击，一个办法就是使用入侵防护系统进行协作防御。入侵防护系统能够通过阻挡含有漏洞的应用程序的网络流量或者系统调用来防止此漏洞受到攻击。

入侵防护系统与漏洞扫描系统进行联动防御时，漏洞扫描系统结束漏洞扫描动作以后，可以产生漏洞应用程序列表，进一步转化为漏洞规则传送给网络入侵防护系统，入侵防护系统将其转化并添加到安全事件知识库中，利用这些规则就能够对相应的漏洞攻击进行检测和防御。阻挡该漏洞应用程序的相应系统调用，防止攻击，而在漏洞得到修正以后，恢复其正常的功能。

入侵防护的关键在于提供一个描述漏洞应用程序和执行响应所需信息的规则，该规则供入侵防护系统进行响应、漏洞扫描、系统检查、漏洞及漏洞应用的检测。

3.3.5 入侵防护与蜜罐系统间的协作防御

蜜罐系统通常采用虚拟蜜罐技术构建[47]，可以部署在入侵防护系统之后。蜜罐系统可以构建一系列的虚拟主机，用于吸引黑客的入侵。该系统既能以子系统的方式和入侵防护系统一起工作，也能单独部署，具有很高的灵活性。该系统在整个体系结构里起到了一个很好的补充和扩展作用，拓宽了安全防御的范围，弥补入侵防护系统的误报和漏报的不足，并具有一定的对黑客行为的收集能力和入侵取证功能。

入侵防护系统不能有效检测新型的未知攻击，而蜜罐系统作为入侵防护系统的一个有力补充，可以提高目标对象的安全防御等级。

蜜罐系统作为目标主机的替身，模拟一个或多个易受攻击的主机和服务器，并装备着文件系统使之带有欺骗属性，这些属性被设计用来模拟关键系统的外部表象和内容。使目标对象在实际系统的内容没有毁坏或暴露的情况下，确定入侵者的意图、记下入侵者的行为信息。

蜜罐系统通过模拟操作系统、服务进程、协议、应用软件的漏洞、脆弱性来引诱入侵者，如图 3.4 所示。

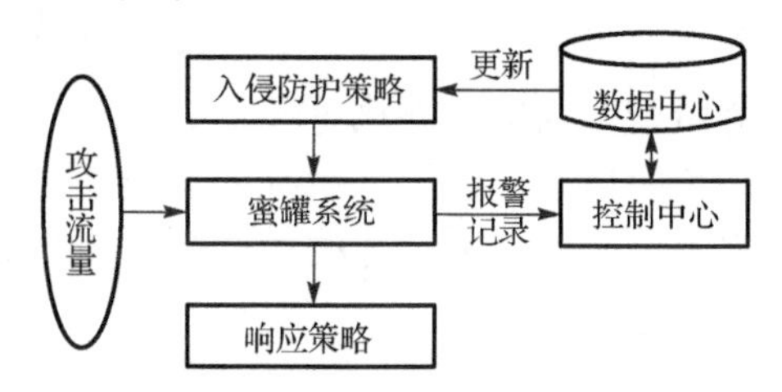

图 3.4　入侵防护与蜜罐系统协作防御示意图

蜜罐系统对入侵者的行为进行详细的日志记录，收集原始数据，在不同的层次上进行行为跟踪，以便于分析系统对可疑行为和入侵行为进行辨识。同时向管理控制台发出告警和日志信息，通过对这些信息的审计和抽取，系统对入侵检测系统知识库进行更新，将新的模式添加进去，调整入侵防护系统的策略，以便阻止攻击源的入侵。还可通过配置蜜罐响应策略方式，将其设置成主动响应模式，一旦发现有非法连接，就断开连接。

联动式防御具有层次化、智能化的特点，侧重于针对已知的各种攻击方法采用特征扫描、模式匹配、数据综合分析等技术手段进行动态监测与联动报警，并结合人工或自动的应急响应来封堵或消除攻击威胁。但在实际应用中，防火墙、入侵检测系统、入侵防护系统、漏洞扫描系统和蜜罐系统等安全产品通常各自部署在不同的平台上，这意味着用户需要部署几套不同的设备，既浪费了资源又占用了空间，不同产品联动也给实际部署带来不小的挑战。

联动式网络安全防御存在的问题和静态的网络安全防护技术一样，仍然不能很好地防御基于未知或未公开漏洞和复杂渗透模式的网络攻击，一方面以检测为核心的联动式防御难以对复杂的攻击模式进行有效的检测，尤其是针对开放网络的攻击渗透大多通过社交渠道对网络维护和管理人员进行隐蔽攻击，防不胜防；另一方面系统内生安全问题的存在也可以使黑客可以较容易地打开系统的隐蔽通道以规避检测。

3.4 入侵容忍技术

仅使用防火墙、入侵检测、入侵防护等传统静态防御方式已经无法满足目前网络环境的变化对安全的需求，入侵容忍技术允许系统存在一定程度的安全漏洞，并且假设一些针对系统组件的攻击能够取得成功，在面对攻击的情况下，入侵容忍不是想办法阻止每一次单个入侵，而是设计触发阻止使系统失效发生的入侵行为的机制，从而有可能以可测的概率保证系统的安全和可操作性[48]。

从本质上来说，入侵容忍属于传统被动防御链条的执行部分，是网络防御的最后一道防线；而容错则是入侵容忍执行环节的核心算法，通过有限程度容忍防御环节出现漏网之鱼的情况，来提升系统的安全性。不过，从原理上说，基于容错技术的入侵容忍仍然属于被动防御的范畴，因为需要入侵检测环节来获得容错功能所需的先验知识。

3.4.1 入侵容忍技术原理

入侵容忍概念早在 1985 年由 Fraga 和 Powell 提出，由于不可能预知所有未知形式的攻击，也不可能完全杜绝基于潜在安全漏洞的攻击，于是某些攻击可能会取得成功，因此有必要研发即使遭到攻击仍能在一定程度上保证给定服务功能的鲁棒性系统。由于一个系统遭受攻击到系统失效过程中，通常会出现事件序列，故障—错误—失效，因此入侵容忍的核心目标不是想办法阻止每一次单个入侵，而是要设计出能够触发阻止使系统失效发生的入侵行为的机制。

1991 年，Deswarte、Blain 和 Fabre 开发出第一个具有入侵容忍功能的分布式计算系统。2000 年 1 月，欧洲启动了 MAFTIA（用于因特网应用的恶意和意外故障容忍）研究项目，以期系统地研究容忍模型，建立大规模可靠的分布式应用，MAFTIA 的主要研究成果如下。

(1) 定义了用于弥补可靠性和安全性差异的入侵容忍结构化框架与概念模型。

(2) 开发了一组建立入侵容忍系统的机制和协议，包括：一组模块化和可伸缩的安全通信中间件协议；大规模分布式的入侵检测系统体系结构，该结构具有入侵容忍属性；入侵容忍的分布式认证服务。

(3) 提出了针对 MAFTIA 中间件部分组件的形式化验证和评估方法。2003

年，美国国防高级研究项目署(Defense Advanced Research Projects Agency，DARPA)启动了一个新的研究和开发方向，命名为 OASIS(Organically Assured & Survivable Information Systems)计划，主要研究入侵容忍技术，包括系统在面临攻击的情况下保持安全性和可用性的能力，以及对这些能力进行评估的手段。其资助的研究项目包括 SITAR、ITTC、COCA、ITUA 等。另外，我国 2001 年也启动并开展了一些有关入侵容忍的研究。

1. 理论模型

1) 安全目标

入侵容忍根据系统的功能特点和网络攻击的目的，将系统的安全目标分为三类，分别是机密性、完整性和可用性。

机密性：系统需要保证其内部的特定信息以及提供的服务中所包含的机密信息不会被攻击者窃取。

完整性：系统需要保证其内部数据以及提供的服务中的数据不被攻击者删除或篡改。

可用性：系统需要保证所提供的服务可用性与持续性。

2) 系统故障模型

在面临攻击的情况下，一个系统或系统组件被成功入侵的原因主要有两个：①安全漏洞，本质上属于需求、规范、设计或配置方面存在的缺陷，如不安全的口令、造成堆栈溢出的编码故障等，安全漏洞是系统被入侵的内部原因；② 攻击者的攻击，则是系统被入侵的外部原因，是攻击者针对安全漏洞的恶意操作，如端口扫描、上传病毒木马、提权控制、DoS 攻击等方法。攻击者对系统或系统组件的一次成功入侵，能够使系统状态产生错误，进而会引起系统的失效。为了把传统容错技术用到入侵容忍上，有必要把任何攻击者的攻击、入侵和系统组件的安全漏洞抽象成系统故障。一个系统从遭受攻击到系统失效的过程中，通常会出现以下事件序列：故障—错误—失效。为了推理用于建立阻止和容忍入侵的机制，需要对系统故障进行建模，将漏洞、攻击和入侵作为三种要素加以对待。

漏洞：系统中可被攻击者触发和利用的潜在缺陷。

攻击：攻击者基于特定漏洞所采取的攻击行为，其目的是触发和利用该漏洞，对系统安全目标造成损害。

入侵：当攻击者的攻击行为成功触发某漏洞并对系统安全目标造成损害时，即意味着一次入侵的出现。

入侵容忍理论模型如图 3.5 所示。

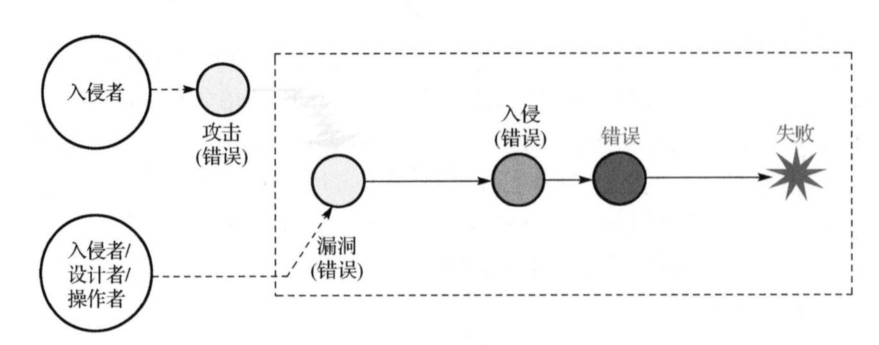

图 3.5 入侵容忍理论模型

2. 机制与策略

1) 入侵容忍机制

入侵容忍技术从本质上讲是一种使系统保持幸存性的技术。根据安全需求，一个入侵容忍系统应达到以下目标：①能够阻止和预防攻击的发生；②能够检测攻击和评估攻击造成的破坏；③在遭受到攻击后，能够维护和恢复关键数据、关键服务或完全服务。入侵容忍系统目标的实现，需要一定的安全机制来保证，主要有以下几种。

(1) 安全通信机制。在网络环境中，为了保证通信者之间安全可靠地进行通信，预防和阻止攻击者窃听、伪装及拒绝服务等攻击，安全通信机制是必需的。入侵容忍的安全通信机制通常采用加密、认证、消息过滤和经典的容错通信等技术。

(2) 入侵检测机制。入侵检测通过监控并分析计算机系统或网络上发生的事件，对可能发生的攻击、入侵和系统存在的安全漏洞进行检测与响应。入侵检测需通过漏洞分析和攻击预报技术的结合来预测可能发生的错误，以便尽可能地找出造成攻击或带来安全威胁的原因。入侵检测也可结合审计机制，记录系统的行为和安全事件，对产生的安全问题及原因进行后验分析。

(3) 入侵遏制机制。它通过资源冗余和设计的多样性增加攻击者入侵的难度与成本，还可通过安全分隔、资源重配等措施来隔离已遭破坏的组件，限制或阻止入侵的进一步扩散。

(4) 错误处理机制。错误处理旨在阻止产生灾难性失效，具体包括错误检测和错误恢复。

错误检测包括完整性检测和日志审计等。错误检测的目的在于：①限制错误的进一步传播；②触发错误恢复机制；③触发故障处理机制。错误恢复机制的目的在于使系统从入侵造成的错误状态中恢复过来，以维护或恢复关键数据、关键服务甚至完全服务。错误恢复机制包括：①前向恢复，系统向前继续执行到一个状态，该状态保证提供正确的服务；②后向恢复，系统回到以前被认为是正确的状态并重新运行；③错误屏蔽，应用系统冗余来屏蔽错误以提供正确的服务，主要保障机制包括组件或构件冗余、门限密码学、系统投票表决操作、拜占庭协商和交互一致性等。由于错误检测方法的有效性与拥有的先验知识或信息的精确度强相关，因而检测结果不仅存在很大程度的不确定性还会引入较大的延迟，影响错误恢复的有效性。所以，错误屏蔽是错误恢复优先考虑的机制。

2）入侵容忍策略

入侵容忍应用的建立必须结合入侵容忍策略，即当系统面临入侵时，系统采取何种策略来容忍入侵，避免系统失效的发生。入侵容忍策略来自于经典的容错和安全策略的融合，策略以操作类型、性能、可资利用的技术等因素为条件，在衡量入侵的成本和受保护系统可承受的代价基础上制定。一旦入侵容忍策略定义好了，就可根据确定的入侵容忍机制设计入侵容忍系统。具体而言，入侵容忍策略包括以下几个方面。

(1) 故障避免和容错。故障避免策略指在系统设计、配置和操作过程中尽可能排除故障发生的策略，由于完全排除系统组件的安全漏洞并不现实，而通过容错的方法来抵消系统故障的负面影响往往比故障避免更经济，所以在设计入侵容忍系统时，应将故障避免和容错策略折中考虑。但是在一些至关重要的系统中，故障避免可能成为需要追求的主要目标。

(2) 机密性操作。当策略目标是保持数据的机密时，入侵容忍要求在部分未授权数据泄露的情况下，不揭示任何有用的信息。入侵容忍系统的机密性操作服务可以通过错误屏蔽机制来实现，错误屏蔽有多种方法，如门限密码体制或法团 (Quorum) 方案。

(3) 可重配操作。可重配操作策略是指在系统遭受攻击时，系统根据组件或子系统的受破坏程度来评估入侵者成功的程度，进而对系统资源或服务进行重新配置的策略。可重配操作基于入侵检测技术，在检测到系统组件错误时能够用未发现异常的组件来替换错误组件，或者用适当的配置来代替当前的配置。可重配操作策略主要用于保障服务的可用性或完整性，如事务数据库、Web 服务等。由于可重配操作策略需要对资源或服务进行重新配置，因此系统服务可能出现短暂的失能情况。

(4) 可恢复操作。对于一个系统，假设：①使它失效至少需要时间 t_i；②系统至多需要时间 t 从失效状态恢复到正常状态，且时间 t 对于应用者而言可接受；③系统崩溃不会产生不可恢复的情况；④对于一次给定的攻击，其攻击持续时间为 t_c，并且有 $t_c<t_i+t$。如果系统满足以上四个假设，则其遭受攻击并失效

时，可采用可恢复操作来恢复正常。在分布式环境中，可恢复操作通常需要借助安全的协商协议来实现。

(5) 防失效。当攻击者成功入侵系统的部分组件时，系统功能或性能会受到破坏，当出现不能再容忍故障的状况下，系统有可能进入到丧失可控性的不安全状态。此时，有必要提供紧急措施(如停止系统的运行)以避免系统受到更加严重的破坏。这种策略常用于任务至关重要的系统，作为其他策略的补充。

3.4.2 两个典型入侵容忍系统

1) 一种可扩展的分布式服务容侵体系结构[49]

SITAR (Scalable Intrusion-Tolerant Architecture) 是由研究性组织 MCNC (Microelectronics Center of North Carolina) 和美国杜克大学发起的旨在保护 COTS 服务器安全性的入侵容忍项目。美国国防部高级研究计划署 (DARPA) 赞助，是 DARPA OASIS (Organically Assured and Survivable Information Systems) 计划 (1999～2003) 的组成部分之一。其系统结构如图 3.6 所示。

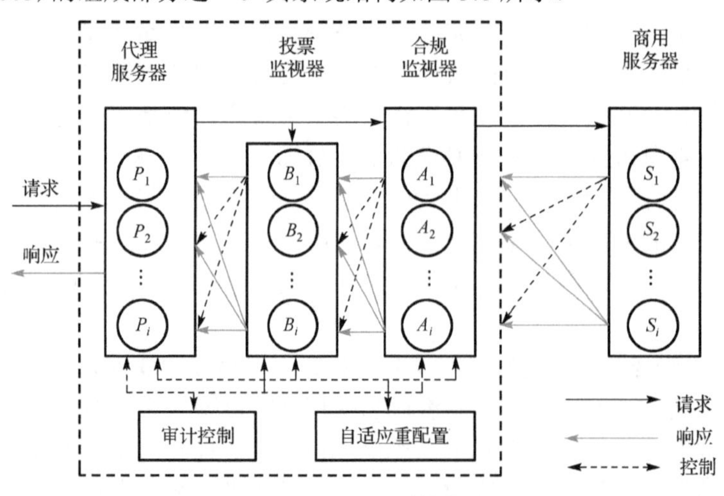

图 3.6 SITAR 系统构造

SITAR 是一种基于 COTS 服务器的入侵容忍分布式服务体系结构。它的研究动机有两个：第一，任何安全预防措施都不能保证系统不会被渗透；第二，任务关键应用程序即使在主动攻击或部分受损的情况下也需要提供最低级别的服务。因此其体系结构的重点是保证运行服务的连续性。比起在确定原因为恶意攻击还是意外失败性质方面，更为关注的是系统必须处理并经受住不利扰动的影响。SITAR 系统利用冗余和多样这两种技术作为基础构建单元，并定义了五个关键组件：①代理服务器执行当前入侵容忍策略指定的服务策略，且由服务策略确定请求应该“转发”到哪些 COTS 服务器以及如何呈现最终结果。②合规监视器对请求和响应进行有效性检查，可选择地将它们连同检查结果的指示一起转发到选票监视器，合规监视器具有检测 COTS 服务器上的安全隐患并生成入侵触发信息。③选票监视器充当 COTS 服务器解决冲突的“代表”，并通过多数表决或拜占庭协议程序决定最终的响应结果，具体的实施过程将取决于检测到安全威胁的当前级别。④自适应重配置模块从其他模块(包括合规监视器)接收入侵触发信息，评估威胁、容忍目标、成本/性能影响，并生成系统的新配置。⑤审计控制定期进行诊断测试，对审计记录进行验证，识别部件中的异常行为。

2) MAFTIA：互联网应用的恶意和意外故障容错

MAFTIA (Malicious and Accidental Fault Tolerance for Internet Applications) 是欧盟支持的一个重要的长期研究项目，该计划综合使用多种容错技术、分布式系统技术和安全策略构建了一个更为复杂的入侵容忍系统[50]。该模型架构是建立在信任和可信赖关系基础上，其概念模型与构架如图 3.7、图 3.8 所示。其分布式架构之间的控制信息传输与解析，采用基于可信计算机制的虫洞信道和可信根类的硬件处理技术，如图 3.9 所示。

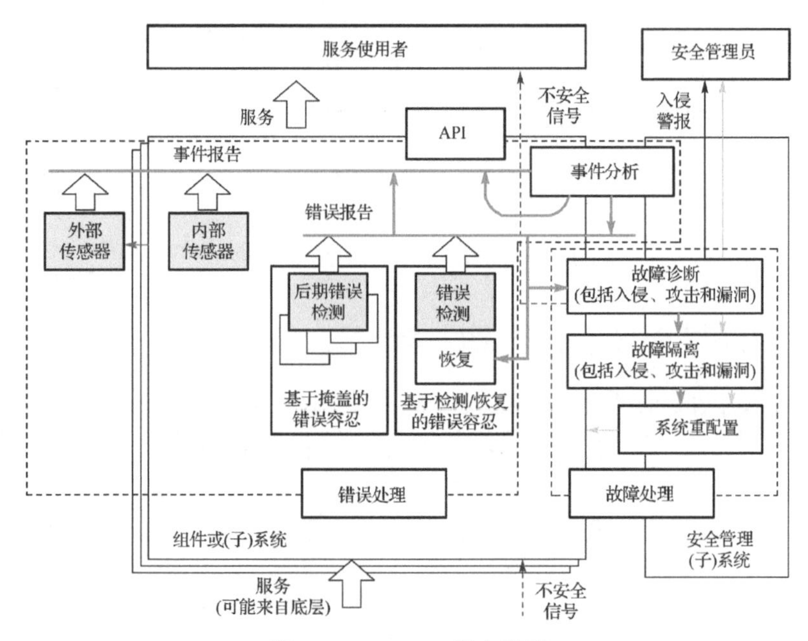

图 3.7　MAFTIA 概念模型

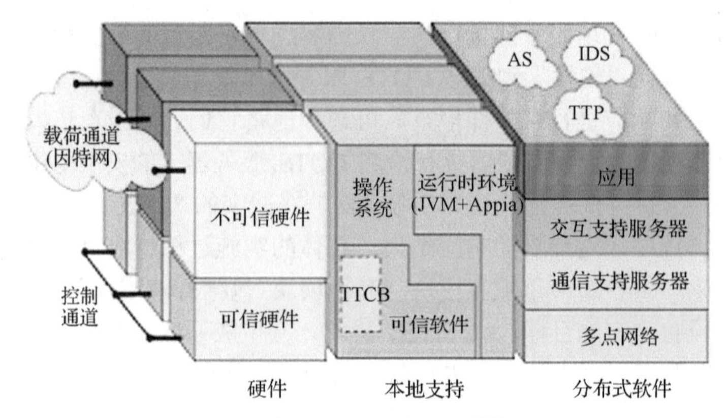

图 3.8 MAFTIA 构架[51]

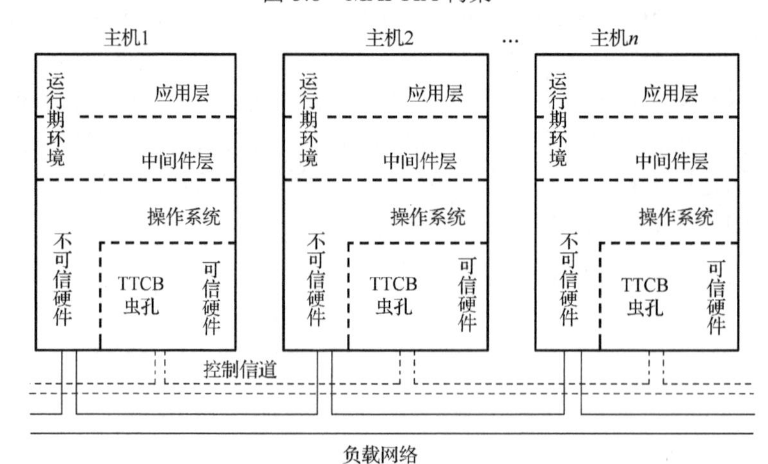

图 3.9 MAFTIA 结构与 TTCB 虫洞模块[50]

3.4.3 Web 入侵容忍体系结构比较

Web 入侵容忍体系结构的比较如表 3.1 所示。

表 3.1 Web 入侵容忍体系结构比较[51]

参数		一般入侵容忍架构	面向分布式服务的可扩展入侵容忍架构	自清洗的入侵容忍架构	采用适应性和多样化复制的入侵容忍架构	面向互联网应用的恶意和意外故障容忍
可靠性特征	可利用性	是的	是的	是的	是的	是的
	机密性	不	是的	不	是的	是的
	完整性	是的	是的	是的	是的	是的

续表

参数		一般入侵容忍架构	面向分布式服务的可扩展入侵容忍架构	自清洗的入侵容忍架构	采用适应性和多样化复制的入侵容忍架构	面向互联网应用的恶意和意外故障容忍
设计准则	多样性	要求的	要求的	可选的	要求的	要求的
	冗余	要求的	要求的	要求的	要求的	要求的
	对请求的处理方法	通过随机选择的服务器	通过随机选择的服务器	在线虚拟服务器	通过活动节点	分布式服务器
	配置管理	分布式	集中式	集中式	集中式	分布式
	入侵检测机制	SNORT，EMERALD，一致性协议，挑战/应对协议，运行时验证	合规监控器，代理服务器，审计控制	无	合规测试与表决	虫洞(Wormhole)
	研究问题	容忍公共访问Web服务器中的意外故障和故意故障	体系结构的连续性与可扩展性	减少单个服务器的暴露时间	关键服务的生存性	任意故障时的高弹性和在故障控制时的高性能
	研究挑战	银弹攻击(对所有服务器都成功的攻击)，对被选举为领导者的攻击	成本和复杂性	高响应时间，恶意更改服务器的会话信息	牺牲非关键服务、时间开销	整个架构所依赖的可信组件将只抵抗良好定义的一组攻击

3.4.4 容侵与容错的区别

综上所述，容错和入侵容忍都试图使系统在异常情况下能连续提供可接受的服务。所以，一些关键的容错机制能用于入侵容忍，这些容错机制包括：①冗余备份、多样性和可重配等；②冗余组件的独立性(设计的多样性)，例如，通过采用不同的操作系统，减少通用模式安全漏洞的概率，降低通用模式攻击的成功概率。容错技术的错误检测、破坏程度评估、错误恢复、错误处理和连续服务等分阶段部署安排，也可作为设计和实现一个入侵容忍系统的参考。

容侵和容错系统毕竟有所区别，在入侵容忍中很好地结合容错技术并不容易，这是因为以下几点：

(1)容错技术在设计和执行阶段对可能发生的偶然或随机性或永久性错误都有预先考虑，对一些能预料到的错误行为都做了合理的假设。而入侵行为从动机上都是恶意的，攻击行动通常又是隐匿的且可能伴随蓄意传播行为，一般无法用随机性事件或相关数学工具来描述，形式上因为博弈对抗性质所致，常常是难以预料的。

(2)入侵行为通常是针对系统组件的已知或未知漏洞而发起的外部攻击，传统的基于随机性故障触发的容错系统很少考虑这种蓄意的触发行为。此外，广义的入侵行为其实还包括利用系统中植入的后门、陷门或软硬件恶意代码主动发起的内外部协同攻击，而容错系统通常不考虑这种情况。

(3) 目前的容错技术一般有相关软硬构件的历史统计数据、大量的试验和实验数据、经实践检验过的失效模型等先验知识支持，其错误模式相对容易定义。然而，面对目标系统复杂内生安全问题的内外部攻击，特别是无任何特征和先兆的基于目标系统未知漏洞后门的人为攻击，很难给出有工程意义的错误模式。

(4) 蓄意攻击行动，通常可重复实施，入侵者基于相同攻击方法可以攻击所有同构冗余组件，使错误容忍功能无法应对。特别是，容错的重配置功能会导致目标对象为了应对无数相同攻击而不断地进行无效的重配，从而使系统失去稳健性甚至不能提供正常服务。当然，如果采用异构冗余组件配置模式时，上述情况能得到很大程度的改善。本书后续章节对此有专门的讨论。

考虑到容侵和容错所具有的内在联系，近年来，入侵容忍在一些传统使用容错技术的领域，如工业控制系统、无线传感器等，也得到广泛应用，2017 年，武传坤等[52]提出通过主控机冗余配置，允许攻击者入侵工业控制系统一定数量的主控机，仍能保证系统的正常运转。在攻击者不同能力假设下给出了不同的安全架构和安全性分析，也给出了入侵容忍架构系统的可靠性分析。分析表明，新设计的入侵容忍架构具有高安全性，而且还能提高系统可靠性。2018 年，Lee 等[53]提出一种基于入侵容忍概念的工控系统安全性量化评估方法，用于对核电站数字化仪表控制和信息系统的安全评估和实时安全防御。在无线传感器方面，李凡等[54]针对现有传感器网络中入侵容忍协议只考虑了网络容侵性能，并没有考虑网络 QoS 性能这一问题，提出了一种基于性能反馈的检测机制，利用该机制标记异常节点，选择可靠节点作为簇头，并在此基础上设计了 PFITP 容侵协议。PFITP 协议既能对网络中的主要攻击类型有容忍能力，又能不断优化网络性能，可以给传感器网络带来很好的鲁棒性和实用性。

3.5 沙箱隔离防御

3.5.1 沙箱隔离防御技术简介

沙箱隔离防御是一种按照某种安全策略来限制程序行为的执行环境，基于沙箱的安全机制能够监视程序行为并限制其执行违反安全策略的操作。

沙箱隔离防御思想来源于软件错误隔离技术。软件错误隔离技术是一种利用软件手段限制不可信模块对软件造成危害的技术，其主要思想是隔离，即通过将不可信模块与软件系统隔离来保证软件的鲁棒性。将软件错误隔离技术的思想应用于网络防御研究中，构建隔离的环境用于解析和执行不可信网络资源，限制其可能的恶意行为，最终达到网络防御的目的，这种技术称为“沙箱”。

恶意代码要实现对计算机系统的入侵、传播和发作这三个恶意目的，就必须要有足够的操作权限。例如，恶意代码要感染其他目标文件、泄露或修改目标内容，就必须取得该目标的读写权限，否则很难实现预期的恶意目的，因此，获得相应的操作权限是恶意代码实现其恶意目标的先决条件[55]。

而沙箱正是针对恶意代码的一种软件安全技术，可以将一个程序放入沙箱中运行，这样程序对系统的一些操作，如注册表、文件操作等，都会被沙箱虚拟化重定向，所有对注册表和文件的操作都是虚拟的，计算机系统中真实的注册表和文件都不会被修改，这就确保了用户真实的系统环境不会受到影响。

因此，沙箱隔离防御的核心在于建立一个操作受限的应用程序执行环境，将可信性不能确保的程序放到沙箱中运行，来限制其对系统可能造成的破坏。

沙箱隔离防御技术的理论基础是访问控制机制，访问控制的任务是在为用户提供对系统资源最大限度共享的基础上，对用户的访问权限进行管理，防止信息越权篡改和滥用。它对经过身份鉴别认证的合法主体提供访问所需客体的权利，拒绝主体越权的客体访问请求，使系统遵循规划好的安全秩序运行。面向应用的访问控制将应用程序作为标识主体，根据程序的功能需求和自身安全要求对程序设置访问控制规则。利用访问控制规则限制程序的资源访问能力，既可满足程序正常资源访问需求，又保证系统安全。沙箱隔离防御的本质方法就是面向应用的访问控制。

根据访问控制的思路，目前沙箱主要分为基于虚拟化的沙箱和基于规则的沙箱。

基于虚拟化的沙箱(图 3.10)为不可信软件构建封闭的运行环境，在保证不可信资源原有功能的同时提供安全防护。基于虚拟化技术的沙箱使不可信软件或程序的解析执行不会对宿主造成影响。根据虚拟化层次的不同，本书将基于虚拟化的沙箱分为两类，即系统级别的沙箱和容器级别的沙箱。

系统级别的沙箱采用硬件层虚拟化技术为不可信软件提供完整的操作环境，相关研究包括 WindowBox、VMware、VirtualBox、QEMU 等；容器级别的沙箱相对于基于硬件层虚拟化的系统级沙箱，采用了更为轻量级的虚拟化技术，在操作系统和应用程序之间增加虚拟层，使用户空间资源虚拟化。主要研究包括 Solaris Zones、Virtuozzo Containers、Free VPS 等。

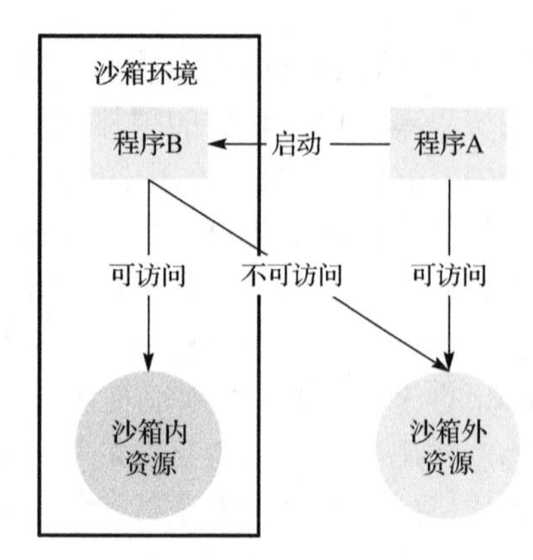

图 3.10　基于虚拟化的沙箱

基于规则的沙箱(图 3.11)使用访问控制规则限制程序的行为，主要由访问控制规则引擎、程序监控器等部分组成。程序监控器将监控到的行为经过转换提交给访问控制规则引擎，并由访问控制规则引擎根据访问控制规则来判断是否允许程序的资源使用请求。与基于虚拟化的沙箱不同，一方面，基于规则的沙箱不需要对系统资源进行复制，降低了冗余资源对系统性能的影响；另一方面，基于规则的沙箱方便了不同程序对资源的共享。基于规则的沙箱的相关研究包括实时操作系统内核(The Real-time Operating System Nucleus，TRON)、AppArmor 等[56,57]。

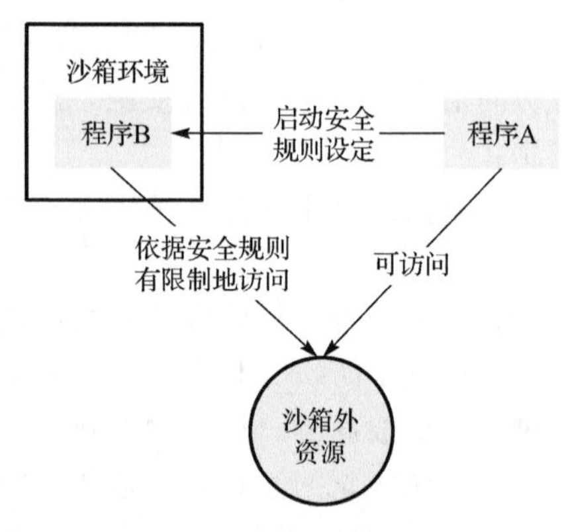

图 3.11　基于规则的沙箱

3.5.2　沙箱隔离防御技术原理

沙箱隔离防御技术从实现上可以分为应用层沙箱、内核层沙箱和混合型沙箱。

1) 应用层沙箱

应用层沙箱运行在操作系统的用户层，一般由高级语言编写而成，并且与其他普通的用户应用程序拥有相同的权限。它需要的服务都是通过操作系统来提供的，同时利用了相关软件技术来实现沙箱的基本隔离功能。这种类型的沙箱实现机制的优点是：实现难度小，不需要程序员具备太多的操作系统内核的知识；使用简单，稳定性强，具备丰富的用户界面，适用于 PC 机用户。

同时，这种实现机制也存在一些相应的缺陷：安全性较低，完全依赖于操作系统内核的安全机制，一旦操作系统的漏洞被恶意代码利用，则容易被完全绕过；性能较差，主要是因为该类沙箱系统需要在普通进程中加入相关检测代码，因而导致了更高的性能损失。

2) 内核层沙箱

因为驻留在内核的地址空间当中，内核层沙箱具备与操作系统同样的安全级别，并且可以方便地借助处于硬件级别的保护机制来实现安全隔离。而且因为功能代码实现在内核层，可以避免在监控过程中用户层和内核层间的频繁切换，从而保证用户程序的基本性能。总之，与应用层沙箱对比，处于内核层的沙箱系统具备安全度更高和性能更好等优点。这种类型的沙箱系统的缺点是：开发难度大，要求开发人员对于操作系统内核原理非常理解；不容易在非开源的操作系统上进行移植和部署。例如，对于 Windows 等非开源系统，要部署一个该类型的沙箱系统难度高。此外，由于和操作系统处于同一个安全权限，所以沙箱本身设计存在安全漏洞，将会影响整个操作系统的安全。

3) 混合型沙箱

混合型沙箱就是结合了应用层和内核层沙箱技术的沙箱系统。在该类型的系统当中，内核代码提供了操作系统隔离支持和相关的执行机制，而系统的剩余部分都在应用层实现，既能够提供高的安全隔离功能，又有利于降低开发难度和改进沙箱系统自身稳定性[58]。

3.5.3 沙箱隔离防御技术现状

随着 APT 攻击威胁的增加，沙箱技术得到了快速发展。沙箱技术广泛应用于浏览器(如 IE、Firefox、Chrome)、文档阅读器(如 Adobe Reader)等解析和处理网络资源的应用中。此外，随着虚拟机逃逸漏洞的不断出现，沙箱技术在虚拟机保护方面的应用也逐渐引起业界重视。目前适用于 Windows 平台的沙箱系统主要偏重商用，但是也存在适用于个人或者学术方面的开源免费版本。在基于 Linux 平台的沙箱系统方面，偏学术研究的工作较为丰富。

CWSandbox 用于 Windows 平台上的恶意代码分析，其工作原理是在虚拟的环境中执行恶意代码程序样本，监控所有的系统调用，并自动生成详细的报告用于简化和自动执行恶意代码分析工作。CWSandbox 采用的核心技术是 API Hooking 和 DLL 注入技术。采用这种技术的不足之处在于，需要在虚拟环境中执行恶意代码，并且不能回滚恶意代码对系统的修改。API Hooking 的监控对象是常用的 Windows API，容易被一些新型的加壳恶意代码绕过。

Sandboxie 允许在沙箱环境中运行诸如浏览器这样的容易被感染恶意代码的用户程序，因此运行所产生的变化可以随后删除。它可以用来消除上网、运行程序的痕迹，也可以用来还原收藏夹、主页和注册表等功能。Sandboxie 提供的是一个完全与宿主计算环境隔离的运行状态，即使在沙箱进程中下载的文件，也会随着沙箱的清空而删除。Sandboxie 是一款商业软件，主要用于安全网上冲浪。但是该款软件必须付费购买，并且其源代码不公开。因此，一些内部的工作细节目前还不得而知。

类似于 CWSandbox，Cuckoo 是一款用于 Windows 平台的沙箱系统。其工作方式也是通过在虚拟机中运行恶意代码来进行相关的行为分析，并且能够记录恶意代码的系统调用序列。由于 Cuckoo 也是通过监控常见的 Windows API 进行检测工作的，所以对于一些较新颖的加壳恶意代码也存在被绕过的可能。2015 年 Hacking Team 泄露的源码就表现出绕过 Cuckoo 的机制。

Vx32 是一个多用途的用户级沙箱系统，其特点是通过基于 x86 的 CPU 段寄存器来隔离恶意代码的内存访问路径。Vx32 能够运行多种常见的应用程序，如自解压的压缩文件、可扩展的公钥基础系统以及用户级别的操作系统等。Vx32 除了具有较小的性能损失以及不用修改 Linux 操作系统内核的优点，还在便携性的场景中发挥了重要作用。但是，由于 Vx32 沙箱技术运行在操作系统的用户层，这导致内核级别的恶意代码能够轻易地绕过其保护机制而进行相关非法活动。

随着云计算技术的广泛应用，作为云计算核心技术之一的虚拟化技术的安全性逐渐引起人们的注意。特别是近年来频繁出现的虚拟机逃逸漏洞，以及由此引发的虚拟机逃逸攻击。虚拟机逃逸攻击，一般是指攻击者在控制一个虚拟机前提下，通过利用虚拟机和底层 VMM 的交互漏洞(逻辑漏洞和代码缺陷)，实现对虚拟机监控器或其他虚拟机的控制。虚拟机逃逸的后果包括在虚拟机监控器或者管理域中安装后门、执行拒绝服务攻击、窃取其他用户数据，以及控制其他用户的虚拟机等。而利用沙箱技术，则可以在一定程度上对抗虚拟机逃逸攻击。目前，在 VMware 的 ESXi 和微软的 Hyper-V 等产品中，都使用了沙箱技术对运行虚拟设备的进程进行保护，使得攻击者在实施虚拟机逃逸攻击的过程中，必须额外借助沙箱漏洞，突破沙箱的限制，从而增加了攻击难度，达到改善虚拟机安全性的目的。

除了上述基于虚拟化技术的沙箱技术之外，还有基于规则的沙箱[59]。基于规则的沙箱使用访问控制规则限制程序的行为，主要由访问控制规则引擎、程序监控器等部分组成。程序监控器将监控到的行为经过转换提交给访问控制规则引擎，并由访问控制规则引擎根据访问控制规则来判断是否允许程序的系统资源使用请求。与基于虚拟化的沙箱不同，一方面，基于规则的沙箱不需要对系统资源进行复制，降低了冗余资源对系统性能的影响；另一方面，基于规则的沙箱方便了不同程序对资源的共享。Berman 等[56]设计了第一个基于规则的沙箱系统 TRON，将操作系统的资源划分到不同控制域，在控制域中使用唯一字串对每个资源进行标识和设置访问权限，用户使用命令将应用程序指定到控制域中，通过控制域中的访问控制规则实现对程序行为的限制。Cowan 等设计的 AppArmor[57]与 TRON 较为相似，用白名单定义沙箱内程序可访问的资源。

尽管沙箱能在一定程度上防止恶意代码的入侵，但是对沙箱防御的“逃逸”技术发展也很快，如虚拟环境感知、长期潜伏、匿踪混迹等都可能使攻击者实现逃逸。

沙箱技术的主要缺陷有以下几点。

(1) 只监控常见的操作系统应用接口，这使得一些特制的恶意代码可以轻易地绕过此类沙箱系统，从而攻击本地或者宿主计算环境。

(2) 在检测到恶意代码后，缺乏完善的恢复或者回滚机制，该缺陷可能在一定程度上导致用户应用程序的数据完整性遭到恶意代码的破坏。

(3) 现有的沙箱系统本身的功能模块较多、代码量较大，设计缺陷甚至开源软件导入的后门在所难免，这给沙箱系统的安全性、稳定性和易维护性也带来相当大的挑战。

3.6 计算机免疫技术

3.6.1 免疫技术简介

早在 1987 年，当“计算机病毒”这一词汇被 Adelman 提出后，计算机专家就开始将计算机的安全问题和生物学过程进行类比[60,61]。病毒的基本特征是自我复制和传播，而免疫能够有效地抑制病毒的传播。免疫系统和计算机安全之间的联系是在论文*Computer immunology*[62]中提出的。自然免疫系统能够保护动物免受危险的外来病原体（包括细菌、病毒、寄生虫、毒素等）的伤害。它的作用类似于计算机系统中的安全系统。尽管在生物体和计算机系统之间有很大的差异，但是相似性却引人注目，能够指引计算机专家改善计算机系统的安全。为此，计算机安全专家利用自然免疫系统的特性设计计算机免疫系统，免疫系统和计算机免疫系统映射关系如表 3.2 所示。

在自然免疫系统中[63]，存在多层的保护系统，其中最外层的就是皮肤，是保护机体的第一道屏障；第二层就是先天性免疫系统，一旦病原体进入机体内，先天性免疫系统就会发挥作用，体内的清道夫细胞，如巨噬细胞就会清理体内的部分病原体；第三层是自适应性免疫系统（又被称为后天免疫系统），自适应性免疫系统在以上系统无法清除病原体时发挥作用，自适应性免疫系统是最复杂的，它包括多种免疫细胞和免疫分子，能够针对病原体产生相应的免疫细胞和抗原，进而杀死病原体。

表 3.2　免疫系统和计算机免疫系统映射关系

抗原	计算机病毒、网络入侵、其他待检测的目标
抗体和抗原的绑定	模式匹配
自体耐受	否定选择算法
记忆细胞	记忆检测器
细胞克隆	复制检测器
抗原检测/应答	对非自体位串的识别/应答

文献[64]提出了生物体和计算机系统的基本不同点：①计算机系统是一个由数字信号组成的电子系统而不是由细胞和分子构成；②我们无法重构生物免疫系统的那一套信号系统；③自然免疫系统面对的是机体生存的问题，而这只是计算机安全系统的一方面。该文献提出并设计了一套计算机免疫系统需要遵循的原则：①分布式，单点的失败不能影响整个计算机免疫系统，并且能够增强系统的鲁棒性；②多层次，能够提高系统的安全性；③多样性，能够有效阻止计算机病毒的传播；④可支配，能够控制系统；⑤自治性，能够自我管理和维护；⑥自适应性，能够自我学习检测新的病毒，识别新的入侵并记录上次攻击的签名；⑦无安全层，系统组件能够相互保护而不是设置安全代码；⑧覆盖面的动态变化，系统并不是通过足够大的覆盖来达成目的，而是动态地检测系统；⑨行为识别，能够监测系统调用；⑩异常检测，能够检测到入侵和未知的安全问题；⑪检测不完善性，提高免疫系统的可变性，正如巨噬细胞能够检测很广泛的病原体，那么针对特定的病原体的效果就不那么有效了；⑫博

弈，由于病毒能够对抗体产生耐药性，同样计算机病毒在黑客的帮助下也会产生同样的效果。

3.6.2 人工免疫系统现状

在计算机免疫系统概念提出后，作为计算智能的一个分支，人工免疫系统的概念被 DasGupta[65]提出。人工免疫系统应用到很多场景中，包括异常检测/模式识别、计算机安全、自适应控制以及错误检测等[66]。图 3.12 展示了使用人工免疫系统解决实际问题的步骤。为了应用免疫模型来解决特定领域的特定问题，应该根据正在解决的问题类型选择免疫算法，然后确定问题中涉及的要素，以及如何将其建模为特定免疫模型中的实体。为了对这样的实体进行建模，应该确定如何表示这些元素。随后，应确定适当的亲和度(距离)来确定相应的匹配规则。最后，选择产生一组合适实体的免疫算法，为面临的问题提供一个合适的解决方案。

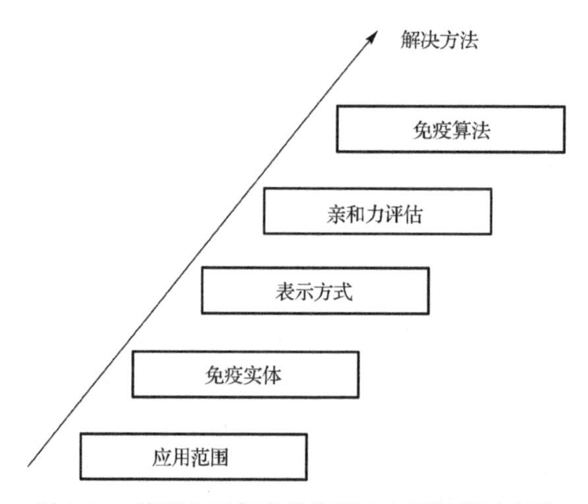

图 3.12 使用人工免疫系统解决实际问题的步骤

文献[67]提出了实现免疫系统的主要步骤：①在用户计算机上发现以前未知的计算机病毒；②采集病毒样本并发送到中心主机上；③自动分析病毒并获得在任何主机上清除病毒的方法；④将清除病毒的方法反馈给用户计算机，并将该方法写入防病毒数据库；⑤将清除该病毒的方法发送到其他地区以清除病毒。

文献[68]提出了一种基于人工免疫系统的恶意代码检测技术。恶意代码检测作为人工免疫系统的重要应用领域，是国内外众多免疫学者和信息安全专家的重要研究方向，多个基于免疫理论的恶意代码检测模型被提出。借鉴生物免疫系统检测和消灭病原体的过程，这些模型的检测思路基本一致：通过对恶意代码的特征进行提取和编码生成抗原，借助阴性选择算法等人工免疫系统算法和模型生成相应的抗体，利用欧氏距离、连续 r 位匹配等方法计算抗原与抗体之间的距离，最终实现对恶意代码的准确识别。生物免疫系统与恶意代码检测系统存在的对应关系如表 3.3 所示。

文献[69]提出并分析了人工免疫系统在入侵检测系统中的应用和未来的发展方向。人工免疫系统的多样性、分布性、动态性、自适应性、自我识别、学习、记忆等特点能够有效弥补传统入侵检测系统的不足，进而提高入侵检测系统的智能性和准确率。

表 3.3　生物免疫系统与恶意代码检测系统对应关系

生物免疫系统	恶意代码检测系统
自身细胞	正常文件
抗原（细菌、病原体）	恶意代码文件
淋巴细胞/抗体	检测器或特征码
抗原-抗体结合	检测过程模式匹配
疫苗注射	特征库更新
抗原清除	恶意代码清除
自免疫疾病	正常文件误报
肿瘤、癌症等疾病	恶意代码文件漏报

文献[70]提出了一个用于异常检测和预防的高效主动人工免疫系统用于检测已知或者未知的攻击，如图 3.13 所示。将人工免疫系统的思想与代理相结合，开发出一种能够自配置、自适应、协同的具有检测异常能力的防御系统。

文献[71]在传统的人工免疫网络基础上，将多智能体技术的典型策略融入免疫网络的进化过程中。算法引入了邻域克隆选择，操作过程从局部到整体，能够更加全面地模拟免疫网络的自然进化模型；同时在免疫网络进化过程中增加了抗体间的竞争和协作操作，提高了网络的动态分析能力。

自然免疫系统只是解决生存的问题，而计算机安全需要解决五个问题：保密性、可靠性、可用性、责任性和准确性。免疫技术同样有其局限性[72]：某种免疫手段只能对某类病毒有效；免疫只能保护那些在系统中稳定运行而不需要修改的文件。由于免疫机理复杂、系统庞大，甚至连免疫学家对免疫现象的认识和描述都比较困难，人工免疫系统可以借鉴的成果不多，所以人工免疫系统在模型建立、算法等方面都存在一定的问题。就免疫系统机理本身来讲，也存在缺憾。为了构造防御系统(最优可行解集合)，获得初始抗体(解特征样本)，需要进行大量计算[73]。

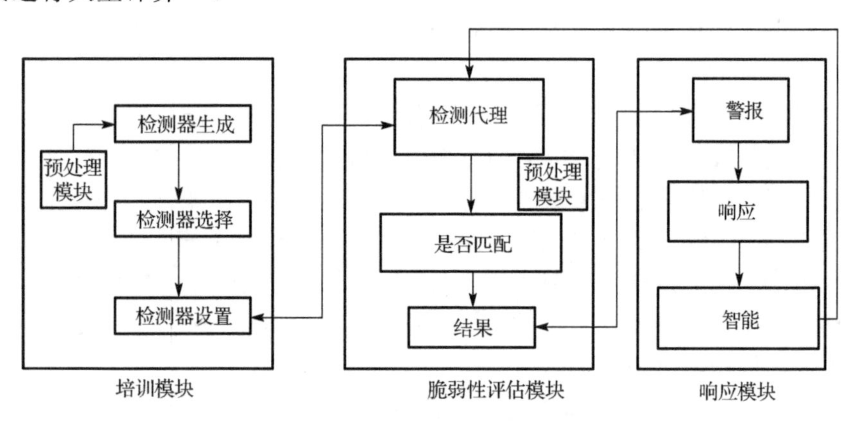

图 3.13　高效主动人工免疫系统

人工免疫系统已经应用到许多领域，但从目前的状况看，建立统一的人工免疫系统理论基础是比较困难的[74]。与自然免疫系统类似，人工免疫系统同样存在误判的不足，对正常文件进行清除会导致“自身免疫疾病”，以及无法完全识别恶意文件和代码，检测的效率有待提高。单一的人工免疫系统无法达到自然免疫系统的效果。先天性免疫是自然免疫系统的重要组成部分，人工免疫系统缺乏先天性免疫系统的天然防护，相比而言要脆弱得多。

从本质上来说，人工免疫系统仍然是一种基于感知的被动防御技术，其抗体的生成是以对已知的恶意代码特征进行提取和编码为前提的，仍然未摆脱“亡羊补牢、后天免疫”的技术思路，也没有从构造层面上克服目标对象静态性、相似性和确定性等固有安全缺陷，在基于内生安全问题的新型攻击威胁对抗中仍然无法取得战略主动权。

3.7　传统防御方法评析

传统网络安全框架模型存在的问题主要有以下几点。

(1) 以防火墙为代表的网络安全技术提高了黑客攻击成功的门槛，能够挡住大多数的攻击，但是目标对象内部的安全漏洞以及可能被预先植入的后门等使攻击者较为容易地穿透静态网络安全技术构成的防御屏障。此外，防火墙之类的被动防御其有效性往往与安全管理人员的经验、素质以及博弈策略、对抗技巧和相关支撑性信息的实时性强相关。

(2) 传统网络安全组件的防御能力是固定的，不能随着环境的变化而不断变化，而攻击者的攻击能力是不断提升的。在安装的初始阶段，安全组件的防御能力或许大于黑客的攻击能力，但随着时间的推移，黑客的攻击能力终将超过安全组件的防御能力。

(3) 传统网络安全组件的防御或检测能力不能动态地提升，只能以人工或者定期的方式升级，于是防护能力的有效性、持续性和及时性强烈依赖安全人员的专业知识以及厂家的服务保障能力，其有效运行的保障条件相当苛刻，并存在很大的不确定性。以 2017 年 5 月爆发的 WannaCry 勒索病毒为例，尽管其利用的 SMB 漏洞在 2017 年 3 月 14 日就被微软公开(安全公告 MS17-010)，并发布了官方补丁程序，但直至 5 月 12 日病毒爆发时，全球仍有超过 30 万台主机遭到入侵，损失超过 80 亿美元。

(4) 单个的安全组件所能获得的信息是有限的，不足以检测到复杂攻击，即使检测到了也不能做出有效的响应。面对日益流行的分布式、协同式攻击，任何单个的安全组件防御能力都是有限的。如果让各安全组件间实现互动或联动，则可能会因为要实现严密有效的检测和防护要求，以及由于互动或互联可能出现新的安全漏洞等而面临许多棘手问题与挑战。

(5) 单一处理空间和共享资源环境下，软硬件元素或构件的安全性如何自证或他证，不仅是工程技术难题也是哲学上的困境。

需要特别指出的是，以上技术构成的传统防御体系有一个突出的特征，即防御对象和防御系统自身都缺乏内生安全属性，对自身可能存在的基于内生安全问题的不确定威胁没有任何的防范措施。防御功能主要通过外在或附加或嵌入形式提供，属于附加式的外部安全防护，即防护的方法与被防护对象自身结构和功能的设计基本上是相互独立的。更为糟糕的是，附加防护手段自身的内生安全问题很可能给防御对象造成新的安全威胁，例如 Windows 提供的应用程序加密接口组件(CryptoAPI)，最近被发现存在严重漏洞(CVE-2020-0601)会对 Windows 功能产生广泛的安全影响。这种堆砌或叠加式的防御思路和策略既不能逾越内生安全问题的理论壁垒，也无法在工程上集约化、最优化地提供有效的防护功能。防御体系存在缺失内生安全机理的作用域，防护界面不能动态闭合。此外，处理和认知空间的单一性、局限性以及服务提供的透明性要求，使得实时感知与甄别攻击行为、精准提取攻击特征成为难以克服的工程挑战。在防御未公开漏洞攻击、复杂多变的多模式联合攻击，以及基于目标对象内部后门或驻留的病毒木马攻击等方面，陷入有效性不能量化证明的困境。

综上所述，由于目标系统的确定性、静态性、相似性和共享处理资源带来的体制机制方面的脆弱性，以及安全漏洞的不可避免性、软硬件后门的不可杜绝性，传统防御已经难以应对基于目标对象内生安全问题的未知攻击。近年来不断被披露的国内外网络安全事件和产生的严重后果，也充分暴露出传统网络安全防御理念与技术存在着基因缺陷，包括难以有效抵御基于未知软硬件漏洞的攻击、难以防御潜在的各类后门攻击、难以有效应对各类越来越复杂和智能化的渗透式网络入侵等。随着漏洞挖掘和利用水平的不断提升、后门预置与激活技术的不断发展，以及 APT 等的持续攻击隐蔽性不断增强，上述问题将日趋严重。

传统防御重在对目标系统的外部安全加固和针对已知威胁的检测发现与“问题消除”，很少考虑转变网络安全防御思路或突破基于精确感知的技术发展模式。尽管近年来研究人员在漏洞发掘和后门检测方面取得不少可喜的进步，但距离杜绝漏洞和根除后门的理想安全目标尚有难以克服的理论与技术挑战。有必要在网络空间防御领域引进系统工程思想，通过内生安全问题场景变换的方法，将解题空间从子空间扩展到全域空间；从单一或同构环境扩展到异构冗余环境；从规律型运行机制扩展到具有视在不确定属性的运行机制；弱化攻击特征精确获取与问题精准移除环节在防御体系中的作用和地位；将可用性设计从对抗随机性故障阶段上升到可应对包括人为攻击在内的广义鲁棒控制阶段；以创新的系统架构技术来形成内生的安全防御机制；以最大限度地降低漏洞的可利用性和阻断后门的内外协同功能，有效管控或规避攻击效果的确定性。从根本上改变当前攻防成本严重失衡的局面。

可喜的是，近年来，业界从一体化设计角度，尝试在网络和信息系统体系架构设计方面，以及操作系统和编译器设计方面，导入基于“内共生”（以层次化组织而非内源性）构造产生的安全效应。在体系架构设计方面，2019 年 8 月，华为公司江伟玉等人针对当前 IP 网络在地址真实性、隐私保护与可审计性，以及机密性与认证性等方面存在安全缺陷，提出一种不依赖外部安全协议的内生安全网络架构[75]，基于动态可审计的隐私 ID/Loc、去中心化的 ID 内生密钥等技术，实现安全和可信的端到端通信。2019 年 10 月，奇安信公司提出一种内生（也属于内共生意义上的）安全体系[76]，通过建立安全运营中心，对安全系统和安全数据进行聚合，同时结合身份、应用、行为等方面的威胁过滤，实现自适应、自主和自成长的内生安全能力。上述安全体系与架构，虽然注重从系统自身入手，提升系统安全性，但所采用的技术和方法还都是以内置方式体现的加壳防御模式，主要面向特定应用场景和目标用户，缺乏普适性和通用性，特别是其内置功能模块自身的安全性以及是否会对目标系统带来其他安全问题等都无法给出有说服力的证据。

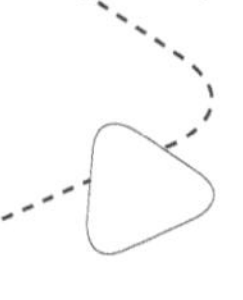

在操作系统和编译器设计方面，像代码和数据分离的哈佛系统结构、操作系统内存地址随机化、基于编译方法的堆栈保护随机化 Cookie 等都发挥了很好的效果。一个有说服力的统计实例就是 Windows 和 Office 系列软件漏洞利用难度已经显著增强，攻击的通用性和成功率也明显降低。不过，这种内生式的安全防御方法只是在特定操作系统和编译器内部得到应用，基本都是针对主流的缓冲区溢出型漏洞采取的专门措施。截至目前，基于构造设计的内生安全理论尚处在萌芽状态，技术与方法也远未形成体系。但是可以预期，这种源于构造效应的内生式安全防御技术将成为网络安全领域最有前途的发展方向之一。

参考文献

[1] 聂元铭, 丘平. 网络信息安全技术. 北京: 清华大学出版社, 2001.

[2] Desai N. Intrusion prevention systems: The next step in the evolution of IDS. https://www.symantec.com/connect/articles/intrusion-prevention-systems-next-step-evolution-ids. [2017-07-05].

[3] Goncalves M. 防火墙技术指南. 孔秋林, 宋书民, 朱智强, 等译. 北京: 机械工业出版社, 2000.

[4] 何海宾. 基于 Linux 包过滤的防火墙技术及应用.电子科技大学学报. 2004, 33(1): 75-78.

[5] 路琪,黄芝平,鲁佳琪. 基于深度包检测的防火墙系统设计. 计算机科学, 2017, 44(S2):334-337.

[6] Top Layor Networks. Beyond IDS: Essentials of network intrusion prevention. http://www.toplayer.com/bitpipe/IPS_Whitepaper_112602.pdf. [2017-07-05].

[7] Rusty Russell. Linux 2.4 Packet Filtering HOWTO. http://www.netfilter.org/ documentation/HOWTO/packet-filtering-HOWTO.html. [2017-07-05].

[8] 唐正军. 入侵检测技术导论. 北京: 机械工业出版社, 2004.

[9] 韩红光, 周改云. 基于 Makov 链状态转移概率矩阵的网络入侵检测. 控制工程, 2017, 24(3):698-704.

[10] 谢伟增. 人工蜂群算法优化支持向量机的网络入侵检测. 微型电脑应用, 2017, 33(1):71-73.

[11] 高妮, 高岭, 贺毅岳, 等. 基于自编码网络特征降维的轻量级入侵检测模型. 电子学报, 2017, 45(3): 730-739.

[12] 王声柱, 李永忠. 基于深度学习和半监督学习的入侵检测算法. 信息技术, 2017(1):

101-104.

[13] 樊成丰, 林东. 网络信息安全与 PGP 加密. 北京: 清华大学出版社. 1998.

[14] Lindstrom P. Understanding intrusion prevention. http://www.networkassociates.com/ us/_local/ promos/_media/wp_spire.pdf. [2017-07-05].

[15] Welteh. Pablo Neira Ayuso Netfilter/Iptables Project. http://www.netfilter.org [2017-07-05].

[16] 严体华, 张凡. 网络管理员教程. 北京: 清华大学出版社, 2006.

[17] 张玉清. 安全扫描技术. 北京: 清华大学出版社, 2004.

[18] 赵玮, 刘云. 网络信息系统的分析设计与评价: 理论・方法・案例. 北京: 清华大学出版社, 2005.

[19] Spitzner L. Honeypots: Tracking Hackers. Reading: Addison-Wesley, 2003.

[20] Perdisci R, Dagon D, Lee W, et al. Misleading worm signature generators using deliberate noise injection// 2006 IEEE Symposium on Security and Privacy (S&P'06), 2006: 15-31.

[21] Kuwatly I, Sraj M, Al Masri Z, et al. A dynamic honeypot design for intrusion detection// IEEE/ACS International Conference on. Pervasive Services, 2004: 95-104.

[22] Artail H, Safa H, Sraj M, et al. A hybrid honeypot framework for improving intrusion detection systems in protecting organizational networks. Computers & Security, 2006, 25(4): 274-288.

[23] Anagnostakis K G, Sidiroglou S, Akritidis P, et al. Detecting targeted attacks using shadow honeypots// Proceedings of the 14th Conference on USENIX Security Symposium, Berkeley, 2005.

[24] Dagon D, Qin X, Gu G, et al. Honeystat: Local worm detection using honeypots// International Workshop on Recent Advances in Intrusion Detection, 2004: 39-58.

[25] Portokalidis G, Bos H. SweetBait: Zero-hour worm detection and containment using low-and high-interaction honeypots. Computer Networks, 2007, 51(5): 1256-1274.

[26] Portokalidis G, Slowinska A, Bos H. Argos: An emulator for fingerprinting zero-day attacks for advertised honeypots with automatic signature generation// ACM SIGOPS Operating Systems Review, ACM, 2006, 40(4): 15-27.

[27] Kohlrausch J. Experiences with the NoAH honeynet testbed to detect new Internet worms// The Fifth International Conference on IT Security Incident Management and IT Forensics, 2009: 13-26.

[28] Wang Y M, Beck D, Jiang X, et al. Automated web patrol with strider honeymonkeys// Proceedings of the 2006 Network and Distributed System Security Symposium, 2006:

35-49.

[29] Baecher P, Koetter M, Holz T, et al. The nepenthes platform: An efficient approach to collect malware// International Workshop on Recent Advances in Intrusion Detection, 2006: 165-184.

[30] Wang M. Understanding Security Flaws of IoT Protocols through Honeypot. Delft: Delft University of Technology.

[31] Chen K Z, Gu G, Zhuge J, et al. WebPatrol: Automated collection and replay of web-based malware scenarios//Proceedings of the 6th ACM Symposium on Information, Computer and Communications Security, 2011: 186-195.

[32] 诸葛建伟, 唐勇, 韩心慧, 等. 蜜罐技术研究与应用进展. 软件学报, 2013, 24(4): 825-842.

[33] Freiling F C, Holz T, Wicherski G. Botnet tracking: Exploring a root-cause methodology to prevent distributed denial-of-service attacks// European Symposium on Research in Computer Security, 2005: 319-335.

[34] Han X, Guo J, Zhou Y, et al. Investigation on the botnets activities. Journal China Institute of Communications, 2007, 28(12): 167.

[35] Zhuge J, Holz T, Han X, et al. Characterizing the IRC-based botnet phenomenon. Universität Mannheim/Institut für Informatik, 2007.

[36] Stone-Gross B, Cova M, Cavallaro L, et al. Your botnet is my botnet: Analysis of a botnet takeover//Proceedings of the 16th ACM conference on Computer and communications security, 2009: 635-647.

[37] Prince M B, Dahl B M, Holloway L, et al. Understanding how spammers steal your e-mail address: An analysis of the first six months of data from project honey pot//CEAS, 2005.

[38] Steding-Jessen K, Vijaykumar N L, Montes A. Using low-interaction honeypots to study the abuse of open proxies to send spam. INFOCOMP Journal of Computer Science, 2008, 7(1): 44-52.

[39] Kreibich C, Crowcroft J. Honeycomb: Creating intrusion detection signatures using honeypots. ACM SIGCOMM Computer Communication Review, 2004, 34(1): 51-56.

[40] Yegneswaran V, Giffin J T, Barford P, et al. An architecture for generating semantic aware signatures// USENIX Security, 2005: 34-43.

[41] Mohammed M M Z E, Chan H A, Ventura N. Honeycyber: Automated signature generation for zero-day polymorphic worms// MILCOM 2008 IEEE Military Communications Conference, 2008: 1-6.

[42] Fraunholz D, Zimmermann M, Schotten H D. An adaptive honeypot configuration, deployment and maintenance strategy// 2017 19th International Conference on. Advanced Communication Technology (ICACT), 2017: 53-57.

[43] 邓仕超. 基于数据挖掘的入侵防御系统设计与实现. 桂林: 桂林电子科技大学, 2005.

[44] 陈志忠.下一代防火墙(NGFW)特性浅析. 网络安全技术与应用, 2017(10):21-22.

[45] Ierace N, Urrutia C, Bassett R. Intrusion prevention systems. Ubiquity, 2005.

[46] Cummings J. From intrusion detection to intrusion prevention. http://www.nwfusion.com/buzz/2002/intruder.html. [2017-07-05].

[47] Provos N. Developments of honeyd virtual honeypot. http://www.honeyd.org. [2017-05-27].

[48] Plato A. What is an intrusion prevention system. http://www.anition.com/corp/papers/ips_defined.pdf. [2017-07-05].

[49] Wang F Y, Gong F M, Sargor R, et al. SITAR: A scalable intrnsion-tolerant architecture for distributed services.//Proceedings of 2nd Annual IEEE Systems, Man, and Cybernetics Information Assurance Workshop. New York:IEEE Press, 2001: 1-8.

[50] Powell D, Adelsbasch A, Cachin C, et al. Malicious and accidental-fault tolerance for internet applications//The 2001 International Conference on Dependable Systems and Networks (DSN2001), Göteborg (Sweden), 2001: 32-35.

[51] Raj S B E, Varghese G. Analysis of intrusion-tolerant architectures for Web Servers// IEEE International Conference on Emerging Trends in Electrical & Computer Technology, Nagercoil, 2011.

[52] 武传坤, 张磊. 一种具有入侵容忍性的工业控制系统安全防护架构// 全国网络安全等级保护技术大会, 南京, 2017.

[53] Lee C, Yim H B, Seong P H. Development of a quantitative method for evaluating the efficacy of cyber security controls in NPPs based on intrusion tolerant concept[J]. Annals of Nuclear Energy, 2018, 112:646-654.

[54] 李凡. 无线传感器网络入侵容忍技术研究. 南京: 东南大学, 2016.

[55] Cohen F. Computer Viruses. Los Angeles: University of Southern California, 1985.

[56] Berman A, Bourassa V, Selberg E. TRON: Process-specific file protection for the UNIX operation system//Proceedings of USENIX Winter, Manhattan, USA, 1995:165-175.

[57] Canonica. AppArmor: Linux application security framework. https://Launchpad.net/ apparmor. [2014-04-16].

[58] LeVasseur J, Uhlig V. A sledgehammer approach to reuse of legacy device drivers//Poceedings of the 11th Workshop on ACM SIGOPS European Workshop, Leuven,

Belgium, 2004: 240-253.

[59] 赵旭, 陈丹敏, 颜学雄, 等. 沙箱技术研究综述// 河南省计算机学会学术年会暨河南省计算机大会, 安阳, 2014.

[60] Cohen F. Computer viruses: Theory and experiments. Computers & Security, 1987, 6(1): 22-35.

[61] Lamont G B, Marmelstein R E, van Veldhuizen D A. A distributed architecture for a self-adaptive computer virus immune system// New Ideas in Optimization, McGraw-Hill Ltd., UK, 1999: 167-184.

[62] Forrest S, Hofmeyr S A, Somayaji A. Computer immunology. Communications of the ACM, 1997, 40(10): 88-96.

[63] Janeway C A, Travers P, Walport M, et al. Immunobiology: The Immune System in Health and Disease. Singapore: Current Biology, 1997.

[64] Somayaji A, Hofmeyr S, Forrest S. Principles of a computer immune system// Proceedings of the 1997 Workshop on New Security Paradigms, ACM, 1998: 75-82.

[65] DasGupta D. An overview of artificial immune systems and their applications// Artificial Immune Systems and Their Applications, 1993: 3-21.

[66] DasGupta D. Advances in artificial immune systems// IEEE Computational Intelligence Magazine, 2006, 1(4): 40-49.

[67] Kephart J, Sorkin G, Swimmer M, et al. Blueprint for a computer immune system// Artificial Immune Systems and Their Applications, 1999: 242-261.

[68] 芦天亮. 基于人工免疫系统的恶意代码检测技术研究. 北京: 北京邮电大学, 2013.

[69] 杨超. 人工免疫系统在入侵检测系统中的应用. 信息通信, 2015 (1): 6-7.

[70] Saurabh P, Verma B. An efficient proactive artificial immune system based anomaly detection and prevention system. Expert Systems with Applications, 2016, 60: 311-320.

[71] 洪铭,柳培忠,骆炎民.一种基于多智能体策略的人工免疫网络数据分类方法. 计算机应用研究, 2017, 34(01):151-155.

[72] 陈立军. 计算机病毒免疫技术的新途径. 北京大学学报:自然科学版, 1998, 34(5): 581-587.

[73] 焦李成, 杜海峰. 人工免疫系统进展与展望. 电子学报, 2003, 31(10):1540-1548.

[74] 莫宏伟, 左兴权, 毕晓君. 人工免疫系统研究进展. 智能系统学报, 2009, 4(1): 21-29.

[75] 江伟玉, 刘冰洋, 王闯. 内生安全网络架构. 电信科学, 2019, 35(9): 20-28.

[76] 任妍, 付长超. 奇安信董事长齐向东: 内生安全 以聚合应万变. http://it.people.com.cn/n1/2019/0821/c1009-31309353.html. [2019-08-21].

第4章

防御理念与技术新进展

正如第 3 章所述，传统网络空间安全防御技术重在对目标系统进行外部安全加固和针对已知威胁进行检测、发现与消除。尽管近些年来研究人员在漏洞发掘和后门检测方面开展了大量卓有成效的研究工作，但距离杜绝漏洞和根除后门的理想安全目标还有非常大的差距。学术界和工业界都已意识到传统静态防御或联动式防御在对抗高强度网络攻击(Advanced Persistent Threat，APT)方面十分被动。为了改变这种局面，技术先进国家相继启动了若干力图“改变游戏规则”的基于新型防御的研究计划(如移动目标防御(Moving Target Defense，MTD)[1])等，通过增加信息系统或网络内在的动态性、随机性、冗余性应对外部攻击，试图使攻击方对目标系统的认知优势或掌握的可利用资源在时间和空间上无法持续有效，最终达成探测信息难以积累、攻击模式难以复制、攻击效果难以重现、攻击手段难以继承的目的，从而显著地增加攻击者的成本，彻底扭转网络空间“易攻难守”的战略格局。

4.1 网络防御技术新进展

第 3 章中已经简单介绍了网络空间传统防御概念和技术。本质上，传统防御技术是一种外在的、附加在目标对象之上或之间的一种自身安全问题尚不能排除的安全技术，目标对象始终处在“消极被动”的受保护状态或受威胁状态。

但是，随着网络攻击技术日趋向智能化、协同化方向发展，越来越多的攻击方法能够成功地越过传统防御边界或机制。为此，启动“改变游戏规则”的新型防御技术研究就成为必然。

作者认为，网络空间新型防御就是通过系统内生的安全机制对网络攻击达成事前、事中、事后各阶段的有效防御，它不应当过度依赖于攻击代码和攻击行为特征等先验信息的获取与感知，也不可能建立在试图实时消除漏洞、堵塞后门、清除病毒木马等传统防护技术的立意基础上，而是基于动态性、冗余性、异构性等基础防御手段构造具有“测不准”效应的运行环境，改变系统的静态性、确定性和相似性，以最大限度地降低漏洞等的成功利用率，破坏或扰乱后门等的内外协作功能，阻断或干扰攻击的可达性，从而显著地增加攻击难度和成本。

网络空间新型防御，本质上就是要通过目标系统结构层面和运作机制上的创新引入内生的安全属性。所谓内生的安全属性应当包含四个基本特征：①与内置(Build-In)安全不同，内生安全属于构造效应，不需要附加专门的安全构件或插件，如同冗余构造那样能显著提高元功能的可靠性；②与内在或本质(Intrinsic)安全不同，内生安全本身不能排除内生安全问题；③内生安全应该能同时支持功能安全和信息安全，即 ESS；④内生安全的安全性可用概率表达，应能量化设计与验证度量。

近些年来，安全界和工业界已深刻地认识到未知漏洞后门等是网络安全威胁最为核心的问题之一，因而在系统结构设计、操作系统设计、网络结构等方面引入了一些安全机制，如可信计算技术、定制可信空间、移动目标防御等，相对于传统的附加式外部防御方法，在安全技术的实现思路方面都有重要的突破，对于增加攻击者利用漏洞后门的难度有着明显的效果。作者认为，为降低目标对象内生安全问题的可利用性方面，增加系统鲁棒性不失为一个聪明的举措。新型防御在系统设计上应当着重考虑以下几个方面：

(1)适应性(adaptability)设计[2]。适应性是指系统为应对外部事件而动态地修改配置或运行参数的重构能力。首先，要求设计人员在系统开发阶段预先规划针对外部事件的执行路径，或者建立系统的故障模式。其次，在系统运行阶段，建立基于机器学习的外部事件感知模式，并能适时触发其自适应重构机制。相关表现形式包括按需缩放资源、导入系统多样性(diversity)设计(参见第 5 章)、减少攻击表面(attack surface)[3]等。2014 年，全球最具权威的 IT 研究与顾问咨询公司 Gartner 认为，设计自适应安全架构(adaptive security architecture)是应对未知漏洞高级攻击的下一代安全体系[4]。2016 年，该公司又将“自适应安全架构”列为本年度需要关注的十大战略性技术之一[5]。

(2)冗余性(redundancy)设计。冗余性设计通常被认为是提高系统健壮性或柔韧性的重要手段之一。例如，基因冗余性(gene redundancy)[6]增强了物种适应环境的能力。在可靠性工程学中，冗余性设计[7]一直以来都是保护关键子系统或组件的有效手段。信息论对冗余编码[8]在提高编码健壮性方面给出了理论证明。网络系统的冗余性是指为同一网络功能部署多份资源，实现在主系统资源失效时能将服务及时转移到其他备份资源上的功能。冗余也是新型防御最鲜明的技术特征，是多样性或多元性、动态性或随机性等运作机制的实现前提。现有的新型防御策略中，例如，移动目标防御、定制可信网络空间等，均将资源冗余化作为其核心要素，以便能极大地提高目标系统的整体弹性能力。

(3)容错(fault-tolerance)设计[9]。容错是系统容忍故障以实现可靠性的方法。在网络系统设计中，容错通常分为三类：硬件容错、软件容错和系统容错。硬件容错包括通信信道、处理器、内存、供电等方面的冗余化。软件容错包括结构化设计、异常处理机制、错误校验机制、多模运行与裁决机制等。系统容错则是由部件级的异构冗余和多模裁决机制以补偿由于随机性物理故障或设计错误而导致的运行错误。

(4)减灾(mitigation)机制设计。减灾系统具备自动响应故障或支持人工应对故障的能力。当故障或攻击发生时，减灾策略是指，建立规范的流程或者执行方案以指导系统或管理员应对故障。常见的形式包括自动系统检疫与隔离、冗余信道激活，甚至攻击反制策略。

(5)可生存性(survivability)设计。在生态学中，可生存性是指在面对洪水、疾病、战争或气候变化等未知物理条件变化时，生命体相较于同类更能成功地生存的能力[10]。在工程学中，可生存性是指系统、子系统、设备、进程或程序在自然或人为干扰期间仍能继续发挥其功能的能力。在网络空间中，网络可生存性是指系统在(未知)攻击、故障或事故存在的情况下，仍能确保其使命完成的能力[11]，可生存性被认为是弹性(resilience)[12]的一个子集，也可以称之为鲁棒性。作者认为，可生存性应当成为新型防御系统的一个重要衡量指标，在受到已知和未知攻击时，尽可能使目标对象保持系统正常运维指标的能力，或平滑降级以维持相应等级的服务。

(6)可恢复性(recoverability)设计。可恢复性是指在服务中断时，网络系统能够提供快速和有效恢复操作的策略。具体的手段包括热备份组件的自动倒换，冷备份组件的动态嵌入，故障组件的诊断、清洗与恢复等。

事实上，在网络空间新型防御概念出现之前，上述6种设计思路已经不同程度地应用于网络防御技术研究和系统设计中，只是尚未形成体系化的新型防

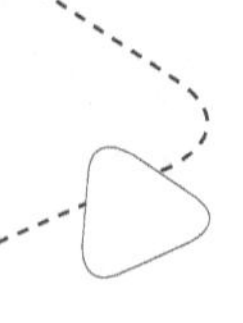

御理论。近十年来，为改变攻防代价不对称或成本严重失衡的现状，新型防御策略研究与实践正日益受到关注，以研发“改变游戏规则”技术为目标，国内外学术界提出了多种防御思想或技术。本章综合现有新型防御思路，重点介绍可信计算、定制可信空间、移动目标防御和区块链四种典型防御策略安全技术的设计思路，并在4.6节对现有新型防御技术进行了讨论。

4.2 可信计算

目前对于“可信”这一概念，有着众多不同的理解，国际上对可信概念比较有代表性的阐述有：国际标准化组织与国际电子技术委员会(ISO/IEC)，在信息技术安全评估通用准则标准中从测评的角度指出，一个可信组件、操作或过程的行为应是可预测的并能抵御应用软件、病毒攻击和一定级别的物理干扰[13]。可信计算组织(Trusted Computing Group，TCG)从行为的角度对实体可信进行定义，认为当一个实体的行为总是按照预期的方式达到预定的目标时，它就是可信的[14]。综合以上定义可见：可信计算是指一个实体对其他实体能否正确地、非破坏性地进行某项活动的主观可能性预期，当一个实体始终以预期的方式达到预期的目标时，它就是可信的。实践表明，可信计算在目标对象所有行为可知或可预期的情况下，确实能够保证系统的安全可信。

4.2.1 可信计算的基本思想

主流的安全观点认为：在各种信息安全技术中，硬件系统的安全和操作系统的安全是信息系统安全的基础，密码、网络安全等是关键技术。只有从整体上采取措施，才能有效地解决信息系统安全问题。由此，可信计算认为要增强信息系统的安全，必须从芯片、主板、硬件结构、基本输入输出系统(Basic Input Output System，BIOS)和操作系统等硬件底层做起，结合数据库、网络、应用进行设计，进而实现可信计算。其实，早期信息系统的安全性设计就有可信计算的部分思想，其文件加密技术可以很大程度上消除病毒的侵扰；其数据备份恢复机制可以有效提高系统的可靠性和可用性；其访问控制技术可以有效提高系统的安全性。这类系统的实现思路就是可信计算技术的雏形，可以看作可信计算的初期探索和尝试。

可信计算的基本思想借鉴了人类社会的管理经验，并把其成功管理方法引入计算机系统安全体系。纵观历史，任何一个社会稳定的国家都具有一个信任根，而且都具有基于这个信任根的信任链机制。在这种机制下，实行国家管理和各级负责人考核任用时，由信任根出发，一级考核一级，一级信任一级，以“信任传递”方式最终形成国家的可靠管理体系。

借鉴上述管理体制和机制，可信计算的一般思路为：首先建立一个信任根，作为信任的基础和出发点；然后再建立一条信任链，以信任根为起点，一级度量一级，一级信任一级，把这种信任扩展到整个系统中，从而保证整个计算环境的可信[15]。可信计算一方面需要建立报告机制实时通告系统自身的属性，另一方面也需要对报告机制和报告内容提供必要的保护功能。

4.2.2 可信计算的技术思路

目前，可信计算的技术路线为信任根、信任度量模型与信任链，以及可信计算平台[16]。

1. 信任根

信任根是可信计算机系统可信的基点。TCG 认为一个可信计算平台必须包含三个信任根：可信度量根(Root of Trust for Measurement，RTM)、可信存储根(Root of Trust for Storage，RTS)和可信报告根(Root of Trust for Report，RTR)。

1) 可信度量根

信任链的起点称为可信度量根，又称为可信度量根核。可信度量根指的是度量的初始根或信任链的起点，是平台启动过程中最先执行的代码，能可靠地度量任何用户定义的平台配置[15]。如果可信度量根不安全，后续所有度量的可信性无法保证。在 PC 中，可信度量根定义为最先运行的那部分代码，可以理解为扩展的 BIOS，这部分代码固化在 BIOS 芯片中，禁止为这部分代码提供访问接口，不可以修改或刷新。

2) 可信存储根

可信存储根从某种意义上讲是指存储根密钥，在可信平台模块芯片中，可信存储根是平台配置寄存器(Platform Configuration Register，PCR)的存储器和存储根密钥(Storage Root Key，SRK)，是可信计算平台内进行可信存储的基础，直接或间接地保护所有委托存储的密钥和数据。出于对密钥的安全和安全芯片的性价比考虑，可信计算平台对密钥的存储区域和使用范围有严格的规定，存储根密钥永远存储在非易失性存储器中，从物理上确保存储根密钥的安全，进而保证存储根密钥的可信性。

3) 可信报告根

可信报告根从某种意义上讲是指背书密钥(Endorsement Key，EK)，在可信平台模块芯片中，可信报告根为 PCR 和背书密钥，是可信计算平台实现可信完整性报告的基础。具有唯一性，负责建立平台身份，实现平台身份证明和完整性报告，保护报告值，并证实存储数据的正确性。

2. 信任度量模型与信任链

TCG 认为，可信环境建立的条件是系统配置的完整性在从生产商到用户的过程中没有受到破坏。也就是说，只要设备是合法的生产商提供的、没有被篡改的，就是可以信任的。完整性指的是数据或资源可以信任的程度，包括数据完整性信息的内容和来源、完整性数据的来源。TCG 使用了完整性机制作为验证系统配置内容与来源的手段。为建立可信的计算环境，TCG 从系统底层做起，以硬件设备为基础，提出了信任链的关键技术。

信任链是实现信任传递、扩展信任边界的机制。信任链以信任根为基础和起点，一级度量验证一级，一级信任一级，把信任关系扩展到整个系统之中，从而构建可信的计算环境[15]。

一般信任链的构建包含以下三个部分，分别为：对平台的可信性进行度量、对度量的可信值进行存储、对访问客体询问时提供报告。

1）度量

对信任链的度量采用了度量其数据完整性的方法。而对系统数据完整性的度量，采用密码学 Hash 函数来检测系统数据的完整性是否受到破坏。对于正确的系统资源数据，事先计算出其 Hash 值并存储到安全存储器中，在系统启动时，重新计算系统资源数据的 Hash 值，并与事先存储的正确值进行比较，如果不相等，便知道系统资源数据的完整性被破坏了。

2）存储

为了节省度量可信值的存储空间，Hash 值计算采用了一种扩展计算 Hash 值的方式。即将现有值与新值相连，再次计算 Hash 值并作为新的完整性度量值存储到 PCR 中。

值得注意的是，存储在 PCR 中的 Hash 值与存储在磁盘中的日志是相互关联印证的，PCR 在可信平台模块（Trusted Platform Module，TPM）芯片内部，安全性高，日志在磁盘上，安全性低，但由于它们彼此的关联印证关系，一旦攻击者篡改了磁盘上的日志，根据 PCR 的值可以立即发现这种篡改[15]。

3）报告

在度量、存储之后，当访问客体询问时，可以提供报告，供访问客体判断平台的可信状态。向访问客体提供报告的内容包括 PCR 值和日志。为了确保内容的安全，还必须采用加密、数字签名和认证技术，这一功能称为平台远程证明。

图 4.1 示例了一个信任链的工作流程。当系统加电以后，可信度量根核心(Core Root of Trust for Measurement，CRTM)首先对 BIOS 的完整性进行度量。通常，这种度量就是把 BIOS 当前代码的 Hash 值计算出来，并把计算结果与预期值进行比较。如果两者一致，则说明 BIOS 的内容没有被篡改，是可信的；如果不一致，则说明 BIOS 被攻击，其完整性遭到了破坏。如果 BIOS 度量可信，那么可信的边界将会从 CRTM 扩大到“CRTM+BIOS”。之后，CRTM+BIOS 将会进一步对 OSLoader 进行度量。OSLoader 就是操作系统加载器，包括主引导扇区、操作系统引导扇区等。如果 OSLoader 也是可信的，则信任的边界将会再扩大到 CRTM+BIOS+OSLoader，同时，系统将会执行操作系统的加载动作，启动操作系统(Operating System，OS)。若操作系统是可信的，则将信任的边界继续扩大到 CRTM+BIOS+OSLoader+OS。当操作系统启动以后，由操作系统执行对应用程序的完整性度量动作(包括运行前的“静态”度量部分和运行时的“动态”度量部分)，若应用程序是可信的，则信任的边界扩大到 CRTM+BIOS+OSLoader+OS+Applications。信息链验证完成后，操作系统加载并执行应用程序[15]。

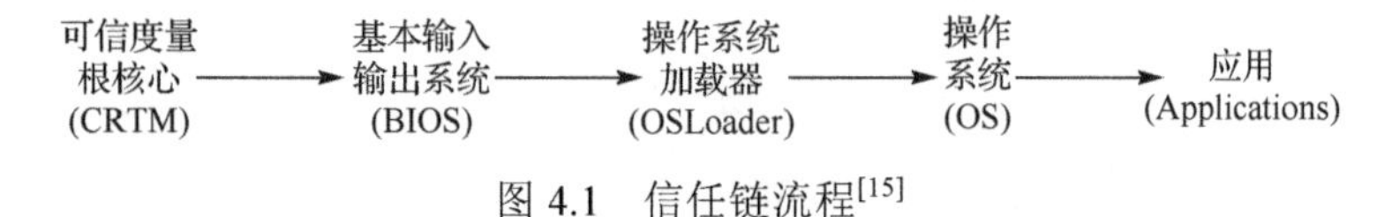

图 4.1　信任链流程[15]

3. 可信计算平台

可信计算平台是一种能向用户发布信息或从用户那里接收信息的实体。我们把引入安全芯片架构的平台称为可信平台，可信计算平台[15] (Trusted Computing Platform，TCP)是一种能够提供可信计算服务并可以确保系统可靠性的计算机软硬件实体。可信计算平台实现可信的基本思路是利用可信计算的核心技术——TPM 建立可信计算平台的信任根，再把该信任根作为信任的起点，在可信软件的协助下，建立一条信任链。在建立信任链的过程中，系统把这种底层可靠的信任关系扩展到整个计算机系统，从而确保整个计算机系统的可信。

TPM 是可信计算平台的信任根，是可信计算的关键技术之一。与普通计算机相比，可信计算机最大的特点就是在主板上嵌入了一个安全模块——TPM。在 TPM 的内部封装了可信计算平台所需要的大部分安全服务功能，用来为平台提供基本的安全服务。同时，TPM 也是整个可信计算平台的硬件可信根，是平台可信的起点。作为平台的硬件可信根，TPM 受到了严格的保护：TPM 具有物理上的防攻击、防篡改和防探测的能力，可以保证 TPM 自身以及内部数据不被非法攻击，TCG 规定所有可能影响安全、隐私泄露、暴露平台秘密的 TPM 命令必须经过授权才能执行。图 4.2 给出了 TPM 的主要结构。

图 4.2 中的 I/O 部件管理完成总线协议的编码和译码，并发送消息到各个部件[16]。密码协处理器用来实现加密、解密、签名和签名验证。TPM 采用 RSA 非对称加密算法，也允许使用椭圆加密算法(Elliptic Curve Cryptography，ECC)或者数字签名算法(Digital Signature Algorithm，DSA)。哈希消息认证码(Hash-based Message Authentication Code，HMAC)引擎实现 HMAC 的计算，其计算根据 RFC 2104 规范。安全哈希算法(Secure Hash Algorithm，SHA-1)引擎实现 SHA-1 的 Hash 计算。非易失性存储器主要用于存储嵌入式操作系统及其文件系统，存储密钥、证书、标识等重要数据。密钥生成部件用于产生 RSA 密钥对。随机数发生器是 TPM 内置的随机源。电源检测部件管理 TPM 的电源状态和平台的电源状态。执行引擎包含 CPU(Central Processing Unit，中央处理单元)和嵌入式软件，通过软件的运行来执行接收到的命令。易失性存储器主要用于 TPM 的内部工作。

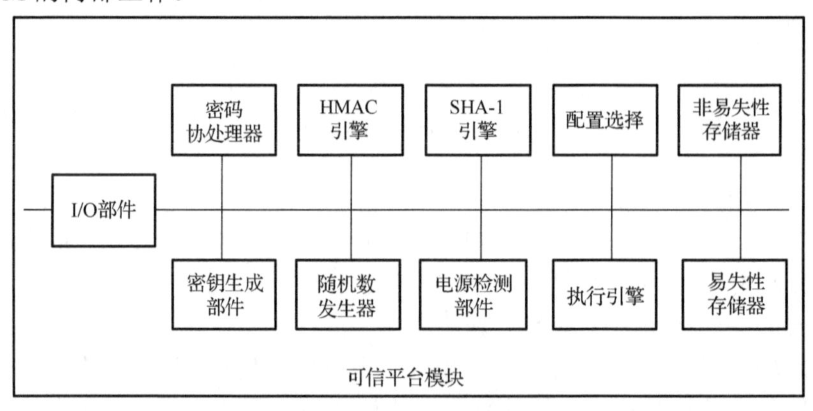

图 4.2　TPM 的硬件结构[15]

此外，可信计算平台还需要 TCG 可信软件栈(TCG Software Stack，TSS)[16]为应用程序提供 TPM 的接口，设计 TSS 的目的是为可信硬件平台提供强有力的软件支撑和 TPM 的同步访问。TSS 从结构上可以分为三层，自下而上分别为 TCG 设备驱动库(TCG Device Driver Library，TDDL)、TSS 核心服务(TSS Core Service，TCS)和 TSS 服务提供者(TSS Service Provider，TSP)，其中 TDDL 和 TCS 属于系统进程，TSP 连同上层应用软件属于用户进程。其结构如图 4.3 所示。

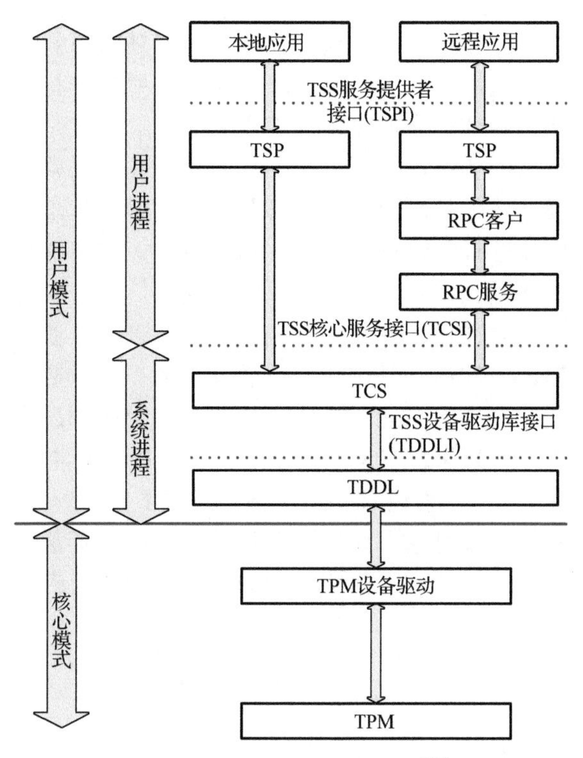

图 4.3 TSS 体系结构[16]

TDDL[16]是存在于 TCS 和内核模式 TPM 设备驱动(TPM Device Driver，TDD)之间的一个中间模块，是用户状态和核心状态的过渡，提供了用户模式的开放接口。它不对 TPM 命令进行序列化，也不对线程与 TPM 的交互进行管理。TCS 是用户模式的系统进程，为用户提供一组标准平台服务接口，通常以系统服务的形式存在，它向上可以给多个 TSP 提供服务，向下可以通过 TDDL 与 TPM 直接进行通信。TCS 不仅能够提供 TPM 的所有原始功能，还能够提供如审计管理、度量事件管理(管理相应 PCR 的访问和事件日志的写入)、密钥和证书管理(存储和管理与平台相关的密钥和证书)、上下文管理(实现 TPM 的线程访问)和参数块生成(负责对 TPM 命令序列化、同步和处理)等核心功能服务。上层的应用程序还能够通过 TCS 提供的接口直接、简便地调用 TPM 提供的功能。位于 TSS 协议栈最上层的 TSP 是用户模式的用户进程，它不仅为可信平台系统上层的应用程序提供了丰富的面向对象接口，而且提供了上下文管理和密码功能等服务，使上层应用程序能够更加直接、方便地利用 TPM 提供的功能来构建平台所需的安全特性。

综上所述，从上述对可信计算平台工作流程的描述可以看出：可信计算强调实体行为必须具有可预期性。正常情况下，实体按照预期行为轨迹运行，一旦行为轨迹出现偏差，实体行为的可信性将受到影响。也就是说，可信计算需要掌握实体的预期行为或状态，而不能将实体看作黑盒。以软件动态行为的可信性为例，软件可信性建模是研究软件动态行为可信性的基础，可信性建模的关键是需要对期望的软件行为进行“恰当”的描述[15]。如何准确地表达期望是建模的关键，它包括环境、系统、环境与系统的交互。为了表征软件期望，需要研究者对软件性质和软件预期行为进行深入分析和理解。通过软件分析获得软件的预期行为、属性或性质，是进行可信性验证的一个重要前提。值得关注并令人困惑的是，可信根本身的可信性由谁来保证，这个问题自可信计算从最初的可靠性增强功能转变为信息安全保障用途时就再也无人能回答了!因为用户不相信可信根的提供厂家与社会管理的可信传递根本不在同一问题范畴。

此外，可信链的成员或对象中如果自身就带有后门或者蓄意代码时，可信传递机制还能够有效应对吗？这在供应链全球化开放的今天应当不是杞人忧天的问题了。

4.2.3 可信计算的新进展

近几年，可信计算涌现出了很多研究成果。本节将选取几个典型的可信技术新进展进行简单介绍，分别为可信计算 3.0、可信云和 SGX(Intel Software Guard Extensions，Intel 软件保护扩展)架构[17]。

1. 可信计算 3.0

目前可信计算的研究呈现递进式发展趋势，其主要经历了几个阶段。最初的可信 1.0 来自计算机可靠性，主要以故障排除和冗余备份为手段，是基于容错方法的安全防护措施。可信 2.0 以 TCG 出台的 TPM 1.0 为标志，主要以硬件芯片作为信任根，以可信度量、可信存储、可信报告等为手段，实现计算机的单机保护，其不足之处在于：未从计算机体系结构层面考虑安全问题，很难实现主动防御。所以文献[18]提出了基于“主动免疫计算模式”的可信 3.0 战略，其主要包括：平台密码方案创新，提出了可信计算密码模块(Trusted Cryptography Module，TCM)；提出了可信平台控制模块(Trusted Platform Control Module，TPCM)，TPCM 作为自主可控的可信节点植入可信根，先于 CPU 启动并对 BIOS 进行验证；将可信度量节点内置于可信平台主板中，构成了宿主机 CPU+TPCM 的双节点，实现信任链在“加电第一时刻”开始建立；提出可信基础支撑软件框架，采用宿主软件系统+可信软件基的双系统体系结构；提出基于三层三元对等的可信连接框架，提高了网络连接的整体可信性、安全性和可管理性。

基于主动免疫的主动防御思想和可信计算 3.0 的战略思路，文献[18]进而提出了“以主动免疫的可信计算为基础、访问控制为核心，构建可信安全管理中心支持下的积极主动三重防护框架”的主动防御策略，如图 4.4 所示。其中，主动免疫可信计算技术是核心，安全计算环境、安全区域边界和安全通信网络共同组成了纵深积极防御体系，围绕安全管理中心对防御体系的各层面进行保护机制、响应机制和审计机制之间的策略联动。

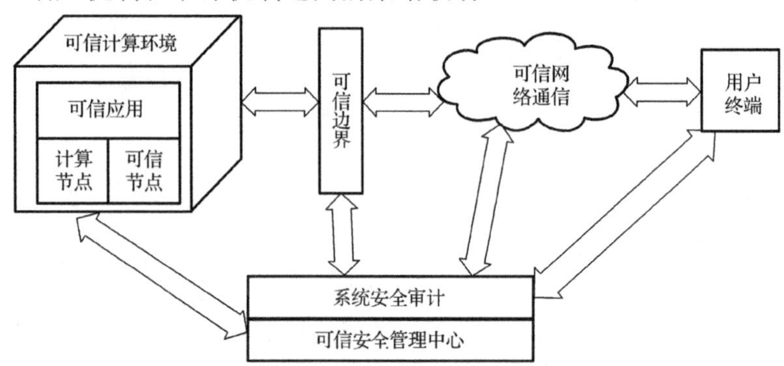

图 4.4 主动免疫的三重防护主动防御框架[18]

在文献[18]的基础上，文献[19]进一步对可信计算 3.0 进行了更完善的总结与展望，其认为可信计算 3.0 的主要特征是系统免疫性，其保护对象为节点虚拟动态链。可信计算 3.0 的防御特性(表 4.1)决定了其特别适合为重要生产信息系统提供安全保障，其可以通过“宿主+可信”双节点可信免疫架构实现对信息系统的主动免疫防护。

表 4.1 可信计算 3.0 防御特性[19]

分项	特征
理论基础	计算复杂性，可信验证
应用适应面	适用服务器、存储系统、终端、嵌入式系统
安全强度	强/可抵御未知病毒、未知漏洞的攻击、智能感知
保护目标	统一管理平台策略支撑下的数据信息处理可信和系统服务资源可信
技术手段	密码为基因、主动识别、主动度量、主动保密存储
防范位置	行为的源头，网络平台自动管理
成本	低，可在多核处理器内部实现可信节点
实施难度	易实施，既可适用于新系统建设也可进行旧系统改造
对业务的影响	不需要修改原应用，通过制定策略进行主动实时防护，业务性能影响在 3%以下

值得关注的是，可信计算 3.0 并未触及可信根本身可信性如何自证的问题，也看不出在供应链后门问题解决方面有何种建树。更令人费解的是，这些可信机制和加密环节作为功能实体，如何才能保证其显式副作用和隐式暗功能不会影响可信机制原有的目标。说到底，传递可信证书或者复杂加密认证机制不难设计，难的是如何才能确保证书代表的软硬件中没有内生安全问题，这不仅仅是工程技术方面的挑战，更大的是基础理论方面的挑战。

2. 可信云

近几年，基于现有可信计算的研究成果，有研究者提出了可信云的架构设计[18]。可信云架构是云环境安全管理中心、宿主机、虚拟机和云边界设备等不同节点上可信根、可信硬件和可信基础软件通过可信连接组成的一个分布式可信系统，支撑云环境的安全，并向云用户提供可信服务。一般而言，可信云架构需要与一个可信第三方相连，由可信第三方提供云服务商和云用户共同认可的可信服务，并由可信第三方执行对云环境的可信监管。可信云计算体系安全框架如图 4.5 所示。

可信云架构中，各节点的安全机制和可信功能不同，因此可信基础软件所执行的可信功能也有所区别。这些可信功能互相配合，为云环境提供整体的可信支撑功能。各安全组件功能如下。

(1) 安全管理中心。安全管理中心上运行着云安全管理应用，包括可信元件的系统管理、安全管理和审计管理等机制。安全管理中心上的可信基础软件是可信云架构的管理中心，它可以监控安全管理行为，并与各宿主机节点上的可信基础软件相连接，从体系上实现安全。

(2) 云边界设备。云环境的边界设备运行边界接入安全机制。可信基础软件与边界安全接入机制耦合，提供可信鉴别、可信验证等服务，保障边界安全接入机制的可信性。

(3) 宿主机。宿主机的可信基础软件支撑机制需要保障宿主机及虚拟机管理器的安全，同时还要为虚拟机提供虚拟可信根服务。而宿主机安全机制的主动监控机制则相当于云环境的一个可信服务器，它接收云安全管理中心的可信管理策略，将云安全管理中心发来的策略本地化，依据可信策略向虚拟环境提供可信服务。

(4) 虚拟机。虚拟机上的可信基础软件为自身的可信安全机制提供支持，同时对虚拟机上的云应用运行环境进行主动监控。虚拟机、宿主机和安全管理中心的可信基础软件，实际构成了一个终端—代理服务器—管理中心的三元分布式可信云架构。

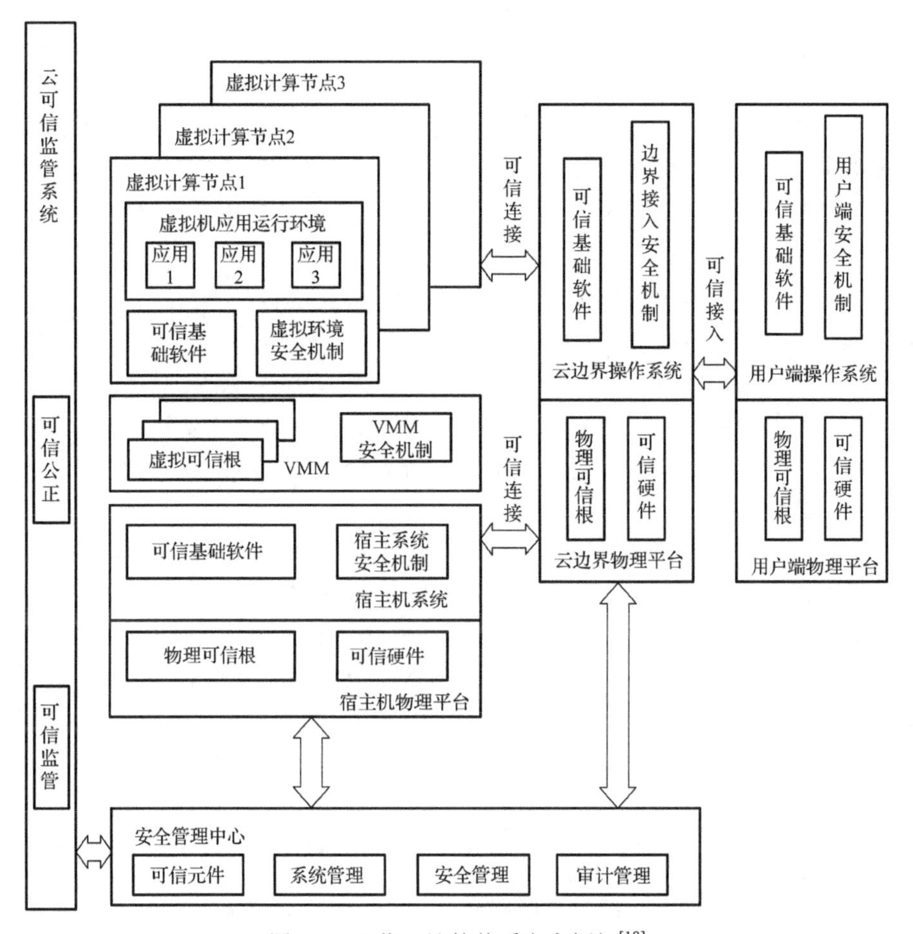

图 4.5　可信云计算体系安全框架[18]

(5) 可信第三方。可信第三方是云服务商和云用户都认可的第三方，如政府的云计算监管部门、测评认证中心等。可信第三方向云架构提供可信公正服务和可信监管功能。

(6) 用户可信终端。云用户终端上也可以安装可信基础软件和构造可信计算基。安装可信基础软件并构造了可信计算基的用户终端即为用户可信终端。

可信云架构声称为云服务提供了系统的可信计算服务功能和安全保障机制，解决了开放云环境所带来的一系列安全问题[20]。但是由于云是非常复杂的系统，其中包含了大量的不可预期状态信息，如果利用可信计算技术对云中所有的状态进行可信性验证，且不论其安全性能否达到预期目的，仅就其巨大的计算开销，云性能的损耗将会非常严重。此外，由于云中往往存在大量的服务模块且常常需要扩展或升级，尤其是属于第三方软件或二进制可执行文件的模块通常是不透明的，可信性不能确保，这导致云中更难构建完全安全可信的信任根和信任链。所以，虽然有研究者提出了可信云的思想，但由于可信计算的本质缺陷以及云计算的特殊性，可信云架构的实际应用，特别是普适性应用前景不容乐观。

3. SGX 架构

SGX 技术概念和原理是 Intel 于 2013 年在 ISCA 会议的 Workshop 中提出的，2015 年 10 月第一代支持 SGX 技术的 CPU 问世。SGX 被视为与 ARM 的 TrustZone 竞争的类似技术(因为 TrustZone 需要安全 OS 支持，只能实现一个安全区域。而 SGX 不改变现有 Windows 开发生态，只是将需要保护的代码的运行环境进行硬件级的防护，可实现多个并行安全区域，因此相对前者而言技术上更为先进些)。

如图 4.6(a)所示，SGX 可以在计算平台上提供一个可信的空间，保障用户关键代码和数据的机密性和完整性。SGX 是一种能将安全应用依赖的可信计算基(Trusted Computing Base，TCB)减小到仅包含 CPU 和安全应用本身，支持将不可信的复杂 OS 和虚拟机监控器(Virtual Machine Monitor，VMM)排除在安全边界之外的新型软件架构。

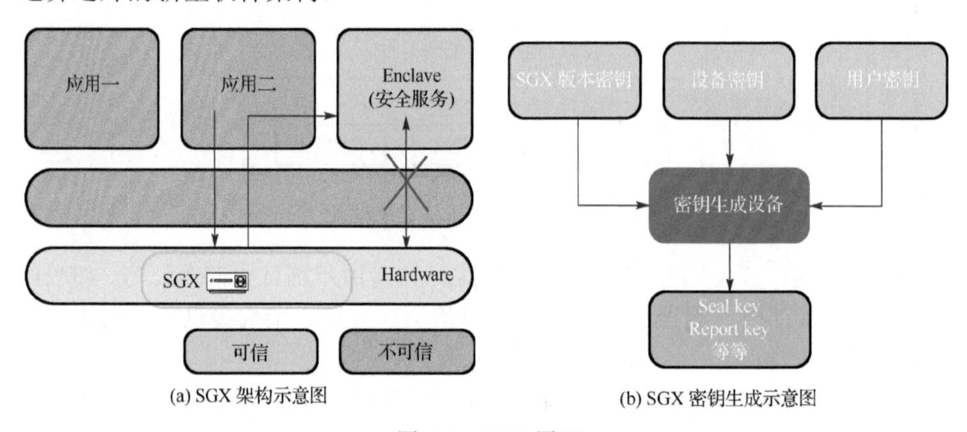

(a) SGX 架构示意图

(b) SGX 密钥生成示意图

图 4.6　SGX 原理

图 4.6(b) 展示了 SGX 技术的一种较为先进的秘钥加密方法，其秘钥由 SGX 版本秘钥、设备秘钥和用户秘钥在秘钥生成算法下生成的全新秘钥(如 Seal key、Report key 等)，使用此秘钥对需要加载的应用程序的代码和数据进行加密。

图 4.7 展示了 Enclave 的创建过程[17]。①首先创建用户的应用。②SGX 的用户程序在创建时，就利用相关的 key 和 SGX 的 key 对程序进行了保护，SGX 中的程序还要进行 Hash 处理。③运行时，先将程序代码和数据加载到 SGX Loader 加载器中，以便为加载至 Enclave 做准备。④加载器通知 SGX 驱动器(实际上是个微内核操作系统)在内存中创建 Enclave，此时在内存中的工作就完全交给 SGX 驱动器。⑤SGX 驱动器在用户虚拟内存空间按程序设定的大小创建 Enclave 区域，在该区域进行的内存段、页操作与一般的操作系统进行的内存段、页操作完全相同。⑥将需要加载的程序和数据以 EPC(Enclave Page Cache)的形式先通过秘钥凭证解密。⑦通过 SGX 指令(hash)证明解密后的程序和数据可信，并将其加载进 Enclave 中。⑧启动 Enclave 初始化程序，禁止继续加载和验证 EPC，生成 Enclave 身份凭证(key)，并对此凭证进行加密，同时作为 Enclave 标识存入 Enclave 的 TCS(Thread Control Structure)中，至此 Enclave 就完全处于 SGX 的保护之中。

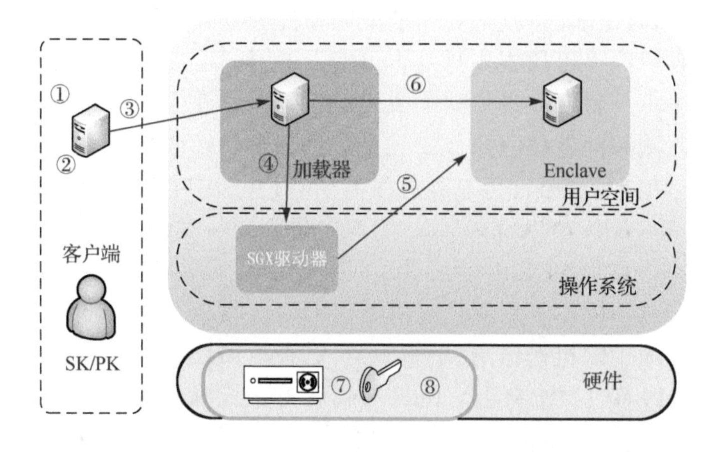

①创建应用；②创建应用证书（HASH和客户端PK）；③将应用加载到加载器；
④创建 Enclave；⑤分配Enclave page；⑥装载测试应用；⑦验证证书和Enclave的完整性；
⑧产生 Enclave密钥

图 4.7　Enclave 的创建过程

SGX 架构并不识别和隔离平台上的所有恶意软件，而是利用可信计算的思路，将合法软件的安全操作封装在一个独立存储空间中，保护其不受恶意软件的攻击。无论其他软件是否具有权限，都无法访问该独立存储空间。也就是说，一旦软件和数据位于该独立存储空间中，即便操作系统或者虚拟机监控器也无法影响独立存储空间里面的代码和数据。独立存储空间的安全边界只包含 CPU

和它自身，SGX 创建的独立存储空间也可以理解为一个可信执行环境（Trusted Execution Environment，TEE），也可称为可信空间。不过其与信任区（Trust Zone，TZ）还是有一点小区别的，TZ 通常将 CPU 划分为两个隔离环境（安全世界和正常世界），两者之间通过“自修改代码”（Self-Modifying Code，SMC）指令通信。而 SGX 中一个 CPU 可以运行多个安全独立存储空间，也可以并发执行。当然，在 TZ 的安全空间内部实现多个相互隔离的安全服务亦可达到同样的效果[21]。

SGX 提出后得到全球软件开发商的积极回应，其中一个典型的应用架构是微软的 Haven[22]。Haven 基于 SGX 在商用操作系统和硬件方面，首次实现将未经修改的应用程序进行隔离运行。Haven 可以部署到各种服务系统或软件中，利用 SGX 的硬件防护来防御特殊代码和物理攻击，如内存探测，保护其不受恶意主机攻击，例如，针对 SQL 数据库、Apache Web 等服务器的防护[23]。

SGX 可以有效改进沙箱机制，也可以对 Hypervisor 的安全性有实质的提升，如消除内存解析攻击。然而，SGX 仍然存在安全风险，一是作为安全边界之一的 CPU 可信性如何保证，特别是如何能证明管控独立存储区的硬件功能没有脆弱性，依然没有解决“可信根本身是否可信”的疑问。二是如果封装在独立存储空间内的程序本身就存在设计缺陷或恶意代码，则在“堡垒”庇护下就可以规避任何安全监测和问题移除操作。三是一旦恶意软件成功地进入独立存储空间，整个 SGX 功能将会被恶意软件开发者所利用。2017 年，奥地利格拉茨技术大学（Graz University of Technology）的 5 名研究人员发表了一份报告，宣称所打造的恶意软件可攻陷 SGX 安全技术。原理就是，同样建立一个与其他 SGX 并存的 SGX 飞地并植入了恶意代码，再利用侧信道攻击（side-channel）就可取得存储在其他飞地中的机密信息。不幸的是，这种攻击还能受到 SGX 机制保护。更不幸的是，2019 年 12 月 11 日，Intel 公司官方正式确认并发布了清华大学和马里兰大学的汪东升、Gang Qu 等人发现的“骑士”漏洞（VoltJockey），只要利用纯粹的软件方式就可以远程获取 Intel 带有 SGX 功能的多种系列安全处理器网上应用系统的可信密钥（详见本书 1.1.3 节）。

4.3 定制可信空间

为了避免网络空间“同质化”带来的安全威胁，有必要引入定制可信空间思想以增加应用层面的差异化、不透明成分或私密性等因素。但是，可定制也绝不等同于封闭化，基础组件、构件和体系还是要遵循开放式的商业化大趋势，只是定制中引入了一些不公开的特征，以增强“防御迷雾”，提高攻击门槛。作者认为，通信、计算和安全是可信网络空间领域的三大基础支撑技术。经过多年的发展，在上述三大领域均涌现出了一批实用化技术，这些技术面向不同的需求，例如，集成服务(Integrated Services，IntServ)[24]面向运营商的服务差异化需求，云计算则面向按需服务提供，异构计算则为不同种类的应用提供不同的计算组件实现性能加速，可信计算技术则面向可靠性增强和网络空间的安全需求。虽然这些技术因切合不同的商业需求而发展壮大，但是它们的广泛部署客观上也为实施“定制可信空间”策略提供了物质或技术基础。下面主要介绍定制可信空间的基础和主要特征。

4.3.1 前提条件

1. 通信方面

为用户提供差异化的服务一直是网络运营商追求的核心目标之一。虽然其初始动机是实现服务的分类和资源的差异化提供，但是也为新型防御技术的多样化、冗余化需求提供了基础支撑。互联网构建之初，网络完成尽力而为的服务，不同用户之间是对等的。但随着 IP 网络新应用的不断推出，传统 IP 网络服务模型的一些技术缺陷逐步暴露，其中之一就是缺乏服务差异化。因此，人们提出了 IntServ，即所有的中间系统和资源都显式地为通信流提供预定的服务，这种服务需要预留网络资源，确保网络能够满足通信流的特定服务要求。IntServ 是通过使用资源预留协议(Resource Reservation Protocol，RSVP)[25]实现的，两个端点途经的网络设备上都要启用 RSVP。其工作原理是：数据流在发送之前，起始节点会向网络请求特定类型的服务，并将其流量配置文件告诉网络中的每个中间节点，请求网络提供一种能够满足其带宽和延迟要求的服务，当从网络得到确认后，应用才开始发送数据。后来，区分服务(Differentiated Services，DiffServ)[26]被提出，用于满足实际网络应用的可扩展性、健壮性、简单性的需求。区分服务将根据服务要求将通信流分类，然后将它们加入效率不同的队列中，使一些通信流优先于其他类别的通信流得到处理。这些网络资源分配技术为“定制可信空间”的新型防御策略提供了可实现前提。

2. 计算方面

在计算方面，以异构计算(heterogeneous computing)、定制计算(customizable computing)、云计算(cloud computing)等为代表的新型计算平台或模式成为热点研究领域，为“定制可信空间”提供了物质基础。

异构计算是一种通过使用不同类型处理器件(如 CPU、网络处理器

(Network Processing Unit，NPU)、TPU(Tensor Processing Unit，张量处理单元)、现场可编程门阵列(Field-Programmable Gate Array，FPGA)、专用集成电路(Application Specific Integrated Circuits, ASIC)等)来加速运行应用的计算方法，它包含两个重要方向。

1)充分利用处理部件的多样性，用最适合的处理器实现最适当的任务

一般来说，通用处理器对于不同工作负荷的处理效能是不同的。为此人们发展出了许多专业或专门处理器，例如，在信号处理方面的数字信号处理(Digital Signal Processing，DSP)、图像处理方面的图像处理单元(Graphic Processing Unit，GPU)、网络协议处理方面的NPU以及适应面和灵活性更强的各种FPGA等，如果能适时、恰当地利用处理部件的多样性，可以大幅度地提高信息系统的处理性能和效能。这方面的研究与实践都非常活跃，有代表性的是异步对称多处理器(Asynchronous Symmetric Multi-Processor，ASMP)的设计，如美国高通公司推出的骁龙移动处理器。IBM、Intel、AMD和中国国防科技大学等则将移动计算的想法更一般化了，在通用服务器或高性能计算机上采用CPU+GPU或CPU+FPGA架构，甚至准备采用更高级的CPU+GPU+FPGA结构。

2)让应用开发者更容易利用多处理器环境

通用处理器已发展出许多高级编程语言和应用工具，GUDA语言的推出使GPU的应用变得平民化了，即使用于FPGA的硬件编程语言Verilog、VHDL(Very-High-Speed Integrated Circuit Hardware Description Language)也都在走平民化的发展路线。特别是异构计算的兴起，人们正在研究如何集成这些编程语言以方便多样化处理环境的使用，在数据处理领域已有基于Java的集成语言等。

目前，学术界已针对分布式环境的异构并行计算进行了延展。2013年，中国科学家提出的基于领域专用软硬件协同计算的拟态计算(Mimic Computing，MC，详见第9章内容)，从原理上比异构计算具有更高级的应用结构特征和性能/效能增益。

鉴于异构计算应用系统内在的随机性、动态性、不确定性和功能等价属性，以及客观上引入的非公开特征等因素，都可以等效地影响攻击技术对目标对象环境规律性的强依赖关系。不过，拟态计算更强调功能等价条件下的算法多样性，这些看似无规律的算法选择可以造成更强的“防御迷雾”。

1974年，Dennard等[27]提出了著名的“登纳德缩放比例定律”(Dennard Scaling)，即当晶体管变小时，它们的功率密度保持不变，因此功率使用与面积呈比例关系。21世纪初，该定律失效，提高计算效能成为学术界和产业界共

同关注的主要问题。从通用处理器和专用集成电路之间存在的巨大效能差距出发，可定制计算(Customizable Computing)[28]旨在设计一种结合通用处理器和专用集成电路的负载自适应计算架构，即根据用户负载类型的不同，定制不同的计算模式。高效节能的可定制架构研究包括可定制处理核与加速器、可定制片上存储器以及互联优化等。虽然可定制计算的本意是提高计算效能，但它在计算层面引入了异构性，在满足不同用户定制专有计算模式需求的同时，使目标对象的计算结构或处理环境不再是静态的和确定的。

云计算[29]被业界看作继大型计算机、个人计算机、互联网之后的第四次IT产业革命，是一种新兴计算模式。它是一种基于Internet、按需提供可度量的计算资源(例如，计算机网络、服务器、存储、应用和服务)的IT环境。美国国家标准与技术研究院(National Institute of Standards and Technology，NIST)总结云计算具有五大特性，即按需交付(on-demand self-service)、泛在访问(broad network access)、资源池化(resource pooling)、弹性(rapid elasticity)和可度量(measured service)[30]。云计算提供了IT基础设施和平台服务的新模式，能够基于统一的异构资源池，为用户提供按需定制的服务，实现资源的按需分配。

云计算具有三大特点：成本低，云计算通过资源虚拟化的方式为用户提供可伸缩的资源，支持各种不同类型的应用同时在系统中运行，通过跨虚拟机、跨物理机以及跨数据中心的资源规划和动态迁移，提高整体的资源利用率，从而降低成本；高可靠，云计算可多份存储用户数据，任意一台物理机的损坏都不会丢失用户数据，多数据中心的设计也满足了灾备的需求；安全收益率高，由于目标对象的集中化，理论上各种安全措施或设施都能得到最大程度的分享，海量服务可有效地摊销安全投资成本。总之，云计算的上述优势在基础设施层面为用户提供了可定制应用支撑。

3. 安全方面

除了通信和计算，在安全方面，可信计算技术也为定制可信空间提供了基础，该技术主要为定制可信空间提供安全增益，有效保证定制可信空间的安全性，由于4.2节已经对可信计算进行了详细论述，本节不再累述。

4. 综合基础

综上所述，无论是通信技术和计算技术还是安全技术，均具备了提供便利的“定制可信空间”能力的基础。事实上，近年来通过定制化机制实现按需网络安全的研究逐渐引起业界关注，例如，根据用户需求定制可信网络子空间，又如，基于云的动态安全服务链，通过在云中部署安全设备，向云租户或企业网提供定制化的(安全)服务链。这些研究或基于冗余网络资源的定制传输或基于特殊情景的安全空间构建，目的都是进一步探索互联网环境、开源软件趋势下关键组件或架构差异化定制的技术途径与经济实现方法。

4.3.2 定制可信空间

定制可信空间(Tailored Trustworthy Spaces, TTS)致力于创建灵活、分布式的信任环境以支撑网络空间中的各种活动，并支持网络多维度的管理能力，包括机密性(confidentiality)、匿名性(anonymity)、数据和系统完整性(data and system integrity)、溯源(provenance)、可用性(availability)以及性能(performance)。TTS 的目标主要包括三个方面。

(1)在不可信环境下实现可信计算。

(2)开发通用框架,为不同类型的网络行为和事务提供各种可信空间策略及特定上下文的可信服务。

(3)制定可信的规则、可测量指标、灵活可信的协商工具，配置决策支持能力以及能够执行通告的信任分析。

在真实世界中，人们会在不同空间之间切换，例如，家、学校、单位、超市、诊所、银行以及电影院。这些空间均有各自的功能属性以及相应的行为约束，人们在遵守这些约束的前提下享受不同空间提供的服务功能。例如，电影院提供放电影服务，但对位于该场所的人规定不得大声喧哗。总而言之，特定的行为或约束只适用于特定的空间。

当前的网络空间(cyberspace)是人类构造的一个虚拟空间。这个虚拟空间承载着各种各样的活动，例如，聊天、视频、购物、游戏等，而这些不同活动的范围，构成了逻辑上的虚拟子空间。从这个角度看，我们可以将网络空间视为一个灵活的、分布式的可信环境，针对各种可变的威胁能够提供功能、策略和可信需求的定制支持。用户能为不同的活动选择不同的子空间，从而获得不同类型的可信维度，具体包括可信、匿名、数据完整性、溯源、性能以及可用等。用户也可以通过协商创立新的环境，并定制相互约定的特征和时间。

当前，定制可信空间的研究进展主要分为四个方面：特征研究、信任协商、操作集和隐私。

1. 特征研究

当前的定制可信空间的特征研究聚焦于如何描述空间、如何将高级的管理需求编译为实际执行策略、如何定义定制要求，以及如何将定制要求翻译成可执行规则(executable rules)。美国国家自然科学基金(National Science Foundation，NSF)

资助了卡内基·梅隆大学研究隐私策略的语义定义及执行。以网络空间中的卫生保健(healthcare)子空间为例，对卫生保健记录信息的合理隐私要求不同于传统计算机安全访问。首先，这些信息的保护策略不仅要求在当前使用过程中的隐私保护，而且要对数据将来的使用加以限制，避免用户敏感信息的隐私泄露。其次，这些策略可能根据状态而发生变化。因此，需要研究如何在空间中构建合适的策略和相应的执行机制。

2. 信任协商

信任协商领域研究基于策略在不同系统组件间建立信任关系的框架、方法和技术。该策略必须是清晰无歧义的，且由动态的、人工可理解的、机器可读的命令组成。这就要求能够调整特定安全属性的信任等级，例如，建立匿名、低等级或高可信等级的定制可信任空间。动态定制可信空间的未来使用也要求能够定制应对不同威胁场景的空间。

3. 操作集(operations)

动态定制可信空间包含大量必需的指令或操作，如相交(joining)、动态定制(dynamically tailoring)、分裂(splitting)、合并(merging)、分解(dismantling)。这些操作可以方便地支撑可信空间“定制”的功能。2012 年，美国国家自然科学基金项目赞助了安全与可信网络空间项目[31]，主要包含两方面的研究：赋予系统可定制的基础支撑技术和开发针对特定环境的定制可信空间应用程序。前者研究网络防御系统自适应地学习“正常”的行为，后者实现穿过不可信节点的可信可靠通信机制。

4. 隐私

开放的网络空间若要设计合理的保护隐私的模式面临诸多困难，受到快速的模式创新、技术演进等挑战。为此，美国政府为研究网络空间的隐私技术给予了大力支持。定制可信空间研究可作为定制化网络空间环境的框架，对环境特征进行细粒度控制，建立预期的安全和隐私目标。通过定制环境的特征以及为定制可信空间中的数据和活动建立策略，参与者建立可信的交互上下文。这种定制能力为获得期望的隐私条件提供了直接的支持。

4.4 移动目标防御

MTD 是美国人提出的基于动态化、随机化、多样化思想改造现有信息系统防御缺陷的理论和方法。其核心思想致力于构建一种动态、异构、不确定的网络空间目标环境来增加攻击者的攻击难度，以系统的随机性和不可预测性来对抗网络攻击。开创了以变化的内因防御外部攻击的先河，然而仍未脱离“加壳”防御的传统路子，给内生安全问题包覆一个动态、多样、随机的外表以增加攻击表面视在不确定性，其有效性和无效性之标的都是显而易见的。

MTD 技术可落在网络、平台、运行环境、软件、数据等多个层面实施，具体技术包括 IP 地址跳变、端口跳变、动态路由和 IP 安全协议(IPSec)信道、网络和主机身份的随机化、执行代码的随机化、地址空间的随机化、指令集合的随机化、数据存放形式的随机化等。组织结构如图 4.8 所示。

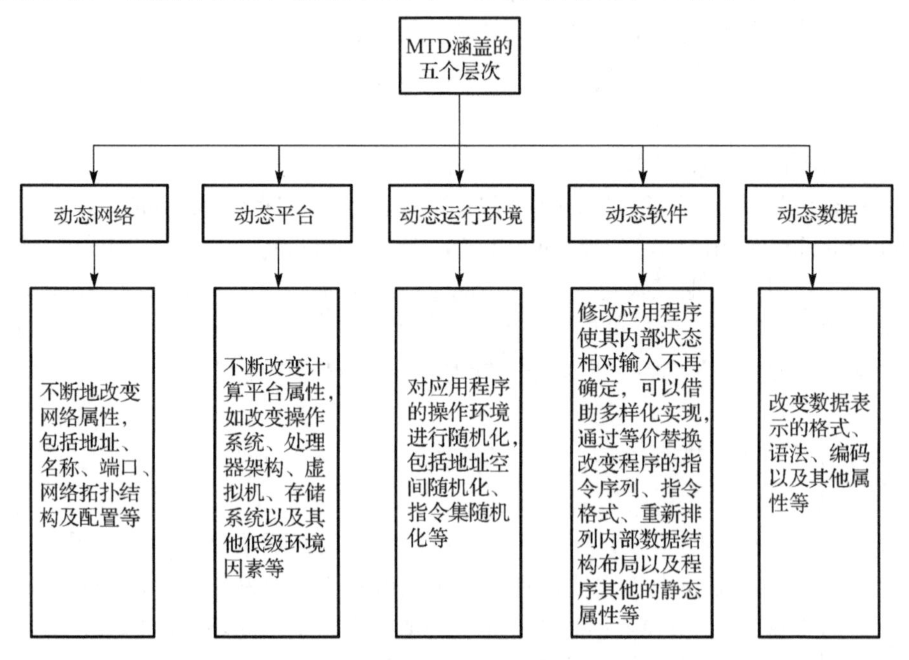

图 4.8 MTD 组织结构

MTD 的特征是以防御者可控的方式动态地改变系统内部那些具有静态性、确定性和相似性的部分或环节，增加基于系统内部未知漏洞的外部攻击难度。该方法使得攻击者必须完全悉知目标系统的动态特性，才能构造起一个有效利用系统漏洞的攻击链，且在攻击者试图用类似穷尽参数等方法了解动态特性和构造攻击的这段时间中，系统将会再次改变环境，使攻击的阶段性成果失效，从而瓦解攻击过程。MTD 从机理上属于外层或加壳防护技术，防护对象限定为基于未知漏洞的外部攻击，核心思想是对指令程序、数据文件、存储地址甚至对外端口等相对静态的内容或位置进行防御者可控的主动加噪，可通俗地理解为针对系统关键环境参数的广义加密技术，以达到期望的防御效果。推广到一般场景，就是在网络、平台、系统等内部引入广泛而可控的动态性或不确定性，以增加非授权式的基于未知漏洞的外部攻击难度。需要强调的是，MTD 对基于目标对象后门(陷门)、病毒木马等内外协同式攻击或授权攻击在理论上不具有任何防护效果。

由于 MTD 的基本思想是导入“随机化、动态化、多样化”特性，通过使攻击依赖的系统参数动态化从而缩小攻击面，所以追求变化速度和足够的熵空间成为防御强度的关键。近年来的研究成果以及披露的事例，已经给出了 MTD 的破解思路和具体实例，这使得我们必须重新总结和反思 MTD 的利与弊，以便在发扬其优势机制的同时剔除安全缺陷和规避技术劣势。

4.4.1　移动目标防御机制

1. 随机化机制

在 MTD 技术中，随机化机制对内存中存放的重要的可执行程序或数据使用随机加扰(或加密)装入机制，在执行前进行解密，用以防御运行中来自外部的注入式篡改或扫描式窃取。该机制为系统带来不确定性，使原本确定的系统参数以概率形式呈现，难以被恶意控制和利用。

地址空间布局随机化(Address Space Layout Randomization, ASLR)是最成功的 MTD 技术，已被现有商用 OS 广泛采用和部署，在包括 Mac OS X、Ubuntu、Windows Vista 和 Windows 7 等大多数现代操作系统中得到使用。其防御生效机理是通过随机化内存对象地址，使依赖于目标地址的攻击过程无法定位正确的代码或者数据段，从而失效。

指令集随机化[32](Instruction Set Randomization，ISR)是一个通过模糊目标指令集来阻止代码注入攻击的技术。通过生成随机字节序列，系统在代码文本加载时将程序中的每条指令与相应的随机字节异或而被随机化。实际执行时，程序加载到一个模拟器中，这个模拟器通过将指令与随机字节异或来恢复原始的指令。由于注入的代码在执行前将会与装载时使用的随机字节进行异或，因而攻击者注入目标应用程序漏洞的代码肯定无法被恢复成正常的指令，不仅产生不了预期的行为而且很可能因为指令错误而被察觉。

另外，还有数据存储位置随机化方式[33]，其基本想法是将一个内存存储指针与一个随机密钥进行异或来阻止通过指针错误产生的攻击。基本方法是，当指针值存入寄存器时要经过异或处理，取出时还要经过异或恢复。攻击者如果

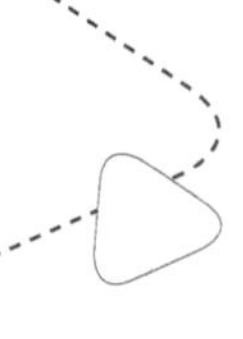

不知道异或秘钥就不可能通过指针修改方式实现有效攻击。后来衍生出另一种数据随机方式，就是基于内存对象的类型，对内存中的数据进行特定的随机伪装。攻击者如果通过程序的静态分析来确定与特定对象相关联的内存区域，由于随机伪装的应用，试图在内存特定区域写入一个外部对象的行动会被阻止。

尽管随机化机制能够有效阻止多种攻击方式，但正如前面所提到的，由于其信息熵总是有限的，所以仍会受到暴力攻击和探针攻击的侵扰。此外，任何随机化保护机制都需要可信的 CPU 功能来完成。不幸的是，2017 年一份报告《ASLR 保护机制被突破的攻击技术分析》(https://www.vusec.net/projects/anc)详细阐述了基于处理器内存管理单元(MMU)与页表的交互方式攻陷地址空间随机化保护机制(ASLR)的方法。

2. 多样化机制

多样化机制的安全思想是改变目标系统相似性的被动条件，使攻击者无法简单地将某目标成功的攻击经验直接利用到相似目标的攻击中，试图营造一个具有一定“抗性”的应用生态圈，其期望能够自动生成改变系统性能的目标程序或系统变体，这些变化旨在保护正常输入的原始程序的基本语义，但在恶意输入下的行为会表现出不同。

目前，研究者普遍利用编译器优化原理，在源程序到可执行程序的编译过程中，通过调整参数生成多种变体的执行文件，在功能不变的前提下增加执行文件之间的差异化(文件长度、局部算法结构、运行规律等)。除此之外，多样化机制还被广泛应用其他领域，比如文献[34]通过在系统中布置功能等价的异构原件，进而降低系统中同质化漏洞被攻击者利用的风险。但是，绝不能指望多样化编译方法能从原理上消除源文件中的后门或恶意代码。

3. 动态化机制

尽管随机化和多样化机制为目标系统带来了不确定性，但如同密钥需要定期更换，长时间运行的服务器进程同样需要重新进行随机化和多样化的加载，否则系统的安全性将会大打折扣。因此，MTD 引入了动态化机制改变系统原有静态特征，克服静态随机化、多样化存在的局限，进一步提升了系统安全性。

如果系统攻击面变化足够快，即使在低熵或存在探针攻击的情况下，动态防御也能够有效保护系统，相比静态系统能发挥更为显著的防御效果。但可以预见的是，动态化机制会带来不可忽视的额外负载，从而降低可用性，且随着变化频率的提升，系统性能将大幅下降。就像“一次一密”这样乌托邦的想法一样，系统也难以做到“一次一变”，动态化机制的安全增益效费比将是防御者重点关注的问题。近些年，有研究者尝试利用博弈论的思想，将系统的可用性—安全性—开销，建模为均衡优化问题，以此设计出最优的动态化防御策略[35-37]，但由于模型建模相对简单，目前还没有令人满意的最优动态机制选择方案。

4. 共生机制

一种基于主机的防御机制，称为共生嵌入机[38](Symbiote Embedded Machines，SEM)，也称为共生机。共生生物的防御协作是生物界的一种自然现象，这种现象通常是指不同种群间存在的短期或长期依存关系，从而增强了一个或更多物种的存活率或进化的适应性。当两个或更多的不同生物系统对紧急情况做出反应时，其结果通常是互利的。反映到数字信息领域，共生嵌入机可以认为是一种数字化的“生命形式”，与任意可执行文件紧密共存、协作防御，在从宿主中获取计算资源的同时保护宿主免受攻击。此外，共生机具备多样化的本性，根据防御协作的原则，可以对指向宿主防御体系的直接攻击提供天然的保护。

原理上，由共生机和宿主程序共同来组成协作防御体。宿主程序的每个实例都有一个嵌入其中的共生机，且每个共生机都是自治的、与众不同的。共生机可以驻留在程序的任意位置，不需要考虑程序在系统栈中的位置。共生机采用多种方式注入宿主中，并通过一个多态引擎对其代码进行随机变形。通过共生机与宿主的组合，产生一个与众不同的可执行程序，形成冗余的“移动目标”，改变系统静态性、确定性和相似性。

4.4.2 移动目标防御路线图及其挑战

MTD 技术发展规划为三个里程碑：创建阶段、评价/分析阶段和部署阶段，每个阶段又分为近期、中期和长期目标。现在已经进入了中期目标的创建、评估和部署阶段，详见图 4.9。

在一系列战略布局的推动下，美国从政府到企业再到学术团体很快形成合力，形成了明确的技术研发方向，系统推出了许多研究项目，MTD 技术发展势头迅猛。部分项目如图 4.10 所示。

MTD 技术的发展面临诸多挑战，例如，系统开销过高影响服务性能问题；虚拟化基础设施本身的安全性；虚拟环境中移动目标的安全和弹性技术；自动变体技术；自动改变和管理网络及系统结构的手段；科学论证移动目标机制和有效性的抽象思维及方法等。最致命的挑战是无法应对基于目标对象后门类的未知攻击。

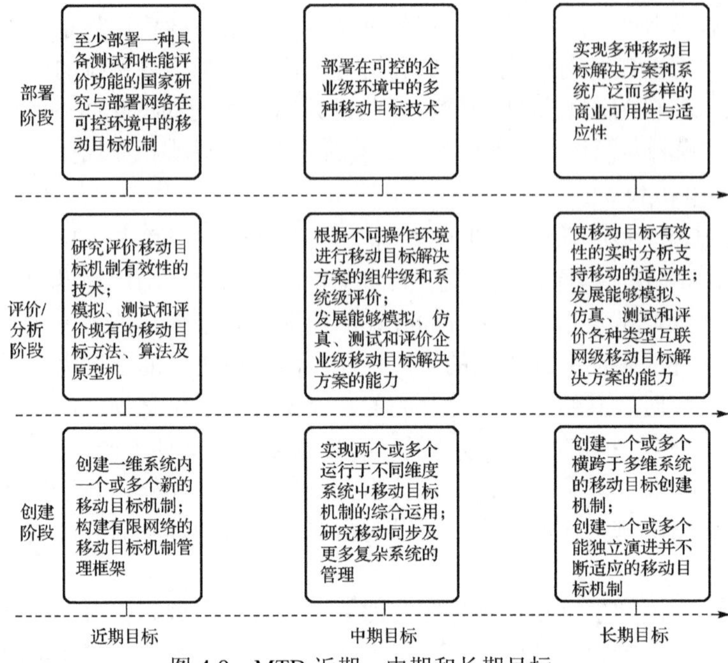

图 4.9　MTD 近期、中期和长期目标

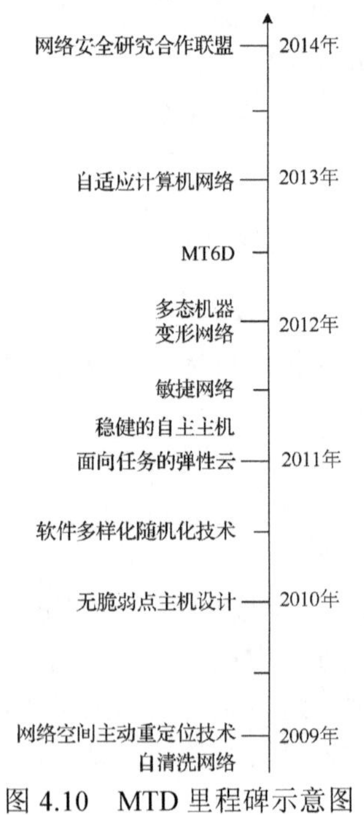

图 4.10　MTD 里程碑示意图

4.5　区块链

本节对区块链的相关概念、特征、核心技术或算法进行介绍，讨论并总结其优缺点。

4.5.1　基本概念

区块链是多方参与的数据交换、处理和存储的综合技术。它融合了现代密码学、共识机制、P2P 网络协议、分布式架构、身份认证、智能合约等技术，利用基于时间顺序的区块形成链进行数据存储，利用共识机制实现各节点之间数据的一致性，利用密码学体制保证数据的存储和传输安全，利用自动化的脚本建立智能合约而实现交易的自动判断和处理，解决了中心化模式存在的安全性低、可靠性差、成本高等问题。简单来说，区块链可看作一种实现了拜占庭容错、保证了最终一致性的分布式数据库。在数据结构层面，它是基于时间序列的链式数据块结构，从节点拓扑上看，它所有的节点互为冗余备份，从操作上看，它提供了基于密码学的公私钥管理体系来管理账户。

从参与方的角度区块链分为公共链、联盟链和私有链。

1) 公共链 (Public Blockchains)

公共区块链对外公开，用户不用注册就能匿名参与，无需授权即可访问网络和区块链。公共链上的区块可被全世界任何人读取，任何人也可以在公共链上发送交易，任何人都能参与网络上形成共识的过程。公共链是真正意义上的完全去中心化的区块链，由密码学保证交易不可篡改，同时也由密码学验证以及经济上的激励(也就是加密数字经济)，在彼此陌生的网络环境中建立共识，从而形成了“完全去中心化”的信用机制。公共链将经济激励和加密数字验证结合，其共识机制采取工作量证明 (Proof-of-Work，PoW) 或权益证明 (Proof-of-Stake，PoS) 等方式，用户对共识形成的影响力直接取决于他们在网络中拥有资源的占比。比特币和以太坊等都是典型的公共链，一般适用于虚拟货币、电子商务、互联网金融(B2C、C2B、C2C)等应用场景。

2) 联盟链 (Consortium Blockchain)

联盟链是指有若干个机构共同参与管理的区块链，每个机构都运行着一个或多个节点，其中的数据只允许联盟内不同的成员进行读写和发送交易，并且共同来记录交易数据。由多家银行参与的区块链联盟 R3 和 Linux 基金会支持的超级账本 (Hyperledger) 项目都属于联盟链架构。联盟链是一种需要注册许可的区块链。联盟链的共识过程由预先选好的节点控制，适用于机构间的交易、结算或清算等 B2B 应用。联盟链可以根据应用场景来决定对公众的开放程度。由于参与共识的节点较少，联盟链一般不采用工作量证明的挖矿机制，而是多采用权益证明或 PBFT(Practical Byzatine Fault Tolerance)、Raft 等共识算法。联盟链对交易的确认时间、每秒交易量都与公共链有区别，对安全和性能的要求也比公共链高。联盟链网络由成员机构共同维护，网络接入一般通过成员机构的网关节点接入。联盟链平台应提供成员管理、认证、授权、监控、审计等安全管理功能。

3)私有链(Private Blockchain)

私有链仅限于私有组织使用，区块链上的读写权限、参与记账权限按私由组织规则来制定，读取权限或者对外开放，或者被任意程度地进行限制。因此其应用场景通常为企业、政府内部，如数据库管理、数据审计等。私有链的价值主要是提供安全、可追溯、不可篡改、自动执行的运算平台，可以同时防范来自内部和外部对数据的安全攻击。相比中心化数据库，私有链能够防止机构内单节点故意隐瞒或者篡改数据，即使发生错误，也能够迅速发现来源。因此许多大型金融机构在目前更加倾向于使用私有链技术。

4.5.2 核心技术

区块链是多项技术的创新组合，包括密码学技术、共识机制、智能合约等。

1)密码技术

为保证存储于区块链中的信息的安全与完整，区块及区块链的定义和构造中使用了包含密码哈希函数和椭圆曲线公钥密码技术在内的大量现代密码学技术，同时，这些密码学技术也被用于设计基于工作量证明的共识算法并识别用户。区块链通常并不直接保存原始数据或交易记录，而是保存其哈希函数值，例如，比特币区块链采用双 SHA256 哈希函数，即将任意长度的原始数据经过两次SHA256哈希运算后转换为长度为256位的二进制数字来统一存储和识别。区块链使用公钥密码系统来实现区块链中的数据签名，比特币区块链中采用了椭圆曲线公钥密码系统。

2)共识机制

分布式系统中，多个主机通过异步通信方式组成网络集群，主机之间需要进行状态复制以保证每个主机达成一致的状态共识。然而，异步系统中可能出现无法通信的故障主机，而主机的性能可能下降，网络可能拥塞，导致错误信息在系统内传播。因此，需要默认不可靠网络中定义容错协议，以确保各主机达成安全可靠的状态共识。区块链架构是一种分布式的架构。正如前文所述的三种区块链(公共链、联盟链和私有链)，对应了三种分布式架构：去中心化分布式系统、部分去中心化分布式系统和弱中心分布式系统。为确保数据的一致性和正确性，区块链借鉴了分布式系统中实现状态共识的算法，确定网络中选择记账节点的机制，以及如何保障账本数据在全网中形成正确、一致的共识。

分布式系统的共识算法出现于20世纪80年代，其起始于解决拜占庭将军问题，包括状态机拜占庭协议、实用拜占庭容错协议和RAFT等共识协议或算法。其中拜占庭容错协议和RAFT算法是联盟链和私有链上常用的共识算法。而公共链的共识机制一般采用工作量证明和权益证明算法，限于篇幅原因这里不再详细介绍。

3)智能合约

智能合约是一种用计算机语言取代法律语言去记录条款的合约。智能合约可以由一个计算系统自动执行。如果区块链是一个数据库，智能合约就是能够使区块链技术应用到现实当中的应用层。传统意义上的合同一般与执行合同内容的计算机代码没有直接联系。纸质合同在大多数情况下是被存档的，而软件会执行用计算机代码形式编写的合同条款。智能合约的潜在好处包括降低签订合约、执行和监管方面的成本；因此，对很多低价值交易相关的合约来说，这能极大降低人力成本。

4.5.3 区块链安全分析

区块链基于拜占庭容错技术，可以解决在不可靠网络上可靠的传输信息的问题，由于不依赖于中心节点的认证和管理，因此可防止中心节点被攻击造成的数据泄露和认证失败的风险。区块链基于其数学算法和数据结构，相比传统网络安全防护具有三大特点。

(1)去中心化信任机制。传统网络的用户认证采用中央认证中心(Central Authentication，CA)方式，整个系统的安全性完全依赖于集中部署的CA认证中心和相应的内部管理人员身上。如果CA被攻击，则所有用户的数据可能被窃取或者修改。而在区块链节点共识机制下，无需第三方信任平台，写入的数据需要网络大部分节点的认可才可以被记录，因此，攻击者需要至少控制网络51%的节点才能够伪造或者篡改数据，这将大大增加攻击的成本和难度。

(2)数据篡改成本大幅提高。区块链采用了带有时间戳的链式区块结构存储数据，为数据的记录增加了时间维度，具有可验证性和可追溯性。当改变其中一个区块中的任何一个信息，都会导致从该区块往后所有区块数据的内容修改，从而极大增加数据篡改的难度。

(3) 抵御分布式拒绝服务（Distributed Denial of Service，DDoS）。区块链的节点分散，每个节点都具备完整的区块链信息，而且可以对其他节点的数据有效性进行验证，因此针对区块链的 DDoS 攻击将会更难展开。即便攻击者攻破某个节点，剩余节点也可以正常维持整个区块链系统。

鉴于上述优势，将区块链技术应用在网络安全领域具有较高的研究价值，如 ODIN（Open Data Index Name）[39]，致力于采用区块链代替 DNS。

随着人们对区块链技术的研究与应用，区块链系统作为一种信息系统也同样面临漏洞和后门攻击问题，具体地，主要分为三个方面：首先，加密算法实现安全，区块链综合应用了各种密码学技术，作为一种高度密集工程，加密算法实现可能存在未知漏洞风险，可导致区块链的根基被动摇；其次，共识机制安全问题，区块链是拜占庭容错技术的应用，设计并使用了大量共识算法机制，最常见的有 PoW、PoS、DPoS 等，但这些共识机制是否能够实现并保障真正的安全仍需要更严格的数学证明和时间检验；最后，区块链在使用过程中实现不可逆和不可伪造的基础是私钥，由用户生成并保管，一旦被黑客获取，相应数据将完全被黑客拿到。

需要强调指出的是，那些占有市场主要份额（>51%）的软硬件产品中的内生安全问题对区块链技术的安全使用都是极大的挑战。例如，x86CPU 和 Windows 操作系统占据了 80%以上的桌面终端市场，Google 的 Android 系统占有智能手机 80%以上的市场，Linux 类的操作系统产品也占据了服务器市场的主要份额等。无论是≥51%的共识机制还是加密机制抑或时间戳机制似乎都难以阻挡基于这些软硬件产品漏洞后门等的攻击。

总体来说，从安全性分析的角度，区块链面临着算法实现、共识机制、使用等安全挑战，黑客可以利用宿主系统内生安全问题、业务设计缺陷和统一授时机制及网络的连通性达成攻击目的。

4.6 零信任安全模型

信息系统的一个固有问题就在于，人们对于网络赋予的信任过于宽泛，太多的信息设备可以经由默认连接而随意出入，使得人们几乎可以在任何地方、任何时间、共享任何的信息。这既是互联网得以腾飞发展的重要原因，也是互联网安全的重要症结所在。因为“如果你信任所有的东西，你就没有机会保住任何东西的安全”。此外，基于IT或ICT技术的现代企业管理与生产组织业已进化到一部分企业应用在总部大楼内，而另一部分应用可能建立在云端上的阶段，全天时的连接着分布在世界各地的员工或雇员、合作伙伴和客户。传统的基于防火墙的边界安全防护已无法支持这种模糊了Internet和Intranet界限的应用，需要利用微分隔和细粒度边界规则来确定是否信任对企业特定范围软硬资源的用户/主机/应用的请求，即要将区域防御模式转化为要地或防御模式，建立起新的基于网络逻辑边界或敏感资源防护的安全框架，以全面的身份化认证为手段，通过对人、终端和系统进行甄别判识、访问控制、实时跟踪、行为拟合、通道加密等严格的过程管理以适应“云-网-端”使用模式的转变，这就是零信任安全模型提出的初衷[39]。需要强调的是，“Zero Trust Achitecture”安全框架与其说是一种技术方案还不如说是一种资源的网上部署方案，因为它并不涉及具体的安全技术。

4.6.1 零信任模型基本概念

零信任(Zero Trust)模型最初由Forrester公司的John Kindervag于2010年提出,自此便受到了工业界的欢迎。但是,学术界对零信任安全的研究非常少(也许其本质上只是一种新的网络使用与防护部署模型，并未涉及新的科学技术问题),基于此,2017年美国Evan Gilman 和Doug Barth两位学者编写了书籍*Zero Trust Networks: Building Secure Systems in Untrusted Networks*，详细地介绍了零信任模型的来历、原理等，以期为想要学习零信任安全模型的人提供重要的参考资料。

零信任模型的提出是为了解决传统基于边界的安全模型的缺陷，主要基于以下五点断言：

(1)网络总是不安全的；

(2)外部和内部威胁总是一直存在的；

(3)网络所在位置不足以决定信任关系；

(4)每个设备、用户和网络流都应该被认证或鉴权；

(5)各种策略需要动态变化更新，尽量利用数据的多元属性。

根据这些断言所得到的零信任模型的架构如图4.11所示。所支持的系统被称为控制平面(control plane)，所有其他的部分被称为数据平面(data plane)。控制平面进行配置和协调,用户通过控制平面对受保护软硬件资源发起接入请求,控制平面须对接入设备和用户进行认证和鉴权，并根据接入请求的属性进行决策。在控制平面请求通过后，控制平面会动态配置数据平面以便接受来自客户的数据，并且在请求方和资源间建立起加密通道，保证后续通信的安全。控制平面通常包括以下内容，如图 4.12 所示。

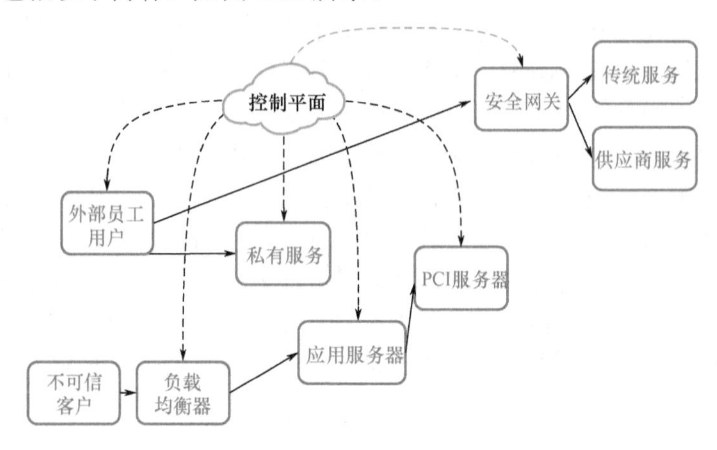

图 4.11　零信任模型通用架构

(1) 身份提供商：用于跟踪用户和用户相关信息。

(2) 设备目录：用于维护可访问内部资源的设备列表及其相应的设备信息(例如，设备类型、完整性等)。

(3) 策略评估服务：用于确定用户或设备是否符合安全管理员提出的策略要求。

(4) 访问代理：利用上述信号授理或拒绝访问请求。

图 4.12　控制平面主要内容

4.6.2　Forrester 零信任安全框架

2010 年，Forrester 公司分析师 John Kindervag 提出了零信任网络架构的概念，其特征为分割、并行化、集中化(Segmented, Parallelized, and Centralized)，分割是指将网络分割成易于管理的分段网络，并行化是指构建多个并行的交换中心、集中化是指从单一控制台集中管理。根据这些要求，Forrester 安全框架提出零信任网络架构组件为微核心和边界，如图 4.13 所示为 Forrester 零信任安全框架。

(1)使用集成的“分段网关”作为网络的核心，分段网关定义全局策略，具有多个高速接口。

(2)创建平行的安全的分割，每个交换区域都连接到一个接口被称为“微核心和边界”(microcore and perimeter，MCAP)，如图中 User MCAP 和 WWW MCAP。

(3)集中管理：MGMT server。

(4)数据获取中心监测网络 DAN：便于将网络数据(通常是数据包，系统日志或 SNMP 消息)提取到单个地方，并在那里检查和分析。

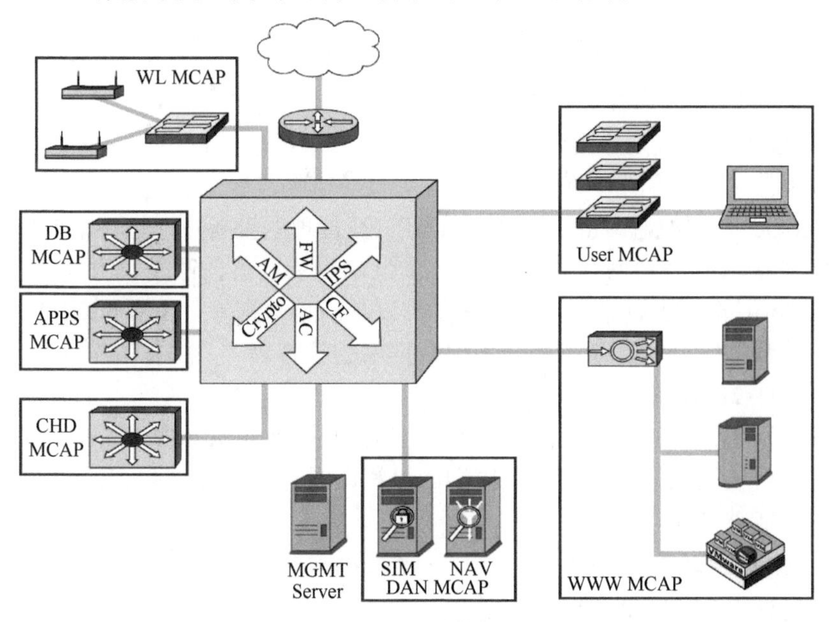

图 4.13　Forrester 零信任安全框架

4.6.3　Google 公司实现方案

Google 无疑是最先拥抱零信任安全框架的公司，并从技术实践中获得了实惠。谷歌所实现的零信任产品称为 BeyondCorp，基本思路是在客户端-服务器交互模式中引入零信任架构，将接入控制从网络边界转移到敏感软硬件资源上来，使得公司员工终端可以在任何不安全的地方安全地接入企业内部网络，而无需使用传统接入所需的 VPN。BeyondCorp 根据零信任原则包含多个操作组件，以确保只有那些正确认证的设备和用户得到授权并能方便地获得企业应用资源的支持，其结构及信息流如下图 4.14 所示。

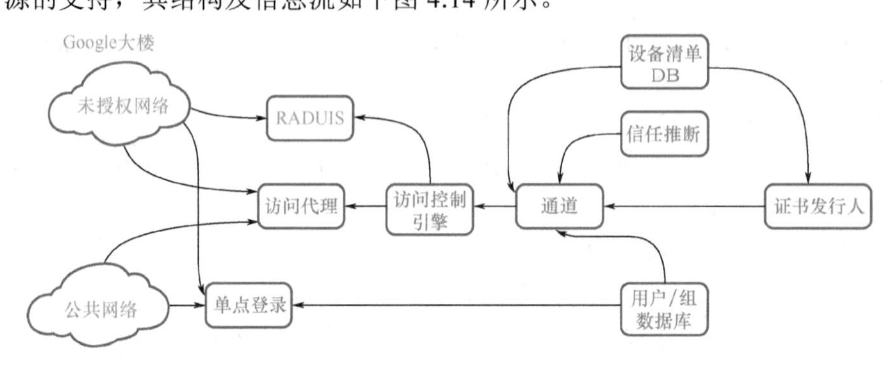

图 4.14 Google BeyondCorp 框架

Google BeyondCorp 框架遵循如下原则：

1. 设备安全鉴别原则

1) 组件 1：设备清单数据库

Google 使用概念“managed device”(被管理的设备)：只有那些被管理的设备才能接入到公司网络和应用中，并跟踪记录设备的改变，并将其公告给 BeyondCorp 的其他的部分。由于有多个设备清单数据库，BeyondCorp 采用一个元清单数据库合并、规范来自不同数据库的设备。

2) 组件 2：设备 ID

每个设备具有独一无二的 ID，例如使用证书(certificate)，存储在硬件、软件信任平台模块上或证书中心，鉴别的过程即是检查该证书的合法性，仅合法的设备才能被当作管理设备。

2. 用户安全鉴别原则

1) 组件 3：用户和组数据库

该数据库用于存储员工及其员工所属组的信息，并跟踪记录。

2) 组件 4：单点登录系统

单点登录系统为中心化用户认证入口，使得用户可以认证接入到企业资源，在用户成功接入后，SSO 系统会产生短期的令牌(tokens)，作为认证过程的一部分。

3. 将信任关系从网络中移除原则

1) 组件 5：部署非特权网络(Unprivileged Network)

非特权网络类似于外部网络，但是具有私有的地址空间(private address

space)，仅联系到互联网，有限的架构服务(如 DNS，DHCP，and NTP)，配置管理系统如 Puppet. 所有的客户端设备都属于此网络，并且该网络和 Google 其他网络间具有一个严格管理的 ACL (Access Control List)。

2)组件 6：基于 802.1x 认证的接入

谷歌使用RADIUS服务器根据802.1x身份验证将设备动态地分配到适当的网络，这种方法不依赖于交换机/端口静态配置，而是通知交换机为经过身份验证的设备分配适当的 VLAN。被管理的设备提供它们的证书作为 802.1x 认证的一部分，并被分配到非特权网络，而企业网络上未被识别和管理的设备则被分配给候选或访客网络。

4. 外化应用和工作流原则

1)组件 7：面向 Internet 的访问代理

谷歌中的所有企业应用程序都通过一个面向 Internet 的访问代理向外部和内部客户端公开，该代理强制在客户端和应用程序之间进行加密。该访问代理配置到每个应用程序都中，并提供通用特性，如全局可达性、负载平衡、访问控制检查、应用程序健康检查和拒绝服务保护等。在访问控制检查完成后，该代理将请求委托给合适的后端应用。

2)组件 8：公共 DNS 入口

谷歌的所有企业应用均在外部公开，并在公共 DNS 中注册。

5. 基于清单的接入控制原则

1)设备和用户的信任推理(Trust Inference)

单个用户和/或单个设备的访问级别可能会随时间变化。通过询问多个数据源，我们能够动态地推断分配给设备或用户的信任级别。

2)访问控制引擎

访问控制引擎根据每个请求为企业应用程序提供服务级授权，授权决策对用户、用户所属的组、设备证书和设备库存中的设备构件进行决策。

3)进入访问控制引擎的管道

访问控制引擎的信息来自于管道，该管道动态地提取对访问决策有用的信息。

目前，许多公司已经实现了基于零信任模型的信任体系，其中当属谷歌公司的 BeyondCorp 产品走在最前面。其他一些公司的产品在设计之初的理念也与零信任安全切合，搭了零信任模型的顺风车。但不管怎样，零信任模型无疑会对网络安全防御产生重要影响。但是，零信任模型并不能解决基于目标对象内生安全问题的未知威胁问题，控制组件或控制平面是否具有可靠、可信的安全控制功能就成为零信任安全框架必须面对的严峻挑战。从这层意义上说，与可信计算“如何证明可信根是否可信问题”具有完全类似的性质。

4.6.4 零信任安全应用前景

近年来，伴随着云计算、移动互联网、物联网、5G 等新技术的崛起，万物互联的数字经济时代已经到来，各行各业开始数字化智能化转型。业务上云、数据互联互通，给企业带来深刻变革的同时，也让企业 IT 架构发生了翻天覆地的变化。企业 IT 基础设施云化、CT 通信基础设施云化、5G 云化等趋势下，“业务上云”成为不可阻挡的趋势。然而，云计算环境下攻击表面增大，面对外部威胁、内部威胁和 IT 新环境下边界瓦解的现状，零信任安全所倡导的全新安全思路为传统边界防护吹响了“丧钟”，零信任安全与云计算的结合促使其市场应用迎来大幅增长。

云化基础设施为零信任提供强大的能力。云计算系统的最大特点是所有资源虚拟化和软件化、平台集中化。其中，如认证和访问控制机制是云计算系统原生提供的，如 Openstack 提供了 Keystone 认证服务、安全组、防火墙即服务。容器云如 Kubernetes 支持多种认证、授权机制和网络策略，所以这些云平台控制平面和数据平面都是原生支持零信任的。

Gartner 行业报告《Market Guide for Zero-Trust Network Access》对 SDP/ZTNA 市场做了如下预测：到 2022 年，面向生态系统合作伙伴开放的 80% 的新数字业务应用程序将通过零信任网络（ZTNA）进行访问。到 2023 年，60% 的企业将淘汰大部分远程访问虚拟专用网络（VPN），转而使用 ZTNA。同时，在 Gartner 行业报告《Market Report：Strategies Communications Service Providers Can Use To Address Key 5G Security Challenges》中，把纵深防御、持续性和自适应以及零信任安全列为 5G 安全战略的三大支柱，并且指出应该把微隔离和 SDP 技术列入 5G 项目预算和试点。可见，零信任安全与 5G 将紧密融合进未来的商业市场应用。

4.7 新型防御技术带来的思考

目前，新型防御技术已经成为信息安全领域的研究热点。可信计算方面，采用自主可控 TCM 安全芯片的安全主机已经量产。定制可信空间和 MTD 方面，可信云、弹性云的理论研究也已经引起研究者的广泛关注。毫无疑问，新型防御技术将极具广阔应用前景。本节将分析目前主流的新型防御技术的优缺点，讨论这些技术已经或将要面临的挑战，以及由此引发的网络空间安全方面的思考。

目前新型防御技术存在的问题和不足如下。

(1)可信计算与定制可信空间极大地增强了信息系统的安全性能,但是从技术角度来讲,“可信的”(trusted)未必意味着对用户而言是“值得信赖的”(trustworthy)。目前可信技术主要有以下六个方面的不足。

①可信根的安全性难以保证。可信根是可信计算的安全基础，只有可信根得到安全性保证，可信计算才有其安全意义。现有可信根构建方法主要通过可信度量根、可信存储根和可信报告根三个方面进行设计，其构建过程比较复杂，如何做到设计、制作与使用管理环节完全自主可控，如何彻底地避免设计功能的内生安全问题，如何证明可信根本身的设计甚至生产厂商是可信赖的，这些都是可信计算必须解决的工程和理论问题。

②信任链状态的检查点难以准确设置。可信计算在构建信任链的过程中，必须要对目标系统的状态进行检测，用以度量其数据的完整性。然而，对于一个复杂巨系统而言，其内部状态十分繁杂，要想遍历所有状态极具挑战性，也不可能对系统每一个状态或行为的合理性做出检测，更不可能对所有局部合理的行为给出全局无害的证明。如果对系统的每一个元件都构造检查点，其开销会显著增加并直接影响目标系统的服务性能。此外，如何合理地设置信任链状态的检查点，避免可信元件被欺骗甚至被旁路，也是信任链设计中必须要解决的问题。

③可信性检查规范如何证明自身的可信性，特别是复杂对象的检查规范，在工程实现上必然有着更高的复杂度，其内生安全问题也就更难把握了。很难设想，用一个存在更多内生安全问题的规范能够检查目标对象的可信性而不只是检验预期功能的正确性。

④黑盒问题。可信技术理论上要求被防护对象行为完全可知。这一要求在很多情况下是无法满足的，原因也是多方面的，至少有：一是现有的工程技术条件下，任何软硬件生产厂家都无法保证其产品中没有设计缺陷；二是全球化时代开放式产业链条件下，没有任何商家的产品是彻头彻尾自己制造的，因而无法保证供应链、生产链等环节不被动手脚；三是开源模式已经成为技术开发的主流趋势，但是若利用开源社区的交互规则蓄意植入后门代码，目前尚没有可靠的彻查方法；四是软硬件重用技术泛在化，系统中使用黑盒软件模块、黑盒 IP 核甚至直接集成应用其他来源的软硬部件或构件或子系统都是十分寻常的做法，在技术和经济上几乎不可能彻底了解这些集成过来的软硬件代码的全

部功能；五是“状态或行为可知”并不能说明目的是合理的，即使能够证明局部行为合理性也不一定能证明全局行为的合理性，实践中“状态爆炸”问题难以回避。因此，认为只要设备是合法生产商提供的、没有被篡改的，就是可以信任的说法是难以令人信服的。此外，由于无法完全掌握目标对象全部的软硬件代码状态，一些未纳入可信链的、也许属于正常的状态可能会造成“虚警”，而排除“虚警”将是可信计算系统漫长而令人烦恼的任务。从另一方面看，一些需要频繁升级系统功能或加载新服务的应用场合，可信计算的适用性存在疑问。

⑤兼容性问题。可信计算技术要求信任链的所有状态完全透明，进而能检查信任链状态的完整性。然而，该过程很可能与其他安全防御技术冲突。例如，随机化技术与可信技术结合时，若系统对某一地址进行访问，且该地址已经被随机化处理，由于地址信息已经发生变化，在进行信任链完整性验证时，其地址验证信息很可能会产生错误，系统正常调用会被终止，进而导致系统的不稳定。此外，无论从技术还是商业角度上，都无法将世上所有软硬件代码设计和生产元素均纳入信任链管理，这就会严重制约可信计算系统功能扩展的及时性、便捷性和经济性，造成可信计算应用范围的局限性。

⑥防外而不能防内。由可信计算原理可知，凡是纳入目标对象信任链的构件或元素，即使其中存在防御方未知的漏洞或设计缺陷，攻击者试图通过此漏洞上传病毒木马的攻击行为也会被可信计算监测环节发现，这说明可信计算能有效应对任何基于目标对象已知或未知漏洞的攻击，也包括能够发现目标对象的任何随机失效或故障情况。但是，如果信任链元素或构件中存在后门之类的软硬件代码，由于认证行为的过程中并未发现其有害性而通过了认证，则基于可信计算的防御在机理上就无效。如同人体的非特异性免疫机制虽然能够对任何入侵抗原实施非选择性清除，但对体内癌细胞既无法杀灭也无法检测报警。

(2) MTD 技术可以充分利用目标所处的时间、空间和物理环境实现对目标的保护。不再追求建立一种无漏洞、无缺陷、完美无瑕的系统来对抗攻击，而是正视目标系统漏洞存在的现实，采取多样的、不断变化的机制与策略，造成漏洞难以可靠或有效利用的格局，这一安全防御思想极大地增加了攻击者实施攻击的难度和代价，让攻防态势有可能向着有利于防御者的方面转变。但是，MTD 技术主要存在以下四个方面的问题。

①没有体系化技术。首先，动态化、多样化、随机化技术属于元素级的防御技术，并非为 MTD 所独有。其次，MTD 只是简单地堆砌使用这些技术，并没有呈现出任何体系化的综合防御效应。再有，无法忽视对小到指令、地址、数据，大到系统、平台、网络等各类防护目标，泛在化地使用动态化、多样化、

随机化技术所带来的性能损失、效费比等一系列工程实现问题。实际上，在同一处理环境共享资源机制下，像地址空间分布随机化技术(Address Space Layout Randomization，ASLR)被内存管理部件(Memory Management Unit，MMU)漏洞“旁路”，利用CPU高速缓存的“侧信道”效应绕过检查点，甚至直接获得操作系统控制权禁止动态化、随机化操作等新型攻击方法，对MTD都存在不小的挑战。最令人沮丧的是，与可信计算一样，MTD对软硬件后门或植入式病毒木马威胁在机理上也是无效的。

②安全性难以衡量。MTD通过多样化、随机化和动态化相关技术，可以改善目标系统原有的静态性、相似性和确定性等脆弱属性，大幅度提高攻击者所需要付出的攻击成本并使基于目标对象漏洞的攻击效果不再确定。但同时也由于其动态化与随机化操作，不仅使攻击者难以衡量目标对象的复杂性，防御者同样难以衡量。这导致防御者难以对攻击者的行为进行回放性分析，组织针对性的防御手段，进一步提高系统的防御能力。作为一种安全技术产品，如何测试和度量其安全防护等级也是必须回答清楚的问题。

③影响目标系统性能。无论指令随机化、地址随机化还是数据随机化，抑或增加动态性都会以目标对象的处理能力为代价，而且防御行为的不确定性越大，系统开销也就越大，因为这些防御功能与目标系统的服务功能一般是在同一资源环境共享机制下实现的。例如，指令随机化操作是在将可执行代码装入内存时进行了一次类似加密的扰码处理，运行时需要再解码。防御的有效性与扰码算法的复杂度强相关，也与系统处理开销强相关，在没有专门的解码硬件条件下，系统正常服务性能的下降几乎无法令人容忍。此外，增加动态性虽然可以增加系统的不确定度。但是，动态性越高，系统付出的处理代价也就越大，尤其是当需要快速切换运行环境时，开销之巨在工程上往往是不可接受的。多样化也同样会造成设计、制造、体积能耗、使用维护等成本增加的问题。

④未知的未知风险难以防御。移动目标防御技术在构筑防御前，需要对风险已知信息进行建模，例如，MT6D的IPv6地址随机化是针对利用IP实施攻击这一“已知”信息进行假设。同样，指令随机化和地址随机化也是针对SQL注入攻击或缓冲区溢出攻击为假设前提的。因此，本质上，MTD技术还是需要知道外部攻击的大类特征或漏洞的利用机制，才能在不考虑“后门”因素的情况下，对目标系统相关环节实施动态化、随机化和多样化改变，以降低“已知的未知风险”或增加相关攻击行动的不确定性效果。但是，对于目标对象内部未知性质的漏洞后门、病毒木马等“未知的未知威胁”，仍然缺乏任何有效的应对手段。

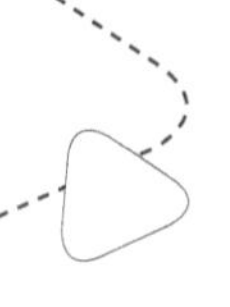

综上所述，上述新型防御技术的共性对比的分析总结如表 4.2 所示。

表 4.2 三类防御技术的属性对照表

技术	攻击特征	将目标视为黑盒	已知的未知风险	未知漏洞/后门	效果
可信计算	不需要	不能	能	能/不能	确定
TTS	不需要	不能	能	能/不能	确定
MTD	需要	能	能	能/不能	不确定

可信计算不能将目标对象视为黑盒，而是以“目标对象所有行为可知”为前提。可信计算能够发现任何企图利用目标对象信任链元素漏洞的外部攻击，或者监测到目标对象内部发生的任何失效或故障的情景，但无法发现目标对象内部“已知行为审查通过但未知目的”的恶意代码攻击。MTD 技术虽然能够在不依赖或较少依赖攻击特征的情况下增加漏洞利用难度或者使攻击效果不确定，但仍然无法给出安全性的量化设计和验证度量，而且对基于目标对象后门或恶意代码的攻击在机理上就无效。零信任安全框架并不涉及网元系统或控制装置自身的内生安全问题，相反更加强调防御要点应用或服务的可靠性与可信性。那么是否存在一种防御技术或系统架构，能使目标对象在不依赖攻击者先验信息或行为特征信息的条件下，既可以提供对任何入侵抗原具有非特异性选择清除功能又可以对再次入侵抗原具备特异性免疫能力；既可以防范“已知的未知风险”又可以防御“未知的未知威胁”；既可以实施“点防御”又能够实施“面防御”；既能够提供可靠、可用服务功能与性能又能够保证服务本身的可信性，本书后续章节将循序渐进地努力回答这些问题。

综上，无论是第 3 章的传统防御技术还是近年来的新型防御技术主要面向目标对象脆弱性引发的“正面”攻击，避免攻击者通过“主信道”突破目标对象。然而，随着攻击技术的演进和发展，近年来攻击者通过“侧信道”攻击目标对象的案例频频出现，成为网络空间安全热点关注领域。侧信道攻击的重点在于“侧信道”，指的是利用计算机系统在实现上的特征(例如存在的多样化的共享资源)来获取信息的一种攻击方式，而与其实现的算法、协议等目标对象的不足或缺陷(如软件漏洞)无关。这种实现缺陷的表现形式是计算机系统在处理信息的过程中在共享资源环节产生的“侧信息”，也就是除主通信信道以外的途径获取到的和目标信息相关的信息。典型的侧信息包括共享资源、运行时间、能量消耗、电磁泄漏和声光信息等。当前针对测信道攻击尚无有效的通用解决途径。鉴于侧信道攻击依赖于侧信道泄露的信息和目标数据之间的对应关系，因此相关防御思路或策略也主要体现在两方面：一方面，切断信息源，消除或者减少产生的侧信息；另一方面，以打破这种对应关系为切入点，消除或扰乱信息泄露和目标数据之间的关联，即使得泄露的信息和目标数据无关或存在很大的“噪声”。

参考文献

[1] The White House. Trustworthy Cyberspace—Strategic plan for the federal cybersecurity research and development program. https://www.whitehouse.gov/sites/default/files/microsites/ostp/fed_cybersecurity_rd_strategic_plan_2011.pdf. [2017-04-16].

[2] Widi. Adaptation（computer science）. https://en.wikipedia.org/wiki/Adaptation_ %28computer_science%29. [2017-04-16].

[3] Manadhata P. An attack surface metric. https://reports-archive.adm.cs.cmu.edu/ anon/2008/CMU-CS-08-152.pdf. [2017-04-16].

[4] Designing an adaptive security architecture for protection from advanced attacks. https://www.gartner.com/doc/2665515/designing-adaptive-security-architecture-protection. [2017-04-16].

[5] Gartner. Gartner identifies the top 10 strategic technology trends for 2016. http://www.gartner .com/newsroom/id/3143521. [2017-04-16].

[6] Wiki. Gene redundancy. https://en.wikipedia.org/wiki/Gene_redundancy. [2017- 04-16].

[7] Wiki. Redundancy（engineering）. https://en.wikipedia.org/wiki/Redundancy_%28 engineering %29. [2017-04-16].

[8] Wiki. Redundancy Information Theory. https://en.wikipedia.org/wiki/Redundancy_%28 information_theory%29. [2017-04-16].

[9] Avizienis A. Towards systematic design of fault-tolerant systems. IEEE Transactions on Computers, 1997, 30（4）: 51-58.

[10] Wiki. Survivability. https://en.wikipedia.org/wiki/Survivability. [2017-04-16].

[11] Ellison R J, Fisher D A, Linger R C, et al. Survivable network systems: An emerging discipline. Carnegie-Mellon Software Engineering Institute Technical Report CMU/SEI-97-TR-013, 1997.

[12] Mohammad A J, Hutchison D, Sterbenz J P G. Poster: Towards quantifying metrics for resilient and survivable networks//The 14th IEEE International Conference on Network Protocols（ICNP 2006）, Santa Barbara, California, USA, 2006:17-18.

[13] Common Criteria Project Sponsoring Organization. Common Criteria for Information

Technology Security Evaluation. ISO/IEC International Standard 15408 version 2.1. Genevese: Common Criteria Project Sponsoring Organization, 1999.

[14] Trusted Computing Group. TCG specification architecture overview. https:// www.trustedcomputinggroup.org. [2017-04-16].

[15] 张焕国, 赵波. 可信计算. 武汉：武汉大学出版社, 2011.

[16] Trusted Computing Group. TCG 规范列表. https://www.trustedcomputting-group.org/specs. [2017-04-16].

[17] Shih M W, Kumar M, Kim T, et al. S-NFV: Securing NFV states by using SGX. ACM International Workshop on Security in Software Defined Networks & Network Function Virtualization, 2016: 45-48.

[18] 沈昌祥, 张大伟, 刘吉强, 等. 可信 3.0 战略: 可信计算的革命性演变. 中国工程科学, 2016, 18(6):53-57.

[19] 沈昌祥. 用可信计算 3.0 筑牢网络安全防线. 信息通信技术, 2017, 3(3):290-298.

[20] 沈昌祥. 坚持自主创新加速发展可信计算. 计算机安全, 2006(6): 2-4.

[21] Mckeen F, Alexandrovich I, Anati I, et al. Intel Software Guard Extensions (Intel SGX) support for dynamic memory management inside an enclave. The Hardware and Architectural Support for Security and Privacy, 2016:1-9.

[22] Baumann A, Peinado M, Hunt G. Shielding applications from an untrusted cloud with Haven. ACM Transactions on Computer Systems, 2015, 33(3):1-26.

[23] Mckeen F, Alexandrovich I, Berenzon A, et al. Innovative instructions and software model for isolated execution. International Workshop on Hardware & Architectural support for Security & Privacy, 2013: 10.

[24] RFC 2998. A framework for integrated services operation over diffserv networks. http://www.rfc-base.org/txt/rfc-2998.txt. [2017-04-06].

[25] RFC 2205. Resource ReSerVation Protocol (RSVP)—Version 1 functional specification. https://tools.ietf.org/html/rfc2205. [2017-04-06].

[26] RFC 2475. An architecture for differentiated services. https://www.rfc-editor.org/ rfc/rfc2475.txt. [2017-04-06].

[27] Dennard R H, Gaensslen F, Yu H N, et al. Design of ion-implanted MOSFET's with very small physical dimensions. IEEE Journal of Solid State Circuits, 1974, 9(5): 256-268.

[28] Chen Y, Cong J, Gill M, et al. Customizable computing. Morgan & Claypool, 2015:118.

[29] Wiki. Cloud computing. https://en.wikipedia.org/wiki/Cloud_computing. [2017-04-06].

[30] Mell P. The NIST definition of cloud computing. http://nvlpubs.nist.gov/ nistpubs/Legacy/

SP/nistspecialpublication800-145.pdf. [2017-04-06].

[31] Epstein J. Secure and trustworthy cyberspace（SaTC）program. https://www.nsf.gov/ pubs/2015/nsf15575/nsf15575.htm?WT.mc_id=USNSF_25&WT.mc_ev=click. [2017-04-16].

[32] Lu K, Song C, Lee B, et al. ASLR-Guard: Stopping address space leakage for code reuse attacks// ACM Sigsac Conference on Computer and Communications Security, 2015: 280-291.

[33] Wang Q, Wang C, Li J, et al. Enabling public verifiability and data dynamics for storage security in cloud computing// European Conference on Research in Computer Security. Springer-Verlag, 2009: 355-370.

[34] Wang L, Zhang M, Jajodia S, et al. Modeling Network Diversity for Evaluating the Robustness of Networks against Zero-Day Attacks. Berlin: Springer, 2014:494-511.

[35] Ahn G J, Ahn G J, Ahn G J, et al. A Game Theoretic approach to strategy generation for moving target defense in web applications// Conference on Autonomous Agents and Multiagent Systems. International Foundation for Autonomous Agents and Multiagent Systems, 2017:178-186.

[36] Lei C, Ma D H, Zhang H Q. Optimal strategy selection for moving target defense based on Markov game. IEEE Access, 2017（99）:1.

[37] Zangeneh V, Shajari M. A cost-sensitive move selection strategy for moving target defense. Computers & Security, 2018, 75: 72-91.

[38] Cui A, Stolfo S J. Defending embedded systems with software symbiotes// Recent Advances in Intrusion Detection. Berlin: Springer, 2011: 358-377.

[39] ODIN. http://www.ppkpub.org/.

第5章

基础防御要素与作用分析

正如前面所述，移动目标防御(MTD)[1]采用多样性、动态性和随机性等多种安全技术，旨在通过部署和运行视在不确定、随机动态的网络、平台、系统、装置乃至部件或构件，大幅度地提高攻击成本和利用漏洞的代价，改变网络防御的被动态势。实际上，多样性、随机性、冗余性和动态性作为基本防御方法或技术元素特质并不专属于 MTD 或某种安全防御体系，早已广泛应用于相关领域的方方面面，目的无外乎都是如何在运行环境复杂多变、遭受不对称威胁或不确定失效等严酷情况下，使目标系统具备多样、随机和动态等安全属性，构建起可生存、可恢复、可容错的自适应性系统。例如，自然界的生物多样性机制保障了生态系统的稳定性，通信网络动态多路径转发机制保障了数据传输的抗截获性等，各种加密技术也是伪随机性质或方法的应用，冗余技术更是可靠性领域的“看家法宝”。本章将详细阐述多样性、随机性和动态性技术自身的概念、特点和应用等，分析将这些基本防御技术导入信息系统可能面临的工程挑战，并试图给出三种技术的相互关系，提出相关的问题思考。

5.1 多样性

5.1.1 概述

多样性的概念来源于生物多样性理论。在生物多样性理论中，生物生存的环境是不断变化的，气候的波动、捕食者数量的增减、传染病的暴发和外来物种的入侵等对生物种群的延续会产生或大或小的影响。生物多样性通常有三层主要内涵：生物种群的多样性、遗传(基因)多样性和生态系统多样性(采用多样性指数量化度量[2])。在生物界中，每个物种是由个体成员聚集形成的若干种群组成的。生物种群的多样性是指一定区域内生物种类的丰富性，它决定了该区域内生物种群适应环境的稳定程度。而各个种群由于突变、自然选择或其他原因形成了种群内或种群之间的遗传结构的变异，形成了基因多样性。生物种群面临生存的压力，必须要保证种群中包含多类型基因，丰富的遗传多样性意味着存在能够适应各种环境的表型，当一个种群具有更高的遗传多样性时，它就更有可能孕育出适应特定环境变化的个体。即多样性提高了种群的适合或适应度，使其能够应对不断变化的环境条件。例如，为了适应草原、高原、荒漠等地形条件，牛、羊等家畜必须要不断变化种群的遗传基因，不断与环境变化相吻合，以提高种群在环境中的生存能力。

多样性不仅存在于自然界中，平时人们的生活中，也存在着大量多样性思想的应用，小到平时常用的生活用品，大到国家国体的设立，无不体现多样性的智慧。然而，在网络空间中却存在可悲的相反趋势：人们为了简化系统结构和运维成本，将一种功能实例化为单一的协议标准或同质化的软硬件实现。例如，互联网的寻址仍以单一的 IP 寻址为主要机制。同质化虽然提高了系统的互操作性，降低了生产、运维成本，但是却为整个网络空间埋下了严重的脆弱性或安全隐患。系统组件的同质化导致内在规律的显性化表达，程序的处理流程和运行机制也都是可探测的，这使得攻击者容易利用这些不变的规律和隐性的缺陷，构造相应的攻击链实施具有普适意义的攻击。代表性的例子是微软公司庞大的系列产品，包括同质化的软件承载环境(操作系统)，也包括应用软件(文档编辑、Outlook 邮件、PowerPoint 等)，一旦一个漏洞在一个运行系统中被攻击者成功利用，其成功经验能够影响成千上万相同运行环境的网络用户。幸运的是，当前的 Internet 并未因为一种漏洞的恶意利用而影响到整个互联网的服务提供，这是因为 Internet 本质上源于一个多样性的异构应用环境，针对 Outlook 客户端漏洞的攻击并不会影响到使用 UNIX 邮件客户端用户。

因此，多样性是保证网络空间服务功能或网元、终端抗攻击的有效手段之一，如何将生物种群的多样性机制导入网络空间防御体系，正日益成为学术界和产业界安全研究人员关注的热点问题。通过防御对象的多样性设计和实现，将一个难以预知或探测其规律的目标呈现给攻击者，从而使后者难以实现所期望的蓄意行为以保证目标系统的安全。多样性设计的核心在于，在不影响执行体空间关系、

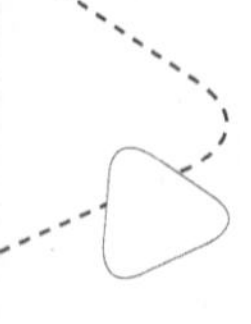

保证执行体功能等价关系以及不过分增加实现成本的前提下，用多样性的方式将一个目标实体以多种变体方式表达出来，以达到增加攻击复杂度的目的。如同高可靠性系统，要求异构冗余配置的功能等价组件或构件间必须在一个或者多个方面有所不同，以尽可能地避免冗余组件共同脆弱点引发的共模或同态故障。

现代信息系统中未知漏洞后门的认知发现难度是依据其软硬构件的多样化程度衡量的。作者认为，信息系统中的多样性应用主要包含两个方面，即执行体多样性和执行空间多样性。其中执行体是指信息系统中的软硬构件、部件、设备等实体功能单元，如异构的 CPU，不同类型的操作系统、数据库、功能软件等。执行空间则是指隔离了承载执行体的运行环境，如不同的虚拟环境、不同的执行平台等。执行体和执行空间的多样性共同组成了信息系统的多样性。后续章节将分别介绍执行体多样性和执行空间多样性。

5.1.2 执行体多样性

一般地说，网络空间中的信息系统主要包括硬件和软件。多样化可以分为软件多样化和硬件多样化。本节对相关技术途径进行简要介绍。

借助生物多样性的度量指标，研究者可以进行信息系统的执行体多样性设计和度量。近年来，随着多样性在网络空间主动防御中的作用越来越受到关注，如何定量地度量执行体的多样性成为新的研究方向。下面作者将以软件定义网络中的控制器多样性和网络路径多样性两个实例，介绍执行体多样性。

1. 硬件执行体多样化

硬件执行体多样化的思路包括两方面：一种是购置功能等价结构异构的商用货架产品；一种是对硬件进行多样化改造。

目前，随着集成电路和芯片技术的迭代发展，无论是通用计算领域还是嵌入式领域均积累了大量功能等价结构异构的商用货架产品，而且这些硬件的生态环境逐步完善。以通用裸金属服务器为例，可选形态包括 x86、ARM、MIPS、alpha 等架构。x86 对应的产品包括 Intel x86、AMD x86、海光 x86、兆芯；ARM 包括飞腾、麒麟；MIPS 架构主要是国产龙芯 CPU；Alpha 架构主要有国产申威 CPU。基于以上架构的服务器生产厂商就更多了，不一一列举。所以，硬件执行体多样化的首选策略是购置商用货架产品，无论是对于旧有信息基础设施扩容或改造，还是对于从零构建信息基础设施，都能够快速、高效地建立起多样化的硬件执行环境。以云计算基础设施建设为例，可以购置不同架构的 CPU 服务器建立异构计算资源池，如 x86 架构、ARM 架构、RISC-V 架构等。基于异构计算资源池为上层软件提供差异化的异构硬件基础环境。

另外，对于有研发能力的团队也可以根据安全防护场景定制多样化的硬件平台。随着集成电路设计标准化、加工的 OEM 化，设计异构的硬件平台的复杂性逐步降低。甚至当前的一些平台本身就是异构的。典型的异构计算平台，如 CPU+GPU、CPU+FPGA 等平台均具有广泛的应用。尤其是 CPU+FPGA，对其中的 FPGA 运行逻辑进行重新编程即可生成多样化的硬件环境，因此，可作为硬件多样化的通用平台之一。

2. 软件执行体多样化

软件多样化是对软件开发、编译、链接、安装、加载、执行和更新等所有或部分环节开展多样化改造，生成多样化执行体。理论上，异构性越大，执行体之间存在同质漏洞的风险就越低。软件多样化主要包括如下两个层面。

1) 人工多样化的改造

对于安全性要求极高的软件由不同团队独立设计、开发，构建多种执行体，典型的例子是飞机的飞控系统。但这种策略对团队具有较高的要求，成本开销较高，相应地，其软件多样化程度也是最显著的。

借助于一些硬件平台开展软件多样化。例如，4.2.3 节介绍的 Intel SGX 架构，SGX 是在 CPU 的专用资源区域创建 Enclave 用于关键程序和数据加密，可以利用这种机制进行软件的异构化改造。我们将软件的核心功能拆分出来，运行在 Enclave 中。利用不同的加密算法实现核心功能组件的多样化，进而得到多样化的软件执行体。

2) 自动多样化改造

利用不同研发团队实现人工软件多样化来保护程序的想法至少已有二十年的历史，但是额外增加的大量人力使其难以广泛应用。网络技术的发展使自动软件多样化变得可行，其中云计算能够提供实现软件多样化的计算能力，互联网能够确保个性化软件的有效分发。因此，软件多样化技术已成为安全领域的研究热点。

从软件设计层面来看，软件多样化技术可以分为指令层、函数层、程序层和系统层[3]。

在指令层，最简单的多样化方法就是在代码中随机插入数量不等的空操作指令，也可以采用等效指令替换，如图 5.1 所示，尽管两段指令是等效的，但是其对应的二进制数却不相同。还有一种有效办法是利用多样化编码方式对指令集进行编码，此部分内容将在 5.2.3 节详细介绍。此外，由于一些攻击是针对特定寄存器，因此通过随机交换寄存器功能来实现寄存器多样化也能一定程度提高软件的安全性，比如利用诸如 eax 的随机寄存器代替栈指针寄存器 esp。

在函数层，首先可以通过置换形参来实现函数参数的多样化，然后可以通过在栈帧中填充任意字节的无效指令以及反转堆栈的增长方向来实现堆栈布局的多样化。最后可以通过增加分支函数或者构建跳转表来完成函数间的间接跳转，实现控制流的多样化。

```
movl %edx, %eax          89 D0
xchgl %edx, %eax         91
        ↕ 等效
leal (%edx), %eax        8D 02
xchgl %eax, %edx         87 D0
```

图 5.1 等效指令替换说明[4]

程序层的多样化方法可以分为 5 种：①函数重排序，打乱函数在可执行文件中的排列顺序，实现函数排列的多样化。②地址空间多样化，此部分内容将在 5.2.2 节详细介绍。③数据多样化，对于静态数据、类和结构体可以通过字节填充以及随机排列来实现多样化。对于常量，通常采用常量致盲[5]，即利用随机数 x 和映射函数 f，将常量 c 转化成 $f(c,x)=c'$，在程序执行过程中，通过 $f^{-1}(c',x)=c$ 来获取常量 c。④堆布局多样化。借助内存分配器将堆分成多个区域，当程序要给某个对象分配内存时，从堆中随机挑选一个区域进行分配。⑤库函数入口点多样化。攻击者常常需要调用库函数来发动攻击，经验丰富的攻击者能轻易推断出库函数的地址，因为相似的操作系统倾向于将共享库映射到相同的虚拟地址，该多样化方法能有效避免此类情况。

最后，还有一类应用于系统软件级别(如操作系统)的多样化方法，其典型代表就是系统调用编号多样化，该方法可以有效防御基于恶意系统调用发起的攻击。

5.1.3 执行空间多样性

目前大部分研究者都聚焦于执行体多样性的研究，但执行体多样性只是信息系统中的一个方面，在实际应用和工程实践中，执行空间的多样性同样重要，也往往易于实现。同类型的执行体在不同的执行空间中也可能会呈现不同的效果，切断执行体与执行空间的依赖，阻断漏洞和后门利用的攻击路径。

在软件运行支撑层面，可以将其硬件环境、操作系统、编程语言环境等进行多样化组合，从而构建一种多样化的环境。当前软件运行执行环境生态环境日趋成熟，尤其是开源社区的发展，相同功能的基础服务组件均有大量生态可以使用。以 Web 应用为例，从服务器硬件、操作系统、编程语言、Web 容器等层面实施异构化。即使 Web 应用自身未进行异构化，也能获取预期的安全增益。

在外挂组件叠加层面，软件执行体可以结合传统防御组件形成异构执行环境，例如，对于同一软件的不同执行体实例，实例 A 的运行环境叠加部署防火墙，执行体 B 部署杀毒软件，执行体 C 部署沙箱隔离环境，也可建立一种多样化的软件执行环境。对于期望绕过防火墙对实例实施的攻击，对于杀毒软件或者沙箱隔离环境可能是无效的。

在数据传输支撑层面，构建包含不同网元设备的组网结构，建立网络环境的多样化，降低软件执行体与网络层面的依赖，降低以网络为跳板发动攻击的风险。典型的例子是异构路径。异构路径[6]是指传输路径上包含多种类型的网络元件、传输协议等执行体，多类型和异构性是该类路径最重要的特点。图 5.2 是一个典型的异构网络转发路径图。

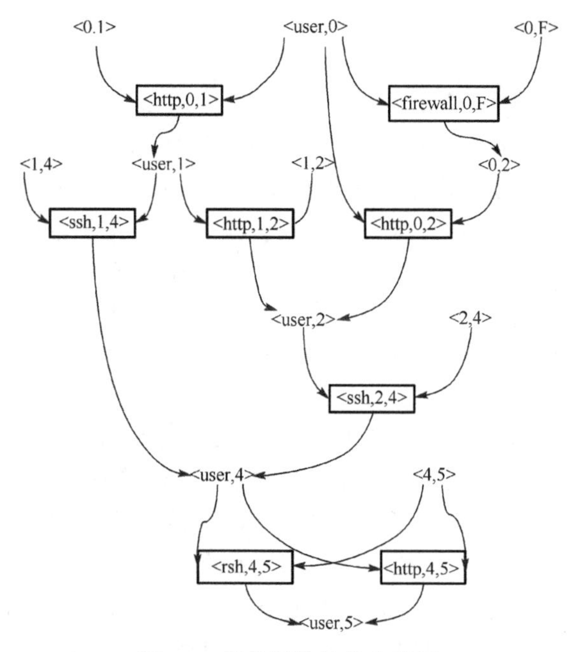

图 5.2　异构网络转发路径图

图 5.2 一共包含 6 条路径和 4 种协议，如表 5.1 所示。

表 5.1　转发路径

攻击路径	步骤数	资源数
1.<http,0,1>→<ssh,1,4>→<rsh,4,5>	3	3
2.<http,0,1>→<ssh,1,4>→<http,4,5>	3	2
3.<http,0,1>→<http,1,2>→<ssh,2,4>→<rsh,4,5>	4	3
4.<http,0,1>→<http,1,2>→<ssh,2,4>→<http,4,5>	4	2
5.<firewall,0,F>→<http,0,2>→<ssh,2,4>→<rsh,4,5>	4	4
6.<firewall,0,F>→<http,0,2>→<ssh,2,4>→<http,4,5>	4	3

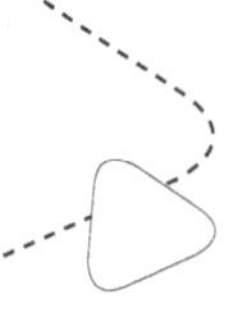

以<http,0,1>为例，其中 http 表示传输流的协议类型，0 代表源地址，1 代表目的地址，<http,0,1>即表示有数据按照 http 从 0 地址到 1 地址。单从路径长度考虑，路径 3、4、5、6 的长度都比路径 1、2 的长度长，但这并不意味着路径 3、4、5、6 比路径 1、2 安全，如果考虑路径上的协议数，那么路径 4 上的元件种类仅为 2，小于路径 1 上的协议种类，一旦攻击者掌握了这条路径上一类协议的漏洞，即可以对路径上的所有类似协议直接发动攻击。所以从资源多样性和路径长度两方面进行考虑，路径长度为 4 同时协议数也为 4 的路径 5 是表 5.2 中相对安全的路径。

5.1.4 多样性与多元性区别

作者认为多元性与多样性之间的一个重要差异是，功能等价但非同源。通常，多样性是指同一实体的多种表现形态，也称同一实体的多种变体，彼此之间的相同元素比较多，生物界的拟态现象就是这一形态的经典表征。而多元性的实体间虽然存在等价的功能，但是相同的元素很少甚至不存在同源组分。多样性和多元性最终表现为构件元素实现算法上的相异性高低。对攻击者来说，在多元体之间发现相同漏洞的难度，远远高于在多变体之间寻找同源漏洞的难度。

基于美国 NIST 国家漏洞数据库(NVD)，文献分析了 10 种操作系统发布版 18 年来发现的漏洞数据以统计研究有多少漏洞横跨不同操作系统中。其研究结果表明，不同操作系统出现公共漏洞的数量极少。如表 5.3 所示，操作系统主要包括两大家族：开源社区的类 UNIX 系统系列和微软的 Windows 系列。其中类 UNIX 系统和 Windows 系统体现了操作系统的多元化发展，而操作系统的多样性主要体现在类 UNIX 系统派生了 OpenBSD、NetBSD、FreeBSD、Solaris、Debian、Ubuntu、Red Hat 等，Windows 系统则派生了 Windows 2000、Windows 2003 和 Windows 2008。表 5.3 展示的是安装了大量相同功能的应用软件的操作系统的历史漏洞统计结果。其右上三角数据表明了 2000～2009 年 10 类操作系统公共漏洞的数量对比；左下三角的数据则代表了 2010～2011 年 10 类操作系统公共漏洞的统计。以 OpenBSD-Red Hat 为例，在 2000～2009 年的公共漏洞数量为 10，而在 2010～2011 年出现的公共漏洞数量为 0。由表 5.2 的数据可以看出：同一系列或同源的操作系统公共漏洞相对较多，而不同系列操作系统之间的公共漏洞则相对较少甚至在较短周期内为零。

表 5.2　10 种主流操作系统公共漏洞统计

	OpenBSD	NetBSD	FreeBSD	Solaris	Debian	Ubuntu	Red Hat	Windows 2000	Windows 2003	Windows 2008
OpenBSD	—	33	43	9	2	3	10	3	2	1
NetBSD	4	—	36	9	4	0	6	3	2	1
FreeBSD	4	6	—	12	4	2	12	4	3	1
Solaris	1	1	2	—	2	2	8	8	7	0
Debian	0	0	0	0	—	14	52	1	1	0
Ubuntu	0	0	0	0	0	—	27	1	1	0
Red Hat	0	0	0	2	0	0	—	2	2	0
Windows 2000	0	0	0	1	0	0	0	—	216	42
Windows 2003	0	0	0	1	0	0	0	49	—	53
Windows 2008	0	0	0	1	0	0	0	38	229	—

2000～2009 年

2010～2011 年

5.2　随机性

5.2.1　概述

随机性是偶然性的一种形式，具有某一概率的事件集合中的各个事件所表现出来的不确定性。对于一个随机事件或状态可以通过其可能出现的概率度量，反映该事件或状态发生的可能性的大小。随机性的事件都具有以下特点。

(1) 事件可以在基本相同的条件下重复进行，如一门火炮向同一目标的多次射击。如果只有单一的偶然过程而无法判定它的可重复性则不能称为随机事件。

(2) 在基本相同的条件下某种事件可能以多种方式表现出来，事先不能确定它以何种特定方式发生，如无论怎么控制火炮射击条件，都不能毫无误差地预测弹着点的位置。如果事件只有唯一可能性的过程，则该事件一定不是随机事件。

(3) 事先可以预见该事件以各种方式出现的所有可能性，预见以某种特定方式出现的概率，即在重复过程中出现的频率，如大量射击时弹着点呈正态分布，每个弹着点在一定范围内有确定的概率。在重复发生时没有确定概率的现象不是统一过程的随机事件。

以上特点说明随机事件是介于必然发生事件和不可能发生事件之间的现象与过程。将随机性思想引入网络空间目标对象中，可以改变目标对象内部信息表达状态，造成目标对象防御行为的不可探测性，提高攻击者的成本和代价，降低攻击的可靠性。

信息系统运用随机性可以显著提高系统的安全性，降低基于未知漏洞后门等的蓄意危害。以操作系统随机性为例，操作系统随机性可以通过修改现有Linux内核源码实现，对操作系统随机化可以提升操作系统和软件层面中漏洞被探测和利用的难度。操作系统随机化总体方案如图5.3所示，它主要包括三个关键技术：地址空间随机化技术、指令系统随机化技术和内核数据随机化技术。

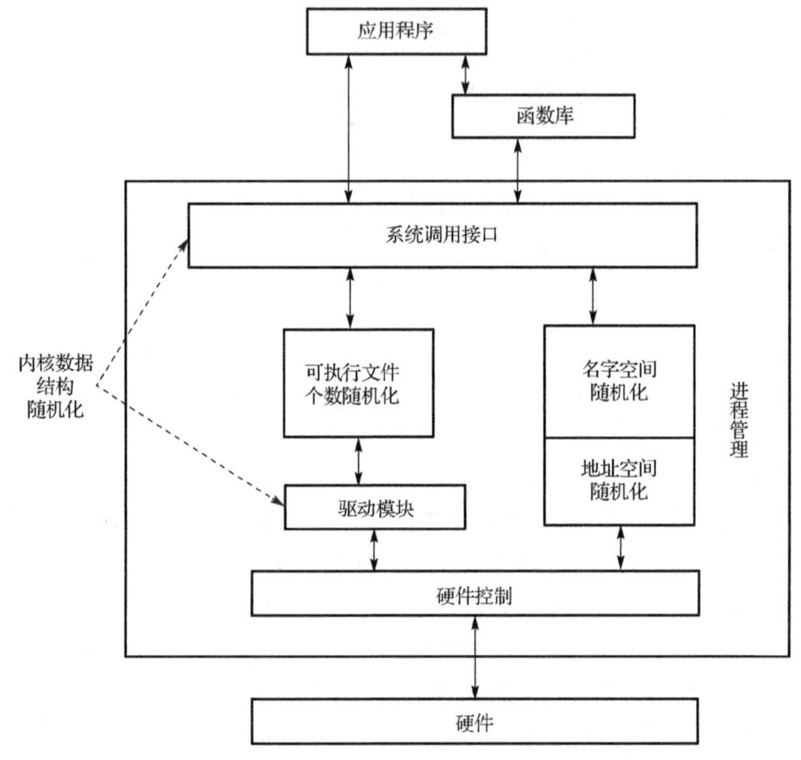

图5.3　操作系统随机化总体方案

5.2.2　地址空间随机化

地址空间随机化(Address Space Randomization, ASR)是常见的随机化方法，其试图将确定的地址分布转变为随机的，阻止攻击者使用一个已知的内存地址重定位控制流或者读取特定片段的数据。地址空间随机化的基本思想是对运行中的应用程序在存储器中的位置信息进行随机化处理，从而使得依赖于目标位置信息的攻击失效。一般要通过修改操作系统内核来实现，有时还需要在应用程序中提供额外的支持。目前，地址空间随机化的具体实现机制主要包括以下三种：①随机化栈基址或全局库函数入口地址，或者为每一个栈帧添加一个随机偏移量(在单个编译过程内该偏移量可为定值也可为变量)；②随机化全局变量位置以及为栈帧内局部变量所分配的偏移量；③为每个新栈帧分配一个不可预测的位置，如随机分配，而不是分配到下一个相连的单元。具体的随机化时机可以是程序编译期间、进程加载期间，也可以是程序运行期间。

地址空间随机化技术是到目前为止应用较成熟的防御技术，其主要以地址空间布局随机化(Address Space Layout Randomization，ASLR)的形式部署。ASLR 是一种针对缓冲区溢出的安全保护技术，通过对堆栈、共享库映射等线性区布局的随机化，进而保证地址的安全性，增加攻击者预测目的地址的难度，防止攻击者直接定位攻击代码位置，以达到阻止溢出攻击的目的。研究表明 ASLR 可有效降低缓冲区溢出攻击成功率，因此该技术已在一些主流操作系统，如 Linux、FreeBSD、Windows 以及一些特定的手机系统上得到了广泛应用。

PaX[7]是目前最典型的地址空间随机化布局技术应用实例，其通过为 Linux 内核打补丁，实现了对栈基地址、主程序基地址以及共享库的加载地址的随机化。其实现方法是，在进程加载时，对栈基地址的 4～27 位共 24 位进行随机化，对包括主程序映像、静态数据区、堆的基地址的 12～27 位共 16 位进行随机化，对共享库加载地址的 12～27 位共 16 位进行随机化。这种基于随机化段基地址的地址空间随机化方法可以有效提高 Linux 系统的安全性。除了 PaX，地址空间随机化还有其他应用。透明式运行时随机化(Transparent Runtime Randomization，TRR)[8]通过修改进程加载器来实现地址空间随机化，与 PaX 类似，其在进程加载时修改了栈基址、堆基址以及共享库的加载地址。但与 PaX 不同的是，TRR 增加了对全局偏移表(Global Offset Table, GOT)的随机化，能在进程加载时将 GOT 移动到新的位置，并用二进制代码修改工具修改代码段中的过程链接表(Procedural Linkage Table，PLT)，该方法可以阻止修改 GOT 函数指针指向恶意代码的攻击。

地址空间随机化技术的优点在于，其可以对进程的堆栈、程序的代码段、数据段等对象的地址空间分布随机化，降低了攻击者的成功概率，有效增加了系统的安全性；此外，由于其地址随机化变化的特点，地址空间随机化技术可以有效减少系统未知漏洞后门的威胁，即使攻击者利用了系统的漏洞后门对地址进行攻击，也无法将程序的控制流跳转到指定的位置，从而使攻击代码无法执行，导致攻击失败。但是，地址空间随机化技术也存在以下几点问题。

(1) 随机化也只能限定在一部分内存空间，不可能做到全内存应用，于是攻击者就可以利用内存的非随机化部分对程序的漏洞进行攻击。

(2)另外尚不能抵抗任意一个针对公开内存(公开一个内存对象)地址的攻击。

(3)程序分段中的相对地址是保持不变的。一般在随机化操作时，只对内存分段的基准地址随机化，而内存分段中的各个部分的相对位置关系保持不变，这种设计为攻击者提供了便利。

(4)地址随机化技术假设攻击者对内存的内容不可知。

(5)可用熵的有限性。

5.2.3 指令系统随机化

指令系统随机化[9]是一个通过模糊的目标指令集来阻止代码注入攻击的方法。其基本思想是随机化应用程序中的具体指令，随机操作可发生在操作系统层、应用层或者硬件层。指令系统随机化(Instruction System Randomization，ISR)通常有三种实现方式。

(1)在编译时对可执行程序的机器码进行异或加密操作，且采用特定寄存器来存储加密所使用的随机化密钥，然后在程序解释指令时再对机器码进行异或解密。

(2)采用块加密来替代异或操作，如采用 AES 加密算法，以 128 位大小的块为加密间隔对程序代码加密以实现指令集随机化。

(3)还可以在受用户控制的程序安装过程中，通过不同的密钥来实现随机化，以完成对整个软件栈的指令集随机化，从而避免执行未授权的二进制代码和脚本程序。

通过指令集随机化技术，攻击者很难探知攻击目标的指令集，其注入目标应用程序漏洞的代码将无法产生预期的攻击效果。图 5.4 为一个典型的指令系统随机化方法。对于保存在硬盘中的源代码，可以在编译的过程中对指令进行随机化，当程序编译时，系统从密钥空间中随机生成一串密钥，对文件中的每个指令或指令操作码进行加密。加密后，程序中的所有指令在内存中只能以密文的形式存在，只有当程序执行到该条指令时，系统才从密钥空间中读取出解密密钥对相应的指令密文进行解密[10]。

指令系统随机化在许多防御系统中都有应用，以一个 SQL 指令集随机化防御系统模型为例[11]，如图 5.5 所示，该系统由随机化 SQL 语法分析模块和去随机化模块组成。随机化语法分析模块负责把包含用户输入数据的随机化 SQL 语句进行语法分析：如果解释成功，则传递给去随机化模块，还原成标准的 SQL 语句让数据库执行；如果解释失败，则判定为含有未随机化的 SQL 关键字，说明语句中含有攻击者的注入代码，则进行异常处理。该系统工作流程描述如下。

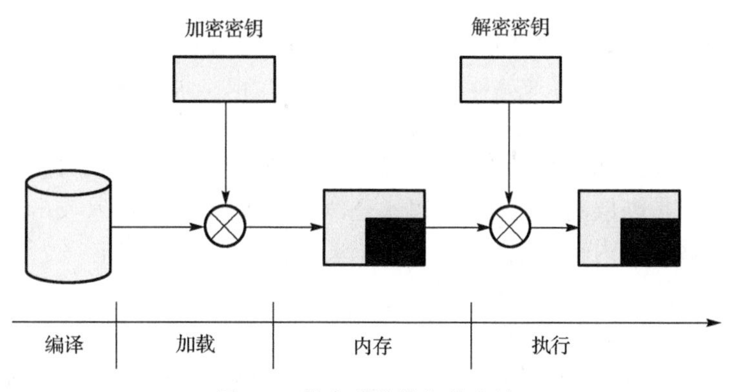

图 5.4 指令系统随机化方法

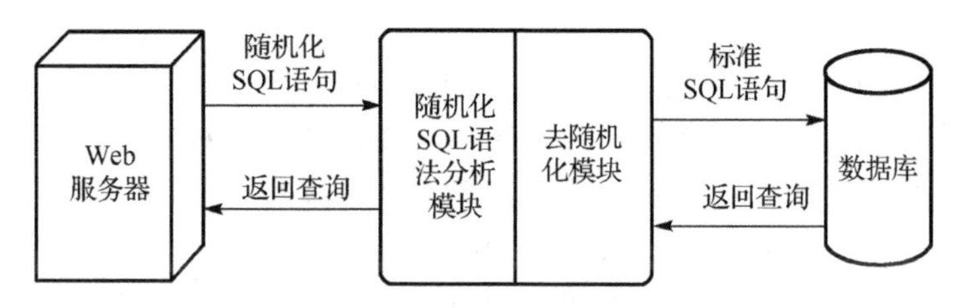

图 5.5 SQL 指令集随机化防御系统模型

(1) 对键(KEY)进行 MD5 加密生成密钥。

(2) 将密钥连接在 SQL 关键字后，并与用户输入数据组装成随机化 SQL 语句。

(3) 随机化语法分析程序解析组装后的 SQL 语句。

(4) 解析出错则判定存在注入，记录用户 IP 地址、并对攻击代码进行安全审核。

(5) 解析成功则去随机化传递给数据库执行。

类似于地址空间随机化技术，指令随机化技术也可以利用随机化技术减少基于系统未知漏洞或后门的威胁，进而有效提高系统的安全性。不过，目前指令随机化还有很多局限性。

(1) 系统执行开销较大。通过指令集的随机化使得攻击者难以预测程序的具体运行方式，在操作系统、应用软件甚至硬件级别上的指令集随机化操作可以阻止攻击者预测应用的运行(如在程序区中布设跳转指令获取控制权的攻击)。这种技术的一个实例是在加载程序文件时给指令加密，执行前再解密。但由于没有可信服的硬件保证，纯粹依靠软件来实现，系统运行效能损失明显。此外，还牵涉到潜在的高级应用受限(如不支持动态链接等)。

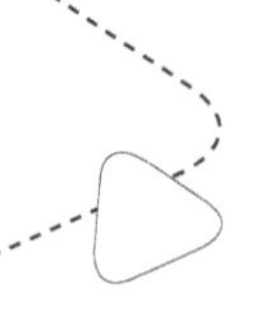

(2)在没有主流硬件架构和专门部件支持的情况下，仅靠简单的异或运算来加密指令(因为复杂加密会造成巨大的处理开销)很难抵御攻击者的暴力破解。攻击者可能通过开发更高层次的没有被随机化影响的程序来克服随机化防御。例如，随机化 Web 服务器的指令集与地址空间布局并不能缓解 SQL 注入攻击，因为它针对的是高层的应用逻辑漏洞。事实上，防范代码注入攻击的随机化指令集也不能够抵御内存泄漏攻击。

5.2.4 内核数据随机化

内核数据随机化[12]的基本思想是改变内存中数据的存储方式，其通常将一个内存存储指针与一个随机密钥进行异或，完成加密，进而来防止指针攻击产生的错误。

目前，该技术已经有很多研究成果。PointGuard[12]采用特定加密算法对保存在内存中的指针或地址数据进行加密，若攻击者直接对加密在内存中的数据进行攻击，由于没有加密密钥的信息，攻击者篡改的指针很可能只是一个包含无效数值的指针。类似地，Cadar 等[13]和 Bhatkar 等[14]同样基于寄存器，在程序读写之前，借助于一个随机掩码序列对内存中的数据进行异或操作，当程序读、写内存中被篡改的数据时，将产生无法预估的结果。由于数据随机化的方法不需要考虑攻击者所使用的具体控制流修改策略，只是单纯地对数据进行加密，故而该技术与地址随机化有很好的互补效果。

图 5.6(a)为一个简单的数据攻击和一个数据随机化防御系统。假设系统内存中存在一个指针数据，其值为 0x1234，当 CPU 对该指针进行解析时，将获得内存中地址为 0x1234 位置处的数据。但是，当一个攻击者以缓冲区溢出或格式化字符串等手段对该指针进行篡改后，这个指针数据的值被改为了 0x1340。此时，再根据这个指针的数据进行解引用，指令寻址程序的执行路径将直接或间接地被攻击者劫持。

但是在一个带有数据随机化的系统中，如 PointGuard，如图 5.6(b)所示，内存中的指针数据以密文形式存在，如 0x1234 在内存中以 0x7629 值存在，CPU 在对该指针数据引用前需先对其进行解密处理，将 0x7629 解密为 0x1234 并存储在一个寄存器中，接着按照正常的过程对 0x1234 位置进行访问操作。若一个攻击者仍能按照一般过程对该指定数据进行篡改，将 0x7629 覆盖为 0x1340。在 CPU 对该指针数据进行解密操作后，将得到一个不可预料的值，这个时候 CPU 再按照这个不确定的值去访问内存很大程度上将导致程序的崩溃。

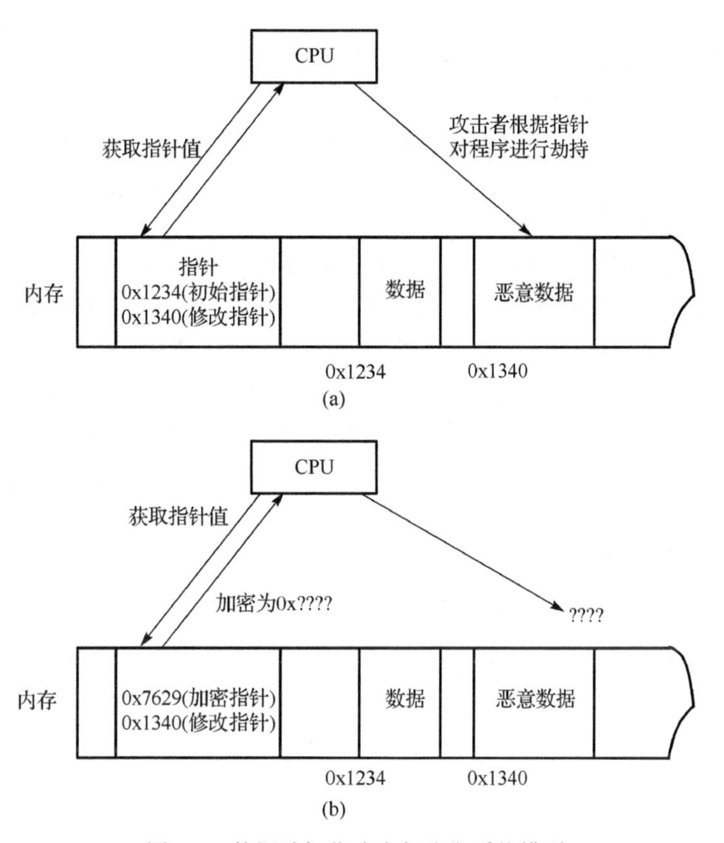

图 5.6　数据随机化攻击与防御系统模型

5.2.5　导入性代价

通常，网络中的关键部分对系统可靠性有着较高的要求。例如，在 SDN 架构中，控制器是控制层的核心组件，通过控制器，可以逻辑上集中控制交换机网络。但是单一集中控制存在单点失效问题，整个 SDN 都存在巨大的安全风险。从前面的描述可知，通过增加网络控制系统多样性可以提高 SDN 场景下的安全性能。

因此，在硬件和软件层面增加多样性，并通过一定的策略将硬件和软件资源进行整合，可以实现更高的系统可靠性。当然，多样性的导入必然会增加相应的成本代价。首先，多样性增加了系统复杂性。为了获得高级别的多样性，对给定的服务功能必须有完全不同的实现方式。其次，系统复杂度的提升会造成维护成本增加。因此，本节将多样性的代价总结为以下几个方面。

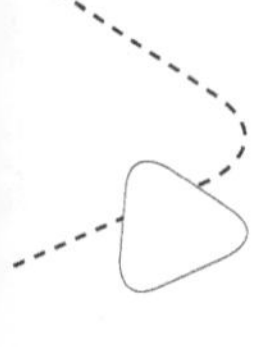

1. 不同的软硬件版本需要不同的专家团队来设计维护

对于同一功能的硬件产品，由于不同厂商的实现算法不同，采用的原材料和工艺流程也不同，产品的质量控制也会有较大的差别，如果服务器为了增加多样性而使用不同厂商的网卡、主板、电源系统等，也必然会增加硬件生产调试、工程部署和维护方面的难度或成本。

多版本系统架构下(图 5.7)，一个服务同时运行多个独立的、功能相同的程序，它们的输出结果将被一个裁决程序(Voter)收集并测试，可避免单一软件系统可能带来的单点故障问题。但是多版本系统针对一个服务需要同时运行多个不同的且功能一样的程序版本，不可避免地增加了开发难度、部署难度和维护难度。应用程序设计者在考虑如何实现应用软件的功能要求的同时，还要兼顾软件(程序)的多样性，这就成倍地加大了应用系统开发的工作量，增加了系统的复杂程度。

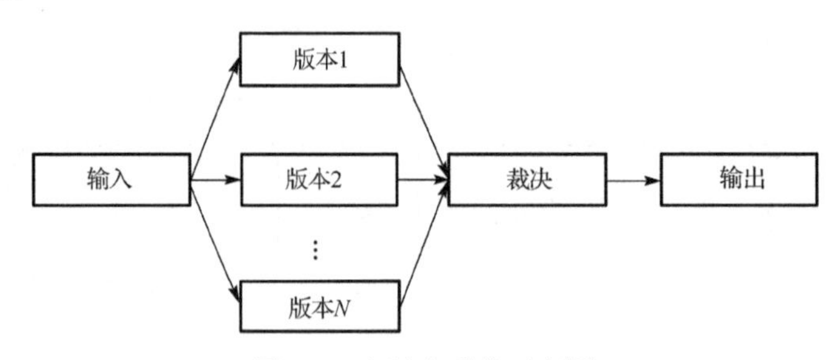

图 5.7　多版本系统示意图

多样性系统理论运用于工程实际时，由于不同的工程领域所遇到的问题有很大的差异，不可能以一个统一的框架来解决所有的问题。理论研究所用的模型和假设与工程实际的差别比较大，这也是多样性系统理论在工程实际中运用所遇到的主要困难。

系统多样性不仅对开发人员提出了更高的要求，系统管理员的门槛也大幅度抬升了。前面已经详细讨论了系统同构性的缺点，指明了异构的、具有多样性的系统的优势。由此可以看出只掌握单一技术(技能)的系统管理员已经不能满足管理多样性系统的需要，未来的系统管理员必须具备更全面的专业基础知识。

程序多样性通常有如下四种方式，如图 5.8 所示。第一种是在程序从源代码到可执行文件的编译过程中施加影响，这种修改使得每次编译得到的可执行文件之间都有一些不同；第二种是对已经编译好的程序体本身进行修改，这种修改将被固化到程序的可执行文件中，以后每次加载时都会表现出修改所带来的影响；第三种是在程序体加载到内存的过程中，对程序内存中的镜像进行改变，使其在当前这个进程中表现出不同的行为或特征；最后一种更为复杂，是程序在运行过程中可以定期或随时改变自己的特征，使其呈现出不同时刻的多样性。图 5.8 中分别展示了这四种方式以及在这四个阶段完成转化所使用的工具。

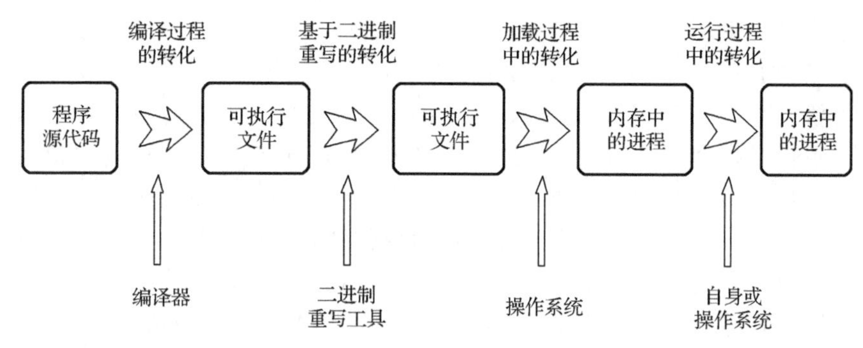

图 5.8 四种程序多样性转化方式

2. 构成多版本服务系统的成本必然会增加

由于结构、通信方式的相异性，多版本的服务系统的设计、部署成本必然比单一版本的系统要高。以 SDN 网络为例，SDN 的拜占庭模型虽然可以通过多种异构冗余的控制器增加系统的可靠性，解决网络中的单点失效等问题，但由于多种控制器服务于一个交换机，在保证可靠性的同时，增加了系统的服务成本，在一定程度上降低了资源的利用率。

如图 5.9 所示，SDN 拜占庭防御系统中的每一个 SDN 交换机由至少三个控制器管理，只有当半数以上的 SDN 控制器发送正确的控制消息时，SDN 交换机才能正常工作，显而易见，该机制会降低 SDN 网络的吞吐量并增加通信时延。

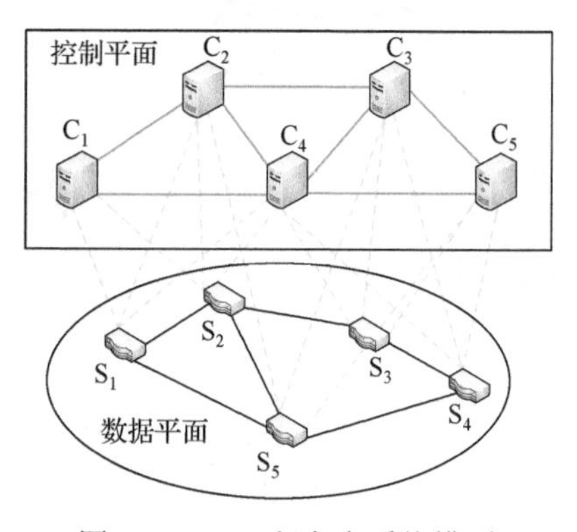

图 5.9 SDN 拜占庭系统模型

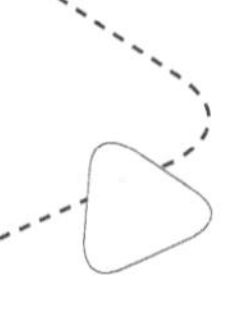

3. 多样性的导入使多版本同步更新成为新挑战

大规模的多样性处理增加了系统及管理复杂性，主要引入了以下两种不同的问题：①多样性系统的建立成本；②连续管理多样性系统所带来的挑战。前面已经对多样性系统的建立成本进行了详细讨论，这里不再赘述，本节主要针对多版本同步更新所带来的挑战进行具体分析。

为了增加系统的可靠性，需要多版本执行体协同作用，那么如何保证多版本同步更新，更进一步来说，如何保证多版本更新时的一致性问题成为新的挑战。

一致性是指空间分布的几个个体或者处理器，在没有中央协调控制或者全局通信的情况下，个体之间通过局部的相互耦合作用，达到一个相同的状态或输出。为了达到一致，个体之间通过通信或传感网络相互交换共同感兴趣的信息，并通过一定的分散耦合算法来实现状态一致，该算法称为一致性算法。

如图 5.10 所示，先把问题简单化处理，假设 A 增加一条记录 Message_A，发送到 M，B 增加一条记录 Message_B 发送到 M，都是通过消息队列(MQ)服务器进行转发，那么 M 系统接收到消息后增加两条数据，M 再把增加的消息群发给 A、B，A 和 B 找到自己缺失的数据，更新数据。这样就完成了一个数据的同步。

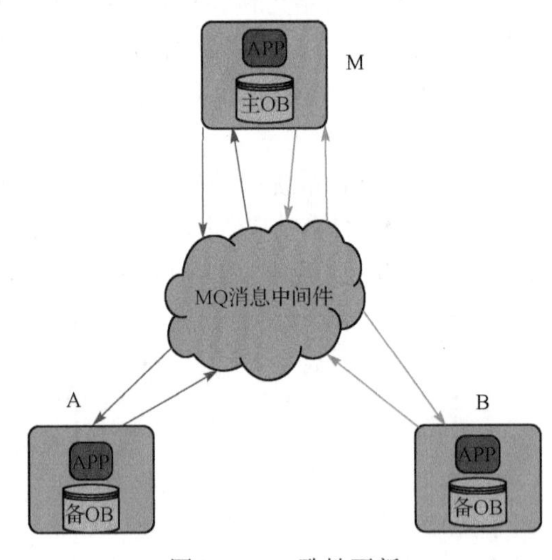

图 5.10　一致性更新

从正常情况来看，以上过程逻辑完全合理，但是仍需要考虑以下三个问题。

(1) 如何保证 A→M 过程中，M 接收到了 A 的信息，同样，如何保证 M→A 过程中，A 接收到了 M 的信息。

(2)假设 A 同时发送了多条更新请求，如何保证顺序性要求。

(3)在数据更新后，如何保证 A 与 B 的数据完全一致。

以上这些问题，涉及分布式系统中广泛讨论的一致性问题，多样性系统属于分布式系统，因此也需要解决相应的问题。当然，多样性系统有其特殊性，不同的执行体具有异构性，多版本的同步更新面临的挑战更大，对于传统的一致性算法，如 Paxos 算法[15]，必须进行恰当的改进才能真正用于多样性系统。

随机化带来的系统开销也是不容忽视的。随机化是使某些东西变为随机的过程，随机化并非随意化、任意化，而是服从特定的概率分布。随机化利用增大系统对于攻击者的不确定性来提高自身的安全性，通常需要增加加解密和相关模块，本质上也属于增加空间。例如，指令随机化、数据随机化通常都是利用加密方法来实现的，加密算法过于简单可能达不到预期的防护效果，但是若处理过于复杂，系统性能损失程度将不能接受。同理，若随机化操作太少，则目标对象的隐匿效果不佳，但若过于频繁，也会导致系统开销的大幅度攀升。

5.3 动态性

5.3.1 概述

动态性是指系统随时间变化的一种属性，有些领域称为“时变性”。时变系统的特点是其输出不仅与输入有关，同时与输入加载的时刻有关。从正向分析的角度，这一本质特征增加了对系统分析和研究的复杂性；从防御的角度，该特征也势必能够增加攻击者的攻击成本和难度。

常识上，网络空间基于静态系统架构的攻击要比防护容易得多，特别是基于已知漏洞和事先验证过的方法实施的“单向透明、内外配合”式攻击几乎不会失手。随着系统功能的不断丰富，其复杂性也急剧攀升，管理和防护设计或实现中可能存在的缺陷问题成为严峻的工程挑战，而攻击者只需发现一个可利用漏洞就能轻易侵入系统，实施预期效果确定且可规划的攻击行动。一种可能的防护方法就是，在资源冗余(或时间冗余)配置条件下，动态地改变系统组成结构或运行机制，给攻击者制造不确定的防御场景；通过随机化地使用系统冗余组件或可重构、可重组、虚拟化等场景来增大防御行为或部署的不确定性；用结合多样性或多元性的动态化来尽可能地增加基于协同攻击的实现复杂性。尤其要能从机制上彻底改变静态系统防护的脆弱性，即使无法完全抵御所有的攻击，或者无法使所有攻击失效，也可以通过系统重构等来提高系统的柔韧性、弹性或降低攻击成果的可持续利用性。例如，美国国防部先进研究项目局(Defense Advanced Research Projects Agency，DAPAR)的弹性云计划的理论依据就是，“攻击者将无法弄清楚一个不断变化的目标系统并实施攻击”。所以，动态防护的本质是：以不确定性尽可能地扰乱攻击链和劣化攻击成果的可持续利用性。

如同动物通过快速移动和奔跑来躲避天敌的追捕，人们利用跳频通信提高通信系统的抗干扰能力，按照一定的时间规律动态调整目标系统的运行参数或场景配置，以达到降低因参数或配置静态不变而易于受到攻击的目的。

动态防御的有效性取决于目标系统信息熵(entropy)的大小，熵越大，目标系统的视在不确定程度越高，攻击的可靠性就越低。因此，任何增加动态性、随机性和冗余性的努力都会产生如下的效果。

(1)可以逆转攻击者的不对称优势,并最小化攻击行动对目标对象关键能力的影响。

(2)使系统能够抵抗无意、有意或目标明确的攻击，使目标系统呈现的服务功能具有足够的弹性，能够承受初始或随之而来的破坏。

(3)具有分割、隔离、封闭特性。例如，从可信系统中分割出不确定部分或不可控部分以便缩小攻击面，或将关键资源从非关键区域中隔离出来以降低防御成本，或采用重构、重组、虚拟化等技术使目标对象防御场景具有不确定性、非持续性。减少攻击方识别目标对象脆弱性的机会，以保护目标对象免遭 APT 等攻击行动带来的长期影响。APT 是利用先进的攻击手段对特定目标进行长期持续性网络攻击的一种形式，APT 攻击的原理相对于其他攻击形式更为高级，其高级性主要体现在 APT 发动攻击之前需要对攻击对象的业务流程和目标系统进行精确的收集。在此收集的过程中，攻击者会主动挖掘被攻击对象授信系统和应用程序的漏洞，利用这些漏洞组建攻击者所需的网络，并利用 0day 漏洞进行攻击。潜伏性和持续性是 APT 攻击最大的威胁,其主要特征包括以下内容。

(1)潜伏性：这些新型的攻击和威胁可能在用户环境中存在一年以上或更久，它们不断收集各种信息，直到收集到重要情报。而这些发动 APT 攻击的黑客的目的往往不是在短时间内获利，而是把“被控主机”当成跳板，持续搜索，直到能彻底掌握所针对的目标人、事、物，所以这种 APT 攻击模式实质上是一种“恶意商业间谍威胁”。

(2)持续性：由于 APT 攻击具有持续性甚至长达数年的特征，这让企业的管理人员无从察觉。在此期间，这种“持续性”体现在攻击者不断尝试各种攻击手段以及渗透到网络内部后长期蛰伏。

总之，APT 正在通过一切方式，绕过基于代码的传统安全方案(如防病毒软件、防火墙、入侵防御系统等)，并更长时间地潜伏在系统中，让传统防御体系难以侦测。

动态防御技术有“底气”可以与攻击者进行一场“军备竞赛”。因为动态防御可以通过非规则的转移攻击表面的方法，使得攻击者既不能准确获取防御者信息，也无法保证攻击包传递的可达性，故而难以实施有效攻击。这是动态防御的一大优势所在。

当然，动态性也面临着一些设计与实现方面的挑战，包括资源冗余配置、随机性代价以及效能代价等问题。

1. 资源冗余配置

导入动态性的前提是需要配置冗余资源。无论是空间资源还是时间资源，无论是处理资源还是存储资源，无论是物理资源还是逻辑资源都需要冗余度的配置。从某种意义上说，资源的冗余度决定了可动态变化的范围，也决定了系统容错、容侵的可承受程度或柔韧度或弹性。

冗余，就是通过引入额外的资源来减少不可预料事件破坏系统的可能性。常用的冗余方法有硬件冗余、软件冗余、信息冗余以及时间冗余等几种。硬件冗余以追加系统的硬件资源为代价来提高系统的可靠性，分为静态冗余和动态冗余两种；软件冗余以增大程序规模和复杂度、增加资源开销和效能损耗为代价来提高可靠性，软件冗余常用的有 N 文本法和恢复块法等；信息冗余通过数据中附加额外的检错码或纠错码，来检查数据是否发生偏差，并在有偏差时纠正偏差，常用的检错码有奇偶校验码、循环码、定比传输码等几种，常用的纠错码有汉明码和循环码等；时间冗余通过附加执行时间来诊断系统是否发生永久性故障，同时排除瞬时故障的影响，时间冗余有指令复执和程序卷回两种基本方式。

在目标对象的架构设计上应用资源冗余配置技术，不仅能够显著提高系统内生的鲁棒性和服务提供的柔韧性，而且能为攻防博弈提供时空维度上的手段和场景支撑，并能使防御效果最大化。

2. 随机性代价

具有随机性内涵的动态防护能使防御行为呈现出更强的不确定性和不可预测性，这对于外部攻击者试图基于确定的防御体系构建攻击链，或内部渗透者企图实现内外部的协同勾连都极具挑战意义。在动态性中有意识地导入随机性，能显著地提高防御方在攻防对抗中的博弈优势。我们知道，攻击者通常需要根据动态防御系统的响应而实施不同的攻击策略，这就构成了非合作的不完全信息动态博弈态势。这种基于攻防对抗的非合作决策过程，具有如下的行为特点。

(1)无限重复。攻防双方一个回合接着一个回合博弈，各自获得各自的收益。双方都不知道攻防什么时候结束，在每一回合中攻防双方必须基于自己的策略做出决定，以使自己在有效的时间内得到最好的收益。

(2)理性。攻击者希望选择最有效的方法进攻防御者，而防御者也总是希望以最好的方法防御攻击者。攻防博弈的原则是自身成本损失的最小化或收益的最大化。

(3)非合作。攻击者和防御者是对抗、非合作的。由纳什定理可知，这种有限策略的网络攻防过程必定存在纳什均衡。

(4)不完全信息。这些信息是指一切与攻防有关的知识，包括信息网络系统或目标对象的脆弱性知识、攻防参与者的攻防能力知识、过去的攻防行动和结果以及外界环境的作用等。在网络攻防中，决策双方只知道自己的预期目标但不知道对手的目标。网络攻防双方很难知道对手所采用的全部策略，而且攻防双方所关心的信息以及信息的价值也很可能是不同的。

(5)相互依存性。攻防双方的策略与收益是相互依存的。“道高一尺，魔高一丈”，没有绝对安全的防御系统，也不可能存在恒久有效的攻击手段。敌手入侵获得的收益不仅依赖于攻击策略，还依赖于防御者的脆弱性和所能采取的安全防护措施。同样，防御者的防范效果也不仅取决于自身防护策略，还取决于攻击者对目标对象的判断和决策。

显然，网络攻防行为符合博弈理论的基本特点，攻防双方都期望保护自身信息而获得对方信息，旨在使收益最大化，于是形成了无限重复、非合作、不完全信息的动态博弈态势，而随机性手段的运用能力和水平就成为攻防双方谁能取得优势地位的关键因素之一。

3. 效能代价

除了冗余配置资源的代价，动态性的导入还可能牺牲目标系统的性能和效能，特别是复杂系统内或者异构冗余执行体间的动态迁移或调度，往往涉及大量数据的搬迁或内部状态的同步或重建，异构模块间的换位甚至可能涉及运行环境的重构或重启，这些都会造成系统不同程度的效能损失，有些场景下导致的系统性能、效能严重劣化也许是难以容忍的。

5.3.2 动态性防护技术

如表 5.3 所示，本节将动态性技术划分为动态网络、动态平台、动态运行环境、动态软件和动态数据五类。

表 5.3 动态性技术分类

序号	类别	代表性技术
1	动态网络	IP 地址跳变/端口跳变
2	动态平台	基于编译多样性技术的 *N* 变体系统
3	动态运行环境	地址空间随机化、指令集随机化
4	动态软件	软件实现多样性
5	动态数据	数据与程序随机化加密存储

关于动态化运行环境中的关键技术随机化已经在 5.2 节进行了表述，下面不再赘述。

1. 动态网络

攻击者可以通过侦查获得网络的相关属性，包括网络地址、网络端口、网络协议和逻辑网络拓扑等，进而发动网络攻击。为了增加目标对象的认知难度，减小网络攻击的成功概率，需要不断地改变网络的属性。动态网络的基本思路就是通过动态地修改网络属性来增加攻击者的成本。试图通过频繁地改变地址和端口甚至网络逻辑拓扑，以阻止或干扰攻击者的侦查与攻击行动，防止其发现或发掘目标对象漏洞，使传统的扫描手段失效等。动态网络一方面可阻止攻击者发现可利用的漏洞，另一方面可使攻击者得到的历史扫描数据在攻击阶段失效。下面以网络地址的动态性为例描述动态网络技术。

通过随机化地处理网络分组包头部分信息，使得攻击者难以确定网络中的通信双方，哪种服务正在被使用以及重要系统所处的位置等。具体包括源和目的 MAC 地址、IP 源和目的地址、IP 地址的 TOS 域、TCP 源和目的端口、TCP 序列号、TCP 窗长、UDP 源和目的端口等。网络嗅探作为网络攻击的前奏，对于网络安全存在较大威胁，因此，广泛采用 IP 跳变技术[16]进行防御，其实现与验证架构如图 5.11 所示。核心由 DNS 服务器、认证服务器、*N* 个 IP 路由器和 IP 跳变管理器组成。合法用户会通过 DNS 服务器和认证服务器确定服务端的 IP 地址，并进行正常传输。恶意用户则根据前期探测到的 IP 地址访问网络服务器，而 IP 跳变管理器则定期地通过转换接入路由器，导致恶意用户获得的 IP 地址不可用，从而无法“稳定地”实施攻击。

基于网络地址的动态网络技术广泛发展[17-23]，该技术能有效增加攻击者窃取报文有效信息以映射网络并发起攻击的难度，但对用户不透明，且该机制被设计用来保护一组部署在集中式网关后面的静态节点，通过一个接口在被保护网络与外部网络之间为所有进出的报文执行地址信息翻译工作。例如，通过在网络地址动态分配中调节 IP 地址的更新频率来防御蠕虫攻击。该机制需要配置一个动态主机配置协议(Dynamic Host Configuration Protocol，DHCP)服务器在不同时间间隔内终止DHCP租约以实现地址随机化，地址的改变可以在节点重启时进行，也可以基于定时器设置来实现。由于该机制必须部署在具有动态地址的网络中，所以部署代价比较高。此外，该机制实现的是局域网级的地址随机化，因此所能提供的不可预测性也较低。

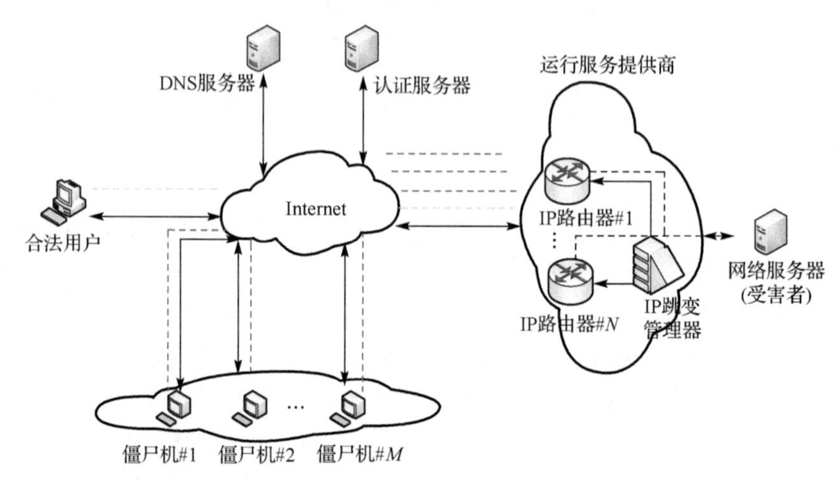

图 5.11 IP跳变架构示意图[16]

动态网络技术虽然可带来一定的防御效果，但可能会影响系统本身的正常使用。另外，动态网络技术本身的应用场景也受到传统网络技术的限制。

(1)这种防护手段对于必须驻留在固定网络地址上的服务或者保持以其他方式可达的网络服务而言(如网络服务器、路由器等)，很难有效使用。

(2)已有的C/S服务模型网络架构，严格地限制了IP地址和端口号的随机动态改变，而且当前的网络架构也无法支持网络拓扑的快速变化，相当一部分的上层服务会因为网络层的变动而失效。实际上，在不破坏通信连接的前提下，在层次化的静态网络架构上运用动态化的模糊策略确实存在诸多的限制。

因此，在利用动态网络技术时，网络服务必须处在已知的网络位置，否则必须保证是可达的，并且支持通用的通信协议标准。到目前为止，仅有少量的动态网络防御技术得到使用，其他一些技术虽然是可实现的但还未广泛采用。例如，端口跳变技术，虽然已广为人知，但仍未广泛部署。

2. 动态平台

动态平台[24]的基本思路是动态地改变计算平台的属性来扰乱依赖特定平台构架和运行机制的攻击。可以改变的属性包括操作系统、处理器架构、虚拟机实例、存储系统、通信渠道、互连架构以及其他底层环境要素等。在云计算领域，该技术可以在虚拟机之间迁移应用程序，或者在多个不同的架构背景下并行执行相同的应用程序。

如图 5.12 所示，文献[25]通过多个异构执行体的轮转实现服务的多样性，以此提供一种主动防御方案。应用不同版本的 Linux 虚拟机部署相同的 WordPress 服务，这些虚拟机之间共享存储数据。系统对外提供一个 IP 接口，对内设置 IP 资源池，并为每一个虚拟机分配一个 IP 地址。这些 IP 地址分为活跃(live)和备用(spare)两种，所有的 live 主机正常运行，而使用 spare 地址的主机将接受安全检测，如果发现遭受了攻击，该主机即不再使用。所有主机的 IP 地址进行轮换，先前处于 live 状态的主机被轮换到 spare 状态，进行检测。

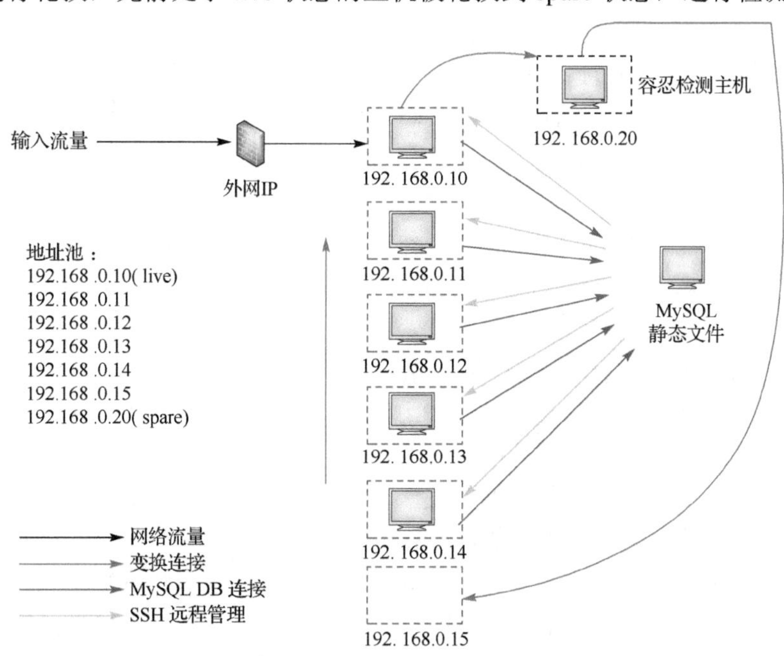

图 5.12　动态平台运行流程图

动态平台技术的优势十分明显，这种技术在不同的攻击阶段都能提供一定的防御能力，防御能力主要体现在接近、发展和持续阶段。通过改变暴露给攻击者的防御系统属性或行为来实现接近阶段的防御。对于攻击者来说，当攻击链的构建需要借助防御方多个不同平台的多种安全漏洞时，攻击中的协同问题会成为发展阶段非常棘手的问题。此外，即使某次攻击成功，也会因为防御方的动态迁移行为使成功攻击效果难以复现，因而失去可持续利用的价值。

当然，动态平台技术也有明显的技术缺陷。

(1)最大的问题是性能的损失和实现代价的挑战。此外，跨平台迁移是一项繁重的高代价、低效能的工作。目前，最困难的是缺乏一种通用的与平台无关的应用状态转移体制和机制。

(2)很难将状态提取为一个与平台无关的格式。在动态平台迁移过程中，保持应用程序状态不变或者在不同平台之间保持同步性是项艰巨任务。云计算的出现促进了这个问题的解决，但也产生了新的问题。如果存在攻击者，若不能实时地进行平台迁移完成状态转移，将使得攻击者可以继续发动攻击。

(3)动态平台技术不可避免地会增加被保护系统的攻击表面，例如，不仅需要新增控制和管理迁移过程的软硬部件，而且这些新增部件中还可能存在新增的漏洞，这些都会成为新的攻击目标。

(4)动态平台技术的运用前提是存在平台多样性条件。实际上，受多样性和兼容性及跨平台技术等条件限制，动态平台技术的工程实现也绝非是件容易的事情。

3. 动态软件

动态软件就是使软件运行时的内部状态在保证功能不受影响的前提下，不再由输入激励确定性地决定(需要加入应用系统环境内的随机参数)。它通过语义等价的二进制代码转换程序或者改变编译器参数形成的不同版本的执行代码，改变由源程序确定的内在运行规律或流程，或者改变执行指令序列和形式，动态化存储资源分配方案或者随机调用冗余功能模块等方式来实现。动态软件技术的主要思想是动态改变应用程序的代码，包括修改程序指令的顺序、分组和样式。通过这种修改使应用程序在保持现有功能不受影响的前提下，其内部状态对于输入而言不再是确定的。多样性通过功能等价的程序指令序列相互替换产生，如表 5.4 所示，改变指令的顺序和样式，重新安排内部数据结构的布局，或者改变应用程序原来的静态特性。通过这种自然的转换降低了特定指令层漏洞的可利用性，攻击者只能猜测正在使用的软件变体。下面给出了两个功能等价的指令序列，如表 5.4 所示。

表 5.4 功能等价的指令序列对比

序列 1	序列 2
xor eax, eax	mov eax, 0x0
shl ebx, 0x3	mul ebx, 0x8
pop edx	Ret
jmp edx	

ChameleonSoft[26]系统是动态软件技术的典型应用，其系统架构如图 5.13 所示。由图 5.13 可知，ChameleonSoft 的核心概念是功能、行为和组织结构。功能是以“任务”描述的，并通过任务定义不同的角色；行为则是系统的动态表现，是系统“变量”；组织结构是支撑“变色”的基础架构，从抽象层面，系统由“元素”组成，每种“元素”扮演不同的“角色”；而从实例化的角度，多种“元素”的实例化形式是“单元”，单元封装了“资源”，其运行时表现为不同的“变量”；元素、单元和资源之间采用统一的通信总线连接。

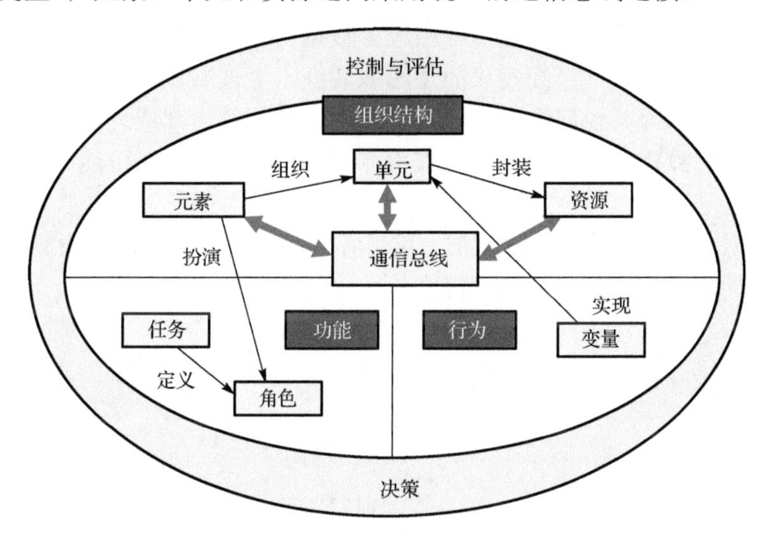

图 5.13 ChameleonSoft 核心组件示意图

实际中，该系统利用软件多样性实现软件行为加密，以构建动态化的系统。其设计哲学是将软件功能角色与运行时的行为角色解耦，设计具有内生弹性的可组合的在线可编程的编译块，将逻辑、状态和物理资源分离，同时利用功能相同但行为不同的代码变体。ChameleonSoft 系统可以在合理的代价内通过加密执行行为达到制乱的目的，由于存在多个变体，攻击者将很难利用代码注入和代码重用对系统进行攻击。

到目前为止，动态软件技术还未广泛应用，尚局限于学术研究领域。存在以下两个基本问题。

(1) 二进制代码转换和仿真涉及上层服务的性能表现，对功能的影响存在某种不确定性问题，尤其是静态翻译问题更大，不大可能规模化地使用，还可能存在其他意想不到的副作用。动态软件技术的主要缺点是难以确保转换的软件与原始软件功能等价。重量级的二进制转换和仿真会带来巨大的开销，缺乏可

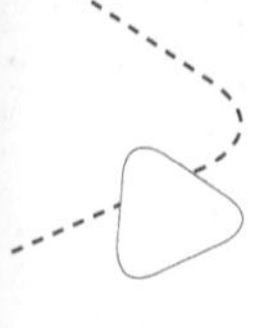

扩展性，即使能满足预想效果也可能产生其他意想不到的边缘效应。

(2)基于编译的方法虽然具有较高的可信度，但是很多软件使用了能使软件性能最佳化的编译措施，如果只强调采用语义等效编译出的软件可能会因为失去或改变优化处理细节而大大影响性能，并造成源程序的不同执行变体或版本之间的性能差异。另外，基于编译的方法需要源代码，这就不可避免地要触动现有商用软件的交易规则(主流方式是可执行文件而不是源代码的交易)。

4. 动态数据

动态数据的主要思想是改变应用程序数据内部或者外部的表现形式，以保证语义内容不被修改，未经授权的使用或者介入能被阻止。通过改变数据的形式、句法、编码等其他属性的方法来改变应用数据的内部或外部表现形式，使攻击者渗入的数据因为形式不对而被检测到，拿走的数据也可能不是直观形式的展现。

当数据表现为不恰当的格式时，攻击者发起的渗透攻击可被检测到。表 5.5 给出了相同数据的两种不同的表现样式。

表 5.5　数据表现样式

样式 1	样式 2
<Age=24;	< Gender=F;
Gender=Female;	Age=11000;
ID=159874;	Salary=$65K;
Salary=$65000; >	ID=00159874; >

微软提出了一种数据动态化/随机化的技术，以抵御利用内存错误的攻击[27]。它通过随机掩码对数据进行异或操作，增加攻击者利用“内存错误”的难度，攻击成功成为一个概率事件。该技术基于静态分析将指令操作数分割为等价类。例如，如果两个指令操作数在一次执行中对应同一个对象，则将这两个操作数看作同一类型。然后，为该类型分配一个随机掩码，并将该类操作数与掩码进行异或运算，生成动态化的数据。所以，违反静态分析结果的攻击者将得到不可预知的结果，从而无法正常利用内存错误漏洞。

与动态软件技术相似，动态数据技术试图中断攻击的发展和发动阶段。攻击的发展阶段受损是因为难以为多个不同的数据呈现形式生成合适的载荷(payload)，只针对某一特定数据形式的漏洞难以攻击成功。动态数据技术目前尚未进入实际部署应用阶段，现有的研究主要集中在内存加密或者针对特定数据的随机化方面。动态数据技术存在以下局限性。

(1) 由于数据编码方式缺少多样性，大部分标准二进制格式只支持一种公认的表示形式，发展空间很小。新的二进制形式是不受鼓励的，除非可实现新的需求或者比原有方法有显著提高。

(2) 此外，每一种额外的数据表示形式都需要相应的语法分析和校验码。新的数据形式还可能缺失兼容性。新的数据格式的产生可能会导致通用性的损失，需要应用程序增加新的可用代码而不是使用测试好的标准库。

(3) 在程序执行过程中对数据形式的任何额外处理都会降低系统的性能和效能，同时管理多样性的数据形式也会影响应用效率。

(4) 在一种公认的数据形式上采用增强的防护措施通常要比用多样性的数据形式保护更容易实现，因为只需使数据在使用时成为一种显式形态，不用时转换为隐式形态，只要保证加密算法的时效性即可。

(5) 数据样式的多样性表达必然导致攻击表面的扩大。

(6) 尽管加密方法可有效保护应用程序的内部数据状态，但是由于缺少实用的通用加密方案，所有的数据解密在进行任何处理之前都需要退回到原始的形式，这很可能会带来新的漏洞。

5.3.3 动态性的挑战

动态多样性防御技术致力于追逐三个方面的属性：综合性、及时性和不可预测性。强调防御要全面综合，要能有效地躲避攻击；强调系统反应要及时，不能给对手提供可以预测的防御模式；强调动态随机性，不给攻击者提供可再现的攻击效果。这将迫使攻击者不断地追逐攻击目标，削弱攻击者在时间、空间方面的优势，使防守者在面对高级持续性威胁时更加灵活，从而能有效地阻止甚至消除网络攻击的影响。但是动态化也面临四个方面的挑战。

(1) 网络、平台或运行环境对外呈现的服务机制和功能很难动态化。因为服务设施的接入方式、服务界面、服务功能、标准规范甚至用户使用习惯等都要具有长期性和稳定性，一些开放的端口和设备地址大都作为网络空间编址/寻址的基本标识，可变化的空间极其有限，考虑到软件遗产的可继承性是网络空间技术进步的基本约束，任何动态化的思路、途径和方法凡是触碰了这条底线都很难被实际应用所接受。

(2) 不能不考虑同一处理环境或共享资源条件下，动态化需要付出的性能和效能损失。尤其是复杂系统、大规模网络设施等动态化的代价可能会因变化深度和广度呈非线性增长，而动态变化的范围(即熵空间的大小)、变化的复杂度与变化速度又决定了动态化的防护效果。

(3) 如何在同一个“有毒带菌”环境下保证动态化控制调度环节自身的安全可信。漏洞和后门等未知安全威胁是任何安全防护体系都无法回避的基本问题，对于技术后进和市场依赖程度高的国家更是严峻挑战。如果动态化的基础建立在“被后门”的软硬件装置或构件上，动态化防御成果的有效性就很难获得信任。糟糕的是，现代科学技术对任意给定装置尚无法做出没有漏洞和后门的证明。这就要求动态化的有效性必须建立在“没有绝对忠诚可靠”构件的基础上，这又会重蹈网络空间基本安全问题的悖论。

(4) 动态性、随机性和多样性需要能发挥迭代或叠加效应的承载架构。从工程实现角度看，前述章节的举措都缺乏系统性和综合性，大多是局部的改造性手段，且很难回避现有软硬件成果的继承问题(如只有可执行代码文件的情况)。作为防御方，希望有体系化或架构化的解决方案，可以全方位地影响攻击链的各个阶段，增添任何防御要素都能非线性地降低攻击的可靠性，具有“牵一发，动全身”的防御功效。

动态性、多样性和随机性能使防御方呈现出很强的不确定性，因而是一类很有发展前景的主动防御技术，可以使信息服务装置存在的漏洞后门等，更难被攻击者利用。防御的有效性不仅取决于动态改变的执行特性的多少，而且与随机化过程中熵的大小有关，还与多样性程度强相关。通过随机化系统处理环境，或基于触发事件的“清洗作业”，都可以提高动态多样性的防御效果。然而，有研究资料表明[18]，对于诸多场景，动态随机化提供的益处满足不了预期值。对于规避攻击和代理攻击，动态随机化不能带来益处。对于熵减少攻击，动态随机化最多将攻击难度增加一倍。对其他类型的攻击，动态多样性防御可能提供更为显著的优势，但要达到高性价比的预期效果，尚需要更深入的研究和实践。

5.4 OS 多样性分析实例

我们知道，凡是具有入侵容忍属性的系统的主要优点之一就是在攻击和入侵的情况下仍能够在一定程度上保证有合规的服务功能或性能。其安全增益与各组件所产生故障的多样性强相关。在实际部署中能观察到的故障多样性程度取决于系统构成组件(Components)的多样性。基于美国国家漏洞数据库(National Vulnerability Database，NVD)关于操作系统的漏洞数据，伦敦城市大学 Garcia、Bessani 等[19]在《用于入侵容忍的 OS 多样性分析》文章中研究了 10 种操作系统 18 年中发现的漏洞，分析了这些漏洞同时出现在多种操作系统中的统计数据。发现对于 OS 的几种组合来说，这个数字是很低的(最低为 0)。分析表明，选择适当的操作系统组合，可以排除或大大减少常见漏洞同时发生在异构冗余系统中的情况。

作者认为，虽然 5.1.4 节概述了 OS 多样性研究中的部分成果，但是有必要在这里重点介绍《用于入侵容忍的 OS 多样性分析》论文的主要工作和导出的有价值结论，因为这对后续章节拟态防御系统 OS 的多样性选择以及相关的异构性设计具有重要的参考价值。

5.4.1 基于 NVD 的统计分析数据

美国国家漏洞数据库是由美国国家标准技术研究院(NVD)负责维护的标准化漏洞管理数据库，支持自动化的漏洞管理、安全性测量和合规性检查。如表 5.6 所示，Garcia、Bessani 等从美国国家漏洞库 1994～2011 年期间的 44000 多个漏洞中选择了 2563 个操作系统相关的漏洞。

在表 5.7 总结了其中 2270 个有效漏洞的分析结果，然后将其分配给每个 OS 组件类。如该表所示，除驱动程序外，所有 OS 产品在每个组件类中都有一定数量的漏洞。因此，如果可以从 OS 分发中删除或裁减某些软件组件，则可提高安全性增益。在 BSD/Solaris 系列中，漏洞主要出现在内核部分，而在 Linux/Windows 系统中，应用程序漏洞更为普遍。可以发现，与 BSD/Solaris 相比，Windows/Linux 默认分发通常包含更多预安装(或捆绑)的应用程序。因此，Windows/Linux 中预装的应用程序漏洞数量有较高的报告值。

表 5.6 NVD 操作系统漏洞的分布

操作系统(OS)	有效(Valid)	未知(Unknown)	未详细说明(Unspecified)	有争议(Disputed)	重复(Duplicate)
OpenBSD	153	1	1	1	0
NetBSD	143	0	1	2	0
FreeBSD	279	0	0	2	0
OpenSolaris	31	0	52	0	0
Solaris	426	40	145	0	3
Debian	213	3	1	0	0
Ubuntu	90	2	1	0	0
Red Hat	444	13	8	1	1
Windows2000	495	7	28	5	5
Windows2003	56	5	34	3	5
Windows2008	334	0	8	0	3
#distinct vulns.	2270	63	210	8	12

表 5.7 操作系统漏洞的分类分析

OS	驱动 (Driver)	内核 (Kernel)	系统软件 (Sys.Soft.)	应用 (Application)	汇总 (Total)
OpenBSD	2	76	37	38	153
NetBSD	9	64	39	31	143
FreeBSD	4	153	61	61	279
OpenSolaris	0	15	9	7	31
Solaris	2	155	120	149	426
Debian	1	25	39	148	213
Ubuntu	2	22	8	58	90
Red Hat	5	94	108	237	444
Windows2000	3	146	135	211	495
Windows2003	2	171	96	291	560
Windows2008	0	123	36	175	334
Total	1.00%	33.50%	22.50%	42.90%	

表 5.7 的最后一行显示了总数据集中每个类的百分比。需要强调指出的是，驱动程序占已发布的操作系统漏洞的很小一部分。这个结果有点令人意外，因为设备驱动程序占 OS 代码的很大一部分，通常采用封闭式开发方式，似乎应当包含更多的编程缺陷。事实上，以前的研究表明，驱动错误是某些操作系统崩溃的主要原因。然而，软件错误不一定会转化为安全漏洞。因为要使设计缺陷或错误成为漏洞，攻击者还必须具有强制使用某些条件或手段激活错误的能力。对于设备驱动程序设计缺陷而言，因为它们处于系统的最底层，要想有效利用也是件不易实现的事情。

5.4.2 操作系统常见漏洞

该文分析了 1994～2011 年期间各种“操作系统组合”的共享漏洞。重点考虑了三种非常通用的服务器设置，因为它们可以直接从 NVD 数据获得相关的支撑结果。

(1) 胖服务器(Fat Server)。服务器包含给定操作系统的大部分软件包，因此可用于本地或远程连接的用户，运行各种应用服务程序。

(2) 瘦服务器(Thin Server)。不包含任何应用程序的平台(复制服务除外)。因为与应用程序相关的漏洞已被大部分消除，服务器的安全风险明显降低。

(3) 隔离瘦服务器(Isolated Thin Server)。服务器的配置类似于瘦服务器，但被放置在物理隔离的环境中，远程登录被禁用，因此只可能遭到通过本地网络接收到的恶意数据包实施的安全威胁。

表 5.8 显示了 OS 对每个组合的共享漏洞。在所有情况下，与全局漏洞相比，两个操作系统之间的共享漏洞数量大大减少。即使考虑到胖服务器配置，也可以找出没有共同缺陷的操作系统组合(如 NetBSD-Ubuntu)，以及非常少的共同漏洞(如 BSD 和 Windows)。正如预期的那样，由于软件组件和可重用应用程序(如 Debian-Red Hat 或 Windows2000-Windows2003)，来自同族系列的操作系统具有更多的常见漏洞。较之于胖服务器，瘦服务器显示了几个操作系统组合的改进，但通常还有一些共同的缺陷。相比之下，使用隔离瘦服务器对安全性的保障影响更显著，因为它大大减少了常见漏洞的数量——零漏洞的对数从 11 个增加到 21 个。总地来说，这意味着很大一部分常见漏洞是本地的(即不能远程利用)和/或来自两个操作系统中可用的应用程序。表 5.8 漏洞(1994～2011 年)：胖服务器——所有漏洞；瘦服务器——无应用程序漏洞；隔离瘦服务器——没有应用程序漏洞，且只有本地利用漏洞。v(A)和 v(B)的列分别显示了操作系统 A 和 B 收集的漏洞总数，而 v(A，B)则是同时影响 A 和 B 系统的漏洞数。

表 5.8 OS 对每个组合的共享漏洞

Operating Systems	Fat Server	Thin Server	Isolated Thin Server
Pairs (A-B)	v(A) v(B) v(A, B)	v(A) v(B) v(A, B)	v(A) v(B) v(A, B)
OpenBSD-NetBSD	153 143 45	115 112 34	62 46 17
OpenBSD-FreeBSD	279 57	218 49	90 33
OpenBSD-OpenSolaris	31 1	24 1	6 0
OpenBSD-Solaris	426 13	277 10	108 6
OpenBSD-Debian	213 2	65 2	28 0
OpenBSD-Ubuntu	90 3	32 1	10 0
OpenBSD-Red Hat	444 11	207 6	69 4
OpenBSD-Win2000	495 3	284 3	183 3
OpenBSD-Win2003	560 2	269 2	138 2
OpenBSD-Win2008	334 1	159 1	56 1
NetBSD-FreeBSD	143 279 54	112 218 41	46 90 25
NetBSD-OpenSolaris	31 0	24 0	6 0
NetBSD-Solaris	426 18	277 14	108 10
NetBSD-Debian	213 5	65 4	28 4
NetBSD-Ubuntu	90 0	32 0	10 0
NetBSD-Red Hat	444 12	207 9	69 6
NetBSD-Win2000	495 3	284 3	183 3
NetBSD-Win2003	560 1	269 1	138 1
NetBSD-Win2008	334 1	159 1	56 1
FreeBSD-OpenSolaris	279 31 0	218 24 0	90 6 0
FreeBSD-Solaris	426 23	277 15	108 8

续表

Operating Systems	Fat Server	Thin Server	Isolated Thin Server
FreeBSD-Debian	213 7	65 4	28 1
FreeBSD-Ubuntu	90 3	32 3	10 0
FreeBSD-Red Hat	444 20	207 13	69 5
FreeBSD-Win2000	495 4	284 4	183 4
FreeBSD-Win2003	560 2	269 2	138 2
FreeBSD-Win2008	334 1	159 1	56 1
OpenSolaris-Solaris	31 426 27	24 277 22	6 108 6
OpenSolaris-Debian	213 1	65 1	28 0
OpenSolaris-Ubuntu	90 1	32 1	10 0
OpenSolaris-Red Hat	444 1	207 1	69 0
OpenSolaris-Win2000	495 0	284 0	183 0
OpenSolaris-Win2003	560 0	269 0	138 0
OpenSolaris-Win2008	334 0	159 0	56 0
Solaris-Debian	426 213 4	277 65 4	108 28 2
Solaris-Ubuntu	90 2	32 2	10 0
Solaris-Red Hat	444 17	207 10	69 6
Solaris-Win2000	495 10	284 3	183 3
Solaris-Win2003	560 8	269 1	138 1
Solaris-Win2008	334 1	159 0	56 0
Debian-Ubuntu	213 90 15	65 32 6	28 10 2
Debian-Red Hat	444 66	207 28	69 13
Debian-Win2000	495 1	284 1	183 1
Debian-Win2003	560 1	269 1	138 1
Debian-Win2008	334 0	159 0	56 0
Ubuntu-Red Hat	90 444 28	32 207 8	10 69 1
Ubuntu-Win2000	495 1	284 1	183 1
Ubuntu-Win2003	560 1	269 1	138 1
Ubuntu-Win2008	334 0	159 0	56 0
Red Hat-Win2000	444 495 2	207 284 1	69 183 1
Red Hat-Win2003	560 2	269 1	138 1
Red Hat-Win2008	334 0	159 0	56 0
Win2000-Win2003	495 560 265	284 269 120	183 138 85
Win2000-Win2008	334 80	159 29	56 16
Win2003-Win2008	560 334 282	269 159 125	138 56 40

图 5.14 描绘了不同数量的操作系统（使用隔离瘦服务器）之间同时存在的常见漏洞数量。该图显示了随着操作系统数量的增加，共同漏洞的数量降低，且通常发生在同一家族的系统中，其共同的祖先意味着重用代码库的较大部分。正如前几张表中所看到的，这对于 Windows 和 BSD 系列来说尤其如此。

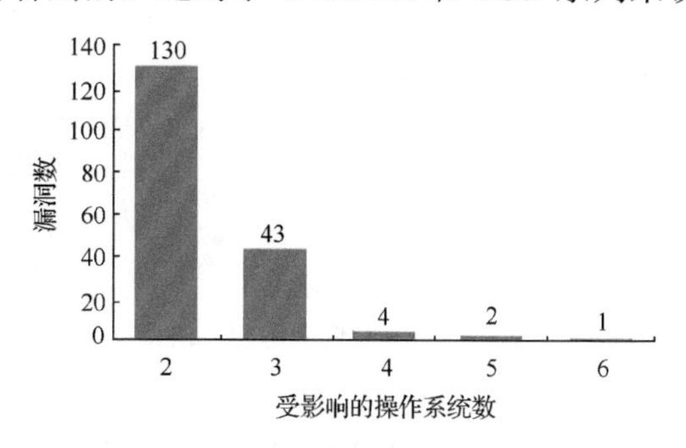

图 5.14 *n* 个不同操作系统同时存在的常见漏洞数量（隔离瘦服务器）

表 5.9 更详细地列出了可在大型操作系统组合（4～6 个）中利用的漏洞。前三个错误具有相当大的影响，因为它们允许远程对手使用高权限账户在本地系统上运行任意命令。它们发生在广泛的登录服务（telnet 和 rlogin）或基本系统功能中，因此 BSD 系列的几个产品以及 Solaris 都受到影响。CVE-2001-0554 漏洞的 NVD 条目还有对 Debian 和 Red Hat 网站的外部引用，这表明相关系统有可能会遇到类似（或相同的）问题。漏洞 CVE-2008-1447 发生在大量系统中，因为它是由域名系统（DNS）BIND 实现中的错误引起的。由于 BIND 是受欢迎的服务，因此更多的操作系统可能会受到影响。上述漏洞说明，从容错的角度来看，每个地方都运行相同的服务器软件是不明智的，并且必须要选择不同的服务器实现。

表 5.9 影响 4 个以上操作系统的漏洞

CVE 编号	影响的操作系统数量	描述
CVE-1999-0046	4	RLOGIN 缓冲区溢出漏洞，能够获得管理员权限 影响操作系统：NetBSD, FreeBSD, Solaris and Debian
CVE-2001-0554	4	TELNETD 缓冲区溢出漏洞，允许远程攻击者运行任意命令 影响操作系统：OpenBSD, NetBSD, FreeBSD, Solaris
CVE-2003-0466	4	内核函数 fb_realpath() 漏洞，能够获得管理员权限 影响操作系统：OpenBSD, NetBSD, FreeBSD and Solaris
CVE-2005-0356	4	TCP 实现漏洞，通过伪造具有超长定时器的报文，实施拒绝服务攻击 影响操作系统：OpenBSD, FreeBSD, Windows2000, Windows2003

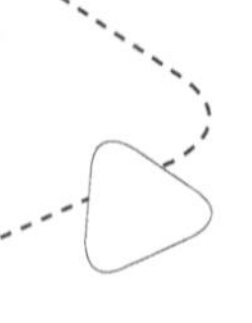

续表

CVE 编号	影响的操作系统数量	描述
CVE-2008-1447	5	DNS 软件 BIND 8/9 漏洞，导致缓存中毒攻击 影响操作系统：Debian, Ubuntu, Red Hat, Windows2000, Windows2003
CVE-2001-1244	5	TCP 实现漏洞，通过设置超过最大分段大小的报文，实施拒绝服务攻击 影响操作系统：OpenBSD, NetBSD, FreeBSD, Solaris, Windows2000
CVE-2008-4609	6	TCP 实现漏洞，通过异常设置 TCP 状态表的多个向量，实施拒绝服务攻击 影响操作系统：OpenBSD, NetBSD, FreeBSD, Windows2000, Windows2003, Windows2008

总体而言，上述结果令人鼓舞，因为在很长一段时间内(大约 18 年)，许多操作系统中出现的漏洞很少。其中很大一部分还是 TCP/IP 协议栈软件的问题，而且多数情况下是共享组件的原因。

表 5.10 显示了胖服务器环境中 OS 每年常见的漏洞数。该表显示了大量的 OS 组合多年来存在零个常见漏洞(45%的非空单元为零)。这对于属于不同系列的操作系统尤其明显，例如 Debian 和 Solaris 之间，或 Debian 和 Windows 2008 之间。具有零条目的年份甚至出现在具有非常高的漏洞计数的 OS 组合上，因为有时在某些年份聚集错误，而不是均匀分布(如 Debian-Red Hat)。除了通常共享许多软件的 Windows 系统中的操作系统外，Debian-Red Hat 在 2005 年的最大漏洞数为 20 个。在剩下的数据中，数量要小得多，只有三个其他操作系统组合超过 10 个(Ubuntu-Red Hat 在 2005 年，Debian-Red Hat 在 2001 年，OpenBSD-FreeBSD 在 2002 年)。表格的最后一行显示每年的平均值，标准偏差和最大的漏洞数。正如标准偏差所示，那里有很少的操作系统具有非常多的常见缺陷(Windows 系列)，而其余的常见漏洞数量正在减少。从部署入侵容忍系统的角度来看，有几个 OS 组合在合理的时间间隔(几年)中几乎没有共享漏洞。此外，在某些情况下，这些漏洞在系统成熟时会减少出现。因此，选择 4 个或更多操作系统的配置应该是可行的，这些系统对于入侵具有很大的弹性。

表 5.10 2000～2011 年(使用胖服务器)OS 组合的常见漏洞数

OS 组合	2000～2011 年数量											
OpenBSD-NetBSD	5	7	5	2	2	0	3	2	7	0	0	4
OpenBSD-FreeBSD	2	6	11	6	6	2	2	1	7	0	0	4
OpenBSD-Solaris	0	2	3	2	1	0	0	1	0	0	0	1
OpenBSD-Debian	0	0	0	0	0	0	0	1	1	0	0	0
OpenBSD-Ubuntu	—	—	—	—	0	0	0	3	0	0	0	0
OpenBSD-Red Hat	3	0	1	0	3	0	0	3	0	0	0	0
OpenBSD-Win2000	0	1	0	0	0	1	0	0	1	0	0	—
OpenBSD-Win2003	—	—	—	0	0	1	0	0	1	0	0	0
OpenBSD-Win2008	—	—	—	—	—	—	—	—	1	0	0	0
NetBSD-FreeBSD	4	6	6	5	1	0	3	1	9	1	2	4
NetBSD-Solaris	0	2	0	4	0	0	2	0	0	1	0	1
NetBSD-Debian	0	2	2	0	0	0	0	0	0	0	0	0
NetBSD-Ubuntu	—	—	—	—	0	0	0	0	0	0	0	0
NetBSD-Red Hat	2	2	2	0	0	0	0	0	0	0	0	0
NetBSD-Win2000	0	1	0	1	0	0	0	0	1	0	0	—
NetBSD-Win2003	—	—	—	0	0	1	0	0	1	0	0	0
NetBSD-Win2008	—	—	—	—	—	—	—	—	1	0	0	0
FreeBSD-Solaris	0	2	2	4	0	1	0	1	1	1	0	2
FreeBSD-Debian	1	1	2	0	0	0	0	0	0	0	0	0
FreeBSD-Ubuntu	—	—	—	—	0	2	0	0	0	0	0	0
FreeBSD-Red Hat	2	2	2	0	3	2	0	0	1	0	0	0
FreeBSD-Win2000	0	1	0	1	0	1	0	0	1	0	0	—
FreeBSD-Win2003	—	—	—	1	0	1	0	0	1	0	0	0
FreeBSD-Win2008	—	—	—	—	—	—	—	—	1	0	0	0
Solaris-Debian	1	0	0	0	0	0	0	1	0	0	0	0
Solaris-Ubuntu	—	—	—	—	0	1	0	1	0	0	0	0
Solaris-Red Hat	1	0	1	1	0	1	0	1	3	0	2	0
Solaris-Win2000	0	1	0	1	0	1	0	5	0	0	1	—
Solaris-Win2003	—	—	—	0	0	1	0	5	1	0	1	0
Solaris-Win2008	—	—	—	—	—	—	—	—	0	0	1	0
Debian-Ubuntu	—	—	—	—	0	8	0	2	2	2	0	0
Debian-Red Hat	8	11	5	0	2	20	0	4	2	0	0	0

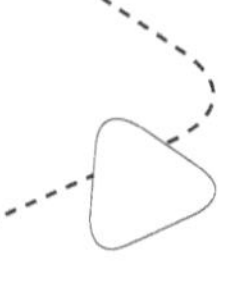

续表

OS 组合	2000～2011 年数量											
Debian-Win2000	0	0	0	0	0	0	0	0	1	0	0	—
Debian-Win2003	—	—	—	0	0	0	0	0	1	0	0	0
Debian-Win2008	—	—	—	—	—	—	—	—	0	0	0	0
Ubuntu-Red Hat	—	—	—	—	3	16	1	5	2	0	0	0
Ubuntu-Win2000	—	—	—	—	0	0	0	0	1	0	0	—
Ubuntu-Win2003	—	—	—	—	0	0	0	0	1	0	0	0
Ubuntu-Win2008	—	—	—	—	—	—	—	—	0	0	0	0
Red Hat-Win2000	0	0	0	1	0	0	0	0	1	0	0	—
Red Hat-Win2003	—	—	—	0	0	0	0	0	2	0	0	0
Red Hat-Win2008	—	—	—	—	—	—	—	—	0	0	0	0
Windows 2000-Windows 2003	—	—	—	10	23	44	29	47	44	19	49	—
Windows 2000-Windows 2008	—	—	—	—	—	—	—	1	25	16	38	—
Windows 2003-Windows 2008	—	—	—	—	—	—	—	2	30	21	94	135
Mean	1.4	2.2	2.0	1.4	1.2	2.9	1.1	2.3	3.4	1.4	4.2	4.1
Std Dev	2.1	2.9	2.8	2.4	4.0	8.2	4.9	7.6	8.5	4.7	16.5	22.2
Max	8	11	11	10	23	44	29	47	44	21	94	135

5.4.3 相关结论

在异构冗余的入侵容忍系统中使用多种操作系统可以获得潜在的安全收益：

(1) 所配置操作系统的多样性或相异性越高，可以获得的安全性增益越大，只有很少的漏洞会同时影响多个操作系统。

(2) 能够同时影响一个以上操作系统的漏洞数量取决于配置的多样性，来自相同家族的操作系统的共享漏洞数量较多，来自不同家族的操作系统（如 BSD-Windows）共同漏洞数量较少，并且大多数情况下为零。

(3) 通过删除应用程序（例如瘦服务器）和限制系统进行远程访问，可以极大地降低（减少 76%）操作系统之间的常见漏洞数量。

(4) 鉴于以前的研究（与非安全相关的崩溃故障）认为驱动程序错误而导致操作系统对的故障率很高，但文章作者分析发现，驱动程序漏洞只占很少比例（小于 1%）。

(5) 提出的 3 种策略，使用 NVD 数据来选择多样性最高的操作系统组合，具体取决于：所有常见漏洞具有同等重要性；越近期的通用漏洞越重要（即尽量减少操作系统间共享的近期漏洞数量）；漏洞报告越不频繁越好（可以给运营者更多的应急反应时间)分析结果还表明，一个拥有 4 个操作系统的组合，在所有 3 种用于入侵容忍的配置策略中都是最佳组合。

5.5　本章小结

多样性技术能够带来成倍的安全增益，但是本质上仍是一种静态化的防护手段，无法阻断试错或排除法的攻击。随机化和动态化防御技术能够改变系统或架构的静态属性，构造不确定的防御场景，但在显著增加攻击者探测和攻击代价的同时，也会使防御者面临复杂的经济与技术挑战。

由于任何攻击行动都是基于确定的攻击链实施的，任何成功的攻击都应该是可复现的或具有较高的可重复概率。因此，一个可靠的攻击链自然要能准确掌握防御方的整体架构、运作机制、资源配置、网络拓扑、功能分布、弱点(漏洞)等真实的态势信息，而攻击的可靠性从某种意义上则取决于这些基础信息的不变性或静态性。防御方如果能使这些(或部分)信息在不影响(或较少影响)自身功能和性能的条件下，表现出外在或内在的不确定性或动态性，就能从根本上动摇攻击链的稳定性或有效性。

将目标系统相关要素多样化、随机化、动态化，使攻击者无法了解或预测目标系统的防御部署和行为，即可以形成移动的攻击表面。以系统的不确定性，深度影响攻击链的可靠性，即使攻击者能实现一次成功的攻击，但系统相关要素的改变，仍可以令后续同样的攻击失效，以达到劣化攻击成果可持续利用价值或使攻击经验难以复现的目的。尽管有如此诱惑力，但 MTD[1]的实践表明，离散地使用多样化、随机化和动态化等防御手段，很难获得基于架构的综合防御效益。相反，孤立的利用某种手段不仅效果有限(例如 Windows 采用的地址随机化还是被黑客破解了)，而且还会增加目标对象性能、效能方面过多的开销，相关设计的使用成本居高不下也给推广应用带来了实质性障碍，非体系化的技术实施甚至还会影响到系统兼容性和功能提供的稳定性，亟待创新更为高级、更为经济的应用形态。

总之，从防御者视角出发，多样性可在空间维度上强化目标环境的复杂度，动态性可在时间维度上增加防御行为的不确定表达，而随机性则可在时空维度上增强防御方的博弈优势。因而，可以预见，以多样性作为积极防御的基础，以动态化和随机化作为主动防御的策略与方法，应当是新型防御技术的基本发展特征之一。

作为一种大胆推测，多样性、动态性和随机性之间应该存在着某种基于架构效应的协同配合机制(可能不是唯一的)，运用这种架构和机制能够获得技术与经济上最优化的防御效果。然而，这种架构的物理或逻辑形态是什么？三者协同机制又如何以架构效应呈现？能够对“网络空间游戏规则”的改变带来什么样的作用和影响？可能会面临怎样的工程技术与经济性挑战？后续章节将深入讨论这些问题。

参考文献

[1] Jajodia S, Ghosh A K, Swarup V, et al. Moving Target Defense: Creating Asymmetric Uncertainty for Cyber Threats. Berlin: Springer, 2011.
[2] Diversity index. https: //en.wikipedia.org/wiki/Diversity_index. [2017-04-20].
[3] Larsen P, Homescu A, Brunthaler S, et al. SoK: Automated software diversity[C]//2014 IEEE Symposium on Security and Privacy. IEEE, 2014: 276-291.
[4] Jackson T, Salamat B, Homescu A, et al. Compiler-generated software diversity[M]//Moving Target Defense. Springer, New York, NY, 2011: 77-98.
[5] Jackson T, Salamat B, Homescu A, et al. Compiler-generated software diversity[M]// Moving Target Defense. Springer, New York, NY, 2011: 77-98.
[6] Tootoonchian A, Gorbunov S, Ganjali Y, et al. On controller performance in software-defined networks// Hot-ICE'12 Proceedings of the 2nd USENIX Conference on Hot Topics in Management of Internet, Cloud, and Enterprise Networks and Services, 2012: 10-15.
[7] Katz N A, Moore V S. Secure communication overlay using IP address hopping: US, US7216359. 2007.
[8] Xu J, Kalbarczyk Z, Iyer R K. Transparent runtime randomization for security. Proceedings of the IEEE Symposium on Reliable Distributed Systems, 2003: 260-269.
[9] 陈惠羽. 结构体随机化技术研究. 南京: 南京大学, 2012: 10-14.
[10] 李原, 蒋华伟. 基于指令集随机化的SQL注入防御技术研究. 计算机与数字工程, 2009, 37(1): 96-99.
[11] Cowan C, Beattie S, Johansen J, et al. Pointguard TM: Protecting pointers from buffer overflow vulnerabilities// Conference on Usenix Security Symposium, 2003: 7.
[12] Cadar C, Akritidis P, Costa M, et al. Data randomization. Microsoft Research, 2008, 10(1): 1-14.
[13] Bhatkar S, Sekar R. Data space randomization// Detection of Intrusions and Malware, and Vulnerability Assessment. Berlin: Springer, 2008: 1-22.

[14] Li H, Li P, Guo S, et al. Byzantine-resilient secure software-defined networks with multiple controllers//IEEE International Conference on Communications, 2014: 695-700.

[15] Krylov V, Kravtsov K. IP fast hopping protocol design// Central and Eastern European Software Engineering Conference in Russia, 2014: 11-20.

[16] 高诚, 陈世康, 王宏, 等. 基于SDN架构的地址跳变技术研究. 通信技术, 2015, 48(4): 430-434.

[17] Krylov V, Kravtsov K, Sokolova E, et al. SDI defense against DDoS attacks based on IP fast hopping method// IEEE Conference on Science and Technology, 2014: 1-5.

[18] Trovato K. IP hopping for secure data transfer: EP, EP1446932. 2004.

[19] Shawcross C B A. Method and system for protection of internet sites against denial of service attacks through use of an IP multicast address hopping technique: US, US 6880090 B1. 2005.

[20] 芦斌, 赵正, 巩道福, 等. 一种基于SDN构架下的IP地址跳变安全通信方法: 中国, CN105429957A. 2016.

[21] 李方, 王运兰. 基于任务优化的IP地址跳频技术研究. 信息与电脑, 2016(14): 53-54.

[22] Petkac M, Badger L. Security agility in response to intrusion detection// Computer Security Applications, 2000: 11-20.

[23] Cox B, Evans D, Filipi A, et al. N-variant systems: A secretless framework for security through diversity// Conference on Usenix Security Symposium, 2006: 9.

[24] Azab M, Hassan R, Eltoweissy M. ChameleonSoft: A moving target defense system// International Conference on Collaborative Computing: Networking, Applications and Worksharing, 2011: 241-250.

[25] Ammann P E, Knight J C. Data diversity: An approach to software fault tolerance. IEEE Transactions on Computers, 1988, 37(4): 418-425.

[26] Cholda P, Mykkeltveit A, Helvik B E, et al. A survey of resilience differentiation frameworks in communication networks. IEEE Communications Surveys & Tutorials, 2007, 9(4): 32-55.

[27] Garcia M, Bessani A, Gashi I, et al. Analysis of OS diversity for intrusion tolerance. Software: Practice and Experience, 2012, 10: 1-36.

第6章

内生安全与可靠性技术

由前述章节可知，传统的被动防御其整个链条由感知—认知—决策—执行等环节组成，遵循“捕获威胁—分析威胁—提取威胁特征—形成防御规则—部署防御资源”的技术模式来应对各类网络威胁。由此不难得出如下结论：网络空间最大的安全威胁是基于目标对象内生安全问题的不确定攻击；最大的防御难题是在缺乏先验知识条件下能否可靠应对基于未知的未知因素的不确定攻击；最大的理论挑战是如何量化分析防御不确定攻击的有效性。欲要扭转当前网络空间无法有效防范不确定威胁的技术格局，以下科学问题是必须破解的：①在不依赖攻击者特征信息情况下感知不确定威胁是否具有理论可行性；②如果回答是肯定的，则基本理论和方法依据以及约束条件是什么；③基于这种感知理论和机制能否创建可度量的抗不确定攻击能力；④如何保证这种能力在博弈对抗条件下具有稳定鲁棒性和品质鲁棒性。

作者在长期的研究和探索中发现，可靠性问题与网络安全问题虽属两个领域且扰动因素不同，前者以随机性扰动为主要表现形态，而后者则完全由攻击者人为行为主导。但也存在许多相似甚至相同的理论与技术问题，相关的理论方法和体制机制应当具有“他山之石可以攻玉”的相互借鉴意义。

我们知道，可靠性领域最具挑战性的问题是如何应对系统的不确定性故障或失效。涉及两个基本问题：一是如何应对由无源或有源器件或零部件物理性错误或故障导致的不确定失效问题，二是怎样才能避免由未能发现的软硬件设计缺陷或错误导致的不确定失效问题。尽管故障或失效产生的机理和影响程度不同，但是共同的特征都是故障或失效发生的时间、部位、性质和结果等都不确定。换言之，可靠性技术同样需要克服相关领域内生安全问题导致的不确定错误、故障乃至失效，这里既要用到基于先验知识的错误检验、故障感知、失效处理等经典防护措施，也要用到基于系统工程思想的冗余构造技术，甚至为了增强目标系统功能的可用性还引入了鲁棒控制技术，以提高模型摄动时的稳定鲁棒性和品质鲁棒性。

2013年，作者就此大胆提出了一个猜想：能否将包括未知的未知在内的广义不确定扰动归一化为可靠性问题来处理，进而能否发明一种能融合处理内生安全问题与可靠性、可用性问题的构造技术，为信息领域及相关行业找到一个可赋能广义内生安全的使能技术？

6.1 引言

随着工业技术的发展和社会对工业生产安全的日益重视，人们对工业控制系统的可靠性要求越来越高。提高系统可靠性的有效途径之一是采取冗余设计方法(Redundancy Design，RD)，通过配置冗余资源，有效提高整机或系统可靠性。

冗余技术又称储备技术，它是利用系统的并联构造来提高系统可靠性的一种手段，即通过增加多余的同等功能的部件，并通过相关的冗余控制逻辑使它们协调地同步运行，从而使目标对象功能得到多重保证。冗余技术的目的是使系统运行时不易受局部或偶发性故障的影响，并可以实现在线维护，使故障或失效部件能得到及时的修复。合理的冗余设计能显著提高系统的可靠性与可用性，有效避免由于系统随机性故障而引起的停产或设备损坏造成的经济损失。

为了有效管控随机发生的物理性失效或由于设计缺陷导致的不确定性故障，冗余技术得到了广泛应用。然而，实践中人们发现在同构冗余(Isomorphism Redundancy，IR)模式下，使用完全或尽可能一致的电路、结构、材料、工艺等参数的构件作为并联组件时，某些条件下容易因为单个特定的故障冲击作用导致多个并联组件同时失效，这种现象称为共模失效(Common Mode Failure，CMF)，会极大地影响同构冗余系统的可靠性。为了尽可能地避免共模失效，人们又发展出了异构冗余(Heterogeneous Redundancy，HR)模式，即采用多个具有功能性能等价的异构组件并联使用，可以有效降低共模失效情况的发生概率。尽管如此，由于设计、制造、工艺、材料等环节的欠完备性，不同的异构组件也可能存在相同的设计缺陷或错误，或者具有某种重合度的故障因子，从而并不能完全杜绝共模故障的发生。假如能构造一个故障因子完全独立化的异构冗余系统，即各异构并联组件中的设计缺陷在某种限制条件下具有不相互重合的性质，则可以在相当程度上避免共模失效的发生，于是人们又发展出了非相似余度(Dissimilar Redundancy Structure，DRS)构造。但是由于相异性设计理论和技术工具发展的滞后性，导致任何实用化的 DRS 系统都难以在相异性方面达到理想化程度，既无法从理论上也无法从工程上保证异构冗余体间的“绝对相异性”。

众所周知，目前网络空间信息系统(包括专用防御设备)在安全性或抗攻击性方面缺乏有效的定量分析方法。原因是针对信息系统的网络攻击通常不属于随机性事件，其攻击效果由于目标对象的静态性、确定性、相似性和“单向透明”等原因往往是确定的，在统计意义上表现为布尔量而非概率值，这使得安全性的定量分析很难借助可靠性理论和随机过程工具来刻画或描述。

幸运的是，作者发现，具有择多表决机制的 DRS 构造，其抑制不确定差模故障的机理，在应对基于异构漏洞后门等的确定或不确定攻击方面也有相同或相似的功效。同样的作用还有，通过调整执行体的冗余配置数量、输出矢量(警报信息等)语义丰度、裁决策略以及变化执行体的实现算法或构造的相异度，也可以影响攻击成功的概率大小和分布形态。换言之，当目标系统采用 DRS 构造时，无论是针对执行体个体的未知攻击事件还是执行体构件自身产生的随机性故障都可以在系统层面，被有条件地归一化为可用概率表达的可靠性问题，从而使原本无法度量的抗攻击性有可能借用成熟的可靠性理论和方法来分析。但是，如果将 DRS 构造用于具有博弈性质的人为攻击方面则存在先天性弱点，核心是缺乏稳定鲁棒性(详见 6.5 节)。尽管如此，DRS 仍然具有再发现的意义。

本章试图针对非冗余、非相似余度两种典型信息系统架构，以及确定性或不确定性攻击，通过广义随机 Petri 网理论建立统一模型，分析相关的抗攻击性，导出稳态可用概率、稳态逃逸概率和稳态非特异性感知概率等参量。

6.2 应对不确定性故障挑战

6.2.1 问题的提出

众所周知，可靠性领域最具挑战性的是复杂系统的不确定性失效或故障问题。包括两个方面的内容：一是由无源或有源器件或零部件物理性失效导致的不确定故障，二是由软硬件设计缺陷导致的不确定逻辑故障。尽管故障产生的机理和影响程度千差万别，但是共同的特征都是故障发生的时间、位置或部位、物理性状等都不确定。因此，若要提高系统可靠性，除了在材料、工艺和制造层面增强构件本身的可靠性外，从系统架构层面还需要寻找提高可靠性增益的新路子。这种增益应当如同欧几里得空间的三角形，其几何意义上的稳定性直接源于三个内角之和等于 180° 的形状构造。正如图 6.1 所示，碳原子的排列构造能够决定石墨和金刚石物质的硬度。

我们知道，一般情况下目标系统的预期功能是设计给定的，甚至模型摄动阈值范围通常也是确定的。工程经验和统计数据揭示出一个规律，即“多个相同功能体的物理性失效很少在同一时刻、同一位置，导致完全一样的故障或错误”，这使得应用软硬件冗余配置和择多表决机制情况下，有可能“非精确”感知和屏蔽偶发性的失效或独立的差模故障。但是，软硬件功能体设计缺陷导致的同态(共模)故障并不服从上述统计规律，因而相应的同构冗余构造对于此类故障或失效情况也不存在期望的作用，解决这一问题尚需发现或借助另外的构造机理。

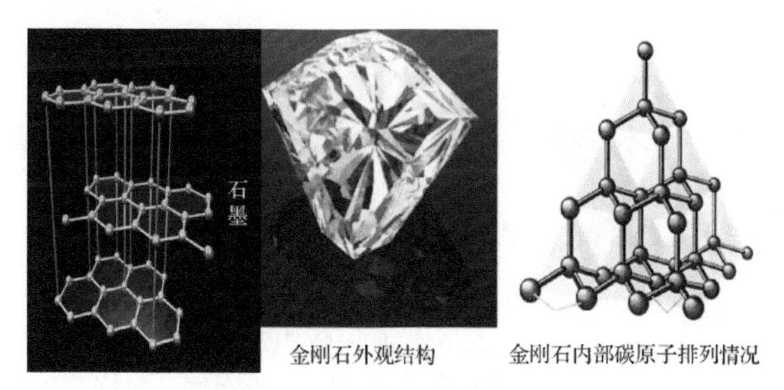

图 6.1 碳原子的不同排列构造

6.2.2 相对正确公理的再发现

我们知道，“人人都存在这样或那样的缺点，但极少出现独立完成同样任务时，多数人在同一个地点、同一时间、犯完全一样错误的情形”既是公知也可称之为公理，作者将其命名为“相对正确”公理(True relatively Axiom，TRA)，在区块链等技术中则称之为“共识机制”。图 6.2 为“相对正确”公理的逻辑表达。

TRA 公理成立需要四个前提条件：①A_1～A_i 都具有独立完成给定任务的能力；②A_i 能正确完成任务是大概率事件；③A_i 之间不存在任何协同或协作关系；④不排除多模大数表决结果是错误的可能。在这里强调个体成员独立完成任务的概率一般应高于完不成任务的概率之原因，就如同我们不能期望法院陪审团的每个成员都是“道德圣人”一样，但也绝不会让智障患者或品行不端者出任陪审员的情形发生。需要强调的是，当相对正确公理中的 A_i 数量不是足够大的情况下，无论从逻辑意义还是实践意义上都无法排除多数人行为结果是错误的可能，也无法彻底规避“协同作弊、贿选拉票”等使投票人丧失独立性而影响相对正确意义的可能。尽管如此，迄今为止还没有一种更好的机制能够挑战其民主社会公平制度基石的作用。

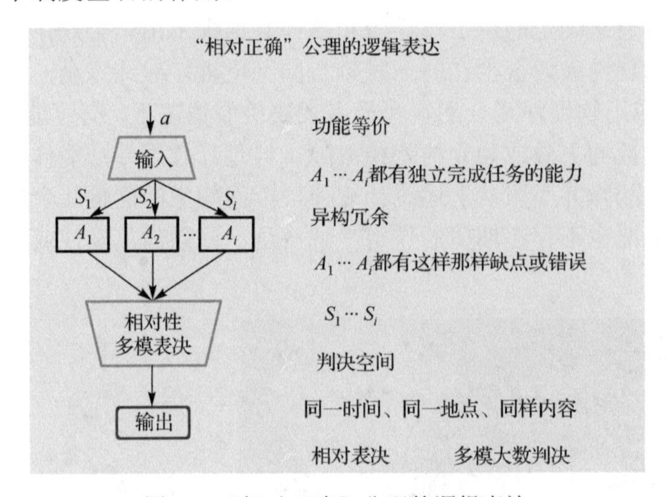

图 6.2 “相对正确”公理的逻辑表达

从 TRA 原始定义出发可以得到 5 个有用的推论：

推论 6.1 从 A_i 成员个体看，虽然缺点或错误具有多样性，存在不确定性，但是在独立完成同样任务时，从群体层面看，极少在同一时间、同一场合下，犯完全一样的错误。此时，个体的不确定性问题能转换为择多表决机制可以感知的差模问题。

推论 6.2 择多表决结果具有“叠加态”属性。即表决结果同时具有确定性和不确定性两种属性，可以用概率表示。确定性是指通常情况下，择多表决结果为“多数”是大概率事件。不确定性是指表决结果即使“多数”也不能排除存在事实错误的可能，只是概率不同而已，表决结果为“错误”的情况往往是小概率事件。

推论 6.3 择多表决结果的“概率差”越大，相对正确性越高。影响概率差的核心因素有：参与完成任务的成员数量，任务参与成员的个体素质差异，任务完成指标的详尽程度，指标内容选取与判决策略等。

推论 6.4　变换问题场景改变问题性质。相对正确公理将问题场景从单一空间变换到多维空间，从同质化处理场景变换到功能等价多元处理场景，从个体的主观感知到群体的相对性判识，从关注局部影响到注重全局态势情况。单一问题场景下无法察觉的不确定性事件，在新的认知场景下，成为相对性原理可能感知或定位的问题。

推论 6.5　这种裁决机制只关注过程的严谨性和群体层面的认知或操作结果，并不特别关心个体层面出现与众不同表达的具体原因，即不特别专注问题的细部，往往属于“非精确”感知。

“再发现”之归纳：相对正确公理等价表达模式能将目标系统构造内的未知的未知问题变换为已知的未知之差模或共模问题，但对人为试错或盲攻击手段形成的共模表达(≥51%)不具有稳定鲁棒性(一旦攻破，城门洞开)。这与相对正确公理的约束条件是一致的，严禁“串联舞弊”。换句话说，我们发现了一种能将目标系统内的广义不确定扰动转化为可控概率的差模或共模问题之构造机理，为解决基于信息系统暗功能的不确定安全威胁的感知问题开辟了一条新途径、提出了一种新机制，尽管这种构造和运行机制用于安全防御仍然存在静态性、确定性和相似性的缺陷，对人为的扰动不具有稳定鲁棒性，不能应对“试错或侧信道攻击”等需要解决的问题。

工程实践上，其实我们更关心 TRA 一般意义上的逻辑表达形态。理论上，该形态可以在功能等价且满足给定约束条件下将异构冗余个体的不确定性失效问题，转换为系统层面具有概率属性的差模事件。换言之，在给定时空约束前提下，异构冗余配置的功能等价执行体间如果不存在相同的软硬件设计缺陷，则共模故障理论上不可能发生，因而多模表决可以“非精细”地感知任何导致执行体输出矢量不一致的差模故障。但是，实践中往往无法给出功能等价执行体之间“完全相异或绝对独立性”的约束条件。换言之，除了期望的等价功能之外，现有的技术能力尚无法保证不存在显式的副作用或隐式的暗功能的交集。因此，多模输出矢量一致或多数相同的表决结果并不能给出目标系统正常与否的绝对性判定。正如推论 6.2 所述，相对性表决结果具有类似量子力学的叠加态效应，正确与错误两种可能同时存在，唯一可以确定的只是满足择多判决条件时，在大概率情况下多模输出矢量多数相同或完全一致被人为地“认定为正常或正确”，反之则“认定为异常或错误”，且属于小概率甚至是极小概率事件。此外，按照推论 6.3 所述，有多种途径可以影响相对正确性的高低(即叠加态下，大概率事件与小概率事件的相对差)。例如，通过调整集合 A 的元素个数以增加冗余度，或者强化集合内异构成员间的相异度，或者增加多模输出矢量的语义和内容丰度、靶向目标的精细度以强化表决策略的复杂度等。

依据推论 6.5，TRA 公理能将构件本身的不确定失效问题有条件地转变为功能等价、异构冗余、相对性判识下，系统层面能用概率表达的、非精细的差模问题，从而为基于构造层的解决方案奠定理论上的可行性，这就是用异构冗余架构提高可靠性的原始想法。

6.2.3 TRA 公理形式化描述

假设 IPO 系统中存在执行体集合 $E=\{E_i\}_{i=1}^{n}$ 和输入矢量集合 $I=\{I_j\}_{j=1}^{m}$，当执行体 E_i 正确地响应输入矢量 I_j 时，得到的输出矢量记为 R_{ij}，其中 R_{ij} 是正确且唯一的输出矢量；当执行体 E_i 错误地响应输入矢量 I_j 时，得到的输出矢量是集合 W_{ij} 中的某个特定输出矢量，其中，W_{ij} 是执行体 E_i 可能产生的错误输出矢量集合。故由图 6.3 可知，针对输入矢量集合 I，IPO 系统将对应得到输出矢量集合 $O=\{R_{ij}\cup W_{ij}\}_{i=1,j=1}^{n,m}$。

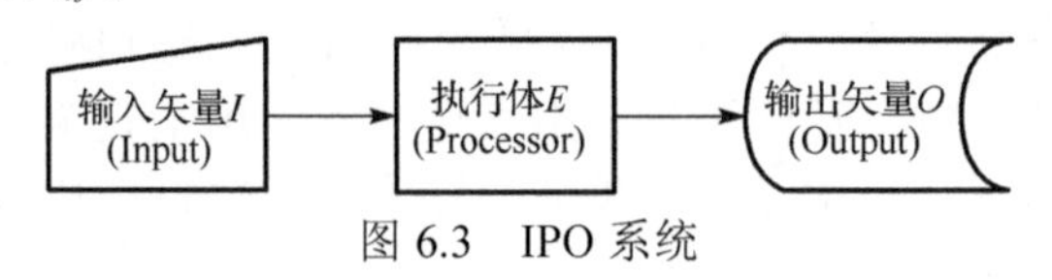

图 6.3　IPO 系统

根据 TRA 公理前提条件①可知，任意两个执行体 E_i 和 E_k 针对特定输入矢量 I_j 产生错误输出矢量的情形是相互独立的。进一步，由 TRA 公理前提条件③可知，执行体 E_i 和 E_k 产生相同错误输出矢量的情形也是相互独立的。即可描述为，对于任意 $i,k=1,2,\cdots,n$，且 $i\neq k$，令错误输出矢量 $\delta\in W_{ij}\cap W_{kj}$，都满足下列等式：

$$P\{E_i(I_j)=\delta,E_k(I_j)=\delta\} \tag{6.1}$$

根据 TRA 公理前提条件②可知，“错误完成任务是小概率事件”，因此给定概率限定值：$\alpha(0<\alpha\leqslant 0.05)$ [1]，则对于任意执行体 $E_i,i=1,2,\cdots,n$，给定的输入矢量 $I_j,j=1,2,\cdots,m$，都满足下列等式：

$$P\{E_i(I_j)\in W_{ij}\}<\alpha$$

且
$$P\{E_i(I_j)\in W_{ij}\}>0,\ i=1,2,\cdots,n,\ j=1,2,\cdots,m \tag{6.2}$$

针对输入矢量 I_j，假设执行体集合 E 中 $E_1,E_2,\cdots,E_n$ 产生的错误输出矢量集合 $W_{1j},W_{2j},\cdots,W_{nj}$，存在共同的错误输出矢量集 $\omega_j,j=1,2,\cdots,m$，即存在 ω_j 使得：

$$\omega_j=\bigcap_{i=1}^{n}W_{ij}$$

错误输出矢量集合 W_{ij} 中输出矢量的个数记为 $\text{card}(W_{ij})$,且 $\text{card}(W_{ij}) \neq 0$,集合 ω_j 中输出矢量的个数记为 $\text{card}(\omega_j)$,且 $\text{card}(\omega_j) \leqslant \text{card}(W_{ij})$， τ_j 为集合 ω_j 中的元素。假设对于任意一个执行体 $E_i \in E$ ，在响应输入矢量 I_j 时，错误输出矢量集合 W_{ij} 中每个元素出现的概率是相等的。根据式(6.1)和式(6.2)，可得出“多数人在同一个地点、同一时间、犯完全一样错误的情形”的概率为：

$$
\begin{aligned}
P_j &= \sum_{\tau_j \in \omega_j} P\{E_1(I_j) = \tau_j, \cdots, E_n(I_j) = \tau_j\} \\
&= \sum_{\tau_j \in \omega_j} \prod_{i=1}^{n} P\{E_i(I_j) = \tau_j\} \\
&= \sum_{\tau_j \in \omega_j} \prod_{i=1}^{n} \frac{P\{E_i(I_j) \in W_{ij}\}}{\text{card}(W_{ij})} \\
&= \prod_{i=1}^{n} \frac{P\{E_i(I_j) \in W_{ij}\}}{\text{card}(W_{ij})} \cdot \text{card}(\omega_j) \\
&= \prod_{i=1}^{n} P\{E_i(I_j) \in W_{ij}\} \cdot \frac{\text{card}(\omega_j)}{\text{card}(W_{ij})} \\
&< \prod_{i=1}^{n} \frac{\text{card}(\omega_j)}{\text{card}(W_{ij})} \cdot \alpha^n
\end{aligned} \tag{6.3}
$$

其中，由于执行体可能产生的错误输出矢量的种类存在不可预知性，且执行体之间存在异构性，当错误输出矢量集合 W_{ij} 越大，所有执行体均产生错误输出矢量且全部一致的概率 P_j 就越小，因此，系统中极少发生执行体共模逃逸的事件。而针对 IPO 系统的真实使用场景，假设某个用户操作可表示为具有 s 步骤的输入序列 L， L 由输入矢量集合 I 中的有限种输入矢量组成，记为 $L = (I_{l_1}, I_{l_2}, \cdots, I_{l_s})$。根据式(6.3)，该用户操作使得执行体发生共模逃逸的概率 P_L 为：

$$
\begin{aligned}
P_L &= \prod_{t=1}^{s} P_{l_t} = \prod_{t=1}^{s} \prod_{i=1}^{n} P\{E_i(I_{l_t}) \in W_{il_t}\} \cdot \frac{\text{card}(\omega_{l_t})}{\text{card}(W_{il_t})} \\
&< (\max\{P_{l_1}, P_{l_2}, \cdots, P_{l_s}\})^s
\end{aligned} \tag{6.4}
$$

6.3 冗余与异构冗余的作用

6.3.1 冗余与容错

容错处理是在冗余处理的基础上，以增加系统资源的办法换取系统可靠性的提高，使系统具有容忍随机故障的能力，即使在出现故障或失效情况下仍有能力将指定的算法继续完成，也称为故障掩盖(fault masking)技术。例如，在双机容错系统中，一台机器出现问题时，另一台机器可取而代之，以保证系统的正常运行。

事实上，在错误检出能力一定的条件下，不同规模和性质的冗余资源可以获得不同能力或程度的容错功能。例如，硬件冗余就是通过硬件的重复设置与使用来获得随机故障容错能力；软件冗余就是使用同一功能、同一操作界面的多个不同软件模块或版本，利用实现算法方面的异构性来防止同质化软件中可能存在的设计缺陷。通常，这两种模式在使用中又常常是组合式使用以提高容错性能。

容错的另一种表达就是纠错。例如，在噪声信道上为保证承载信息的不失真性，通常要借助香农的信道编码理论。其核心思想是对所要传输的信息添加适当的冗余比特并按相应代数算法进行信道编码，然后在给定噪声模型的传输信道输出端上再进行译码，就能得到质量(误码率可控的)有保证的信息传输服务。换言之，基于冗余比特的纠错编码能够对一定数量的、受到给定噪声模型干扰的信息位进行修正，且纠错的成功概率满足期望值要求。类比过来，如果将基于漏洞后门等的攻击视为一种特定的持续或非持续干扰，目标系统视为允许非持续加噪的传输信道，那么攻击成功就可以视为误码率，其量值与冗余比特数和纠错编码算法强相关。直觉上认为，如果能够建立起恰当的类比模型，或者能给出与香农模型等价的构造，借助信道编码分析方法就可以对目标对象的抗攻击能力给出数学意义上的参考结论(相关章节与第 15 章都有详细的讨论分析)。

毫无疑问，容错的前提之一是要配置冗余资源以及具有承载这些资源的系统架构，因而容错功能一般是与系统服务功能是“共架”提供的，通常被视为内生(Endogenous)或共生(Symbiotic)功能。当检测环节发现处理资源出现随机性错误、差模故障或失效时，系统内生的容错功能可以使其对服务功能的不利影响最小化，并能在一定概率条件下保障系统以正常或降额性能继续提供服务。由此可见，冗余是容错的核心要素。

需要强调指出的是，传统的检测技术只能感知模型摄动范围内的已知甚至已知的未知失效，而基于 TRA 公理的多模输出矢量表决方式则可能感知未知的未知故障。后续章节中我们将反复用到这一与先验知识无关的检测方法。

6.3.2 内生性功能与构造效应

所谓内生性功能并没有严格统一的定义，一般是指模型系统设计决定的显式功能以及可能存在的衍生、伴生副作用或隐形的缺陷，而“设计”概念本身的多义性以及设计理论和工具的时代局限性又使得设计产生的功能往往难以避免内生安全问题，尤其是目前在理论和方法上还很难保证设计复杂系统时的“功能唯一性或纯粹性”前提下，如何严格约束给定功能的多义性仍然存在很强的理论挑战和技术上的可实现性问题。例如，内生安全问题就是某些功能或功能组合体内生原因导致的不良副作用或暗功能。此外，构造效应通常源于模型系统不可分割的实现结构或算法，一般无法通过外置结构或算法获得。例如，基于多余度模型构造的高鲁棒性就是一种内生功效，其可靠性增益源于模型的构造效应而与构件的材料、工艺和生产者因素不相关或弱相关。再比如，石墨和金刚石材料的构成元素都是碳原子，但是两者的碳原子排列构造不同，从而材料的物理硬度差异完全取决于各自构造的内生效应。总之，凡是与给定构造无法分割的效应都属于该构造的内生性或内源性功能。需要强调指出的是，不应当将可内置(built-in、internally、installed)、可叠加(superposition、overlay)的组合式功能称之为内生功能，因为按照内共生学说[2]提出者马古利斯(Lynn Magulis)说法，凡是通过增加层级化的组织结构起作用的功能都属于内共生性的范畴，强调“生命并不是通过战斗，而是通过协作占据整个全球的”概念，注重协作共生关系在生物学中的重要意义，而内生概念则强调内源和内在性的功能与作用，所以共生与内生两者完全分属不同的科学体系。

6.3.3 冗余与态势感知

态势感知是指在复杂系统环境中，对能够引起系统态势发生变化的安全要素进行获取、理解、显示并预测未来的发展趋势。如果能够获得态势感知优势，那么在应对网络空间安全威胁时就可以处于相对积极的防御地位。但是，在单一处理空间或非冗余环境下，特别是采用共享资源机制和层次化功能构造的系统时(例如基于冯•诺依曼架构的经典计算系统)，通常无法直接判断复杂系统处理结果的正确与否，即可信性无法自证。换言之，在上述场景中，什么是正常、什么是异常在无先验知识支撑情况下并无确定的判断依据。即使是理论上严格证明过的加密算法，如果宿主系统的可信性不能保证则加密功能的可信性也无法令人放心。事实上，可信计算(见第5章)遇到的最大挑战也是可信根的可信性无法自证的难题，就如同可信的操作系统如果没有可信的CPU支持仍然缺乏可信性那样。最近，有报道，来自威廉玛丽学院、卡内基•梅隆大学、加州大学河滨分校和宾厄姆顿大学的研究人员利用CPU“分支预测”漏洞实施BranchScope攻击，检索到存储在Intel x86处理器SGX安全区中的内容(详见

4.2.3 节)。这表明处于“分支预测”漏洞上的 SGX，即使拥有缜密设计的加密机制仍然无法应对 BranchScope 攻击。

按照攻击表面理论[3]，在攻击者可利用的通道、数据和规则不变的情况下，在目标系统内部导入冗余结构和相关资源可降低基于内生安全问题引发的危害程度。事实上，借助冗余资源或冗余机制，通过对同一计算部件进行时间维度上的重复计算，或者对不同计算部件进行空间维度上的相同性质计算，可以从多次或多路计算结果的比对中发现由于物理器件随机性失效导致的计算异常或故障(前提是计算装置应满足基本的可靠性与可用性要求)。当然，仅有时间资源或空间资源重复配置是不充分的，还需要用相同计算、相同功能这根主线作时间和空间维度上的关联处理，才能有效利用冗余处理手段来感知异常，或者得到相对正确与否的认知。

毫无疑问，冗余构造和多模表决机制能够实现随机性或独立性问题场景的显性表达(结果可感知)，可在缺乏或不依赖先验知识的情况下显著提升目标系统对不确定性事件的感知或发现能力。

6.3.4 从同构到异构

针对冗余执行体结构或算法的相同与相异情况，可以分为同构冗余和异构冗余两种模式。一般情况下，同构冗余模式可以在差模故障(Differential Mode Failure，DMF)条件下解决容错、异常感知等问题。但是，在同一时间、同一地点、同一条件、各冗余执行体发生共模故障的情况下，仅依靠执行体之间的比对监控或交叉研判机制来发现或感知故障已不可能。与同构冗余不同的是，异构冗余模式在机理上不仅能应对系统运行中随机发生的物理性差模故障或失效，也能规避或管控软硬件设计缺陷可能导致的差模故障。早在 1834 年，迪奥尼修斯·拉德纳博士发表了一篇名为《巴贝奇的计算引擎》的文章中就指出：“对计算过程中出现的错误进行最肯定和最有效的检查是使相同的计算由独立计算机实施；如果它们用不同的方法进行计算，则这种检查更具决定性。”

1. 同构冗余

根据物理性随机故障的时空性质，利用同构冗余处理空间的错误检测机制或者对同一算法所获得的执行结果进行择多研判，对硬件物理性失效引发的计算错误可实现系统级的容错处理，从而获得高于构件或组件物理失效率的可靠性增益，但前提条件是随机产生的物理失效导致的一定是差模性质的故障，且要满足同时出现的差模故障数 $f \leqslant (n-1)/2$，n 为冗余度。

对于由软硬件设计缺陷引发的随机性故障，同构冗余处理空间在机理上不可能有效应对。这是因为冗余空间内的所有软硬件都具有完全相同的设计功能以及相同或非常相似的性能，包括可能存在的任何设计缺陷都会原封不动地反映到冗余空间内的相关组件上。在相同的输入激励条件下，功能等价同构冗余空间各组件的计算处理应当具有一致性，包括一致的正确结果（正常情况下属于大概率事件）和完全相同的错误结果（正常情况下属于小概率事件），当相同的设计缺陷引发共模或同态故障时，同构冗余会因为难以做出正确研判而失去基于架构的容错功能，譬如3余度情况下，分不清2∶1是共模逃逸还是差模故障。

2. 异构冗余

借助“同一问题通常有多种解决方法，同一功能往往有多种实现结构”的公知，运用基于异构冗余的相对正确公理可以避免同构冗余应对未知设计缺陷无能为力的难题。由于解决问题和实现功能的思路、方法、工具、条件等的相异性，不同实现者或工程设计团队的经历、阅历和文化教育背景的差异，都会使解决问题的算法选取或方法创造，以及满足功能要求的结构设计在具体实现上存在诸多不同，甚至可能采取完全不同的技术路线。这就有可能保证各执行体在功能等价和计算结果大概率是正确的前提下，即便是执行体设计实现中存在的缺陷或错误也都具有差异化的属性和表现，使得异构冗余空间出现多数或完全相同错误的概率低于设计给定的阈值。满足以下假定条件是必要的：

(1) 功能 F 存在 n 个功能等价的处理空间，且处理空间之间是异构的并满足必要的约束条件；

(2) 问题 W 存在 n 个解决算法，且处理算法均不相同，但解算结果是一致的；

(3) 每个处理空间都包含一种算法且得到正确结果是大概率事件；

(4) 所有算法都有完全相同的输入激励；

(5) 对各空间算法的输出矢量做择多研判，并以多数相同的输出结果作为正常状态的判据。

于是，异构冗余在机理上既可感知随机性故障导致的异常输出，也可感知软硬件未知设计缺陷导致的异常输出，这属于异构冗余架构的内生特性。理论与工程意义就在于：当满足一定的约束条件时，异构冗余架构能将不确定性事件变换为可条件感知且能用概率表达的可风险管控问题。

如图6.4所示，为了实现某种功能，在给定的时空约束条件下，有三个功能等价的异构处理结构，处理空间分别为 S_1，S_2，S_3，满足 $S_1 \neq S_2 \neq S_3$，并且不同处理空间中的算法也不尽相同，分别对应有 $k \neq q \neq f$。此时，对同一个输入激励 i，得到三个空间算法的输出矢量(Output Vector，OV) $k(i)$、$q(i)$、$f(i)$，再利用表决器进行择多裁决，以得到完全一致或多数相同的输出结果作为正常状态,并可获得异常输出矢量空间的位置信息(在此基础上可以形成关于历史表现的重要信息)。当然,绝对的异构是不存在的,上述情况仅是理想情况而已。

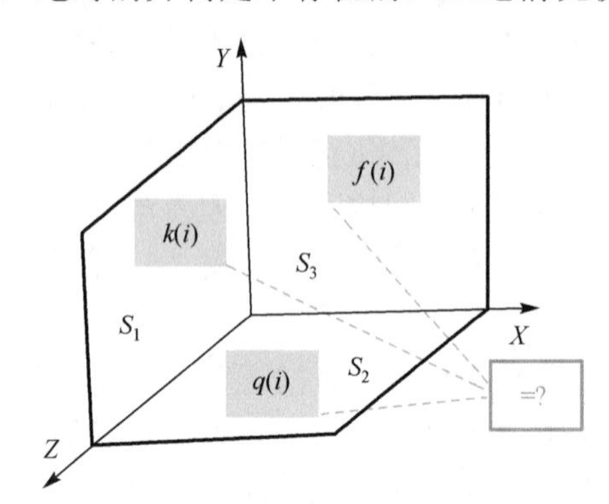

图 6.4 异构多模冗余处理示意图

3. 合适的功能交集

理想情况下,如果异构冗余体之间只在给定的功能集上相交,其他功能都不交,就能从机理上保证不会由于冗余执行体的设计缺陷而导致共模故障。但是,哲学原理上根本不支持这种假设,即使在强约束条件下的工程实现,通常也难以彻底排除不期望的功能交集,因为期望的功能交集很可能仅是异构冗余体间功能交集的一个子集。如何能做到最大功能交集刚好等于给定的功能交集,迄今为止,尚无从理论到实践层面的完整解决方案,仍处于半经验半理论的探索状态之中。工程意义上,一般用非同源性来近似表达相异性。

需要特别强调的是,人们发现,自然界两个看似完全不相关的事物居然会产生完全一致的结果,也存在两个明显相同的现象,可以是由两个完全不同的原因所造成的。这说明“绝对相异或完全异构”也不能绝对保证没有共模问题,这是因为如果没有时空条件的限制,或者前提条件不是限制在某种程度或某种情况下,无限制条件地谈论绝对相异或完全异构是毫无意义的。就如同远离我们 9300 万英里的太阳黑子活动造成地球上短波通信中断的原因,假如只在半径数百万英里的范围内寻找是不可能有什么科学结论的。反之,如果两根线段只是在有限空间不交,工程上通常也可视之为平行线,尽管与欧氏空间几何原理的平行线定义相去甚远。本书将“绝对相异或理想异构”的讨论都限定在有限时空、有限作用域、有限功能呈现的框架内,后续章节就不再重复强调这一前提了。

6.3.5 容错与容侵关系

尽管异构冗余架构的初衷是避免同构系统潜在的共性问题导致的共模或同态故障，并能对差模失效提供错误容忍能力。然而，我们从 3.4.2 节知道，容侵和容错系统毕竟有所区别，在入侵容忍中很好地结合容错技术并不容易，虽然容错机制一般都具有内生的容侵属性。经典的容侵概念具有两个核心要素：一是具有入侵检测功能，二是具有错误容忍能力。公式化表达有：容侵=入侵检测+异构冗余。同样，容错概念也有相似的公式表达，即容错=故障检测+异构(同构)冗余。直观上，只要能证明入侵检测功能与故障检测功能等价且均具有异构冗余资源，就有容侵等于容错的推论，然而这样的证明往往是不可能的。我们知道，不论入侵检测还是错误检测都是基于先验知识的，检测对象通常都属于已知的未知问题，因此无法做到无遗漏或无差错的检出，而对于未知的未知问题两者则完全不能检出或不能有效检出，这是两者的相同之处。需要指出的是，传统的可靠性问题场景下，无论是差模还是共模故障，抑或偶发性还是永久性失效通常都被认为是随机出现的，且满足某种概率分布，即便是已知的未知模型摄动范围也是可预期的。而容侵应用场景下，相对目标系统而言，即使是可以检测到的攻击行为或攻击效果一般也不适宜用概率形式表达，因为基于未知漏洞后门的“单向透明、里应外合”式的人为攻击，属于不确定性事件。这是容错和容侵的最大区别，从这层意义上说容错绝不可能等于容侵。不过，我们也注意到，当发生未知的未知事件时，无论是入侵检测还是错误检测实际上都处于失能状态，此时上述两个公式就有容错=异构冗余=容侵的表达，且两者的异构冗余资源配置只要满足 $N \geqslant 2f+1$ 纠错条件(N 为异构冗余部件数量，f 是大于 1 的正整数也是允许出现异常或失效的部件数量)。在相同的激励条件下，如果利用择多表决或共识机制(如采用 6.5 节的构造)就可以在不依赖先验知识的情况下发现执行部件输出矢量(包括触发故障、错误、失效时呈现的信息和状态)间的不一致情况，再辅以一定的功能，不难“屏蔽”f 个与众不同的输出矢量，而不必特别关心导致输出矢量差异的原因和性质。换言之，无论是不确定的入侵行为还是随机性的故障失效扰动，只要能影响到异构执行部件的输出矢量且可被择多表决环节感知或定位，则不论是异构冗余的容错系统还是异构冗余的容侵装置，此时在机理上并不存在什么本质区别。从这层意义上不难理解，为什么只要是带有择多表决或共识机制的异构冗余错误容忍系统，通常都具有非鲁棒性的容侵属性。对此，本书后续章节还会重点讨论相关问题。

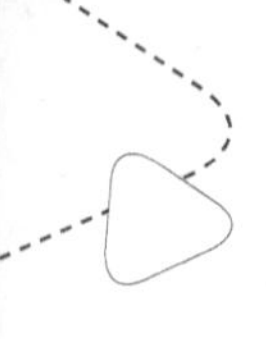

6.4 表决与裁决

6.4.1 择多表决与共识机制

原理上，基于输出矢量的择多表决或共识机制本身只能给出多数相同还是少数相同，或者完全一致还是没有相同情况的判定，并不能区别什么是正常或异常的情况，更不可能直接给出导致输出矢量异常的本源性问题，也就是说处于“只知其然不知所以然”的状态(显然，那些专门设计的错误或故障监测装置或部件不属于该语境的范畴)。由于各异构冗余体在给定功能集上的等价性要求，以及给定工况条件下假定多模输出矢量具有一致性是大概率事件。因而，工程实践上往往设定多数或完全相同的表决结果作为相对正确的结果。这种“有广度、粗粒度”的筛选正是“面防御”所青睐的功能。

但是，我们知道该结果实际上是一种“叠加态”，也就是说，在小概率上存在把异常判定为正常的误判情况，我们称为表决“逃逸现象”(Escape Phenomena，EP)。这是由于无法从理论和实践上判定各个处理空间和算法是否完全独立且在何种条件下绝对相异，所以在预期或给定功能外不可能彻底避免出现完全相同但属于错误输出矢量的可能性。后续章节还会讨论影响和控制逃逸的其他因素。

需要特别指出的是，如果各异构执行体的最大功能交集大于给定的功能交集，大于部分的功能交集我们称之为“暗功能”交集(Dark Feature Set，DFS)，假定用户或目标系统不能有效规避或约束这些暗功能交集的影响，则相对正确公理在此类场景下可能是不成立的。

从以上分析中可以得到一个非常有用的推论，这就是“基于异构冗余架构的择多表决，可以用作不依赖任何先验知识的‘相对正确’应用场景下，高置信度的异常感知算法”，其置信度与功能等价冗余部件数量、输出矢量语义表达空间、多模矢量的表决精细度、表决策略和冗余体间的相异性强相关。

择多表决机制的复杂性与具体应用场景强相关，即使是基于标准接口和规范协议的多模输出矢量的择多判决，在工程实现上也存在不同程度的技术挑战，有时可能要付出很高的代价。经典的三模冗余(Triple Module Redundancy，TMR)投票逻辑如图 6.5 所示。

图 6.5 中，A、B、C 可以是多元矢量，也可以是基于时间的函数，与或运算都是逻辑意义上的操作表达。

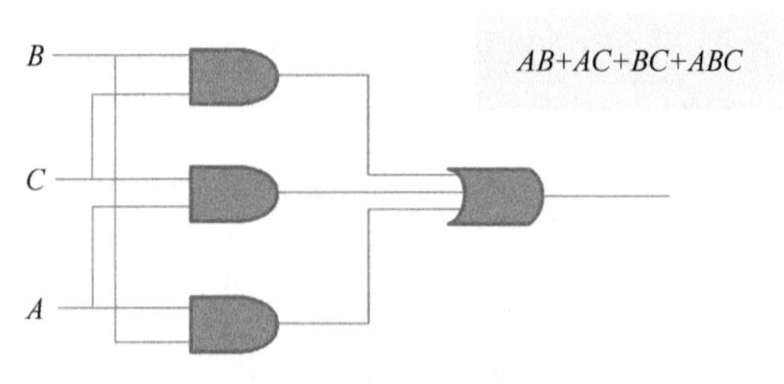

图 6.5 经典三模冗余投票示意图

6.4.2 多模裁决与迭代判决

冗余执行体输出表决技术是容错系统最为核心的技术内容之一。在同构冗余系统中通常采用大数表决或一致性表决算法。异构冗余因为可能存在允许的差异往往需要采用多模裁决算法，例如，sin 函数就有多种精度不同的实现算法，工程上也许只要精确到小数点后 n 位就认为是等价的，而简单的大数表决方式无法适应这种允许偏差或误差结果的判决。再比如，在语义相同语法不同的场景下大数表决算法显然是不适用的。尤其是一些复杂信息系统中存在许多与状态、时间、环境因素相关的功能表达，因而即使同样的软硬件实体的输出信息也可能不一致，导致择多判决几乎不可实施。需要强调的是，即使择多结果为多数状态也不能毫无保留地相信其给定的意义。例如，一个三余度系统，假如裁决状态为 2:1，在人为攻击的情况下有两种解释，一是存在可屏蔽或纠正的差模故障，二是存在有感的共模失效；而当出现 0∶1、1∶0(有两路无输出)或 1∶1、0∶3(两两不一致)情况时，到底认为是差模还是共模故障？因此，有必要策略性地导入迭代判决的机制。我们知道物理性故障通常是关于时间的函数，即使是人为攻击行动也有严格的时间步骤。可能的话，对于一个给定输入激励，可以采用基于时间冗余的迭代判决。即在给定时间内，让异构冗余体集合 n 次响应或重复执行同一个输入激励，在 n 次判决结果的基础上再实施迭代判决。这样做的益处是，可以解脱判决困境，简化偶发性失效的后处理流程，验证稳态故障后再启动异常处理流程，或者通过迭代判决选择置信度最高的输出矢量作为系统输出。需要强调的是，有必要对每个执行体或场景的历史表现进行置信度参数统计，当迭代判决过程中引用这些参数时就相当于在时空维度上构建了一个负反馈机制，使单一的择多判决增加了与历史表现强相关的迭代意义。此外，鉴于攻防博弈复杂的对抗性要求，工程实现上往往会在大数表决的基础上引入当前安全态势、系统资源状况、受攻击的频率、各执行体的历史表现等加权参数参与判决，或者针对不同情况提供可供选择的多样化表决策略，乃至直接利用检测装置的预警或报警信息进行选择，作者称之为多模裁决(Multimode Ruling，MR)。可能采用的多模裁决方式有复数表决、最大近似表决、带权重表决、掩码表决、基于历史信息的大数表决、快速表决、监视表决、拜占庭将军投票、基于人工智能的高级判决等。需要强调的是：①多模裁决不仅具有多样性的判决算法而且具有调用相应算法的时空迭代收敛机制；②多模裁决对象可以是文件块、数据包，也可以是由前者生成的哈希值或校验和，或者与其强相关的各种数据及状态信息等。

6.5 非相似余度架构

正如前文所述，非冗余架构(Non-redundant Structure，NRS)，容易被单点故障颠覆，而且由于静态性、相似性和确定性等固有属性难以应对基于内生安全问题的人为攻击。虽然人们已经发展出以入侵检测、入侵预防、入侵隔离等为代表的一系列附加式防御技术和方法，但解决问题的思路仍停留在关于攻击者先验知识或行为特征感知的主/被动防御层面，难以有效抵御利用内生安全问题发起的不确定性攻击，对诸如高级持续性威胁(Advanced Persistent Threat，APT)等隐匿渗透式网络入侵也缺乏实时发现的手段。

为了改善非冗余架构的可靠性，先后发展了容错技术和可生存技术。其中，容错系统以同构/异构冗余架构技术为基础，包括相似余度架构(主备用、M+N备份)和非相似余度架构(Dissimilar Redundant Structure，DRS)，能够有效应对软硬件随机性故障导致的可靠性问题，可显著提升目标系统的鲁棒性。

1)余度技术

对于一些安全性要求很高的应用，例如飞行控制器、高铁行车系统、核电站运行系统等，为了提高计算处理系统的可靠性，应从软件和硬件架构上采取专门的措施[4]。对于硬件的随机性物理故障，通常采用余度技术，即同一个程序在N个完全相同的硬件环境上运行，这对于提高目标系统硬件的可靠性十分有效[5,6]。但是，如果发生软硬件设计或规范理解等错误时，仅用简单的资源重复达不到容错的目的，因为这些错误会导致同一时刻对同一操作对象或工作单元产生相同的故障结果(同态或共模故障)，用各余度之间的交叉监控的方法来检测或隔离这种错误在机理上无效，且目标系统本身会因为各处理环境的输出结果相同而误认为余度功能正常，从而可能导致灾难性的后果。

2)非相似余度架构

非相似余度架构的抽象模型如图6.6所示。显然，其与TRA公理的逻辑表达形式几乎无差别。

注：A_i（i=1,2,⋯,n）表示功能等价的异构执行体且提供正常功能为大概率事件，S_i（i=1,2,⋯,n）表示对应执行体中可能存在的设计缺陷，对于输入 x，各执行体的运算结果经过多模表决而输出。

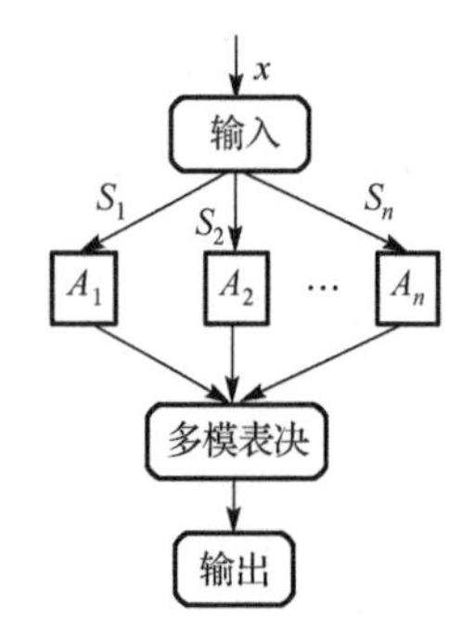

图 6.6　非相似余度架构

其容错功能的理论基础是“独立开发的系统发生共性设计缺陷导致共模故障情况的概率很低”的公知。为确保异构软硬件的独立设计和开发，相关公司采用了极为严格的工程和技术管理手段与方法，选拔教育背景、工程背景甚至文化背景不同且完全独立的研发团队，使用不同的开发语言、不同的开发工具，构建不同的处理环境，期望从管理和技术两个层面使各个余度功能体间的相异性尽可能大，以达到尽力避免或抑制共模故障发生的目的[7,8]。显然，这种强化的异构设计更依赖技术管理和过程监管的有效性，核心是保证各功能等价独立部件中的未知设计缺陷具有不相互重合的性质，以交叉研判机制对发生的故障进行检测、隔离和定位并在可能的情况下进行可用资源重组。工程实践表明，基于非相似余度架构 DRS 设计的系统，其可靠性等级相对非冗余或同构冗余构造的系统而言可获得指数量级的提升。同时也说明 DRS 的设计原则与工程方法，不仅对抑制目标对象的共性缺陷和错误有效，同时对管控设计工具和开发环境可能引入的共性问题也是有效的。不过，其容错能力的理论界为 $f \leqslant (N-1)/2$。

非相似余度构造 40 多年应用历史已经证明，此方法可以有效检测、定位和隔离“已知的未知”或“未知的未知”故障，结合一定的预清洗或恢复机制，目标对象系统能够获得非常高的可靠性。有资料表明[9]，波音 777 客机的飞控系统失效率可以低于 10^{-11}，F16 战斗机飞控系统的失效率也可低于 10^{-8}。同时，证明 DRS 架构系统能够大大减少产品验证和确认的时间与费用，有利于加快产品入市的步伐。图 6.7～图 6.9 是关于 B777 非相似余度飞控系统的框图[9]，图 6.10 是基于 Petri 网的故障分析模型。

遗憾的是，目前相异性设计尚未达到科学化的定量程度，即无法精确保证给定的功能交集正好等于系统的最大功能交集，一旦后者功能集合大于前者，则不期望的暗功能交集将不可避免（实践经验表明，大多数情况下的确如此），这方面还有不少的理论和技术问题有待深入研究。所以，实际运用中只能通过苛刻的工程管理来保证“非同源性”的实现，于是造成 DRS 系统的设计、制造和维护等方面的成本代价居高不下，往往限制了其普适性应用价值。

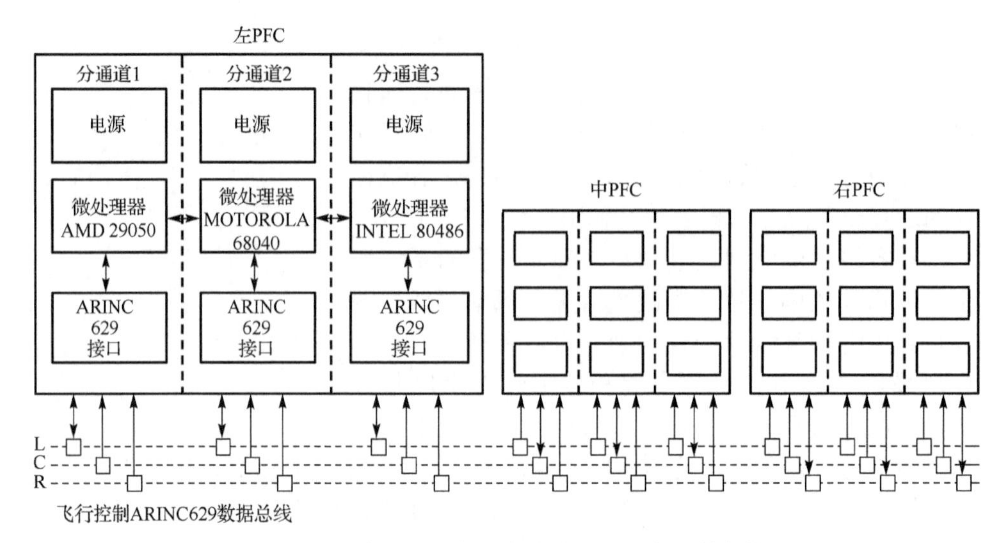

图 6.7　B777 客机 3×3 非相似余度飞行控制计算机构架

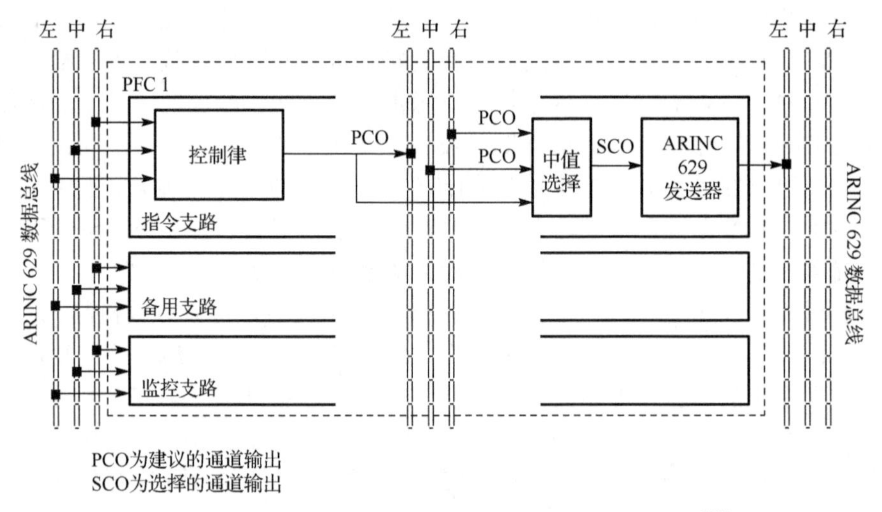

图 6.8　B777 主飞控计算机关键输出指令生成过程图[10]

3）可生存技术

美国卡内基·梅隆大学软件工程研究所（Software Engineering Institute，SEI）研究小组给出了可生存性定义[5]：指系统在遭受外界非法攻击、自身故障或者事故对自身所产生的一些可逆、不可逆影响时，仍然能够及时完成分配的关键任务以及外界服务请求的能力的度量值。目前用于开发可生存系统的技术主要包括：自适应重新配置；多样性冗余；实时入侵监控、检测和响应；入侵容忍，

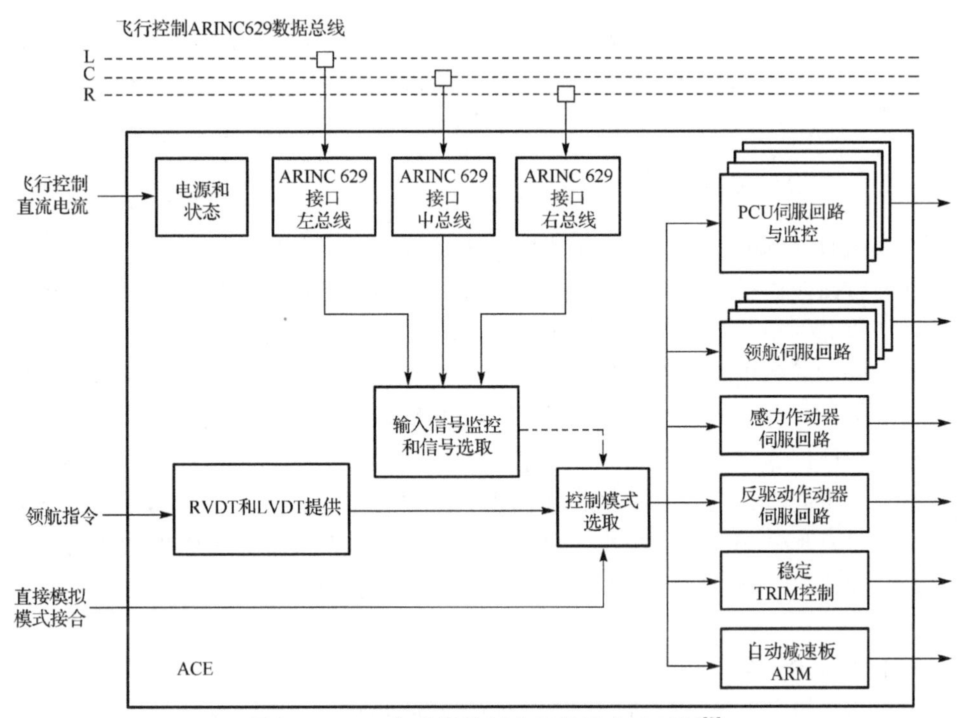

图 6.9 B777 作动器控制电子装置表决示例[9]

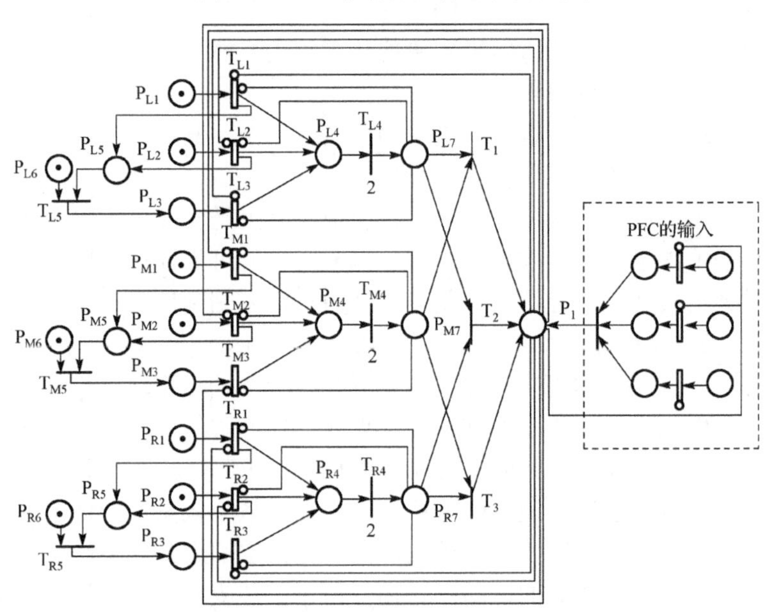

图 6.10 飞控计算机故障行为的 GSPN 模型

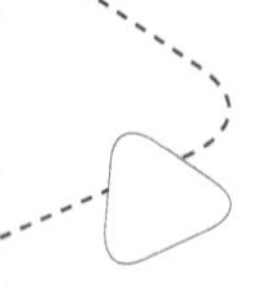

以性能和功能折中换取安全性；增强型内核；访问控制；隔离控制等。容错和可生存防御建立在对攻击特征感知的全面性与及时性基础之上，对于利用目标对象内生安全问题等发起的不确定性攻击，无法保持系统的稳定鲁棒性与品质鲁棒性。

6.5.1 DRS 容侵属性分析

DRS 属于用构造技术提高可靠性的经典之作，其核心机制是将支路的不确定性失效问题通过异构冗余物理架构转换成系统失效概率可控的可靠性事件。这给了我们一个重要启示：能否在不依赖失效或故障检测条件下(实际上，对于未知的未知威胁也不存在可以依赖的先验知识或检测手段)，仅利用异构冗余资源和输出矢量择多表决机制能否将不确定威胁问题转换为可感知且概率可控的可靠性事件。尽管理性的认知告诉我们，不确定性失效与不确定性威胁的数学性质完全不同，前者具有随机性质而后者纯粹是蓄意行为所致，似乎不存在同一性问题。本章 6.3.5 节指出，异构容错机制一般具有非鲁棒性的内生容侵属性，而 DRS 则是典型的异构容错构造，因此对其容侵属性进行深入探讨将是有益的。

正如前述章节所述，由于入侵检测 IDS 通常需要有先验知识的支持，因而对于“不知道”行为和特征信息的不确定威胁实际上也是无法检出的。不少研究者都试图分析在 IDS 失能情况下，DRS 架构本身对这种不确定攻击，其内生的容侵机制会有何种反应，能否给出定量的分析结论，然而无一不受困于“人为的蓄意攻击不属于随机性事件而无法用概率工具来研究”这一棘手问题。尽管研究者们不断地发掘架构在运行状态中的随机性因素，例如，基于入侵检测的触发条件、状态转移的场景条件、运行环境的动态机制甚至操作响应时延方面的差异等，力图找出人为攻击在 DRS 系统中实际上是受随机因素影响的依据，期望能将基于内生安全问题的攻击归一化为广义的可靠性扰动问题，以便借助相关数学工具实现定量分析。但是，迄今为止，未见到任何有说服力的学术论文或专利文献。

作者认为，DRS 架构内每个功能等价的异构执行体，尽管理论上都可能存在已知或未知的内生安全问题，但是相异性设计和环境条件差异使它们作为攻击资源的可利用性很可能各不相同，而且漏洞的“可视性”、攻击代码的可达性以及病毒木马触发机制或内外通联的方式，以及记忆系统状态保持情况通常也会随宿主或运行环境因素而改变。理论上，只要在给定约束条件下确保功能等价异构冗余部件间是完全独立的，即不存在任何相关性或协同性，那么就很难用相同或不相同的攻击手段协同地作用于所有的执行体并产生完全一致的异常输出矢量。换言之，在满足“输入-处理-输出”(以下简称 I【P】O)模型条件下,只要把异构执行体的输出响应矢量的数学表达(而不是通常的错误检测环节的警报信息，如奇偶校验状态等)作为择多表决对象，那么不论什么样的攻击，只有造成“全部或多数异构执行体输出矢量出现完全一致错误”的状况才能达成共模逃逸目标，否则任何个性化的差模攻击都是可感知的且能用概率的方法来表达。这就好比精确射击比赛，考核的不仅是上靶环数，更强调弹着点的分布要足够小，极端情况下也许要考核有多少子弹能从同一个弹孔穿过的情况。对于一个特等射手来说，能上靶这件事或许不存在概率问题，但要使弹着点分布在某一给定区域内或使多数乃至所有子弹能从同一弹孔中穿过，就绝对是概率问题了。这个例子说明，目标判决精细程度越高，需要操作的协同一致性就越强，目标系统出现共模逃逸状态的概率就越低。正是因为 DRS 固有的异构冗余特性和择多表决机制，使得针对某个执行体漏洞后门等的确定性攻击结果由于难以影响参与表决的其他执行体的输出矢量表达，只能被作为差模故障感知且可被容错机制纠错或屏蔽，除非攻击者能够组织起跨异构执行体的协同攻击并能获得多数或完全一致的输出矢量，或者通过试错攻击方法最终达成 $f>(N-1)/2$ 攻击效果。从哲学原理与工程实现意义上说，由于无法保证“绝对的相异度”,所以即使采用了异构冗余和择多表决机制也无法彻底避免 n 路输出矢量同时出现完全或多数一致错误的可能(因为理论上只要存在暗功能交集就难以避免)，但相对而言这终究属于小概率事件。不过，这个概率与输出矢量语义丰度(l)、执行体间的异构性(h)、冗余体配置数量(n)以及择多表决策略(v)等具有强相关性，因而适当地选择这些参数实现概率可控的工程化目标是可能的。

在理想的 DRS 构造中，除相同的输入激励外，n 个异构冗余执行体间应当不存在其他可交互或可协同的机制，这是确保多模共识表决造成指数量级协同攻击难度的首要前提。因为任何基于内生安全问题的攻击都很难保证在 DRS 架构内,“去协同化”或非配合条件下，服务集 n 的多模输出矢量在时间上、内容上甚至行为上同时出现多数或完全一致的错误。而且 n 越大，执行体间异构度越大，协同攻击的时间一致性要求越高，输出矢量所包含的语义越丰富，同时出现相同或多数相同错误的概率($\varepsilon(l, h, n, t, \cdots)$，简记为 ε)就越小，实现协同攻击的难度就越大(与区块链技术中用共识机制保证数据块操作可信度的原理相似)。

对于一个给定的 DRS 系统，其执行体间的异构性(h)、冗余体配置数量(n)通常是确定的，而输出矢量语义丰度(l)则可以通过内容复杂度及其比特位长度在二维空间的拓展来增加共模逃逸难度。于是，ε 实际上也就转变为输出矢量

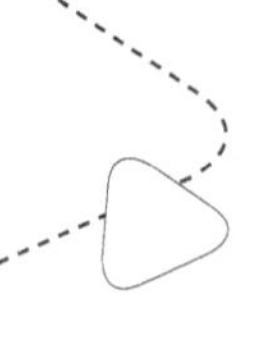

的长度、内容，以及各异构执行体输出时间的三维判决空间的逃逸概率，等同于 n 个执行体的错误输出矢量表达刚好落在三维判决空间中同一个错误点上的概率。这就如同要求一个狙击手将射出的所有子弹都能从同一个弹孔中穿过的情景一样。显然，这是一个小概率事件。

此外，在攻击链的任何阶段上，凡是涉及 I【P】O 界面进行交互的情景，无一例外地要经过共识机制表决，一旦发生不一致(也包括误判)情况，采取以下措施都可能立即阻断当前的攻击进程。

(1) 被判异常的执行体立即下线清洗或实施相关等级的初始化；

(2) 被判异常的执行体进行状态卷回操作；

(3) 用处于备份状态的执行体更换异常执行体。

毫无疑问，一个由多次内外交互操作，如经典的“滴血”攻击行动，若要达成最终攻击任务要求，必须保证涉及择多表决环节的所有操作都能实现非配合条件下的协同逃逸，且在整个过程中“不允许试错，不能有失误”，这将迫使攻击者面对指数量级难度挑战。

因此，作者认为 DRS 的容错特性不仅可以保证系统功能的健壮性或柔韧性(弹性)，而且具有相当程度的容侵特质。该特质来源于“在异构冗余空间中，非配合条件下的多元目标协同一致的攻击难度”。换言之，该难度可以表示为构造内同时出现多模输出矢量完全一致或多数一致错误的概率。因此，这种容侵能力是“内生的”，是 DRS 构造效应决定的，且不依赖于任何关于攻击者的先验知识和行为特征。DRS 的这种容侵机理有点类似于脊椎动物的非特异性免疫机制[6,7]，其免疫能力是由生物遗传机制决定的，具有“通杀”所有入侵抗原的特性，且不依赖关于病毒、细菌等抗原的先验知识(据推测，这种敌我识别机制可能与吞噬细胞与被吞噬颗粒(抗原)之间的表面亲水性差异有关，具体细节未见研究报告披露。作者“跨界猜测”可能极为类似“指纹比对”的方式)。

于是，另一种风险也就无法避免，因为比对的“指纹信息”出现差错或者样本不充分就可能发生漏判或错判的情形，此时，后天性的特异性免疫也就成为不可或缺的互补机制了。从逻辑上说，DRS 的这种容侵能力与择多比对或匹配内容的语义语法应当无关，无论是已知的还是未知的攻击行动只要能以差模方式反映到输出矢量层面就能被感知或察觉。

尽管 DRS 构造具有不依赖攻击者先验知识和行为特征的容侵基因，但本质上仍然是静态的和确定的，其运作机制也是相似的。从安全防御意义上说，DRS 仍具有“防御环境的可探测性和防御行为的可预测性”。假定攻击者拥有或掌握了 DRS 构造内场景信息或实施攻击所需的资源，就可以通过试错或排除法逐个攻陷或掌控相关执行体，最终导致$f>(N-1)/2$的崩溃场景，或者利用同源后门等暗功能造成择多机制不能感知的攻击逃逸。换句话说，DRS 容侵属性不具有“时不变”特性或稳定鲁棒性。尤为严重的是，一旦实现共模逃逸，攻击者的经验和知识可继承、可复制，能够随时对目标系统准确地重现攻击效果，此时的 DRS 构造无任何反应就如同被破译的密码一样，失去了任何的容错和容侵功能。

总之，非相似余度容侵能力的本质是将单一空间共享资源机制下的静态目标攻击难度，通过 DRS 构造的多模输出矢量共识机制转变为非配合条件下对静态多元执行体协同一致的攻击难度。对此可归纳出五个重要认知：一是能非线性地降低对目标系统的成功攻击概率；二是既不用区分已知还是未知攻击也不用甄别是外部还是内部的攻击；三是 DRS 构架能够适当降低单个部件或构件可靠性方面的要求，因为系统安全增益存在来自构造层面的内生效应，对于软硬构件的可靠性要求不太苛刻，不像非冗余、其他冗余系统那样与附加防御或保护措施的有效性强相关；四是 DRS 构架的静态性和确定性使得攻击者可以利用其内生安全问题实施试错或待机战术达成攻击逃逸目的，其容侵属性不具有稳定鲁棒性或“信息熵不减”的特性(按照香农信息熵定义就是不确定度不减少；按照热力学定义，一个具有可逆过程的孤立系统熵不减)；五是攻击者一旦控制了多数执行体，DRS 容侵和容错属性乃至基本功能都可能丧失且始终处于“城门洞开”的状态。

6.5.2 DRS 内生安全效应归纳

从以上分析中可以对 DRS 内生安全效应或特性归纳如下：

(1) 对于差模攻击或失效或偶发性故障，只要处于错误状态的执行体数量$f\leqslant(n-1)/2$，DRS 的安全效应就是确定的；

(2) DRS 使得已知或未知入侵必须具有协同攻击多个不同异构执行体的能力；

(3) 多模输出矢量择多表决机制使得已知或未知入侵，必须产生与表决策略完全匹配、时空一致性的协同攻击效果(共模逃逸)；

(4) DRS 内生的容侵效应不以任何攻击者信息或行为特征等先验知识为前提；

(5) 随着输出矢量语义或信息丰度和表决精细程度的增加将使多元目标协同攻击成功率呈指数量级衰减；

(6) 执行体有无实时清洗恢复机制以及问题规避动态转移能力关系到容侵效应的可保持性；

(7) 攻击者一旦能实现共模逃逸，则可以长时间维持这种态势。

由此不难推论，增加余度数 n 可以非线性地提高系统的安全性；增加执行体间相异性 h 和输出矢量信息丰度 l 可以指数量级地降低出现一致性错误的概率(这里的信息丰度是指异构执行体输出矢量的语义复杂度和比特位长度)；多模择多表决机制 v 迫使攻击者必须在非配合条件下，面对破解多个不同类型子目标实现协同一致攻击效果的难题。显然，DRS 使攻击难度和攻击成本相对于传统静态、确定和相似的系统发生了根本性转变，呈现出指数量级的增长趋势。正如欧氏空间三角形的几何稳定性取决于三个内角之和等于 180° 一样，DRS 的容侵效应也源自其基于择多表决的多元异构冗余构造和机制，附加的检测与防护因素虽非必要但可以等效地增强执行体间的相异度，也即 DRS 在构造和机理上能够自然地接纳或继承安全技术的历史遗产或最新进步成果。

但是，DRS 容侵效应在理论和实践上仍受制于架构本身的静态性、确定性和相似性等基因缺陷的影响，因而不仅能被内部的后门功能或基于漏洞的试错或盲攻击所瓦解，使得容侵效力难以可持续维系，甚至可能为攻击者借助“系统指纹”或侧信道资源实现敏感信息的“隧道穿越”提供便利，本章 6.5.4 节有专门的讨论。

6.5.3 异构冗余的层次化效应

一个复杂信息系统往往由层次化的软硬构件组成。例如一个核心路由器一般由 4 个平面组成，如图 6.11 所示。越是下层平面上的漏洞后门危害越大。诸如 2017 年 6 月，谷歌安全团队发现的 Meltdown(熔断)漏洞以及 Spectre (幽灵)漏洞就是 CPU 基本架构的漏洞。2018 年 1 月 3 日，英特尔公布了受影响的处理器产品清单，甚至可能要追溯到 1995 年以来的 CPU 产品。其后，全球其他主要 CPU 芯片厂商纷纷发声：2018 年 1 月 4 日，IBM 公布这一漏洞对 POWER 系列处理器的潜在影响；1 月 5 日，ARM 承认其芯片存在类似的安全漏洞，可能对安卓 OS 设备有影响；1 月 5 日，AMD 发布官方声明，承认部分处理器也存在类似的安全漏洞；1 月 5 日，高通公司声称正在修复相关漏洞，但未指明受影响芯片。这一 IC 领域的安全事件几乎影响到了包括笔记本电脑、台式机、智能手机、平板电脑和互联网服务器在内的所有硬件设备。更为严重的是，巧妙地利用“熔断”漏洞可以洞穿 Windows、Linux、Mac OS 等操作系统设下的各种安全防护措施，灵活地运用“幽灵”漏洞还可以悄无声息地穿透操作系统内核的自我保护，从用户运行空间里读取到操作系统内核空间的数据。有研究者称，若要修复这一漏洞起码要损失 30%左右的 CPU 性能。即使退一万步说，没有“熔断”或“幽灵”漏洞，现代高性能 CPU 通常也有数百万行乃至数千万行甚至可达上亿行硬件代码之巨。其中的设计漏洞肯定不在少数。尤其在全球专业化分工已经深入到 IC 芯片设计、制程、封装层面的情况下，设计中引入可重用的 IP 核是基本开发模式。据统计，一颗高性能 CPU 中至少要有七八十个 IP 核，实力超强的大公司至少也会有二三十个 IP 核需要外购。因而在整个设计链中“被后门”的情况，理论和实践上都无法彻底避免。

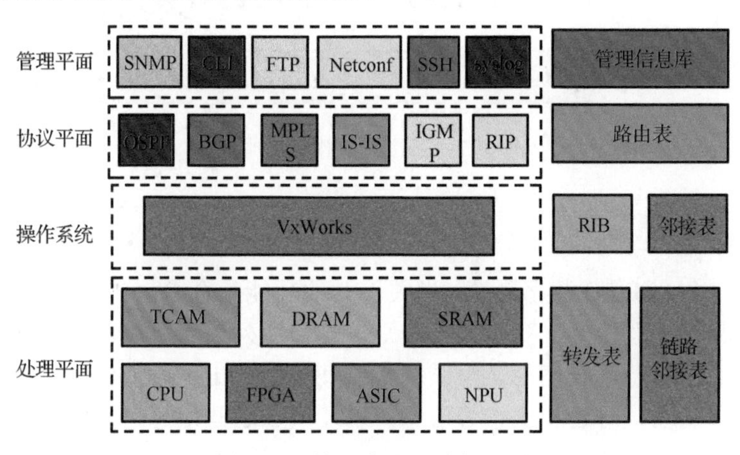

图 6.11 核心路由器功能平面

上述事件说明，如果底层的硬件存在漏洞后门，则操作系统的任何安全措施都将是不可靠的。同理，如果操作系统存在内生安全问题，即使应用软件或者底层硬件运用再多的防护技术也很难达成期望的安全功效。作者以为，在同一个层次化构造(图 6.11)和共享资源环境内采取的安全措施，对于未知漏洞后门的防范作用都是十分有限的，因为这些安全措施既无法证明自身的可信性，更不可能彻底消除被保护对象软硬件层面的安全威胁，加之各个层次的强关联性导致任何层面上的漏洞后门都可能影响系统的整体安全性。正因为如此，若能克服容侵属性缺乏稳定鲁棒性问题，DRS 构造和层次化异构冗余部署模式似乎可以按照图 6.12 方案实施。

不过，一个无法回避的代价问题就是，DRS 容侵属性不仅要求功能等价异构执行体间不存在完全相同的漏洞后门，而且要求各异构执行体对应的层级上也要避免使用同宗同源的软硬构件。显然， 如此苛刻的异构性部署方案在工程实践上往往是很难实现的。

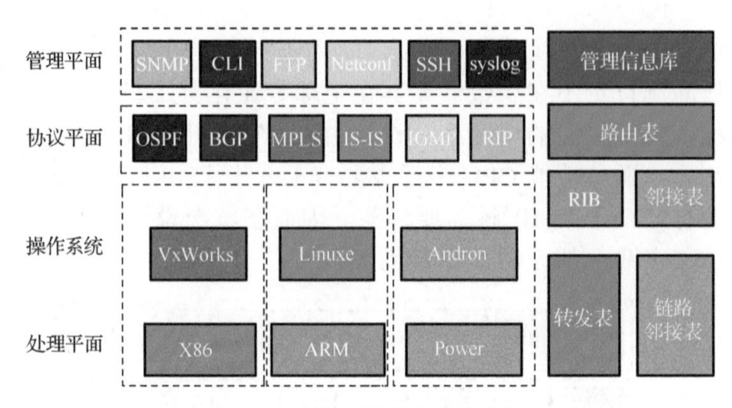

图 6.12　路由器异构功能平面

6.5.4　系统指纹与隧道穿越

对于一个 I【P】O 数字系统，当关于 P 的功能集合 $P_{i_1}=P_{i_2},i_1,i_2\in\{1,2,\cdots,i\}$ 保持不变情况下，理论上，变化输入激励信息和序列关系可以在输出端得到关于 P 的全部响应信息，我们称之为系统指纹(System-Fingerprint，ST)，包括正常响应、异常响应、时延和状态等信息，以及关于这些信息之间的时间和逻辑的关联性认知。

隧道穿越(Tunnel-Through，TT)是指，攻击者通过运行已植入的恶意代码获得冗余部件 A_i 中的敏感信息 S，或者冗余部件的控制权限，再调制 A_i 输出矢量的响应时延或者输出矢量的正常与异常状态等，在不改变输出矢量任何信息比特或输入/输出合规响应情况下，利用择多表决算法的一致性要求和允许的窗口时间将敏感信息 S，通过 A_i 输出矢量时延或状态的变化影响表决器的输出响应时间或结果，从而使敏感信息 S 借助 I【P】O 机制隧道穿越到表决器外部。例如，一个有 A_1、A_2、A_3 三个异构冗余部件的 DRS 系统，如果攻击者测出系统正常输出响应时延范围在 5ms 左右，并通过 A_i 中植入的木马程序检测到表决器的时间窗口为 30ms 左右。于是，如果约定从表决器外侧接收到响应时延为 20ms 的输出矢量时代表比特“1”，而接收到 5ms 响应时延的输出矢量时代表比特“0”，则以隧道穿越形式发送一个长度为 M 个比特的敏感信息 S 最多只需要 $M+n$ 次(n 可能包括同步和校验所需的信息位)请求–响应。此时，即使当前运行环境内只有执行体 A_i 被控，只要采用的是严格一致的表决策略且假定其他冗余体都工作正常，则 A_i 中的病毒木马仅靠自身能力就可以达成调控表决器工作状态的目的。同理，如果除 A_i 外的其他冗余体都处于正常的工作状态，则

A_i 中的病毒木马只要能控制 A_i 输出矢量的正常与否，也可以将敏感信息 S 通过 $M+n$ 次请求-响应而穿过表决器。例如，攻击者设定，凡是在传送 S 中为“1”的比特位时就让 A_i 输出非正常的矢量信息导致表决器无输出，而当比特位为“0”时就让 A_i 正常响应，此时假如其他冗余体也有完全相同的输出，则从表决器外侧就能够获得正常的输出矢量。这样，只要经过 $M+n$ 次请求-响应就能根据表决器输出状态将敏感信息 S“解调”出来。尽管这种类似“侧信道”攻击的方式不适用于发送大量信息的场合，但是对于隐蔽发送诸如口令字、密钥之类敏感信息已足够用了。

需要特别强调的是，上述隧道穿越举例中的后一种情况是 DRS 架构固有的安全缺陷，且属于可复现问题。而前一种情况则是一种特殊形态的侧信道攻击，仅仅依靠多模输出矢量择多表决策略难以达成自然免疫目的。

6.5.5　鲁棒控制与广义不确定扰动

上面讨论了 DRS 的容侵属性，本节则从鲁棒控制的角度思考本章开头提出的问题，即将目标系统设计缺陷导致的各种不确定失效问题归一化为可用架构技术处理的不确定扰动问题，以便使系统获得服务和控制功能的稳定鲁棒性与品质鲁棒性。当然，这里所指的不确定扰动既包括传统控制系统面临的各种零部件的物理性不确定失效或者软硬件设计缺陷导致的不确定性故障，也包括针对目标系统内生安全问题实施的人为扰动(隧道穿越或停机致瘫攻击除外)，相对于传统控制系统中的物理性或逻辑性扰动而言，我们将此统称为“广义不确定扰动”(Generalized Uncertain Disturbance，GUD)。

对于自然因素引发的不确定扰动已经发展出不少有效的抑制技术或管控机制，例如各种冗余备份、编码纠错、分布部署等可靠性构造与方法，但对基于目标对象内生安全问题的人为不确定扰动，迄今尚无合适的应对技术与方法来保障 DRS 构造的稳定鲁棒性。

随着信息化、工业互联网以及数字经济的不断深入发展，控制系统从集中式走向分布式，从内部网络互联到必须接驳互联网，从封闭开发走向开放开源创新，从自动化走向智能化、智慧化，从 Intranet 封闭部署方式走向开放的“云-网-端”移动办公模式，传统的基于防火墙等附加安全设施的边界防御“被模糊”，进而凸显出基于系统内生安全问题的网络攻击引起的广义鲁棒控制新挑战。大量的网络安全事件分析结果表明，目前网络空间严峻的安全态势，很大程度上是由于网络元素或软硬件设备缺乏解决鲁棒控制新问题的理论和方法所致。

鲁棒性(robustness)概念原属统计学中的一个专门术语，20 世纪 70 年代初开始在控制理论的研究中流行起来，用以表征控制系统对特性或参数扰动的不敏感性。通常地，所谓鲁棒性是指控制对象在一定范围内变化时，它能在某种程度上保持系统的稳定性或动态性的能力[11,12]。当系统中存在模型摄动或随机干扰等不确定性因素时，仍能保持满意功能品质的控制理论和方法称为鲁棒控制。稳定裕度的概念可以反映系统抗模型摄动的能力。鲁棒控制方法适用于稳定性和可靠性作为首要目标的应用。根据鲁棒性能的不同定义，可分为稳定鲁棒性和性能或品质鲁棒性。前者是指一个控制系统当其模型参数发生大幅度变化或结构发生变化时保持渐近稳定的程度，后者是指不确定因素扰动下系统的品质指标能否保持在某个许可范围内的能力。

一个反馈控制系统如果具有鲁棒性，是指这个反馈控制系统在某一类特定的不确定性条件下具有使稳定性、渐近调节和动态特性保持不变的属性，也就是该反馈控制系统具有承受此类不确定性影响的能力[13]。通常，控制系统的鲁棒性贯穿着稳定性、渐近调节和动态特性方面的内容：鲁棒稳定性是指在一组不确定性因素的作用下仍然能够保证反馈控制系统稳定性的能力；鲁棒渐近调节是指在一组不确定性因素的影响下仍然可以实现反馈控制系统渐近调节的功能；鲁棒动态特性通常称为灵敏度特性，即要求动态特性不受不确定性因素的影响。其中，鲁棒渐近调节和鲁棒动态特性反映了控制系统的鲁棒性能要求。

鲁棒控制有狭义和广义之分，狭义鲁棒控制是使控制器对模型不确定性(包括外界扰动、参数扰动等)的灵敏度最小来保持系统原有的性能，而广义鲁棒控制则是指所有用确定的控制器来应对包含不确定性因素的系统的控制算法。需要特别指出的是，由于针对目标对象的“已知的未知安全风险或未知的未知安全威胁”，其作用机理和动态过程已知且影响范围可预估(例如，攻击者的目标就是获取敏感信息、修改或删除重要信息等)，故而即使将目标对象内部随机性扰动或不确定性威胁扰动一并纳入鲁棒控制范畴，也不违反鲁棒控制给定的约束条件。

文献[12]给出的鲁棒概念的正式描述为：假定对象的数学模型属于一个集合 F，考察反馈系统的某些特性(例如内部稳定性)，给定一个控制器 K，若集合 F 中的每一个对象都能保持这种特性成立，则称该控制器对此特性是鲁棒的。理解传统意义的鲁棒控制系统，需要描述对象的不确定性，正是由于不确定性的存在，迄今尚无任何一个物理系统可以用准确的数学模型进行描述。控制论中常用的典型对象模型的基本形式为：$y=(P+\Delta)u+n$。其中 y 是输出，P 是标称对象的传递函数，模型的不确定性以两种形式出现：

(1) n——未知噪声或干扰；

(2) Δ——未知对象的摄动。

由于不确定的存在，因而一个输入u可能会产生一个输出集合。

需要强调指出的是，鲁棒控制要求具备如下约束条件：

(1)控制过程的动态特性已知且不确定因素的变化范围可以预估；

(2)不确定因素可测量，能与期望值相比较，可用比较误差纠正调节控制系统的响应。

基于漏洞后门等的不确定扰动尽管满足鲁棒控制约束条件，即“原理已知、过程属性已知”，“可能的影响范围可以预估”。但是，其难点是如何才能测量出广义不确定扰动并获得比较误差进而可调节控制系统的响应？控制系统需要有怎样的误差调节算法才能缩短系统响应时间？目标对象应当具有什么样的问题规避或异常卷回能力才能使误差消除成为可能？在基于构造内生安全问题的蓄意攻击条件下，如何保证构造功能的稳定鲁棒性与品质鲁棒性？等等。因此，能否实现包括人为扰动在内的广义不确定扰动测量感知、误差获得和偏差纠正就成为鲁棒控制需要面对的新挑战。

一般来说，当在$f \leqslant (n-1)/2$约束条件下，DRS 构造对于随机性差模扰动具有很强的抑制能力(详见 9.5 节)。但是，对基于构造内生安全问题的不确定威胁，正如 6.7 节抗攻击性分析那样，其防御功能既不具备稳定鲁棒性也不具备品质鲁棒性。定性分析原因有四：一是 DRS 构造的静态性、确定性和相似性决定了攻击者只要拥有一定的攻击资源(例如可掌控的 0day 漏洞后门或病毒木马等)，就可以在目标执行体上任意复现期望的攻击结果；二是如果这种能力使得处于异常状态的执行体数量超过$f \leqslant (n-1)/2$，DRS 构造功能将全部坍塌；三是择多判决算法无法感知以共模形态存在的攻击逃逸事件；四是当执行体普遍“有毒带菌”情况下，偏差纠正操作的有效性将无法确认。

显然，DRS 的鲁棒控制对广义不确定扰动缺乏稳定管控能力。

6.6　抗攻击性建模

德国学者 Petri 在 20 世纪 60 年代提出了 Petri 网(Petri Net，PN)的概念[14]，Petri 网在逻辑层次上适用于对离散事件动态系统进行建模和分析，可用来描述系统中进程或部件的顺序、并发、冲突以及同步等关系。经过多年的发展，经典 Petri 网及 Petri 网扩展模型的研究都有了长足的进步，已形成具有严密数学基础、多种抽象层次的通用网论，并在许多领域都得到了应用，如通信协议、系统性能评估、自动控制、柔性制造系统、分布式数据库和决策建模等，已逐渐成为相关各学科的“通用语言”。

Petri 网采用位置(Place)、变迁(Transition)、弧(Arc)的连接来表示系统的静态功能和结构，同时，在随机 Petri 网模型中自含执行控制机制，它通过变迁的实施和标记(Token)在位置中分布的改变来描述系统的动态行为。只要满足给定的条件或约束，其模型将会自动地进行状态转换，这种因果关系作用下的推演过程正好体现了系统的动态行为特征。

本节给出的模型和方法能够用来分析信息系统架构的鲁棒性、可用性和抗攻击性，主要采用 Petri 网理论进行分析研究，并利用广义随机 Petri 网模型的可达图与连续时间马尔可夫链具有同构性的特点，得到目标系统抗攻击性和可靠性的定量分析结论。

首先基于广义随机 Petri 网(General Stochastic Petri Net，GSPN)建立非冗余架构、非相似余度架构的典型信息系统架构抗攻击性模型，然后利用 GSPN 模型的可达图与连续时间马尔可夫链(Continuous-Time Markov Chain，CTMC)同构特性，量化分析系统的稳态概率。为了给非冗余、非相似余度典型信息系统架构建立一种基于 GSPN 的普适性分析方法，使用 3 个抗攻击性指标(稳态可用概率、稳态逃逸概率和稳态非特异性感知概率)和 3 类参数(故障速率 λ、输出矢量相异度参数 σ 和恢复速率 μ)对目标架构的抗攻击性进行归一化建模和分析，相关结论与方法能够为高可靠、高可信、高可用的鲁棒性信息系统的设计提供有意义的指导。

6.6.1 GSPN 模型

在一个 PN 模型中，标记在位置中的动态变化能表示出系统不同的状态。假如一个位置表达一个条件，那么它能包含或不包括标记，当一个标记出现在该位置，条件为真；否则，为假；假如一个位置表达一个状态，那么在该位置中的标记个数规定了该状态。PN 模型中动态行为的实施规则如下：

(1) 当某个变迁的输入位置(通过弧连接到这个变迁，且弧的方向指向变迁)至少包括一个标记时，该变迁可能会实施，即变迁为可实施变迁；

(2) 一个可实施变迁的实施将导致它所有的输入位置中的标记都减少一个，且它的所有输出位置(通过弧连接到此变迁，且弧的方向指向位置)中会增加一个标记；

(3) 当弧的弧权值大于 1 时，变迁的实施需要在变迁所有输入位置中都要包括至少等于连接弧权的标记个数，且变迁的实施会根据相连接的弧权，在所有的输出位置中产生相应的标记个数。

根据PN的基本结构和动态行为实施规则，PN系统的定义如下：

(1) (S,T,F)为一个网，S为位置/状态，T为变迁，F为弧。

(2) K：$S \to N+ \cup \{\infty\}$是位置容量函数。

(3) W：$F \to N+$是弧权函数。

(4) M_0：$S \to N$是初始状态，满足$\forall s \in S$，$M_0(s) \leqslant K(s)$。

近年来，人们已从不同侧面和不同角度对基本形式的Petri网进行了扩展，导出了不同特点和形式的多种Petri网，广义随机Petri网(GSPN)就是Petri网的一种扩充，可以简化系统状态空间[15]，被广泛用于系统可靠性、可用性和安全性分析。GSPN中的变迁分为两个子集：瞬时变迁集和时间变迁集。瞬时变迁实施延迟为零，时间变迁的时延参量为按指数分布的随机变量，混合Petri网(Hybrid Petri Net，HPN)是在离散Petri网的基础上发展形成的，其位置和变迁分为连续或离散两种类型，以表征连续变量过程和离散事件过程。

广义随机Petri网的一般定义为GSPN= $(S, T, F, K, W, M_0, \Lambda)$，其中$(S, T, F, K, W, M_0)$是一个Petri网系统，$\Lambda$为平均实施速率。$F$中允许有禁止弧，禁止弧所连接位置的可实施条件变为不可实施。GSPN中的变迁分为两个子集：时间变迁集$T_t=\{t_1,t_2,\cdots,t_k\}$，瞬时变迁集$T_s=\{t_{k+1},t_{k+2},\cdots,t_n\}$，瞬时变迁实施延迟为0，与时间变迁相关联的平均实施速率集合为$\Lambda=(\lambda_1,\lambda_2,\cdots,\lambda_k)$。当一个标识$M$含有多个瞬态变迁时需确定其选择概率。

对于给定的GSPN模型，在初始状态标识M_0下按以下步骤可得到其可达集$P(N, M_0)$。

(1) 确定初始标识分布M_0，求关联矩阵$\boldsymbol{D}$。

(2) 在标识分布$M_k(k = 0, 1, 2, \cdots)$下，确定使能变迁序列X，由矩阵方程$M_{k+1} = M_k + X\boldsymbol{D}$求出系统新的状态标识$M_{k+1}$。

(3) 判断状态标识M_{k+1}下是否使能变迁，若没有，系统达到稳态；否则取$k = k + 1$，然后返回第(2)步。

6.6.2　抗攻击性考虑

人们总是期望信息系统架构的故障概率足够低，以满足其应用和服务需求，即架构的可用程度应该达到人们要求的水平。作者认为，理想信息系统架构的抗攻击性和可靠性应该能归一化设计，其行为及结果是可以通过对其模型的求解来预期，从而做到性能可量化设计、等级可标定、效果可验证、行为状态可监测、行为结果可度量、异常行为可控制。

对防御者而言，由于非冗余架构无法将不确定性/确定性攻击转变为概率问题，为满足随机性故障分析前提，只能将其假设为可靠性问题；以此假设得到的非冗余架构的抗攻击性只是最理想的情况，即上限值，而其实际抗攻击性能可能远远低于该上限值。

非相似余度架构 DRS 具有一定的容侵属性，可以在随机攻击的假设前提下，在某一时间范围内能够将不确定性攻击转变为系统层面的概率性事件，因而在此期间可以归一化为可靠性问题来处理；但对于基于已知差模漏洞的试错攻击或共模漏洞的协同攻击而言，由于结构的静态性和确定性使其无法再被视作随机事件，因此在上述假设条件下得到的非相似余度架构抗攻击性也只能是上限值，即其抗攻击性的最好情况。

脆弱性是信息系统中任何能够被用来作为攻击前提的特性，其中由漏洞后门等引起的脆弱性是网络空间泛在安全威胁的重要原因。关于脆弱性的概念描述有很多，较权威的定义[16]是从计算机系统状态迁移的角度给出状态定义的。计算机系统是由一系列描述构成计算机系统的实体的当前配置的状态(State)组成，系统通过应用状态变换(State Transitions)实现计算。从给定的初始状态，使用一组状态变换，可以到达的所有状态最终分为由安全策略定义的两类状态：已授权(Authorized)状态和未授权(Unauthorized) 状态。那么，脆弱(Vulnerable)状态是指那些从已授权状态能够使用变换最终到达未授权状态的状态；受损(Compromised)状态是指通过上述变换方法所能到达的状态；成功攻击(Attack)是指从已授权状态开始并以受损状态结束的变换序列；脆弱性(Vulnerability)是指脆弱状态区别于非脆弱状态的具体特征。

通过最终能够到达脆弱状态的变换，攻击可以导致信息系统故障、错误或降级。攻击者可以利用系统中广泛存在的脆弱性达到自己的目的，如获取系统权限以及用户重要信息、使目标系统瘫痪等。根据攻击者能力，我们将攻击分为一般攻击和特殊攻击两类。其中，一般攻击是指，T 时刻的攻击 a_k 对 $T+X$ 时刻的攻击 a_{k+n} 无协同累积影响的攻击，如常见的差模和共模攻击。特殊攻击是指一种超强能力的攻击，即 T 时刻的攻击 a_k 对 $T+X$ 时刻的攻击 a_{k+n} 有协同累积影响的攻击，例如可以导致目标执行体逐个停机的攻击，或者在择多判决条件下不能通过多模输出矢量感知的待机式协同攻击等。

对属于特殊攻击的停机攻击和待机式协同攻击的具体说明如下：

1) 停机攻击

假定攻击者具有足够的资源，了解和掌握防御界内所有(或多数)功能等价执行体或全部变体的“杀手锏”漏洞，利用这些漏洞可以造成目标执行体停止正常服务。然而，这种假设情况需要动用包括社会工程学意义上的各种资源和手段，具有极高的攻击成本。不用说一般的黑客难有作为，即使非常强悍的黑客组织或者有政府背景的专业机构，甚至一个国家的有计划行动都很难实现。

2) 待机式协同攻击

假定攻击者掌握目标对象各执行体中的“超级”漏洞情况，能够在不触碰执行体输出矢量的前提下，利用这些漏洞逐个获得执行体最高控制权。此种场景下，攻击者只需利用共享的输入通道和正常的协议消息发送预先设计好的协同攻击指令，各受控执行体再“统一行动”向外界发出预先准备好的输出矢量，实现稳定的攻击逃逸。尽管这个假设理论上可能成立，但要付诸实践还是极具挑战性的，因为达成这一目标的过程中有着太多的不确定性因素。

我们将攻击所导致的故障分为两类，一类是降级/失效故障，另一类是逃逸故障。信息系统每个余度被称之为一个执行体或通道。对于降级/失效故障，在非冗余系统中通常只有一种固定实现场景，当单个执行体失效时系统也失效，即发生失效故障；对于 3 余度非相似余度 DRS 系统，当存在 2 个及以上执行体同时失效时系统才会失效，即发生失效故障；为简化分析以及验证架构本身的抗攻击性，在上述系统的执行体中均不添加入侵检测、防火墙等特异性故障感知和加密认证等面防御手段，也不考虑各种故障感知和防御机制的故障检测率、误警率和漏警率因素，也不将系统的软硬件分离且不考虑其相互影响。为了便于量化分析，我们将攻击者能力、网络脆弱性、网络环境和防御者能力等因素归一化为攻击和防御时间代价，其中，攻击时间代价指的是攻击者成功发动一次攻击所需要的平均攻击时间(Average Time of Attack，ATA)，防御时间代价指的是防御者成功防御攻击并进行恢复所需要的平均防御时间(Average Time of Defense，ATD)。当攻击扰动到达服从负指数分布，攻击成功概率则可表示为 $F(t)=P\{T<t\}=1-\mathrm{e}^{-\lambda t}$，其中 λ 为攻击导致异常输出响应的转移速率。于是完成攻击所需时间的期望值为 $1/\lambda$，异常执行体修复的平均时间为 $1/\mu$。基于攻击时间代价可将攻击场景分为如下几类：弱攻击场景，需花费较长的时间(假定平均 10 小时)才能成功突破单个执行体的防御；中等攻击场景，需花费较短时间(假定平均 10 分钟)就可以成功攻击单个执行体；强攻击场景，需花费很短时间(假定平均 10 秒)就可以成功攻击单个执行体。

本节假定在满足相对正确公理的前提下，基于目标对象漏洞后门的威胁问题能够被防御系统构造效应归一化为可靠性问题。同时，还假设执行体攻击成功和恢复时间都服从指数分布，以便能够借助 GSPN 模型进行架构抗攻击性分析。由上述假设前提可知，对非冗余架构而言，在不考虑附加传统防御机制时，攻击威胁的实际效果远比假设情况要严峻得多，因为只要攻击成功就可以持续复制或继承该经验，最坏情况下非冗余系统的持续可用时间可能趋于零。对于非相似余度系统而言，即使平均攻击成功时间服从指数分布，但实际抗攻击效果可能远比期望值低得多，因为系统构架和运行机制的静态性、确定性使得攻击者一旦发现可以突防的规律后，就能够不受约束地利用这一规律达成与时间无关的攻击效果，此时非相似余度系统将完全失去抗攻击性能。

6.6.3 抗攻击性建模

抗攻击性是系统在受到外部攻击出现故障时，连续提供有效服务并在规定时间内恢复所有服务的能力。关于抗攻击性模型的假设如下：

假设 6.1 非冗余架构目标系统是 1 余度的静态系统(简称非冗余系统)，执行体中未附加入侵检测、防火墙等特异性故障感知和防御手段，也不具有故障恢复机制；当执行体故障时系统停止服务；执行体攻击成功时间服从负指数分布。

假设 6.2 非相似余度架构目标系统是 3 余度的静态异构冗余系统(抽象模型参考图 6.5)，执行体中不包括入侵检测、防火墙等特异性感知和防御手段，通过多模裁决机制可以检测发现由于一般攻击和停机攻击导致故障的执行体(其输出矢量与多数执行体不同)，可以在 3 余度时对单个执行体异常进行恢复；只要多数执行体不同时处于故障状态，系统总能够提供降级服务；执行体攻击成功与恢复时间服从负指数分布。

各系统的抗攻击性 GSPN 模型定义如下：

定义 6.1 非冗余系统攻击故障情况下的 GSPN 模型

$$\mathrm{GSPN_N}=(S_\mathrm{N},T_\mathrm{N},F_\mathrm{N},K_\mathrm{N},W_\mathrm{N},M_\mathrm{N0},\Lambda_\mathrm{N})$$

其中，$S_\mathrm{N}=\{P_\mathrm{N1},P_\mathrm{N2},P_\mathrm{N3}\}$；$T_\mathrm{N}=\{T_\mathrm{N1},T_\mathrm{N2}\}$；$F_\mathrm{N}$ 为模型的弧集合；$K_\mathrm{N}=\{1,1,1\}$定义了 S_N 中各元素的容量；W_N 是弧权集合，各弧的权重为 1；$M_\mathrm{N0}=\{1,0,0\}$定义了模型的初始状态；$\Lambda_\mathrm{N}=\{\lambda_\mathrm{N1},\lambda_\mathrm{N1}\}$定义了与时间变迁相关联的平均实施速率集合。

定义 6.2 非相似余度系统攻击故障情况下的 GSPN 模型

$$\mathrm{GSPN_D}=(S_\mathrm{D},T_\mathrm{D},F_\mathrm{D},K_\mathrm{D},W_\mathrm{D},M_\mathrm{N0},\Lambda_\mathrm{D})$$

其中，$S_\mathrm{D}=\{P_\mathrm{D1},P_\mathrm{D2},\cdots,P_\mathrm{D24}\}$；$T_\mathrm{D}=\{T_\mathrm{D1},T_\mathrm{D2},\cdots,T_\mathrm{D33}\}$；$F_\mathrm{D}$ 为模型的弧集合；$K_\mathrm{D}=\{1,1,\cdots,1\}$定义了 S_D 中各元素的容量；W_D 是弧权集合，各弧的权重为 1；$M_\mathrm{D0}=\{1,1,1,0,\cdots,0\}$定义了模型的初始状态；$\Lambda_\mathrm{D}=\{\lambda_\mathrm{D1},\lambda_\mathrm{D2},\cdots,\lambda_\mathrm{D6}\}$定义了与时间变迁相关联的平均实施速率集合。

用于评价系统抗攻击性的概率指标包括可用概率、逃逸概率、非特异性感知概率、漏洞后门休眠状态概率和降级概率，各概率的定义如下。

定义 6.3 可用概率(Availability Probabilities, AP)：系统处于正常服务状态的概率。非冗余系统中，可用概率指系统全部执行体处于漏洞休眠态的概率；3余度非相似余度系统中，可用概率是指系统全部执行体处于漏洞休眠状态或单个执行体处于故障状态的概率。

定义 6.4 逃逸概率 (Escape Probabilities, EP)：系统处于输出错误输出矢量状态的概率，原因是攻击者通过控制多数执行体，从而导致系统裁决后输出一致但错误的输出矢量。

定义 6.5 非特异性感知概率(Nonspecific Awareness Probabilities，NSAP)：系统处于通过裁决发现部分执行体与其他执行体有不一致输出矢量状态的概率。

定义 6.6 漏洞后门休眠状态概率(Dormancy Probabilities, DP)：系统的漏洞后门未能被攻击者利用，处于休眠状态的概率。

定义 6.7 降级/失效概率(Failure or degradation Probabilities, FP)：在抗攻击性方面，对非冗余和非相似余度系统而言，指系统处于无输出状态的概率，包括执行体部分或全部故障导致系统无输出，或者全部执行体输出矢量不一致导致系统无输出等情况，降级概率指所有执行体输出矢量都不一致时系统需要启用相关再裁决策略才能产生置信度下降的输出矢量的概率。

6.7 抗攻击性分析

6.7.1 抗一般攻击分析

1. 非冗余系统

基于 GSPN 的定义，非冗余系统(单余度静态系统)受一般攻击情况下的GSPN 模型如图 6.13 所示，共有 3 个状态，2 个变迁。P_1 含有令牌表示系统漏洞后门休眠状态，即单一执行体有漏洞后门但未能被攻击者利用；P_2 含有令牌表示系统降级状态；P_3 含有令牌表示系统逃逸状态；T_1 表示从漏洞后门休眠状态变迁到 1 个执行体受攻击后降级状态；T_2 表示从漏洞后门休眠状态变迁到 1 个执行体受攻击后逃逸状态。

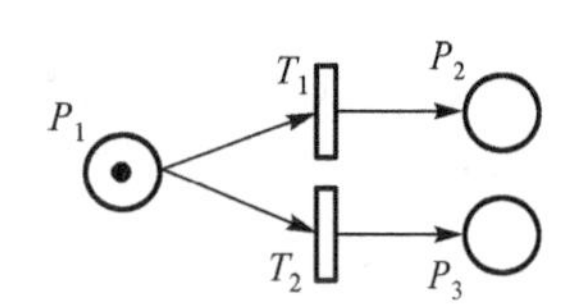

图 6.13 非冗余系统一般攻击故障 GSPN 模型

非冗余系统是执行体余度数为 1 的静态系统，假设攻击类型是一般攻击，执行体中不包括入侵检测、防火墙等特异性感知和防御手段，执行体也不具有故障恢复能力。

由于 GSPN 模型可达集和连续时间马尔可夫链(CTMC)同构，因此可以采用同构法对目标系统进行抗攻击性分析。非冗余系统攻击故障的 CTMC 模型如图 6.14 所示，在受到攻击时，系统唯一的执行体可能降级或者逃逸，假设两种情况的概率相同。为统一前提条件，假设执行体攻击成功时间服从指数分布，对非冗余系统而言实际情况远比假设情况严峻(因为攻击者发现攻击成功后可以持续利用)，即在该假设下可以得到非冗余系统的抗攻击性上限(即防御能力的最好情况)。

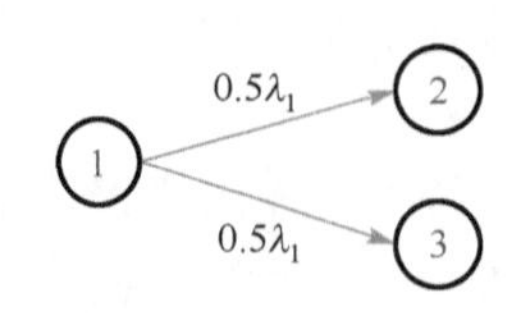

图 6.14 非冗余系统一般攻击故障 CTMC 模型

该 CTMC 模型的各稳定状态如表 6.1 所示。该 CTMC 模型的各参数含义如表 6.2 所示，λ_1 代表单个执行体由于一般攻击导致故障的平均时间，分为弱攻击场景、中等攻击场景和强攻击场景。

表 6.1 非冗余系统攻击故障 CTMC 模型稳定状态

状态序号	含义
1	执行体均正常运行，系统处在漏洞后门休眠状态
2	1 个执行体受攻击后产生无输出故障，系统处在降级状态
3	1 个执行体受攻击后产生输出矢量错误故障，系统处在逃逸状态

表 6.2 非冗余系统一般攻击故障 CTMC 模型参数

参 数	值	含义
$\lambda_1(h)$	0.1/6/360	假定单个执行体因一般攻击导致故障(输出矢量异常)的平均时间为 10 小时/10 分钟/10 秒

应用 GSPN 模型可达集与马尔可夫链同构求解 GSPN 的稳定状态概率。设 GSPN 模型的可达集为 R，按特性可分为两个集合 M_T 和 M_V。其中，M_T 为显状态，显状态下不能使能瞬态变迁；M_V 为隐状态，隐状态下使能瞬态变迁。系统状态转化过程中，隐状态不会耗费时间，因此隐状态可以从可达集 R 中消去，将它们对系统的影响转移到显状态之间考虑。对所有的状态进行重新排列，所有隐状态在前，显状态在后，系统由 M_T 转移到 M_V 和 M_T 的转移概率分别记为 P^{TV} 和 P^{TT}。系统显状态之间的转移概率矩阵为：

$$\boldsymbol{U} = P^{TT} + P^{TV}(I - P^{VV})^{-1} P^{VT} \tag{6.5}$$

由 $\boldsymbol{U}$ 可以构造连续时间马尔可夫链的转移速率矩阵，或称转移密度矩阵，定义

$$q_{ij}=\begin{cases}\lim\limits_{\Delta t\to 0}\dfrac{u_{ij}(\Delta t)}{\Delta t}, & i\neq j\\ \lim\limits_{\Delta t\to 0}\dfrac{u_{ij}(\Delta t)-1}{\Delta t}, & i=j\end{cases}\tag{6.6}$$

则称 q_{ij} 为由显状态 M_i 到显状态 M_j 的转移速率，其中 i，$j\in[1,l]$，$l=M_T$。$\boldsymbol{Q}$ 矩阵是以 q_{ij} 为元素的矩阵。概率向量 $P(t)=(p_1(t), p_2(t),\cdots, p_l(t))$，其中 $p_i(t)$ 为系统处于显状态 M_i 的瞬时概率，则有如下微分方程成立：

$$\begin{cases}P'(t)=P(t)\boldsymbol{Q}\\ P(0)=(p_1(0),p_2(0),\cdots,p_l(0))\end{cases}\tag{6.7}$$

上述的计算步骤对非冗余系统、非相似余度系统和拟态防御系统相同。

基于非冗余系统的攻击故障 CTMC 模型，可得到其状态转移方程：

$$\begin{bmatrix}\dot{P}_1(t)\\ \dot{P}_2(t)\\ \dot{P}_3(t)\end{bmatrix}=\begin{bmatrix}-\lambda_1 & 0 & 0\\ 0.5\lambda_1 & 0 & 0\\ 0.5\lambda_1 & 0 & 0\end{bmatrix}\begin{bmatrix}P_1(t)\\ P_2(t)\\ P_3(t)\end{bmatrix}\tag{6.8}$$

已知 M_{N0} 可计算得到非冗余系统 CTMC 模型各状态的稳态概率：

$$\begin{cases}P_{M_0}=0\\ P_{M_1}=0.5\\ P_{M_2}=0.5\end{cases}\tag{6.9}$$

在 GSPN 模型中，根据时间变迁的实施规则和瞬态变迁不存在时延的特点，表 6.3 给出了状态可达集，同时按照变迁过程的相关参数给出了每一个状态标识的稳态概率。其中，P_u 是弱攻击场景稳态概率，P_k 是中等攻击场景稳态概率，P_s 是强攻击场景稳态概率。

表 6.3 非冗余系统攻击故障 CTMC 模型状态可达集

标识	稳态概率 P_u、P_k、P_s	P_1	P_2	P_3	状态
M_0	0	1	0	0	实存
M_1	0.5	0	1	0	实存
M_2	0.5	0	0	1	实存

依据系统状态概率的定义，可以计算非冗余系统的稳态概率：

(1) 稳态可用概率 $\mathrm{AP}=P(M_0)=0$，弱攻击/中等/强攻击场景。

(2) 稳态逃逸概率 $\mathrm{EP}=P(M_2)=0.5$，弱攻击/中等/强攻击场景。

(3) 稳态非特异性感知概率 NSAP=0，弱攻击/中等/强攻击场景。

(4) 稳态降级概率 $\mathrm{FP}=P(M_1)=0.5$，弱攻击/中等/强攻击场景。

非冗余系统的状态概率随运行时间变化情况如图 6.15 所示，仿真结果表明，在随机攻击情况下，对非冗余系统的攻击经过一段时间总会成功，系统可用概率 AP(*t*) 很快趋向 0，降级概率 FP(*t*) 与逃逸概率 EP(*t*) 相同且都会很快趋于 0.5，而非特异性感知概率 NSAP(*t*) 始终为 0。在不具有入侵检测或防火墙等特异性感知和防御手段时，非冗余系统没有持续抗攻击能力。

非冗余系统的系统状态概率与 λ_1 的关系如图 6.16 所示。仿真结果表明，

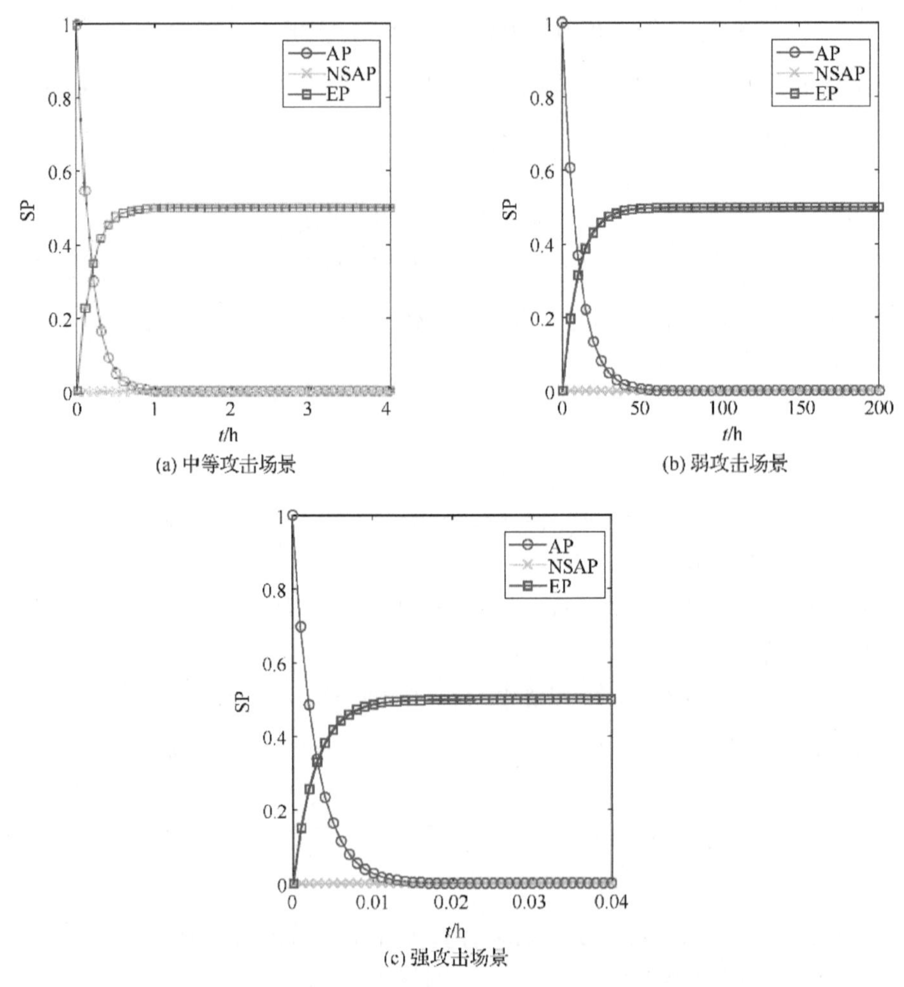

图 6.15 非冗余系统状态概率随运行时间变化图

非冗余系统在被攻击时最终只会处于降级或逃逸两种状态，稳态降级概率和稳态逃逸概率(其取值均为 0.5)与单个执行体故障的平均时间 λ_1 无关。

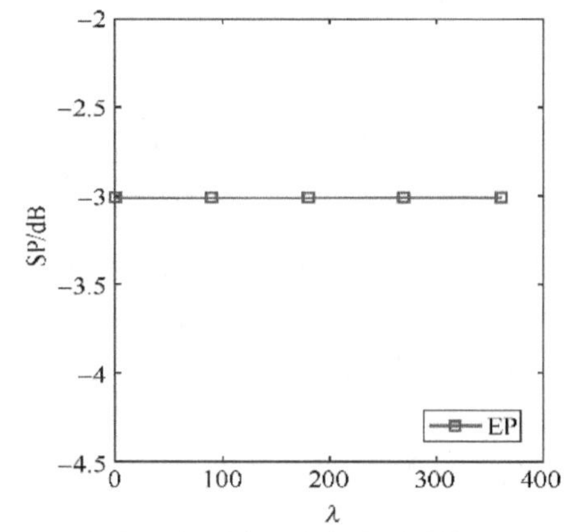

图 6.16　非冗余系统状态概率随参数 λ 变化图

对于非冗余系统而言，在不考虑特异性感知和防御手段时，经过较短时间的一般攻击就会导致系统降级或者攻击逃逸，而且也没有任何对一般攻击的非特异性感知能力。总之，非冗余系统不具有持续抗一般攻击能力，也不具有鲁棒性，这与直观感觉是一致的。

2. 非相似余度系统

基于 $GSPN_D$ 的定义，非相似余度系统(例如 3 余度 DRS 系统)受一般攻击情况下的 GSPN 模型如图 6.17 所示，共有 24 个状态，33 个变迁。P_1，P_2，P_3 含有令牌表示该执行体处于漏洞后门休眠状态，即各执行体均有漏洞后门但未能被攻击者利用；P_4，P_5，P_6 含有令牌分别表示该执行体受攻击后发生故障；P_7，P_8，P_9 含有令牌表示 2 个相关执行体同时发生故障且输出矢量异常；P_{10}，P_{12}，P_{14} 含有令牌表示 2 个故障执行体输出矢量异常且一致；P_{11}，P_{13}，P_{15} 含有令牌表示 2 个故障执行体输出矢量异常且不一致；P_{16}，P_{17}，P_{18}，P_{19} 含有令牌表示 3 个执行体同时发生故障且输出矢量异常；P_{22} 含有令牌表示 3 个故障执行

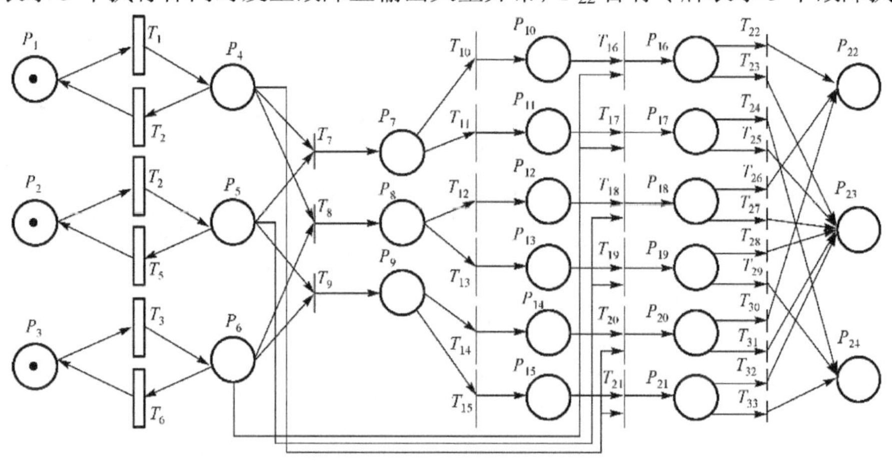

图 6.17　非相似余度系统一般攻击故障 GSPN 模型

体输出矢量异常且一致；P_{23} 含有令牌表示 3 个故障执行体输出矢量异常且其中两个输出矢量一致；P_{24} 含有令牌表示 3 个故障执行体输出矢量异常且均不一致。

T_1，T_2，T_3 表示由于攻击导致该执行体发生故障；T_4，T_5，T_6 表示由于攻击场景或防御场景变换使得该执行体恢复到漏洞后门休眠状态；T_7，T_8，T_9 表示两个执行体同时进入故障状态；T_{10}，T_{12}，T_{14} 表示两个故障执行体的异常输出矢量以选择概率 σ 进入协同一致状态；T_{11}，T_{13}，T_{15} 表示两个故障执行体的异常输出矢量以选择概率 $(1-\sigma)$ 进入不一致状态；T_{16}，T_{17}，T_{18}，T_{19} 表示三个执行体的同时故障；T_{22}，T_{26}，T_{30} 表示第三个执行体的异常输出矢量以选择概率 σ 进入与前两个执行体相同异常输出矢量的一致状态；T_{23}，T_{27}，T_{31} 表示第三个执行体的异常输出矢量以选择概率 $(1-\sigma)$ 进入与前两个执行体相同异常输出矢量不一致状态；T_{24}，T_{28}，T_{32} 表示第三个执行体的异常输出矢量以选择概率 2σ 进入与前两个执行体中任何一个的异常输出矢量一致状态；T_{25}，T_{29}，T_{33} 表示第三个执行体的异常输出矢量以选择概率 $(1-2\sigma)$ 进入与前两个执行体异常输出矢量均不一致状态。

需要强调指出的是，所分析的非相似余度系统是 3 余度 DRS 系统，假设攻击类型是一般攻击，执行体中不添加入侵检测、防火墙等特异性感知和防御手段，具有单个执行体的故障恢复能力。

非相似余度系统攻击故障的 CTMC 模型如图 6.18 所示。假设执行体攻击

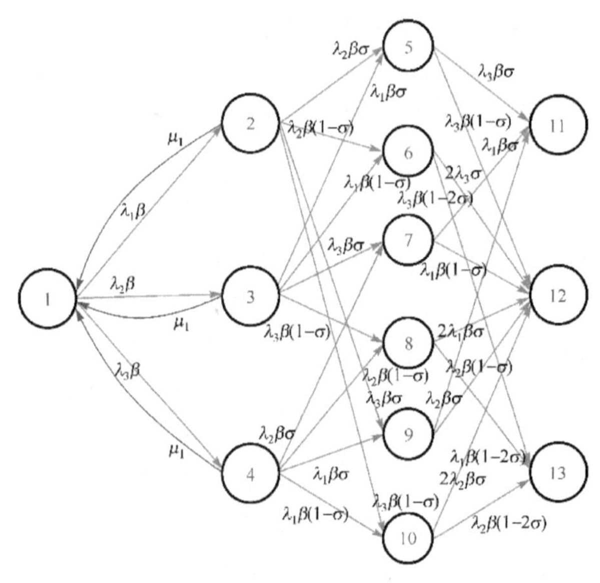

图 6.18　非相似余度系统一般攻击故障 CTMC 模型

成功和恢复时间服从指数分布，对非相似余度系统而言实际情况远比假设情况严峻(由于是静态结构，则攻击者一旦发现攻击成功后就可以持续复制攻击经验)，因此在该假设下可以得到非相似余度系统的抗攻击性上限(最好情况)。该 CTMC 模型的稳定状态如表 6.4 所示。

表 6.4　非相似余度系统一般攻击故障 CTMC 模型稳定状态

状态序号	含义
1	各执行体均正常运行，处于漏洞后门休眠状态
2	执行体 1 受攻击后故障
3	执行体 2 受攻击后故障
4	执行体 3 受攻击后故障
5	执行体 1 和 2 故障且异常输出矢量一致
6	执行体 1 和 2 故障且异常输出矢量不一致
7	执行体 2 和 3 故障且异常输出矢量一致
8	执行体 2 和 3 故障同时且异常输出矢量不一致
9	执行体 1 和 3 故障且异常输出矢量一致
10	执行体 1 和 3 故障且异常输出矢量不一致
11	三个执行体均故障且三个异常输出矢量均一致
12	三个执行体均故障且其中两个异常输出矢量一致
13	三个执行体均故障且三个异常输出矢量均不一致

该 CTMC 模型的各参数含义如表 6.5 所示，$\lambda_1 \sim \lambda_3$ 代表执行体由于一般攻击导致故障的平均时间，假定分为弱、中等和强攻击三种场景，各执行体由于一般攻击导致故障的平均时间分别假定为 10 小时/10 分钟/10 秒。μ_1 代表由于一般攻击导致 1 个执行体输出矢量异常，当攻击场景变化时，执行体恢复到漏洞休眠状态的平均时间假定为 0.001 秒。对于一般攻击，μ_1 越小执行体恢复速率越快，系统抗攻击性也就越好。根据定义，一般攻击指攻击者能力一般的攻击，即 T 时刻的攻击 a_k 对 $T+X$ 时刻的攻击 a_{k+n} 无累积影响的攻击，因此在下一次一般攻击到达时，随着攻击场景或防御场景变换，执行体将由故障态直接进入到漏洞后门休眠状态。假设系统最大请求处理能力为 M 次/秒，则对一般攻击而言，μ_1 代表的执行体平均恢复时间应为 $1/M$ 秒，一个正常信息系统的最大处理能力可以轻易超过 10 万次/秒，即实际上 μ_1 应远远小于 1.0×10^{-5} 秒，这里假设 μ_1 为 1.0×10^{-3} 秒。

表 6.5　非相似余度系统一般攻击故障 CTMC 模型参数

参数	值	含义
$\lambda_1(h)$	0.1/6/360	假定执行体 1 被攻击导致其输出矢量异常的平均时间为 10 小时/10 分钟/10 秒
$\lambda_2(h)$	0.1/6/360	假定执行体 2 被攻击导致其输出矢量异常的平均时间为 10 小时/10 分钟/10 秒
$\lambda_3(h)$	0.1/6/360	假定执行体 3 被攻击导致其输出矢量异常的平均时间为 10 小时/10 分钟/10 秒
σ	1.0×10^{-4}	假定受攻击后两个故障执行体出现输出矢量一致的不确定度
$\mu_1(h)$	60	假定 1 个执行体输出矢量异常时，当攻击场景或防御场景变化时，执行体恢复到漏洞休眠状态的平均时间为 0.001 秒

σ 代表受攻击后，两个故障执行体异常输出矢量出现一致的比例。文献[17]基于美国国家脆弱性数据库(National Vulnerability Database，NVD)分析了 11 种操作系统在 18 年中的漏洞，发现来自相同家族操作系统(如 Windows 2003 与 Windows 2008)之间的共模漏洞数量会比较多，而来自不同家族操作系统(如 BSD-Windows)之间的共模漏洞数量很低(并且在许多情况下为 0)。为此，对于异构度足够的两个执行体而言，对于一般攻击，其异常输出矢量一致的比例 σ 可以设置为一个合理的较小值 1.0×10^{-4}。在具体产品开发时，可以采用与开发飞行控制系统类似的工程管理方法，能够保证该参数的实际取值远远小于 1.0×10^{-4}。

基于非相似余度系统的 CTMC 模型，可得到其状态转移方程：

$$
\begin{bmatrix} \dot{P}_1(t) \\ \dot{P}_2(t) \\ \dot{P}_3(t) \\ \dot{P}_4(t) \\ \dot{P}_5(t) \\ \dot{P}_6(t) \\ \dot{P}_7(t) \\ \dot{P}_8(t) \\ \dot{P}_9(t) \\ \dot{P}_{10}(t) \\ \dot{P}_{11}(t) \\ \dot{P}_{12}(t) \\ \dot{P}_{13}(t) \end{bmatrix} = \left[\begin{matrix}
-(\lambda_1+\lambda_2+\lambda_3)\beta & \mu_1 & \mu_1 & \mu_1 & 0 & 0 \\
\lambda_1\beta & -\mu_1-\lambda_2\beta-\lambda_3\beta & 0 & 0 & 0 & 0 \\
\lambda_2\beta & 0 & -\mu_1-\lambda_3\beta-\lambda_1\beta & 0 & 0 & 0 \\
\lambda_3\beta & \lambda_2\beta\sigma & 0 & -\mu_1-\lambda_2\beta-\lambda_1\beta & 0 & 0 \\
0 & \lambda_2\beta(1-\sigma) & \lambda_1\beta\sigma & 0 & -\lambda_3\beta & 0 \\
0 & 0 & \lambda_1\beta(1-\sigma) & 0 & 0 & -\lambda_3\beta \\
0 & 0 & \lambda_2\beta\sigma & \lambda_2\beta\sigma & 0 & 0 \\
0 & \lambda_3\beta\sigma & \lambda_2\beta(1-\sigma) & \lambda_2\beta(1-\sigma) & 0 & 0 \\
0 & \lambda_3\beta(1-\sigma) & 0 & \lambda_1\sigma & 0 & 0 \\
0 & 0 & 0 & \lambda_1\beta(1-\sigma) & 0 & 0 \\
0 & 0 & 0 & 0 & \lambda_3\beta\sigma & 0 \\
0 & 0 & 0 & 0 & \lambda_3\beta(1-\sigma) & 2\lambda_3\beta\sigma \\
0 & 0 & 0 & 0 & 0 & \lambda_3\beta(1-2\sigma)
\end{matrix}\right.
$$

$$
\left.\begin{matrix}
0 & 0 & 0 & 0 & 0 & 0 & 0 \\
0 & 0 & 0 & 0 & 0 & 0 & 0 \\
0 & 0 & 0 & 0 & 0 & 0 & 0 \\
0 & 0 & 0 & 0 & 0 & 0 & 0 \\
0 & 0 & 0 & 0 & 0 & 0 & 0 \\
0 & 0 & 0 & 0 & 0 & 0 & 0 \\
-\lambda_1\beta & 0 & 0 & 0 & 0 & 0 & 0 \\
0 & -\lambda_1\beta & 0 & 0 & 0 & 0 & 0 \\
0 & 0 & -\lambda_2\beta & 0 & 0 & 0 & 0 \\
0 & 0 & 0 & -\lambda_2\beta & 0 & 0 & 0 \\
\lambda_1\beta\sigma & 0 & \lambda_2\beta\sigma & 0 & 0 & 0 & 0 \\
\lambda_1\beta(1-\sigma) & 2\lambda_1\beta\sigma & \lambda_2\beta(1-2\sigma) & 2\lambda_2\beta\sigma & 0 & 0 & 0 \\
0 & \lambda_1\beta(1-2\sigma) & 0 & \lambda_2\beta(1-2\sigma) & 0 & 0 & 0
\end{matrix}\right]
\begin{bmatrix} \dot{P}_1(t) \\ \dot{P}_2(t) \\ \dot{P}_3(t) \\ \dot{P}_4(t) \\ \dot{P}_5(t) \\ \dot{P}_6(t) \\ \dot{P}_7(t) \\ \dot{P}_8(t) \\ \dot{P}_9(t) \\ \dot{P}_{10}(t) \\ \dot{P}_{11}(t) \\ \dot{P}_{12}(t) \\ \dot{P}_{13}(t) \end{bmatrix} \tag{6.6}
$$

已知 M_{D0} 可计算得到各状态稳定概率：

$$\begin{cases} P_{M0}=0 \\ P_{M1}=0 \\ P_{M2}=0 \\ P_{M3}=0 \\ P_{M4}=0 \\ P_{M5}=0 \\ P_{M6}=0 \\ P_{M7}=0 \\ P_{M8}=0 \\ P_{M9}=0 \\ P_{M10}=0 \\ P_{M11}=3\sigma-3\sigma^2 \\ P_{M12}=1-3\sigma+2\sigma^2 \end{cases} \tag{6.7}$$

在 GSPN 模型中，根据时间变迁的实施规则和瞬态变迁不存在时延的特点，表 6.6 给出了状态可达集，同时按照变迁过程的相关参数给出了每一个状态标识的稳态概率。其中，P_u 是弱攻击场景稳态概率，P_k 是中等场景稳态概率，P_s 是强攻击场景稳态概率。

表 6.6　非相似余度系统一般攻击故障 CTMC 模型状态可达集

稳态概率			
标识	稳态概率 P_u	稳态概率 P_k	稳态概率 P_s
M_0	0.000000	0.000000	0.000000
M_1	0.000000	0.000000	0.000000
M_2	0.000000	0.000000	0.000000
M_3	0.000000	0.000000	0.000000
M_4	0.000000	0.000000	0.000000
M_5	0.000000	0.000000	0.000000
M_6	0.000000	0.000000	0.000000
M_7	0.000000	0.000000	0.000000
M_8	0.000000	0.000000	0.000000
M_9	0.000000	0.000000	0.000000
M_{10}	10^{-8}	10^{-8}	10^{-8}
M_{11}	2.999700×10^{-4}	2.999700×10^{-4}	2.999700×10^{-4}
M_{12}	9.996999×10^{-1}	9.996999×10^{-1}	9.996999×10^{-1}

续表

实存状态															
	P_1	P_2	P_3	P_4	P_5	P_6	P_{10}	P_{11}	P_{12}	P_{13}	P_{14}	P_{15}	P_{22}	P_{23}	P_{24}
M_0	1	1	1	0	0	0	0	0	0	0	0	0	0	0	0
M_1	0	1	1	1	0	0	0	0	0	0	0	0	0	0	0
M_2	1	0	1	0	1	0	0	0	0	0	0	0	0	0	0
M_3	1	1	0	0	0	1	0	0	0	0	0	0	0	0	0
M_4	0	0	1	0	0	0	1	0	0	0	0	0	0	0	0
M_5	0	0	1	0	0	0	0	1	0	0	0	0	0	0	0
M_6	1	0	0	0	0	0	0	0	1	0	0	0	0	0	0
M_7	1	0	0	0	0	0	0	0	0	1	0	0	0	0	0
M_8	0	1	0	0	0	0	0	0	0	0	1	0	0	0	0
M_9	0	1	0	0	0	0	0	0	0	0	0	1	0	0	0
M_{10}	0	0	0	0	0	0	0	0	0	0	0	0	1	0	0
M_{11}	0	0	0	0	0	0	0	0	0	0	0	0	0	1	0
M_{12}	0	0	0	0	0	0	0	0	0	0	0	0	0	0	1

依据系统状态概率的定义，可以计算非相似余度系统的各稳态概率：

(1) 稳态可用概率

$$\mathrm{AP}=P(M_0)+P(M_1)+P(M_2)+P(M_3)=\begin{cases}0, & \text{弱攻击场景}\\ 0, & \text{中等攻击场景}\\ 0, & \text{强攻击场景}\end{cases} \tag{6.8}$$

(2) 稳态逃逸概率

$$\begin{aligned}\mathrm{EP}&=P(M_4)+P(M_6)+P(M_8)+P(M_{10})+P(M_{11})\\ &=\begin{cases}2.999700\times10^{-4}, & \text{弱攻击场景}\\ 2.999700\times10^{-4}, & \text{中等攻击场景}\\ 2.999700\times10^{-4}, & \text{强攻击场景}\end{cases}\end{aligned} \tag{6.9}$$

(3) 稳态非特异性感知概率

$$\mathrm{NSAP}=1-P(M_0)-P(M_{10})=\begin{cases}9.999999\times10^{-4}, & \text{弱攻击场景}\\ 9.999999\times10^{-4}, & \text{中等攻击场景}\\ 9.999999\times10^{-4}, & \text{强攻击场景}\end{cases}$$

非相似余度系统的状态概率随运行时间变化情况如图 6.19 所示，仿真结果表明，在一般攻击情况下，非相似余度系统的多模裁决机制使之具有较高的非特异性感知概率和较低的逃逸概率，但其静态的架构特性会使得其可用概率会在一定时间后趋于 0(根据攻击强度不同，该时间为数十小时至数万小时)，即在不具有入侵检测或防火墙等特异性感知和防御手段时，攻击会在一定时间内使非相似余度系统不可用。

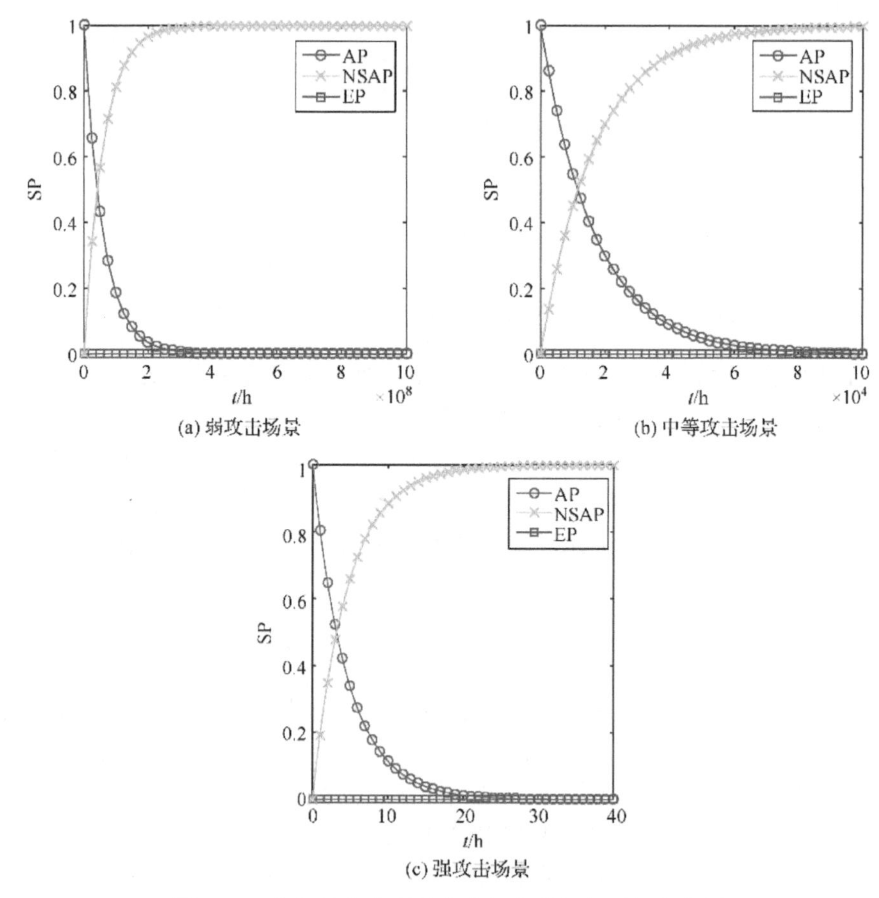

图 6.19 非相似余度系统状态概率随运行时间变化图

非相似余度系统的稳态系统概率只与参数 σ 有关，其变化关系如图 6.20 所示。仿真结果表明，受攻击后出现两个执行体异常输出矢量一致的不确定度 σ 对逃逸概率和非特异性感知概率的影响非常大，当执行体相异度越大时 σ 越小，则稳态逃逸概率越低，稳态非特异性感知概率越高。当执行体之间没有异常输出矢量相同的共模故障时，即相当于 σ 等于 0(攻击导致任何 2 个故障执行体的异常输出矢量均不同，或者攻击不会导致 2 个执行体同时故障)，其逃逸概率为 0，非特异性感知概率为 1。

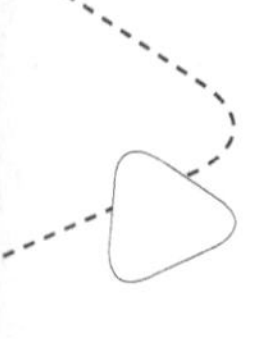

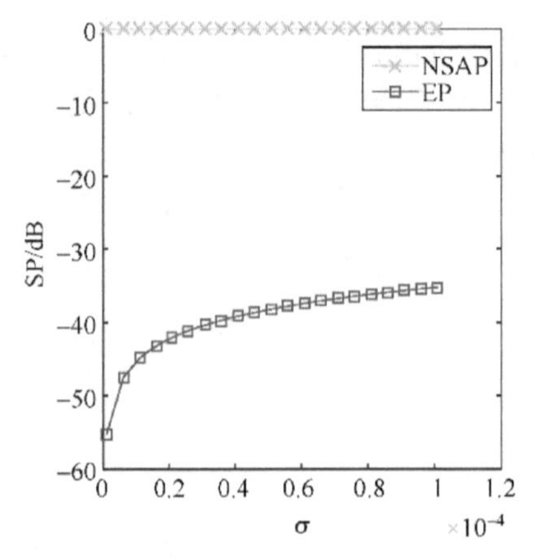

图 6.20 非相似余度系统稳态状态概率随参数 σ 变化图

非相似余度系统具有较高的稳态非特异性感知概率和较低的稳态逃逸概率，但其稳态可用概率为 0，非相似余度系统具有较灵敏、准确但不持久的抗攻击能力，也不具有稳定鲁棒性。非相似余度系统的系统状态概率受参数 σ 影响较大，执行体相异度越大，稳态逃逸概率越低，稳态非特异性感知概率越高。因此，为提高非相似余度系统的抗攻击性，我们应该尽量选择相异度大的执行体。

6.7.2 抗特殊攻击分析

所述特殊攻击是指一种具有超强能力的攻击，即 T 时刻的攻击 a_k 对 $T+X$ 时刻的攻击 a_{k+n} 有协同累积影响的攻击，包括可以导致目标执行体逐个停机的攻击，以及在多模裁决环节无法通过多模输出矢量感知的待机式协同攻击等。特殊攻击使得执行体持续处于故障状态的时间和故障执行体数量大幅增加(即攻击效果可以在时空维度进行协同累积)，并且执行体异常输出矢量的相异度大幅降低(对于停机攻击，异常输出矢量的相异等效长度为 1 位；对于待机式协同攻击，异常输出矢量的相异等效长度为 0 位，即该攻击成功后不会导致执行体输出矢量变化)，上述两个原因综合导致系统的稳态可用概率大幅下降，稳态逃逸概率大幅上升。我们需要了解的背景是，特殊攻击是建立在对在线和离线执行体实时情况完全清楚，掌握了针对大部分执行体的“杀手锏”漏洞或“超级”漏洞，并拥有相关攻击链有效利用方法的基础之上，能够克服“非配合条件下多元动态目标的协同一致”攻击难度，且可应对所有的不确定性因素。显然，这种“超级攻击”能力只可能在“思维实验”中存在。

下面对于在假设攻击者具有上述能力的前提下，对非冗余、非相似余度系统防御特殊攻击(停机攻击、待机式协同攻击)的性能进行分析。

1. 非冗余系统

非冗余系统由于 2 种特殊攻击导致故障的 CTMC 模型如图 6.21 所示，在受到攻击时，唯一的执行体可能降级或者逃逸。P_1 含有令牌表示系统处于故障休眠状态，P_2 含有令牌表示系统处于故障状态。T_1 表示系统由于特殊攻击导致故障。

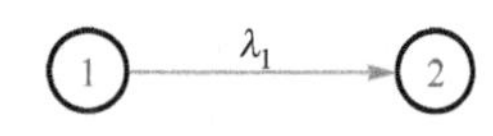

图 6.21 非冗余系统特殊攻击故障 CTMC 模型

该 CTMC 模型的各稳定状态如表 6.7 所示，非冗余系统特殊攻击故障 CTMC 模型参数如表 6.8 所示。

表 6.7 非冗余系统特殊攻击故障 CTMC 模型稳定状态

状态序号	含 义
1	各执行体均正常运行，处在漏洞后门休眠状态
2	1 个执行体受停机攻击后发生停机故障，或者受待机式协同攻击后发生逃逸故障

表 6.8 非冗余系统特殊攻击故障 CTMC 模型参数

参 数	值	含 义
$\lambda_1(h)$	6/360	假定执行体受特殊攻击后故障平均时间为 10 分钟/10 秒

表 6.9 给出了状态可达集，同时按照变迁过程的相关参数给出了每一个状态标识的稳态概率。其中，P_k 是中等场景稳态概率，P_s 是强攻击场景稳态概率。

表 6.9 非冗余系统特殊攻击故障 CTMC 模型状态可达集

标识	稳态概率 P_k	稳态概率 P_s	P_1	P_2	状态
M_0	0	0	1	0	实存
M_1	1	1	0	1	实存

依据系统状态概率的定义，可以计算拟态防御系统稳态时的可用概率、逃逸概率和非特异性感知概率：

(1) 稳态可用概率 $\mathrm{AP}=P(M_0)=0$，中等/强攻击场景。

(2) 稳态逃逸概率 $\mathrm{EP}=P(M_1)=1$，中等/强攻击场景。

(3) 稳态非特异性感知概率 $\mathrm{NSAP}=0$，中等/强攻击场景。

对于非冗余系统而言，其停机攻击时的稳态降级概率以及待机式协同攻击时的稳态逃逸概率均为 1，稳态非特异性感知概率为 0。因此，非冗余系统基本上无持续抗特殊攻击能力。

2. 非相似余度系统

非相似余度系统特殊攻击故障的 GSPN 模型如图 6.22 所示，共有 7 个状态，9 个变迁。P_1，P_2，P_3 含有令牌表示该执行体处于故障休眠状态；P_4，P_5，P_6 含有令牌分别表示该执行体发生特殊攻击故障；P_7 含有令牌表示 2 个及以上执行体同时发生特殊攻击故障。T_1，T_2，T_3 表示该执行体发生特殊攻击故障；T_7，T_8，T_9 表示该执行体恢复到故障休眠状态；T_4，T_5，T_6 表示两个及以上执行体同时进入特殊攻击故障状态。该模型中，对于停机攻击有抑制弧，对于待机式协同攻击没有抑制弧。

CTMC 模型如图 6.23 所示。

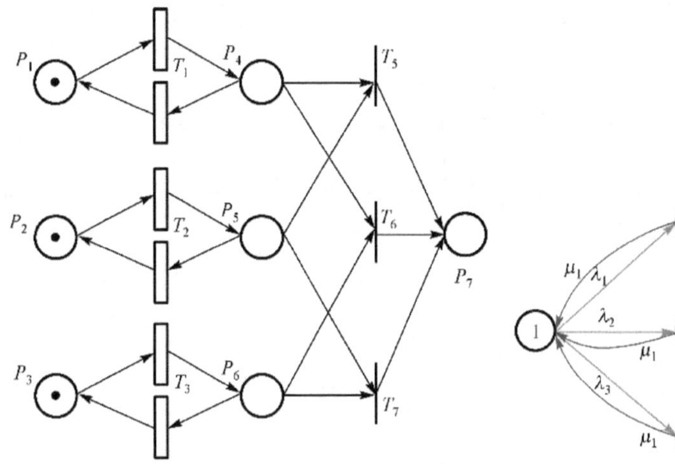

图 6.22 非相似余度系统特殊攻击故障 GSPN 模型

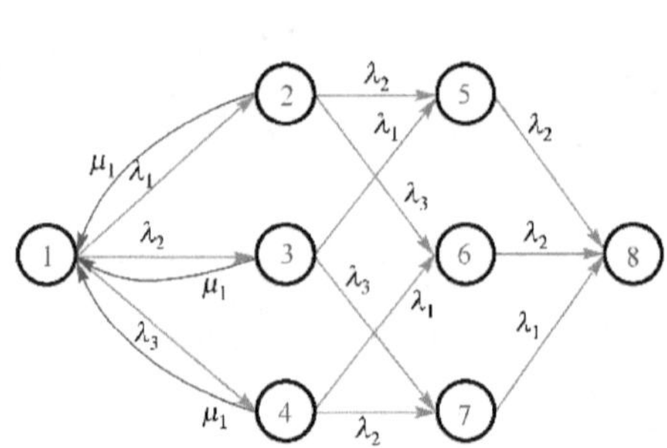

图 6.23 非相似系统特殊攻击故障 CTMC 模型

1) 停机攻击

该 CTMC 模型的各稳定状态如表 6.10 所示。该 CTMC 模型的各参数含义如表 6.11 所示。

表 6.10 非相似余度系统停机攻击故障 CTMC 模型稳定状态

状态序号	含 义
1	各执行体均正常运行，处于漏洞后门休眠状态
2	1 个执行体受攻击后停机

续表

状态序号	含义
3	2个执行体受攻击后停机
4	3个执行体受攻击后停机
5	执行体1和2受攻击后停机
6	执行体1和3受攻击后停机
7	执行体2和3受攻击后停机
8	3个执行体受攻击后停机

表6.11 非相似余度系统停机攻击故障CTMC模型参数

参数	值	含义
λ_1	6/360	假定执行体1被攻击导致其停机的平均时间为10分钟/10秒
λ_2	6/360	假定执行体2被攻击导致其停机的平均时间为10分钟/10秒
λ_3	6/360	假定执行体3被攻击导致其停机的平均时间为10分钟/10秒
μ_1	60	假定1个执行体自恢复或重构恢复的平均时间为1分钟

基于非相似余度系统特殊攻击故障GSPN模型，可得到其状态转移方程：

$$
\begin{bmatrix} \dot{P}_1(t) \\ \dot{P}_2(t) \\ \dot{P}_3(t) \\ \dot{P}_4(t) \\ \dot{P}_5(t) \\ \dot{P}_6(t) \\ \dot{P}_7(t) \\ \dot{P}_8(t) \end{bmatrix} = \begin{bmatrix} -\lambda_1-\lambda_2-\lambda_3 & \mu_1 & \mu_1 & \mu_1 & 0 & 0 & 0 & 0 \\ \lambda_1 & -\mu_1-\lambda_2-\lambda_3 & 0 & 0 & 0 & 0 & 0 & 0 \\ \lambda_2 & 0 & -\mu_1-\lambda_1-\lambda_3 & 0 & 0 & 0 & 0 & 0 \\ \lambda_3 & 0 & 0 & -\mu_1-\lambda_1-\lambda_2 & 0 & 0 & 0 & 0 \\ 0 & \lambda_2 & \lambda_1 & 0 & -\lambda_3 & 0 & 0 & 0 \\ 0 & \lambda_3 & 0 & \lambda_1 & 0 & -\lambda_1 & 0 & 0 \\ 0 & 0 & \lambda_3 & \lambda_2 & 0 & 0 & -\lambda_2 & 0 \\ 0 & 0 & 0 & 0 & \lambda_3 & \lambda_1 & \lambda_2 & 0 \end{bmatrix} \begin{bmatrix} P_1(t) \\ P_2(t) \\ P_3(t) \\ P_4(t) \\ P_5(t) \\ P_6(t) \\ P_7(t) \\ P_8(t) \end{bmatrix} \tag{6.10}
$$

表6.12给出了状态可达集，同时按照变迁过程的相关参数给出了每一个状态标识的稳态概率。其中，P_k是中等场景稳态概率，P_s是强攻击场景稳态概率。

表6.12 非相似余度系统停机攻击故障CTMC模型状态可达集

稳态概率		
标识	稳态概率 P_k	稳态概率 P_s
M_0	0	0
M_1	0	0

续表

标识	稳态概率 P_k	稳态概率 P_s
M_2	0	0
M_3	0	0
M_4	0	0
M_5	0	0
M_6	0	0
M_7	1	1

实存状态

	P_1	P_2	P_3	P_4	P_5	P_6	P_7
M_0	1	1	1	0	0	0	0
M_1	0	0	0	1	0	0	0
M_2	0	0	0	0	1	0	0
M_3	0	0	0	0	0	1	0
M_4	0	0	0	1	1	0	0
M_5	0	0	0	1	0	1	0
M_6	0	0	0	0	1	1	0
M_7	0	0	0	1	1	1	1

依据系统状态概率的定义，可以计算拟态防御系统稳态时的可用概率、逃逸概率和非特异性感知概率：

(1) 稳态可用概率 $\mathrm{AP}=P(M_0)+P(M_1)+P(M_2)+P(M_3)=0$

(2) 稳态逃逸概率 $\mathrm{EP}=0$

(3) 稳态非特异性感知概率 $\mathrm{NSAP}=1$

对于非相似余度系统而言，其停机攻击的稳态非特异性感知概率为 1，稳态可用和逃逸概率为 0，无持续抗停机攻击能力。

2) 待机式协同攻击

该 CTMC 模型的各稳定状态如表 6.13 所示。该 CTMC 模型的各参数含义如表 6.14 所示。

表 6.13　非相似余度系统待机式协同攻击故障 CTMC 模型稳定状态

状态序号	含　义
1	各执行体均正常运行，处于漏洞后门休眠状态
2	执行体 1 受攻击后发生待机式协同故障且输出矢量未异常
3	执行体 2 受攻击后发生待机式协同故障且输出矢量未异常
4	执行体 3 受攻击后发生待机式协同故障且输出矢量未异常

续表

状态序号	含　义
5	执行体 1 和 2 受攻击后同时发生待机式协同故障且输出矢量未异常
6	执行体 1 和 3 受攻击后同时发生待机式协同故障且输出矢量未异常
7	执行体 2 和 3 受攻击后同时发生待机式协同故障且输出矢量未异常
8	3 个执行体受攻击后同时发生待机式协同故障且输出矢量未异常

表 6.14　非相似余度系统待机式协同攻击故障 CTMC 模型参数

参数	值	含　义
λ_1	6/360	假定执行体 1 被攻击导致其产生待机式协同故障的平均时间为 10 分钟/10 秒
λ_2	6/360	假定执行体 2 被攻击导致其待机式协同故障的平均时间为 10 分钟/10 秒
λ_3	6/360	假定执行体 3 被攻击导致其待机式协同故障的平均时间为 10 分钟/10 秒
μ_1	2	假定执行体周期恢复的平均时间为 30 分钟

基于非相似余度系统特殊攻击故障 CTMC 模型，可得到其状态转移方程：

$$
\begin{bmatrix} \dot{P}_1(t) \\ \dot{P}_2(t) \\ \dot{P}_3(t) \\ \dot{P}_4(t) \\ \dot{P}_5(t) \\ \dot{P}_6(t) \\ \dot{P}_7(t) \\ \dot{P}_8(t) \end{bmatrix} = \begin{bmatrix} -\lambda_1-\lambda_2-\lambda_3 & \mu_1 & \mu_1 & \mu_1 & 0 & 0 & 0 & 0 \\ \lambda_1 & -\mu_1-\lambda_2-\lambda_3 & 0 & 0 & 0 & 0 & 0 & 0 \\ \lambda_2 & 0 & -\mu_1-\lambda_1-\lambda_3 & 0 & 0 & 0 & 0 & 0 \\ \lambda_3 & 0 & 0 & -\mu_1-\lambda_1-\lambda_2 & 0 & 0 & 0 & 0 \\ 0 & \lambda_2 & \lambda_1 & 0 & -\lambda_3 & 0 & 0 & 0 \\ 0 & \lambda_3 & 0 & \lambda_1 & 0 & -\lambda_1 & 0 & 0 \\ 0 & 0 & \lambda_3 & \lambda_2 & 0 & 0 & -\lambda_2 & 0 \\ 0 & 0 & 0 & 0 & \lambda_3 & \lambda_1 & \lambda_2 & 0 \end{bmatrix} \begin{bmatrix} P_1(t) \\ P_2(t) \\ P_3(t) \\ P_4(t) \\ P_5(t) \\ P_6(t) \\ P_7(t) \\ P_8(t) \end{bmatrix} \tag{6.11}
$$

表 6.15 给出了状态可达集，同时按照变迁过程的相关参数给出了每一个状态标识的稳态概率。其中，P_k 是中等场景稳态概率，P_s 是强攻击场景稳态概率。

依据系统状态概率的定义，可以计算非相似余度系统稳态时的可用概率、逃逸概率和非特异性感知概率：

(1) 稳态可用概率 $\mathrm{AP}=P(M_0)+P(M_1)+P(M_2)+P(M_3)=0$。

(2) 稳态逃逸概率 $\mathrm{EP}=1$。

(3) 稳态非特异性感知概率 $\mathrm{NSAP}=0$。

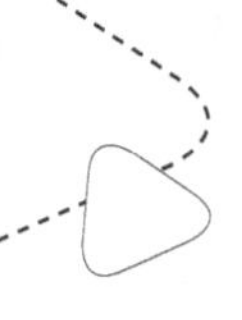

表 6.15 非相似余度系统待机式协同攻击故障 CTMC 模型状态可达集

稳态概率

标识	稳态概率 P_k	稳态概率 P_s
M_0	0	0
M_1	0	0
M_2	0	0
M_3	0	0
M_4	0	0
M_5	0	0
M_6	0	0
M_7	1	1

实存状态

	P_1	P_2	P_3	P_4	P_5	P_6	P_7
M_0	1	1	1	0	0	0	0
M_1	0	0	0	1	0	0	0
M_2	0	0	0	0	1	0	0
M_3	0	0	0	0	0	1	0
M_4	0	0	0	1	1	0	0
M_5	0	0	0	1	0	1	0
M_6	0	0	0	0	1	1	0
M_7	0	0	0	1	1	1	1

对于非相似余度系统而言，其抗待机式协同的稳态可用概率和稳态非特异性感知概率均为 0，稳态逃逸概率为 1，无抗待机式协同攻击能力。

6.7.3 抗攻击性分析小结

非冗余系统、非相似余度系统的抗一般攻击性对比如表 6.16 所示。以强攻击场景为例，可以看出，对于一般攻击，非冗余系统基本上没有持续抗攻击能力；非相似余度系统具有较高的稳态非特异性感知概率和较低的稳态逃逸概率，但其稳态可用概率为 0，即非相似余度系统具有较灵敏、准确但不持久的抗攻击能力。

表 6.16 系统抗一般攻击稳态概率

弱攻击场景		
稳态概率	非冗余系统	非相似余度系统
稳态漏洞后门休眠状态概率 $P(M_0)$	0	0
稳态非特异性感知概率 NSAP	0	9.999999×10^{-1}
稳态可用概率 AP	0	0
稳态逃逸概率 EP	5.00000×10^{-1}	2.999700×10^{-4}
中等攻击场景		
稳态概率	非冗余系统	非相似余度系统
稳态漏洞后门休眠状态概率 $P(M_0)$	0	0
稳态非特异性感知概率 NSAP	0	9.999999×10^{-1}
稳态可用概率 AP	0	0
稳态逃逸概率 EP	5.00000×10^{-1}	2.999700×10^{-4}
强攻击场景		
稳态概率	非冗余系统	非相似余度系统
稳态漏洞后门休眠状态概率 $P(M_0)$	0	0
稳态非特异性感知概率 NSAP	0	9.999999×10^{-1}
稳态可用概率 AP	0	0
稳态逃逸概率 EP	5.00000×10^{-1}	2.999700×10^{-4}

如表 6.17 所示，对于特殊攻击，非冗余系统没有抗停机攻击和待机式协同攻击的能力。非相似余度系统对停机攻击全部能够感知且无法逃逸，但稳态可用概率为 0，即非相似余度系统不具有持久的抗停机攻击能力和待机式协同攻击的能力。

表 6.17 系统抗特殊攻击稳态概率

停机攻击				
稳态概率	非冗余系统		非相似余度系统	
	中等攻击	强攻击	中等攻击	强攻击
稳态漏洞后门休眠状态概率 $P(M_0)$	0	0	0	0
稳态非特异性感知概率 NSAP	0	0	1	1
稳态可用概率 AP	0	0	0	0
稳态逃逸概率 EP	1	1	0	0

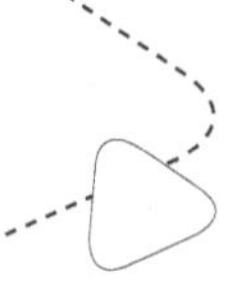

续表

待机式协同攻击				
稳态概率	非冗余系统		非相似余度系统	
	中等攻击	强攻击	中等攻击	强攻击
稳态漏洞后门休眠状态概率 $P(M_0)$	0	0	0	0
稳态非特异性感知概率 NSAP	0	0	0	0
稳态可用概率 AP	0	0	0	0
稳态逃逸概率 EP	1	1	1	1

6.8 思考与演绎

6.8.1 条件感知不确定威胁

根据 I【P】O 模型，借助相对正确公理，在 TRA 约束条件下，利用功能等价、异构冗余和多模矢量择多判决机制，有可能在构造层面感知到针对执行体内生安全问题的攻击导致的多模输出矢量的差模表现。换言之，基于相对正确公理的逻辑构造可以将针对元素 A_i 个体的不确定威胁，变换为构造层面可测量感知的关于多模输出矢量间的差异。尽管这种感知机理存在容易被试错或待机式协同攻击等手段瓦解的风险，既缺乏稳定鲁棒性又不具有可持续的品质鲁棒性，但是毕竟为我们指出了一条不依赖攻击者先验知识和行为特征的不确定威胁感知新途径，也为实现基于误差消除的鲁棒控制功能提供了必要条件。不过，由于待机或共模攻击的存在使择多表决机制无法回避“判识盲区”问题，往往需要多模裁决那样的多样化判决算法的迭代处理和后向验证机制辅佐才能进一步甄别。

6.8.2 广义鲁棒控制新内涵

基于“测量感知、误差识别、反馈迭代”的鲁棒控制机制能够在模型架构一定且扰动范围已知情况下，可以将模型摄动控制在给定的期望阈值内。于是，将鲁棒控制机制和相关控制函数导入与 TRA 公理等价的异构冗余构造(例如 DRS 构造)，就不难赋予后者测不准的内生安全特性，从而能在很大程度上解决经典异构冗余构造在应对试错或协同攻击时鲁棒控制功能缺乏稳定性的问题。作者将这种稳定抑制广义不确定扰动的控制功能纳入广义鲁棒控制的范畴，就是试图通过扩充经典广义鲁棒控制的内涵与外延方式，为归一化地解决传统不确定扰动和非传统不确定威胁问题提出创新的理论方法和技术体制。因此，本书后续章节凡是提到广义鲁棒控制时，如果不作特殊声明，都是指涵盖了两类不确定扰动因素，扩充了新内涵的广义鲁棒控制概念。

6.8.3 DRS 容侵缺陷

从本章前述内容不难看出，DRS 架构本身对系统服务功能的提供是透明的，即系统服务功能的增减与架构无关。这种将服务提供、可靠性保障、入侵容忍三位一体的集约化架构属性，对网络空间有服务可靠性保障和安全性保证要求的应用场合有着特殊的应用潜能，并在全寿命周期内有着显著的性价比优势，相对传统的服务和安全系统分立部署的方式有着更好的技术和经济效益。但是，首先需要解决其容侵能力或稳定、品质鲁棒性不可持续的问题，其次要大幅度地简化工程实现复杂度。

此外，DRS 在应对诸如 APT 等增量性、持续性、协同性入侵威胁时至少还存在六个方面的挑战。

(1) 若要保证异构冗余的基本属性，必须要求所有的部件组件有严格的空间独立性，且这些部件组件的给定功能交集应是严格限定的，除了等价的功能交集不应存在其他相同的功能交集，也就是说需要采用非常复杂、代价高昂的相异性设计来保证。遗憾的是，现有的相异性设计尚不能从理论和技术层面提供定性到定量的精确支撑，目前主要还是靠严格的工程管理或基于经验的导向，这给普适化的推广应用带来很大的实现障碍。

(2) 经典异构冗余架构仍然是静态的、确定的，其运作机制也是相似的，从严格意义上说仍具有“防御环境的可探测性和防御行为的可预测性”。假定攻击者拥有或掌握目标对象运作信息或实现攻击所需的必要信息，也可以对异构冗余执行体采取分步骤的各个击破方式或试错攻击方式，从容地造成多数或一致性错误以实现择多表决机制下的共模逃逸。更为严重的是，一旦攻击成功，相应的经验和知识具有可继承性，能够准确地重现攻击效果并具有可规划的利用价值，会给信息系统的私密性、完整性、有效性带来严重的安全威胁。

(3) 容错和容侵的数学模型不一样。前者以故障的可检出性为前提，以故障的随机性发生为条件，以马尔可夫链等数学分析工具为基础。后者因为基于目标对象未知漏洞后门等的蓄意攻击往往是隐匿的、内外配合的，故而攻击效果通常是确定的，往往不属于概率问题。因此，用非相似余度容错模型直接作为网络空间复杂攻击条件下的安全性分析模型显然是不适合的。

(4) 为大幅度提高可靠性而发明的非相似余度构造，虽然也是以相对不可靠的异构执行体为前提的，但并不认为异构执行体可能存在的可靠性缺陷具有蓄意扩散的性质。因而工程实现中没有强制性的“去协同化”要求，包括执行体之间存在可以互连的端口或链路，或拥有共同的物理或逻辑空间，或共享的通信和同步机制，甚至存在双向交互会话机制等，尤其在故障执行体恢复算法中还存在从在线执行体复制运行环境以实现相互间同步的做法，这些都会为蓄意构建协同攻击场景提供便利。

(5) 为克服“拜占庭将军”问题而设计的投票机制，需要在异构执行体之间建立复杂的协商机制(甚至需要导入适当的加密机制)，并假设各执行体在没有遭受攻击之前都是可信的，这在网络空间全球化生态环境下，特别是在那些拥有50%以上市场份额的软硬件产品的漏洞后门问题(甚至病毒木马等)不能可靠清除的情况下，这种假设的前提条件很难成立，这也是当前区块链共识机制由于宿主系统缺乏可信性而不能可靠发挥作用的原因所在。

(6) DRS 具有“构造决定安全”属性，利用相对正确公理的等价逻辑结构将已知或未知的个性化攻击和确定性或不确定性故障都能被构造归一化为概率可控的可靠性事件。但是，DRS 属于非闭环控制构造且未能改变目标系统确定性和静态性缺陷。因此，无法应对“协同作弊”或“试错”式攻击，对不确定威胁不具有稳定鲁棒控制特性。

总之，如果攻击者拥有的资源和能力可以覆盖 DRS 的静态化环境，理论上就能基于 DRS 防御缺陷获得探测、认知和协同攻击方面的便利。例如，假定攻击者已掌握了多数执行体中的漏洞，或者在多数执行体中植入了后门，并能发起基于某种触发机制的协同攻击(如在一个小于异构执行体切换时间内引发多个“停机”类的事件，或者基于统一的授时机制输出事先预存的、完全相同的错误结果，或者以某一时刻收到某种输入激励信息为基准统一在 t 秒后输出同一信息等)，则仍可能穿透择多表决环节的拦截，导致等效的共模故障或逃逸事件。

以一个 3 余度 DRS 系统为例，假设攻击者掌握了其中两个部件中的漏洞 A 和 B，并有能力利用这两个漏洞注入两个病毒代码。由于非相似余度系统的静态性和确定性，攻击者总有较多的机会将病毒代码植入相应执行体中。攻击者只要在植入的代码中设计一个共同的外部激励信号 K，当相应执行体的病毒代码收到信号 K 时，同时向外传送早已窃取并处于待发状态的消息 M，由于异构执行体中的消息 M 是完全相同的，所以择多表决机制无法拦截。同理，如果攻击者有能力事先在多个部件中植入后门陷门、病毒木马的话，则可以更为方便地实现上述攻击过程。巧妙地利用这一过程，攻击者完全有可能从非相似余度系统中得到想要的信息或预期的攻击效果。尽管设计、植入和利用相关攻击代码有着非同寻常的挑战，甚至对一些定制的执行体还可能要动用社会工程学方面的手段。

无论如何，非相似余度 DRS 系统除了不能有效应对 6.5.4 节介绍的“隧道穿越”攻击外，其静态性和确定性使得系统内部的运行环境和表决方式仍然是可感知或可认知的，包括存在于构件或部件中的未知漏洞和以某种方式隐匿其中的恶意功能往往都具有攻击可达性[17,18]。换句话说，虽然 DRS 已经将基于内生安全问题的攻击难度提高到需要非合作条件下，多个目标协同一致攻击的程度，但仍然属于攻击任务可规划、攻击效果可期待的目标对象范畴[19]。

6.8.4 改造 DRS 的思想演绎

我们知道 DRS 提出的初衷中并没有强调其异构冗余资源的可重构或软件可定义等动态、随机属性(也许受当时技术发展阶段束缚)。因此，在当今或可以预见的技术条件下，若能在 DRS 构造中导入动态性就有可能改变资源分配中的静态性，导入随机性就可能改变运行机制的确定性，导入多样性就可能改变表决策略的相似性，导入鲁棒控制机制就可能获得防御场景迭代收敛的广义动态性等。在本书第 7 章中我们可以看到这些基本防御元素的体系化引用能够显著地增强 DSR 架构抗已知或未知攻击的能力，特别是有可能从根本上改造 DRS 架构不能够稳定提供容侵能力的基因缺陷以及无法解决的隧道穿越问题。动态、多样、随机因素和鲁棒控制机制不仅使目标对象的内生安全效应会给非配合条件下的协同攻击带来难以克服的挑战，也能给网络攻击影响目标对象私密性、完整性、有效性的战术作用带来更大的不确定性，甚至可以直接颠覆基于软硬件代码缺陷的攻击理论和方法，并使网络攻击难以成为战役战术层面可规划利用、作战效果可评估评价的打击任务手段。

就追求高性价比而言，简单的堆砌包括动态性、随机性和多样性在内的基本防御要素并不能解决期望解决的问题，还会显著降低目标对象的经济服务性能(见第 4 章、第 5 章相关描述)。近些年来，受美国提出的移动目标防御(MTD)思想影响，业界推出一些借助动态性和随机性手段降低目标对象漏洞可利用性的主动防御技术(有些还带有一定的智慧功能)，确实也取得了一定的使用成效，尤其是可以降低基于未知漏洞的威胁程度。但对源自系统内部软硬件资源后门或已植入的恶意代码实施的内外协同式攻击，在机理上就完全无效了。此外，其动态控制或调度环节的可信性与加密认证和查毒杀毒等传统安全技术一样，在同一处理空间、共享资源机制下，既无法自证也无法自保(Windows 地址随机化措施 ASLR 被黑客破解就是一个众所周知的例证)。更为严重的是，其工程实施对目标对象软硬代码功能和性能不透明，需要设法“插入”相关组件或模块，且防御的有效性以大量消耗目标对象处理资源和服务性能为代价，甚至使服务的安全性与服务的经济性严重对立，技术上仍未能摆脱防御对象安全状况不可量化设计与评估的格局。

DRS 改造思路的核心就是在假定冗余执行体内普遍存在“差模”形态的内生安全问题情况下，找到一种构造和机制能将这些动态、多样、随机性的防御元素聚合成既能“攘外”又能“安内”的防御环境，而基于表决机制的闭环反馈控制构造就是一个能将“珍珠串成项链”的关键举措。从鲁棒控制原理可知，闭环反馈机制能将动态、随机和多样化元素自然地纳入基于感知的、渐进的、可收敛的动态过程，借助这一过程可将广义不确定扰动产生的影响控制在可预期的范围内。显然，鲁棒控制的反馈环路一旦进入稳定状态，只有测量感知到差模扰动或者接收到外部强制性指令的情况下才可能被重新激活，而不必像跳频抗干扰通信那样一味地追求在更宽的频带范围、更多的使用频点和更高的跳速上下功夫。大量的工程实践表明，对于复杂信息系统安全防御而言，凡是泛在化、高频度或非结构化地使用动态、随机、多样化防御手段都不是什么明智的选择。

6.9 内生安全体制与机制设想

6.9.1 期望的内生安全体制

(1) 内生安全体制应当是开放的组织架构，不排除架构、模块和构件中包含任何的内生安全问题。

(2) 内生安全体制应当是一体化的融合构造，能同时提供高可靠、高可信、高可用的使用功能。

(3) 内生安全体制应当能够协同使用多样性、随机性和动态性的防御要素。

(4) 内生安全体制应当同时具有异构、冗余、动态、裁决和反馈控制的构造要素。

(5) 内生安全体制应当能够自然地接纳传统安全防护技术或其他技术的使用并可获得指数量级的防御增益。

(6) 内生安全体制应当具有普适性应用意义。

6.9.2 期望的内生安全机制

(1) 内生安全机制与广义不确定扰动应属于人-机、机-机、机-人博弈关系。

(2) 内生安全机制应当可以条件管控或抑制广义不确定扰动而不企图杜绝其影响。

(3) 内生安全机制的有效性应当不依赖关于攻击者的任何先验知识或附加、内置、内共生的其他安全措施或技术手段。

(4) 内生安全机制应当能以融合方式为目标对象提供一体化的高可靠、高可信、高可用的使用性能。

(5) 内生安全机制导致的广义安全性应当具有可量化设计、可验证度量的稳定鲁棒性和品质鲁棒性。

(6) 内生安全机制的使用效能应当与运维管理者的技术能力和过往的经验弱相关或不相关。

6.9.3 期望的技术特征

(1) 内生安全应当属于目标对象内源性安全功能，具有与脊椎生物非特异性和特异性免疫机制类似的“点面融合”式防御功能，与目标对象本征功能具有构造层面的不可分割性。

(2) 内生安全功效应当不依赖关于攻击者先验知识和行为特征信息，因此对独立的攻击资源、攻击技术、攻击方法形成的“差模攻击效应”应当具有天然的抑制功效。换言之，凡是基于 0day 性质的漏洞后门、病毒木马等网络攻击，对具有内生安全功能的目标对象在机理上就无效。

(3) 突破内生安全防御除社会工程学的手段外，必须通过时空一致性的精准协同攻击才有逃逸的可能，但首先要克服时空非一致性的“测不准效应”，然后要逾越“基于策略裁决的异构冗余目标反馈调度迭代机制”才有可能形成“共模逃逸”态势，其次必须解决共模逃逸的稳定维持问题。

(4) 内生安全功能应当能够归一化地解决传统可靠性问题和基于目标对象的网络威胁问题。

(5) 理论上，“差模逃逸”不可能发生，“共模逃逸”也是极小概率事件，“即使成功也可能只此一次”，在内生安全环境内的攻击行动或成果都不具有稳定鲁棒性和品质鲁棒性。

参考文献

[1] 魏宗舒. 概率论与数理统计教程. 北京：高等教育出版社, 2008.

[2] 百度百科词条. 内共生学说. https//baike.baidu.com/item 内共生学说.

[3] Jajodia S, Ghosh A K, Swarup V, et al. 动态目标防御——为应对赛博威胁构建非对称的不确定性. 杨林, 译. 北京: 国防工业出版社，2014.

[4] Huang C Y, Lyu M R, Kuo S Y. A unified scheme of some nonhomogenous poisson process models for software reliability estimation. IEEE Transactions on software Engineering, 2003, 29(3)： 261-269.

[5] Rubira-Calsavara C M F, Stoud R J. Forward and Backward Error Recovery in C++. New Castle: University of Newcastle upon Tyne, 1993.

[6] Carreira J, Madeira H, Silva J G. Xception: A technique for the experimental evaluation of dependability in modem computers. IEEE Transactions on Software Engineering, 1998, 24(2): 125-136.

[7] 臧红伟, 韩炜, 高德远. 非相似余度计算机系统及其可靠性分析. 哈尔滨工业大学学报, 2008, 40(3):492-494.

[8] 秦旭东, 陈宗基. 基于Petri网的非相似余度飞控计算机可靠性分析. 控制与决策, 2005, 20(10):1173-1176.

[9] Yeh Y C. Triple-triple redundant 777 primary flight computer. IEEE Aerospace Applications Conference Proceedings. 1. 293 - 307 vol.1. 10.1109/AERO.1996.495891

[10] 陈宗基, 秦旭东, 高金源. 非相似余度飞控计算机. 航空学报, 2005(03): 320-327.

[11] 百度百科. 免疫. http://baike.baidu.com/item/%E5%85%8D%E7%96%AB/ 825313?fr=aladdin. [2017-03-19].

[12] 史忠科, 吴方向, 王蓓, 等. 鲁棒控制理论. 北京: 国防工业出版社, 2003: 2-16.

[13] Doyle J C, Zhou K M. Essentials of Robust Control. New York: Pearson,1997.

[14] Petri C A. Communication with automata. Rome Air Development Center, Rome, NY, 1966.

[15] Caselli S, Conte G, Marenzoni P. Parallel state space exploration for GSPN models. Application and Theory of Petri Nets, 1995: 181-200.

[16] Bishop M, Bailey D. A Critical Analysis of Vulnerability Taxonomies. Sacramento: University of California at Davis, 1996.

[17] Garcia M, Bessani A, Gashi I, et al. Analysis of OS diversity for intrusion tolerance. Software Pactice and Experience, 2012: 1-36.

[18] 岳风顺. 云计算环境中数据自毁机制研究. 长沙：中南大学, 2011.

[19] Gu J F, Zhang L L. Data, DIKW, big data and data science. Procedia Computer Science, 2014, 31:814-821.

第7章

动态异构冗余架构

从第 6 章我们了解到，非相似余度(DRS)构造具有内在的、非鲁棒性的抗攻击属性，能将单一空间共享资源机制下基于静态目标漏洞后门的“单向透明、里应外合”式攻击复杂度，提升到基于静态多元目标漏洞后门的协同攻击阶段，使得针对冗余执行体个体特征的确定性攻击，在给定的多模输出矢量空间上，被择多表决机制强制转换成一个与冗余规模、执行体间相异性、输出矢量复杂度强相关的概率性事件。但是，DRS 架构的抗攻击性受下列条件或因素约束：①DRS 假定冗余执行体间的异构度足够大，并期望消除任何暗功能交集；②构造内同时处于异常状态执行体的数量需要满足$f\leqslant(N-1)/2$(N是异构执行体的总数)条件；③不考虑利用构造内后门或恶意代码实施内外协同攻击的情况；④择多表决算法对多数或一致性攻击逃逸存在判识盲区；⑤对输出矢量异常的执行体除“挂起/清洗”外没有其他的后处理机制；⑥尤其是 DRS 架构内各执行体的运行环境以及相关漏洞后门等的可利用条件是静态确定的，且执行体的并行部署方式通常也不会改变攻击表面的可达性。因而，理论上，攻击者可以通过试错方式达两个目的：一是可逐个地攻陷存在可利用漏洞后门的执行体，使得构造内的异构执行体同时出现或使得处于异常状态执行体的数量 f 大于$(N-1)/2$；二是利用执行体中的暗功能实现待机式协同攻击或隧道穿越(详见 6.5.3 节)，再利用择多表决机制的判识盲区实现攻击逃逸。不难看出，对 DRS 的攻击成功经验具有可继承性，方法具有可复现性，攻击效果具有可持续利用价值。换言之，DRS架构的静态性、确定性和相似性在非传统安全领域表现出严重的基因缺陷，以致对广义不确定扰动缺乏维持“初始信息熵不减”的能力，因而其抗攻击性不具备稳定鲁棒控制和品质鲁棒控制的特性。本章将重点讨论如何运用广义鲁棒控制技术变革DRS“构造基因”，用具有动态收敛性质的多样化防御场景替代执行体间过于苛刻且代价高昂的异构设计，用基于多元算法集合的多模策略裁决克服单一择多判决的盲区问题，用安全性可量化设计、可验证度量的测不准构造效应形成不确定的防御迷雾，使得稳定管控包括针对未知漏洞后门等攻击在内的广义不确定扰动成为可能。

7.1 动态异构冗余架构概述

作者研究发现，从信息熵角度观察，攻防双方实际上是围绕防御方初始信息熵的增减或维持展开的博弈。DRS构造的容侵属性之所以缺乏时间稳定性是因为随着针对性尝试攻击或试错式攻击的持续进行，构造内的初始信息熵因为没有任何自维持机制只能作熵减少运动，直至初始信息熵低至攻击链能够可靠地发挥期望的作用，构造的功能或防御功效彻底丧失为止。不难推论，如果能在DRS架构中导入初始信息熵不减(或熵平衡)机制就能使容侵属性具有一定程度的鲁棒性。例如，添加动态、随机、多样、重构或加密认证、入侵检测、入侵预防等传统防御元素，或导入策略裁决、控制律反馈、可迭代收敛的鲁棒控制机制[1]，理论上应当能改变DRS运行环境的静态性、确定性以及相似性在非传统安全领域的基因缺陷。期望这种经“基因工程”再造后的控制构造和运行机制由于具有初始信息熵不减(包括熵平衡)特性，因而无论在容侵还是容错方面都应该具有可量化设计、可验证度量的稳定鲁棒性和品质鲁棒性。作者将这种创新的技术构造命名为“动态异构冗余架构”(Dynamic Heterogeneous Redundancy structure，DHR)，简称DHR架构，其抽象模型如图7.1所示。

7.1.1 DHR基本原理

1. 假设条件

在阐述DHR构造原理之前明确假设条件是必要的：①以非相似余度DRS作为基础构造；②构造内所有软硬构件都允许存在差模形态的漏洞，除反馈控制环路外，所有构件在一定条件下，都允许存在功能不相同或利用方式不同的后门或恶意代码；③入侵攻击既包含基于构造内部漏洞的外部攻击，也包括由内部后门等暗功能蓄意发起的内外部协同攻击；④可重构或可配置执行体间不

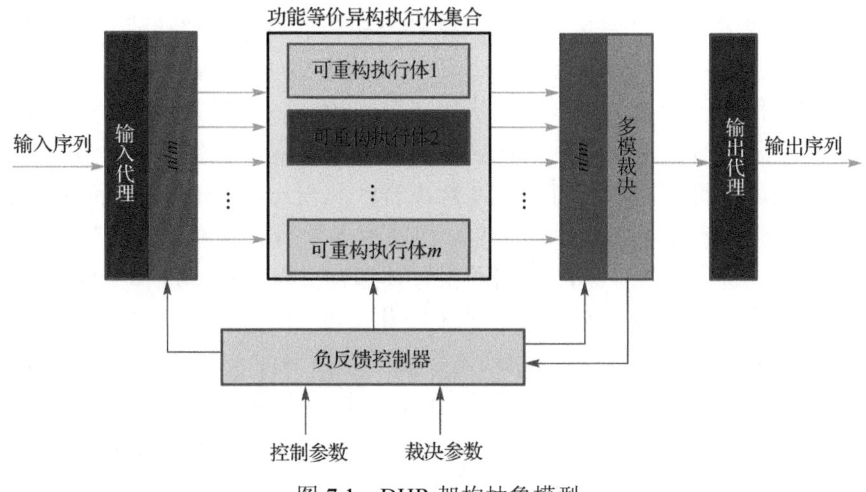

图 7.1 DHR 架构抽象模型

存在任何形式的可交互的通信链路和连接方式，执行体间具有物理或空间上的独立性；⑤多模裁决器输出状态除非是期望状态，否则反馈控制总是力图通过变换当前运行环境、裁决算法或执行体实现构造或资源配置的方式使裁决结果达成期望的状态；⑥给定攻击条件下，只要裁决器能感知到可重构执行体的输出矢量间存在差模表达，构造内多样化场景的迭代过程总能将差模状态收敛；⑦反馈控制响应时间或者多样化防御场景迭代收敛时间远小于攻击持续时间。

为了表述简洁，本书后续章节凡涉及 DHR 架构时，一般默认满足上述前提条件，除非另有说明。

2. 组成与功能

DHR 构造中，输入代理需要根据负反馈控制器的指令将输入序列分发到相应的(多个)功能等价体(实践上有时会忽略这一环节)；可重构执行体集合中受到输入激励的执行体，在大概率情况下应当能够完成模型系统设计赋予的功能/性能且可独立产生满足给定语义、语法甚至语用的多模输出矢量。需要强调的是：①这里所指的多模输出矢量是广义的，也就是说在输入激励条件下，执行体产生的任何直接或间接的响应信息或执行体内部处理过程与环境状态的改变信息都可以用作输出矢量，对此，本书后续章节不再重复声明；②多模裁决器根据裁决参数或算法生成的裁决策略，研判多模输出矢量内容的合规性情况并选择或形成输出响应序列，一旦发现非期望裁决状态就激活负反馈控制器；③负反馈控制器被激活后将根据控制参数(控制律)生成的控制算法决定是否要向输入代理发送替换(迁移)“差模输出”执行体的指令，或者指示疑似问题执行体实施在线/离线清洗恢复操作，包括触发相关的后台处理功能等，或者对异常执行体本身进行功能等价条件下基于构件的重组/重构/重配等多样化操作，这一活动过程直至输出矢量不合规状态在多模裁决环节消失或此种情况发生频度低于给定阈值时暂停。这种迭代式的动态收敛过程中也包括有意识的更换多模裁决算法，多维度的印证可能存在判决盲区的判决结果的相对正确性。因为DHR 从机理上就认为即使是输出矢量相同的多数执行体在小概率情况下也可能存在攻击逃逸的情况，需要像问题执行体那样被策略性地选择下线清洗，或通过重组/重构等手段实现防御场景的多样化改变，以后向验证方式甄别出攻击逃逸状态且能可靠解脱(否则共模逃逸将成为稳态事件)，尽管在多模矢量选择输出方面仍然遵循当前裁决算法的认定结果。通常情况下可以认为，DHR 架构的暂稳态状态与 DRS 运行场景同构，并具有相同或相似的可靠性和抗攻击性(详见 9.5 节)。但当多模输出矢量不合规时，DHR 架构则表现出可迭代收敛于多模裁决器期望状态或发生频度低于给定阈值的鲁棒控制特性。换言之，不论何种原因，DHR 架构一旦感知到多模输出矢量存在差模情况，就试图通过策略调度当前执行体集合中的元素，或对问题执行体本身作清洗恢复等改变运行环境的操作，或激活功能等价条件下的多维动态重构等机制，自动选择合适的防御场景以消除非期望的裁决差异。显然，这一过程自然引入的动态性、多样性和随机性操作使得基于构造的运行场景具有可迭代收敛的性质。需要强调的是，DHR 还可以根据内外部控制参数形成的强制性调度指令触发负反馈环路并产生相应的调度操作，目的是扰乱或破坏攻击者利用多模裁决“叠加态”的判识盲区(当输出矢量完全一致或无输出时)，通过已植入的病毒木马等实施隐匿的且可稳定维持的待机式协同逃逸，例如 6.5.4 节指出的隧道穿越问题。外部或内部的控制参数可能源自某一随机函数发生器，操作控制参数也可能取自目标系统内部不确定状态信息形成的哈希值，例如当前活跃进程数、CPU 占用情况、内存分配情况或网络流量均值等。读者不难发现，DHR 架构不仅继承了 DRS 原有的入侵容忍和错误容忍属性并有效避免了后者的基因缺陷，通过导入广义鲁棒控制功能可以显著地增强架构自身的可靠性与抗攻击性，并使攻击复杂度从 DRS 架构的“非配合条件下的静态异构多元目标协同一致攻击”门槛，提升到“非配合条件下的动态异构多元目标协同一致攻击”高度，指数量级上升的协同攻击难度会令外部攻击者或内部渗透者很难用试错、排除或隧道穿越等手段找到可靠的逃逸方法。特别是攻击者视角下的测不准或不确定构造效应会迫使针对构造内生安全问题的试错攻击，除非能“一击成功”，否则多模裁决环节只要感知到输出矢量出现非期望状态，负反馈控制机制将被激活，当前服务环境或产生差模输出的执行体构造场景(包括暗功能交集)将被改变，t 时刻获得的场景信息或者攻击的阶段性成果，很可能在 $t+x$ 时刻就不再具有可利用或可继承的价值。换言之，DHR 在屏蔽任何输出矢量异常的同时通常要根据给定的策略以迭代收敛方式改变当前的运行环境，使得试错战术的运用既无法评估 t 时刻的攻击效果也无法满足环境不变性的前提条件。

如前述章节所述，由于动态性和随机性最易破坏或干扰需要多方参与且有一致性或协同性要求的攻击行动(特别是在非配合条件下或缺乏同步机制的情况下)，所以在 DRS 架构中引入基于闭环反馈鲁棒控制机制，使动态性、随机性和多样性等基础防御元素的作用能够得到充分发挥，可有效地解决其择多判决的盲区问题，并能在应对试错或待机协同或隧道穿越攻击等方面得到根本性的改善，使得非特异性面防御和特异性点防御的融合目标实现成为可能。换句话说，DHR 架构对于瓦解或扰乱“非配合条件下的动态多元目标协同一致攻击”可以发挥“四两拨千斤”的构造效力，并能显著降低单一的择多表决算法的逃逸概率，显著增强对广义不确定扰动的稳定鲁棒性与品质鲁棒性。实际上，对于攻击者而言，若想利用 DRS 架构内的静态暗功能交集实现逃逸已绝非易事(利用系统指纹实现隧道穿越应属特例)，更不用说在暗功能交集不确定的 DHR 架构中产生多数一致且能逃逸的输出矢量了，两者间的攻击难度差异是指数量级的。

3. 核心机理

DHR 以 DRS 构造为基础，并导入“测量感知、误差识别、反馈迭代”的鲁棒控制机制和基于多模策略裁决的策略调度、多维动态重构多样化场景，能够在模型架构一定且扰动范围已知情况下，将模型的广义不确定摄动(扰动)范围迭代收敛在期望阈值之内，以便经济地实现架构内“初始熵不减”的广义鲁棒控制目标。

多模策略裁决欲达成三个基本目的：一是测量感知输出矢量层面表现出的广义不确定扰动；二是通过多种裁决策略的迭代应用增强输出矢量选择操作的可信性，以及极端情况下决定输出矢量的选择策略(例如多模输出矢量出现两两不一致时的情况)；三是一旦发现输出矢量不一致情况就激活负反馈控制机制。需要特别强调指出的是，多模裁决对象不只是执行体的输出矢量，也可以是与输出矢量强相关的数据、状态或其他信息等。为了简述起见，以下一概用执行体输出矢量称之。

反馈控制需具备四个基本功能：一是依据当前裁决结果和相关设置信息及历史统计数据作后向验证操作实现“差模执行体”的定位；二是通过执行体或

防御场景与攻击场景快照的历史性分析，策略性地调度合适的执行体上线或设置相应的防御场景；三是指令下线执行体/防御场景做统计分析、例行安检、清洗恢复、重构重组重配、待机同步等操作；四是迭代收敛过程的记录与分析。

迭代收敛期望实现的总目标是，使 DHR 构造具备 “测量感知、误差识别、反馈迭代” 等广义鲁棒控制的基本功能。分目标有三个：一是尽可能地减少模型迭代收敛响应时间，因为此参数与模型内初始熵减少或防御能力降级或可用性降低的持续时间强相关；二是可以借助多样性防御场景的迭代操作来显著降低理想相异度(诸如 DRS 那样)的工程实现要求(因为问题场景的迭代替换处理要比防御场景间的完全异构设计容易得多)；三是最大限度地增加模型内的测不准防御迷雾，尤其是要从机制上避免出现稳定逃逸的状态。

多维动态重构包括四个方面的基本目标：一是利用清洗恢复、卷回重启等简便方式就能有效瓦解基于内存注入、盲协同或复杂状态转移机制的攻击链；二是借助多核、众核运行环境下的虚拟化技术经济地增强执行体自身的多样化防御场景；三是利用高度发展的软硬件可定义、可重构技术增强执行体层面的多样化；四是差异化地为执行体配置传统安全技术，可以显著增强执行体间的异构度且与安全技术本身的有效性与可靠性弱相关。

4. 鲁棒控制与问题规避

从工程实现意义上说，DHR 基于策略判决的鲁棒控制机制能在给定服务功能不变的条件下，对目标执行体或构造场景实施动态替换(迁移)、清洗恢复、启动相关后台处理机制(例如查毒杀毒、漏洞后门扫描修补)等策略调度或处理操作；或对疑似问题执行体进行功能等价条件下构件级或算法级的重构、重组、重建、重定义等改变；或使目标对象的多样化、动态化和随机化防御场景和攻击资源(自然也包括共生或衍生的暗功能交集) 更加难以预测与利用，最终能使多模裁决环节出现输出矢量不合规的状况迭代收敛于设定的阈值之内；或借助可归一化的鲁棒控制功能抑制已知的未知安全风险乃至未知的未知安全威胁(当然也包括随机性的差模和共模故障)，使之既能管控广义不确定扰动，又获得了“点面结合的融合式防御属性”。

DHR 架构的设计原则是设法“规避”基于内生安全问题的威胁而不企图“归零” 内生安全问题本身(尽管具体应用中仍然会追求这一目标)。其初衷并非想用一个完美的防御场景去应对任何一种或任何一次攻击事件，只是期望能获得“兵来将挡水来土掩” 的系统效果即可，这使得在不违背哲学原理的情况下，用小尺度的多样化资源空间(如同只有 4 个核酸组成的 DNA 那样)就可以等效地达成工程期望条件下的“初始熵不减” 目标，这为 DHR 广义鲁棒控制机理的经济性运用奠定了重要的实用化基础。不仅如此，DHR 还能够通过迭代收敛机制改变当前服务集内暗功能交集，这意味着即使面对网络空间“有毒带菌”的恶劣生态环境，我们仍然可以用比较轻松的多样化机制来弱化 DRS 构造在相异性设计方面过于苛刻的工程管理要求，这对简化实现复杂度、降低设计代价和应用门槛及产品全寿命周期使用成本、充分利用高性能但供应链可信性不能确保的 COTS 级软硬构件等，具有十分重要的工程应用意义。

5. 迭代收敛问题

以上表述在反馈控制响应时间或者多样化防御场景的迭代收敛时间远小于攻击持续时间的假设前提下是成立的。但是，如果攻击持续时间小于反馈控制响应时间就可能出现三种情况：一是，反馈控制所更换的防御场景对本次、本类型攻击是否有效无法认定，因而也无法判定当前构造环境内是否已达成初始信息熵不减的目的。二是，如果更换防御场景的动作在下一次攻击之前还没有完成，此时服务环境一定处于熵减少和可用性降低状态。三是，在攻击持续时间内防御场景的迭代更换操作还未达成收敛，也就是说尚未找到可有效应对此次、此类攻击的防御场景。情况三又可细分为，①存在可用的防御场景，只是攻击持续时间内未能完成期望场景的匹配；②不存在有效的防御场景，迭代操作实际上无法达成期望的收敛效果。除了情况一外，构造环境内都处于熵减少状态。显然，当防御场景资源一定情况下，尽可能地提高反馈控制和迭代收敛速度对于增强系统抗攻击性，维持构造的“初始信息熵不减”和可用性有着十分重要的意义(详见 9.5 节)。

6. 以结构编码抗攻击

按照 I【P】O 模型，DHR 结构中的功能 P 可以视为，一组关于功能 P 的结构或算法的编码集合 $P(P_1,P_2,P_3,\cdots,P_i)$。对于任意 P_i，无论其构成元素多少、性质如何及组成方式怎样，其本征功能都有 $P_i \in P$，但是 P_i 同时还存在关于 P 的副作用和暗功能，且 P_i 间可能存在相同或不相同的副作用和暗功能，理论上这些功能 P 之外的功能都有可能成为攻击者可利用的攻击资源。但是，如果这些攻击资源各不相同，广义不确定扰动在 P_i 内产生的差模表达都是可屏蔽或可纠正的，且不可能产生有感或无感共模逃逸。然而，工程上，即使本征功能等价的非同源异构元素也可能存在相同的副作用或暗功能，于是共模逃逸现象不可能杜绝，但是可资利用的逃逸资源与扰动方法往往也是不同的。因此，针对这一特征或规律，DHR 的后向迭代验证和基于多模裁决的策略调度机制就是设计成用不同 P_i 编码结构的可逃逸环境来应对当前的攻击场景，使得“即使发生共模逃逸也只是极小概率事件”。这与用不同的信道编码对抗不同通信干扰的方式十分类似，区别在于，DHR 中既有信道编码也有编码信道的对抗作用，7.6 节有与信道编码的类比分析，第 15 章有编码信道模型和相关分析。

7.1.2 DHR 技术目标与典型功效

如上所述，DHR 是一种以 DRS 架构为基础、以可重构(或软硬件可定义)执行体为特征、以策略裁决负反馈为鲁棒控制机制、以广义动态性为运行环境变化手段，具有高可靠、高可用和高可信“三位一体”内生属性的广义鲁棒控制架构技术。其核心思想是：依据“构造决定安全”的公知，在保证服务集功能不变条件下，导入基于多模裁决的策略调度和多维动态重构鲁棒控制机制，赋予运行环境动态可重组、软件可定义、算法可重构的功能属性，具有攻击者视角下的测不准效应，使目标运行场景在抑制广义不确定扰动方面具备可迭代收敛的动态性、随机性、多样性。同时，严格隔离执行体之间的协同途径或尽可能地消除攻击者可资利用的同步、共享机制，最大限度地发挥基于动态异构冗余环境、非合作模式下、多模裁决对蓄意利用内生安全问题的不确定威胁之规避作用，显著提升软硬件差模故障或随机性失效的容忍度。换言之，期望通过 DHR 架构获得多位一体的内生安全功能，既能有效抑制基于目标对象内生安全问题的非配合或差模攻击扰动，又能保证即使出现协同攻击逃逸情况仍能够控制模型摄动范围在给定的阈值之内；不仅能显著地增加攻击链的不确定性，还能充分增强包括高可靠、高可用、高可信一体化机制在内的广义鲁棒控制服务或应用性能；期望能显著弱化苛刻的异构性设计要求，使得 DHR 构造能构成具有广泛应用前景的新型使能技术。总之，希望能以基于构造效应的内生安全机制将抗攻击性问题转化为非配合条件下、动态异构冗余目标间的协同攻击难度，最终能归一化为可用概率表达的可靠性问题，且能用成熟的可靠性技术与自动控制方法统一处理之。

1. “一石四鸟”之目标

DHR 架构需要同时实现四个层次的目标：首先是要将针对目标对象某执行体内生安全问题的确定性攻击，转变为目标系统层面可粗粒度感知的模型摄动概率问题；其次是要将多模执行体输出矢量非合规问题归一化为可屏蔽或可纠正的差模故障处理问题；再者就是要借助可靠的状态或记忆清洗修复机制与有效的重构重组手段，来营造以问题规避为主、问题归零为辅的多样化防御场景，以便能经济地利用较少的场景资源尽可能地管控攻击逃逸概率；四是导入传统安全技术来增强执行体间的相异度，以便从机理上获得指数量级的防御增益。

其相互之间的关系是，针对单个执行体的攻击效果越是确定，针对系统层面的协同攻击效果也就越不确定。换言之，执行体间漏洞后门等暗功能的相异性越大，DHR 抑制广义不确定扰动的效果就越显著，两者之间满足非线性关系；输出矢量语义的时空表达越复杂，样本空间指向性越具体，判决策略越丰富，输出矢量窗口选择时间越狭窄，反馈环路响应时间越快，协同逃逸的可能性就越低，持续逃逸的概率就更低；对差模输出的执行体记忆状态清洗越彻底，给定资源的可利用率就越高(换言之，有利于降低资源配置的压力)。理论上，执行体间如果绝对相异，一定条件下，DHR 架构的安全程度可以达到足够高(详见 7.4.5 节)。但是，无论是哲学原理还是工程实践上这都是无法实现的事情。不过，借助传统安全技术通常对宿主系统(特别是对应用)功能透明的特点，我们可以在不同的执行体上导入不同的安全技术或配置方案，能显著地增加执行体间的相异性(需要强调的是,这里关心的是多样化的安全技术给宿主运行环境带来的差异化部署效果，并不纠缠于其自身安全防护及运维水平的高低)，使得迭代收敛的负反馈机制拥有更为丰富的多样化防御场景，从而能经济地实现“熵不减”的工程目标。以此类推，凡是对宿主系统“应用功能透明”并能造成运行环境差异化的其他技术都是受欢迎的。

2. 视在结构动态可变性

DHR 的动态可变性可以通过多种方法实现。最理想的方法是按一定的策略从功能等价的异构构件池中动态地抽取相关的构件组成 k 个执行体的集合，这里 k 是大于或者等于 1 的整数(k 等于 1 是 DHR 架构的非典型应用案例)，k 的选取与系统的抗攻击性指标与可承受的成本代价有关(事实上还与软件的跨平台可移植性与兼容性有关)；视在结构的动态可变性也可以通过策略性的重构、重组、重建执行体自身，或者借助虚拟化技术改变执行体内资源配置方式或视在运行环境来实现；也可以对执行体作预防性或修复性的清洗和初始化操作等方法来增加带有记忆功能的攻击链的不确定性；在执行体中运用传统安全防御技术(例如内置指纹认证、沙箱蜜罐、入侵检测等功能)可有效增加执行体之间的相异度或执行体自身的多样化场景；体系化地运用相关防御方法和措施能使攻击者在时空维度上很难有效感知防御环境或评估攻击效果，且无法运用先验知识重现攻击成功的历史场景。因而，DHR 能从机理上有效避免 DRS 架构在容侵方面存在的致命缺陷(初始信息熵不能保持)，即使发生攻击逃逸也难以出现“一旦被攻破就城门洞开”的情形。至此，读者不难看出，DHR 构造的抗已知或未知攻击的能力源于相对正确公理的多模裁决机制，在抑制不确定性扰动的程度上受惠于多模裁决和多维动态重构(或多样化场景)基础上的迭代收敛机制所产生的测不准效应(初始信息熵不减特性)，在攻击难度上得益于“去协同化、策略裁决、动态收敛”机制造就的非配合条件下的多元动态目标一致性攻击的高门槛，在工程实现上则由于共生、多样化、虚拟化等技术的进步，以及多维动态重构技术成熟度的提高而具有坚实的应用基础。实际上，无论何种技术只要能等效地增加执行环境冗余度、执行体间的相异性(或多样性)、协同攻击难度以及减少反馈控制环路的响应时间都是DHR架构可接纳技术清单上的选项。

3. 与相对正确公理等价但具有叠加态认证功能

不难理解，DHR架构等价于相对正确公理的逻辑表达，包括公理成立的所有前提条件，因而具备了包括不依赖攻击者先验知识和行为特征的威胁感知，以及点面融合防御能力在内的广义鲁棒控制属性。这种能力与服务集内执行体元素间的相异性(多样性)、执行体元素数量(冗余度)、输出矢量的语义表达丰度(比特位长度等)、多模裁决策略多元性、反馈控制响应时间以及潜在的可协同途径与可利用同步机制和资源共享程度等强相关，在定量关系上表现为对多模裁决逃逸概率的影响。正如我们反复强调的那样，多模表决的结果具有叠加态属性，同时具有正常或异常两种可能性，不同的只是我们将大概率事件认定为正常状态，而小概率事件则被认定为异常状态，因而根据概率不同而人为认定的正常或异常状态不可能存在真实意义上的正确与错误之分。事实上，DHR从机理上只能通过多模输出矢量的裁决功能发现任何非配合式(独狼)攻击，或未能实现精确协同而呈现出的“差模攻击”或者差模故障。但从另一层意义上说，DHR通过基于多模裁决的策略调度和多维动态重构负反馈机制引入的渐进式可收敛迭代功能，以及利用外部指令强制激活反馈环路的机制，等效地增加了目标对象的冗余度和防御场景间的相异性或暗功能交集的不确定性，阻止或瓦解攻击者试图利用多模表决判识盲区实现稳定逃逸的问题，非线性地提升了跨域协同攻击的难度以及阻止通过试错方式达成的协同攻击，从而在效果上表现为扩大了多模裁决叠加态中正常与异常概率间的“剪刀差”，间接地达成了降低逃逸概率的目标，提升了“敌我识别”的置信度。这与相对正确公理相关推论是一致的。

需要强调的是，DHR构造的执行体在功能等价条件下应当具有可动态定义的多样化(包括基于资源虚拟化等环境功能)或多元化的可重构功能，而各种任务(场景)迁移、不同策略的清洗恢复机制、重构重组操作以及传统的安全防护技术等都可以成为丰富DHR防御场景的手段和措施。

4. 暂稳态场景与DRS同构

DHR架构的暂稳态场景或者关于时间的微分场景与经典的DRS同构，因而DHR在某种程度上也可以视为由不同执行体(功能等价多样化处理场景)在时空或策略维度上组合而成的 DRS 构造集合。所不同的是，DHR 既有空间维度上的多样性或多元性表现，也有时间维度上的动态性和静态性展现；既有基于多模裁决的策略调度和多维动态重组，也有依据外部参数的指令性场景更换；还包括时空和策略维度上的组合呈现。目的都是增加目标系统防御场景的视在不确定度，以便显著地降低基于协同攻击链的逃逸概率，改良 DRS 总能被隧道穿越或试错攻击等方法利用的缺陷基因，并能大幅度地放宽过于苛刻的相异性工程要求。需要强调的是，由于 DHR 暂稳态场景与 DRS 构造具有同构性或等价性，这为我们借助相关理论与数学工具对 DHR 作定量分析研究提供了重要的支撑。

5. 测不准或不确定属性

1927 年，德国物理学家海森堡提出的测不准原理(后来发展为不确定性原理)是量子力学的产物。这一原理陈述了精确测量一个粒子是有限制的，例如测量原子周围的电子位置和动量。不确定性来自两个因素，首先，测量电子动量的行为会不可避免地扰动其位置状态。其次，量子世界不是确定性的但可用概率表述。因此若要精准确定一个粒子的状态存在更深刻、更本质的限制，即粒子的位置和动量不可能同时被确定。该原理表明，一个微观粒子的某些物理量(例如位置和动量，或方位角与动量矩，时间和能量等)，不可能同时具有确定的测量数值，其中一个量值测定越确定，另一个量值的不确定程度就越大。

从外部攻击者或内部渗透者视角而言，DHR 架构具有显著的测不准或不确定性特征。一方面，因为多模裁决一旦发现某一暂稳态场景内执行体输出差模矢量(或频度达到某一阈值)，就会触发负反馈控制的广义动态化机制，启动更换当前服务集内疑似问题执行体或者清洗、重构重组当前差模表达的执行体或者对相关执行体作预案规定的操作乃至更新整个服务环境内的虚实执行体，以收敛迭代的负反馈方式力图使系统重新回到暂稳定状态。另一方面，反馈控制器还具有接受外部指令或参数驱动的功能，此功能旨在多模裁决处于判识盲区时仍然会强制性改变当前的运行环境，使得可能存在的待机攻击或已经发生的攻击逃逸状态在机理上缺乏稳定维持的条件。需要指出的是，渐进迭代式过程中也可以包括表决算法的变化。读者不难发现，不论是外部入侵还是内部渗透攻击抑或指令性扰动原因，只要激活 DHR 的负反馈环路就一定会改变当前运行环境，这种效应使得防御场景和防御行为变得难以探测或锁定，攻击链的有效性与可靠性几乎无法评估，攻击任务的可规划性就会极富挑战。此功能不仅能从机理上颠覆试错或待机等试探性攻击(初始信息熵减少)赖以成立的前提条件，还能使攻击者获得的阶段性成果难以继承或不具有可持续利用的价值，达到“即使攻击成功，也难以稳定维持”的体系化防御效果。

6. 编码信道理论与安全性度量

从基于I【P】O模型的传输可靠性视角观察，DHR架构具有超强的纠错功能。因为多模裁决环节总是从当前服务集的多模输出矢量中选择多数相同或完全一致，或满足裁决策略要求的输出矢量作为输入激励的响应输出，从而能够有效屏蔽差模输出矢量的影响。不仅如此，被激活的具有闭环反馈性质的广义鲁棒控制机制总是努力通过结构、算法或资源配置的迭代改变，以期消除或规避服务集内执行体的输出异常情况(或将异常发生频次控制在给定阈值以下)。这种屏蔽式纠错功能与采用自适应编码算法达到抗传输信道干扰，特别是抗人为的加性干扰方面的作用机理非常类似，也与香农信息编码理论的问题场景十分相近。不同的是，香农理论的前提是“随机非记忆”经典传输信道，而DHR构造可以等效为“随机与非随机、记忆与非记忆”多模态冗余传输信道，因而需要提出并构建新的数学物理模型，才可能借助代数编码和网络分析理论来解析DHR的数学性质，以类似符号错误率(SEB)的度量方法和指标体系来评测目标系统的安全防御性能。本章7.6节做了相关探索性工作，第15章提出了编码信道理论模型及其相应的数学分析。

7. 内生安全机理与融合防御

倘若把DHR抗人为攻击扰动的内生机理与人体免疫机理[2]相类比，不难看出，DHR架构系统具有与人体免疫系统极其相似的内生效应。具体表现为：

(1)DHR架构具有类似脊椎动物先天免疫机制。后者对入侵抗原的清除没有特异性选择，能在不依赖抗原特征信息的条件下以“通杀”性质的面防御(此说法在大概率上成立)应对入侵抗原。理论上，DHR架构同样能在关于攻击者的先验知识和行为特征信息缺位条件下，对基于目标系统内生安全问题的非配合式攻击实施有效管控或规避。理论上，攻击者如果能利用动态异构冗余资源达成协同一致的攻击目的，DHR架构的面防御功能就存在共模逃逸的可能，但从机理上说逃逸状态却难以稳定保持。

(2)与脊椎动物后天免疫机制相类似。DHR的多模输出裁决机制一旦感知当前多模执行体输出矢量出现“差模表达”，系统就会通过具有反馈功能的广义鲁棒控制机制，自动(或按照某种控制律)移除或清洗“差模执行体或服务场景”，或启动后台诊断处理机制包括使用漏洞扫描、攻击痕迹分析、查杀毒、木马清除等传统安全技术手段，必要情况下也可以运用预防性或试探性重构、重组机制改变当前服务环境，或改变“疑似问题”执行体的使用策略等。上述操作均属于点防御的范畴，从原理上与具有特异性抗原辨识能力抗体的激活和反应机制相类似。

(3)正如(1)和(2)所述，DHR 使得点防御和面防御功能可以在同一个控制架构和运行机制下得以完美实现，为此作者将其命名为“融合式防御”(Fusion Defense，FD)，其必要技术特征有：①基于同一技术架构和运行机制，既能获得不依赖攻击者先验知识和行为特征信息的面防御功能，又能达成基于威胁特征感知的点防御功能；②两种防御功能不仅源于同一个技术架构，而且源于同一个内源性防御效应，两种功能具有不可分割性；③融合防御属于内生安全功能，与目标对象的本征功能是一体化实现的；④融合防御既可以应对不确定的人为攻击，也可以有效抑制不确定的随机性故障或失效。即融合防御能为目标对象一体化地提供高可靠、高可信、高可用的功能或性能。

此外，多模裁决机制使得任何企图通过攻击表面获得信息篡改、信息泄露、发布错误信息的攻击行动，不仅要实现对多个目标执行体(场景)的掌控，还必须完成非配合条件下多执行体(场景)间的协调一致操作。显然，这对攻击逃逸而言，其实现难度是非线性的。但对防御方而言，这种内生安全机制允许使用任何增加执行体间相异性或防御场景多样性的技术措施来获得更高的防御增益。

8．问题规避与问题归零

必须强调的是，广义动态化只是改变了执行体的实现结构或当前服务集内的运行环境，并没有准确定位问题资源，更没有“彻底移除”问题部件，只是实施了“问题规避”意义上的操作，这与可靠性领域的问题归零概念完全不同。因为漏洞后门通常是宿主构造的一部分，病毒木马常常属于附加或嵌入式性质的构造，而漏洞后门、病毒木马的可利用性又与宿主环境的确定性强相关，所以更换、清洗、复原宿主资源配置或改变宿主构造都可以影响基于内生安全问题的攻击链的稳定性。换言之，只要破坏或改变了攻击者与目标对象当前运行环境内漏洞后门(包括病毒木马)之间的协作、协同关系就能达成防御目的。正如不可能期待杜绝系统内生安全问题一样，我们也不能指望仅凭 DHR 基于反馈控制的广义鲁棒控制机制就能从系统中彻底移除设计缺陷或恶意代码。事实上，因为绝大多数漏洞后门问题与宿主环境强相关，一旦环境改变，攻击者当前可利用的漏洞后门性质就可能发生改变。例如从高危、超危漏洞转变为中危或低危漏洞，甚至变得完全无法利用。所以，DHR 广义鲁棒控制功能的焦点并不在于能否营造出“无毒无菌”或万无一失的防御场景，而是要尽可能做到“用合适的方法或工具去面对合适的问题”。因此，在攻击场景和方法一定的情况下，基于反馈控制的广义动态化机制与其说是“修复清洗”了执行体，还不如说是

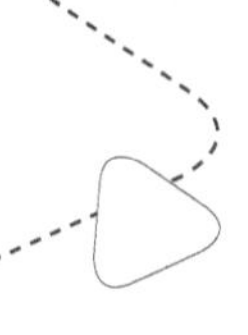

在当前攻击场景下“规避”了目标环境内的问题场景，或者说是更换了可能存在问题的执行体要更为恰当一些，这与 DHR 架构允许执行体“有毒带菌”的基本定义也是一致的。更为重要的是，将问题归零处理转变为问题规避处理可以大大地增加有限防御场景(或资源)的利用率，前提是问题场景可以存在差模表达但不能失去正常功能。例如，防御环境 M 对 A 类攻击无效但对其他攻击能有效防御，防御场景 N 对 B 类攻击无效但能防御包括 A 类攻击场景在内的其他攻击。于是，可以用防御环境 N 应对 A 类攻击场景，用防御环境 M 对付 B 类攻击场景。此时，DHR 内部在作“熵不减”运动。当然，如果存在与支撑环境无关的漏洞后门等暗功能时则另当别论。例如，多变体应用层软件如果本身存在不依赖支撑环境的蓄意功能时，即使更换运行环境通常也不会影响其攻击效果。

7.1.3 DHR 的典型构造

DHR 典型构造如图 7.2 所示，既反映出“构造决定安全”的公理意义也体现出大道至简的哲学精神。

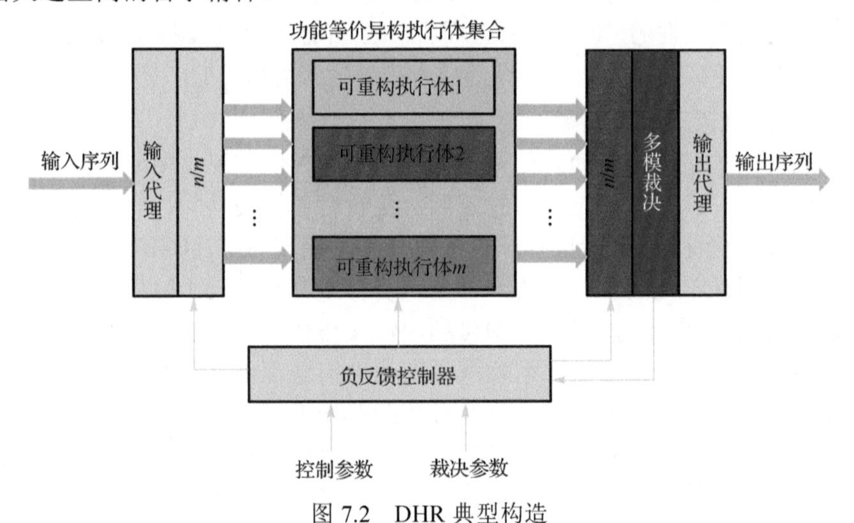

图 7.2 DHR 典型构造

作者常常将其称为，基于多模裁决的策略分发和多维动态重构负反馈控制构造。其抽象模型的工程化表达如图 7.3 所示。

其中，策略分发对应输入代理环节，主要功能是根据负反馈控制器的策略调度指令决定是否将外部输入与当前服务集内的指定执行体铰链，以实现激活执行体、执行体挂起清洗或者执行其他给定的任务，通常是用一个路径和模式可定义的交换模块来具体完成连接分发功能。当前服务集中的异构执行体元素

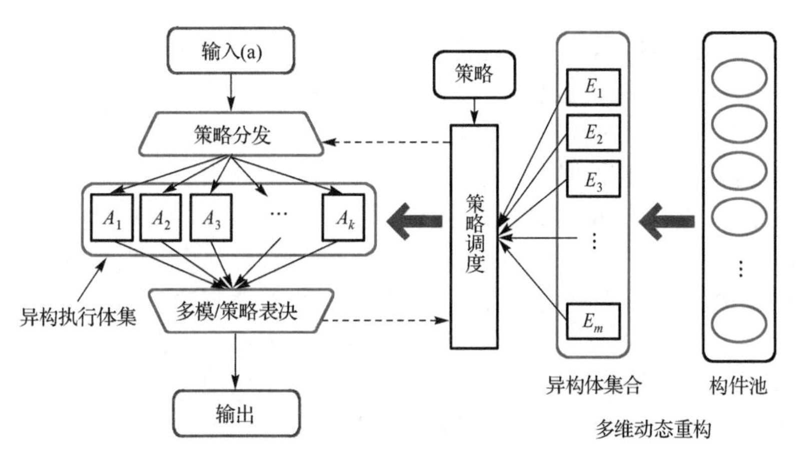

图 7.3　DHR 抽象典型的工程化表达

用 A_j 表示(j =1,2,⋯, k)，每个异构体又可以根据策略调度指令被赋予功能等价的多种可重构场景，用 E_i 表示(i=1,2,⋯,m)。构造场景 E_i，一方面可以利用构件池中标准或非标准的软硬件实体或虚体模块，通过基于池化资源的可重构、可重组、可重建、可重定义、虚拟化等多维动态重构技术生成 m 种功能等价、实现算法不同的构造场景；另一方面也可以通过不同级别的初始化操作、启动或调用测试/扫描等诊断工具、激活相应的防护功能等方式获得服务功能不变但运行环境发生改变的构造场景。策略调度器就是 DHR 架构中的负反馈控制器，一旦接收到多模裁决器的输出状态，策略调度器至少要做三个方面的动作：一是按照给定的裁决策略判断是否有合规的输出矢量可供选择，如果没有，是否需要调用其他策略裁决算法作迭代(深度)裁决；二是根据设定的调度策略指令输入分发环节将疑似问题执行体从当前服务集内移除，或者将待机状态的执行体链接到服务集内，或者直接指令疑似问题执行体进行构造场景重构重组，如有需要甚至可以更替当前服务集内任何乃至所有执行体；三是观察更新防御场景后的输出裁决状态，决定是否需要重复前两个操作。于是，就形成一个以池化的软硬件资源为依托，以裁决器状态为触发条件，以负反馈控制的策略调度为中心，以策略分发和多维动态重构为构造场景变化手段，具有选择性输出和可动态收敛防御场景的闭环控制过程。不难看出，这一闭环过程具有负反馈鲁棒控制属性，其暂稳定状态取决于裁决器反馈的信息，当给定时间窗口内执行体输出矢量未出现异常或者异常情况的频次低于设定阈值时，当前服务集内的元素及其构造场景将保持稳定，除非裁决器再度发现差模输出表达或者因为某种随机策略需要有意识地变更当前执行体集合中的异构元素或构造场景。显然，无论是变化异构执行体集的元素还是改变具体元素内部的构造场景，都将显著地提升攻击者或渗透者的攻击难度。不论是偶发性故障摄动还是协同攻击中的"失误"扰动，一旦被裁决器感知则当前服务集内的构造场景将发生由负反馈机制控制的迭代收敛变化。这使得攻击经验(包括此前获得的防御方信息和攻击所形成的阶段性成果等)的可继承性成为严峻挑战问题。因而 DHR 构架应对确定或不确定攻击、差模或共模威胁的能力，是随执行体冗余配置数量、执行体间构造场景的相异性、多模输出矢量语义复杂度、策略判决精细度、多样化场景迭代收敛速度、攻击任务实现步骤的复杂性等因素呈非线性的增强。其最显著的功效就是可以阻断或瓦解攻击者通过试错法实现协同攻击的企图，或使攻击者处心积虑构建、小心呵护的待机式协同攻击链或已经实现的攻击逃逸状态难以稳定维持。从攻击者视角观察，当前服务集从整体上呈现出一种功能不变条件下软硬件算法或运行环境的不确定效应。需要强调指出的是，DHR 这种基于测不准效应的抗攻击性能不仅可以通过数学建模方式进行仿真模拟，而且可以采用类似可靠性验证中的注入测试或实验方式，在"白盒"条件下通过注入差模或共模测试例来进行可量化的验证分析。此外，根据在线运行记录，可以统计出不同构造场景的抗攻击置信度和不同攻击场景下防御环境有效性等态势信息。如果在多模裁决中再智能化地应用这些信息，就能够体现出基于时间迭代的裁决效果。例如，当 k 个执行体的输出矢量完全不一致时，选择置信度较高的执行体输出则等效于时间迭代的判决结果，这在相当程度上能够增加 DHR 架构对攻击事件的容忍程度以及有限资源(包括问题资源)的可利用率。同理，基于在线运行记录或采集收集到的数据，赋予 DHR 在线或离线的智能分析和学习机制，可以使替换服务集内执行体元素或者改变执行体构造场景的反馈控制操作更有针对性，有利于减小反馈控制回路的稳定收敛时间。当然，将分析结果与构造场景的组合情况相关联，还可以对资源池中的软硬构件做出不同攻击场景下的可信度标定，为移除问题或设计缺陷提供重要的参考信息和改进依据。更为重要的是，基于多模裁决感知的问题场景，如果增加相关场景快照和数据采集功能，则对进一步发现或定位具体的未知漏洞后门、病毒木马以及新型攻击手段等将有极高的知己知彼价值。

不难推论，如果用随机性差模或共模故障事件替换已知或未知的攻击事件，DHR 架构具有完全相同或相似的效果。换言之，DHR 架构可以有效抑制目标对象内部随机性失效、已知的未知风险或未知的未知威胁等广义不确定扰动。因此，可以说 DHR 架构实现了将抗攻击性问题与可靠性问题归一化处理的广义鲁棒控制目标。

第7章 动态异构冗余架构

典型 DHR 构造中，允许相互独立的执行体(服务场景)间存在一定程度的同构成分，这是因为 DHR 在运行环境、运作机制、同步关系、调度策略、参数赋值、结构重组、算法替换、迭代收敛等方面引入了广义动态化机制，而内生安全问题的可利用性或者基于漏洞后门的攻击成效通常又与目标环境因素和运作机制密切相关。从另一个角度也说明，广义动态化机制的导入极易破坏“非配合条件下多元目标的协同一致攻击”，这意味动态性、多样性和随机性等基本防御元素在 DHR 架构内可以获得“串珠成链”的体系化运用效果，有助于降低执行体相异性设计或相异度甄别方面的工程实现难度。

此外，对于可重构执行体，只要能保证服务功能的可用性、可靠性指标以及可组合的多样化运行场景，在可信性与安全性方面并没有过于苛刻的要求，即允许使用供应链可信性不能确保的软硬构件甚至是执行体自身。同理，DHR 允许(实际上也无法彻底避免)构造内执行体“有毒带菌”的运行状况，包括允许存在未知或已知的暗功能等。总之，无论何种物理失效(除停机故障外)或基于目标系统何种内生安全问题的网络攻击，只要不能在多模输出矢量上实现可持续维持时空一致性的共模逃逸表达，DHR 架构从机理上可以做到自动免疫。

需要指出的是，DHR 对可重构执行体元素除了有功能等价(可能还需要满足最低性能的要求)多样化的运行场景，以及多模裁决对输出矢量语义语法(包括输出响应时延)方面的要求外，对元素本身的功能粒度和性质没有任何限定，可以是软硬件实体也可以是虚体，可以是模块、部件、子系统，也可以是复杂系统、平台甚至网元装置。同理，裁决器、输入输出代理、反馈控制器等也可以是物理实体或者是虚拟的功能体，既可以采用集中处理方式也允许使用分布式处理方式(例如采用基于区块链的裁决技术)，在实现手段和方法上并没有太多的刚性约束。这使得 DHR 具有广阔的应用前景和经济技术价值，尤其适用于构建有高可靠、高可用、高可信使用要求的数据中心或云化资源的服务平台，或者智能化及敏感度较高的信息服务设施等。

作者以为，随着多核并行计算、拟态计算、用户可定制计算、软件定义硬件(Software Definition Hardware，SDH)以及 CPU+FPGA、RISC-V 等新兴构造技术的使用和虚拟化技术的深度应用，经典 DHR 架构的实现复杂度与经济性将不再是工程实现上的挑战性问题，特别是全球化开放开源生态环境的发展，使得用标准、廉价、多元化 COTS 级软硬构件组成功能等价执行体也不再是一种奢望。对有高可靠、高可用、高可信要求的鲁棒性应用场合，相比安全设施与防护对象分离部署的服务系统，以及需要实时维护升级保障的附加安全防护设施而言，经典 DHR 架构能够给目标系统带来全生命周期内无可比拟的费效比优势，能够显著降低安全维护成本。例如不必担心基于软件 0day 漏洞后门或 CPU 硬件漏洞后门或时间敏感侧信道等不确定攻击影响，可显著降低“封门补漏”或杀毒灭马或调整防火墙规则等实时性、技术性要求苛刻的维护操作压力。

7.1.4 DHR 非典型构造

假定在安全性非苛刻要求场景下，目标对象系统对任何攻击在功能上总是可恢复的，且一定时间窗口内允许存在低概率的信息泄漏或服务中止，那么只要采用某种动态化、多样化和随机化方法就能影响攻击效果的可复现性，从而导致攻击本身失去或降低可规划或可持续利用的价值，这就是 DHR 非典型构造的防护机理所在。因为目标对象系统功能与服务安全性不仅取决于系统自身的可靠性或可用性指标，还涉及任何蓄意攻击结果的可再现或复现频度以及攻击经验的可继承性。

如图 7.4 所示，非典型 DHR 构造模型与典型 DHR 构造模型最根本的差异是，任何时刻只存在一个功能等价的可重构执行体 A_k，该执行体不是静态配置的，而是以某种策略调度算法从异构执行体集合内动态选取，也可以根据错误检出装置或入侵检测部件输出状态决定是否要清洗修复或重构重组当前执行体的运行环境，为了支撑这种迁移或重构操作需要配套输入/输出导向环节。非典型 DHR 构造与典型 DHR 结构的共同之处是，需要功能等价条件下的多维动态重构和策略调度或广义动态化机制，也都期望获得多样化、动态化和随机化的防御效果，并利用该机制尽可能使攻击者已获取的目标对象防御信息无法有效利用，或者无法使已构建的攻击链在期望的时间窗口发生效用。例如，A_k 的某一执行体的防御场景中存在漏洞后门的话，当处在这一防御场景下的执行体被调度到前台时攻击者也许有能力加以利用，但是无法保证有规律或可持续的利用。需要强调的是，非典型 DHR 的多样化、动态化和随机化过程通常是开环的，与移动目标防御 MTD[3]一样，其防御效果在功能等价条件下无法给出与多样性、随机性和动态性程度方面的定量关系。但是，MTD 在理论上就不能防范后门威胁，因为当保护对象本身就存在后门时，变体 A_k 中的后门不会因为任何的智慧或幻象调度功能而失效。例如，当 A_k 源程序中就存在“举牌”功能的后门时，攻击者只需通过约定好的应答方式就可以感知当前 A_k 变体中是否存在预置后门，再根据相应策略动态编辑“举牌”对象的后门功能就可以实施期望的攻击。而 DHR 非典型构造则不存在这样的问题。因为，DHR 架构中的 A_k 是功能等价的可重构执行体而不是某一源代码的变体。当应用主动的多维动态重构机制时，这些机制对不在线的 A_k 执行体可以作预防性清洗恢复，或重构重组，或消除差模记忆等待机 A_k 执行体当前的算法结构，或有意识、主动地替换 A_k 执行体中的某些异构资源等。这些多样性算法或构造，主动变化漏洞后门的可利用场景，造成“即使有后门，也难以稳定利用”的防御优势。

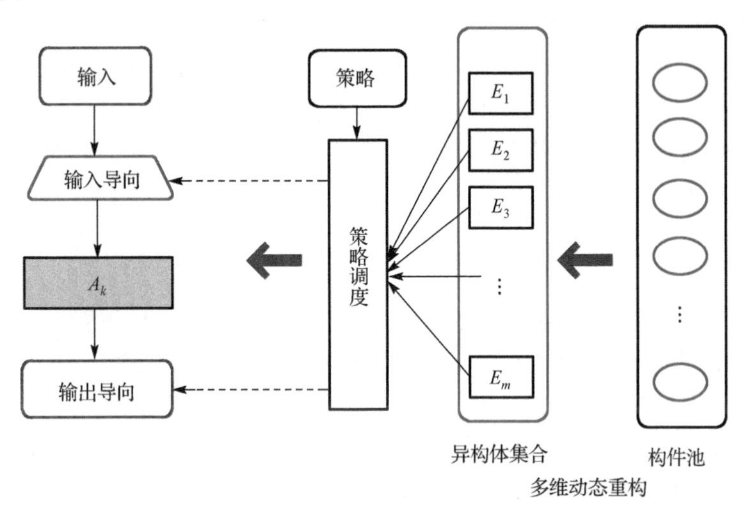

图 7.4　DHR 的非典型构造

经典 DHR 架构的防御期望是要将基于目标对象内生安全问题的确定或不确定攻击，或随机失效转换为概率可控的可靠性事件，所以采用基于多模裁决的策略调度和多维动态重构负反馈的广义鲁棒控制运作机制。而非经典 DHR 架构既没有裁决环节也没有负反馈机制，只是使用了开环的策略调度和多维动态重构防御手段，故而只能达成限制内生安全问题的可利用性，造成攻击效果不确定的格局。两者在实现技术方面的差异决定了防御效果、可靠性程度和鲁棒控制能力方面的显著区别。

需要指出的是，在非典型 DHR 应用中，动态化、多样化和随机化方法既可以按照策略性机制使用或调度功能等价的构件体、构件池的资源，也可以使控制系统的调度或重构机制由系统内部的不确定参数来激励。例如，以系统当前活跃的进程数、内存和 CPU 资源占用情况、网络端口流量、打开的文件数量等作为广义动态化机制的激励参数时，攻击者难以通过分析同类设备的方法掌握目标对象防御场景的时空变化规律。不难推论，只要使目标系统的攻击表面呈现出随机变化的特征，攻击者事先获取的信息和可能掌控的资源，或者曾经有效的攻击经验都难以保证在下一次调度之后还能持续有效。按照攻击表面理论的说法，就是目标对象攻击可达性前提已不能确保。DHR 非典型构造可以用在虽有安全性要求但对投资成本敏感的数据中心、云化服务平台(IT-PaaS，ICT-PaaS)等应用场合，这些场合中，计算、存储、网络和链路资源的配置往往是异构的、冗余的，且通常具有功能等价性，而基于异构资源的池化处理和虚拟化调用机制与策略必然存在一定程度上的动态性与随机性，故而极易破坏攻击链的稳定性或可靠性。借助 DHR 非典型架构，有意识地利用系统内部虚拟化环境和看似无规律的容器调度或虚机迁移等操作，可以扰乱攻击链的稳定性或攻击表面的可达性，相对简单和廉价地增加攻击者对目标对象的认知与攻击难度。

7.1.5 DHR 赋能内生安全

赋能内生安全(Endogenous Safety and Security Enabled，ESSE)，是指应用 DHR 结构为软硬件目标对象赋能内生安全功能的方法及步骤，这些方法与步骤能使欲实现的目标对象在 DHR 约束条件下，不依赖关于攻击者的先验知识，与附加型安全措施不相关或弱相关，主要凭借本体构造或算法的内源性效应来获得针对其内生安全问题的广义不确定扰动之鲁棒控制能力，且具有安全性可量化设计，可验证度量功效。

1. 方法与步骤

在基于 DHR 结构的目标系统的总体设计中，首先分析确定内生安全影响程度最高的相关控制环节，其次基于这些环节的本征功能性能要求寻找或发现能够管控广义不确定扰动影响的构造或算法，再者研究基于这些构造或算法实现相关环节本征功能与性能的体制机制，然后是安全性可量化的技术实现及白盒测试方案设计及相关安全性验证度量。

2. 举例说明

1)赋能路由器/交换机内生安全功能

(1)内生安全威胁分析。

一般来说，路由器/交换机中有两个环节受内生安全问题影响最突出，一是控制器部件，无论是随机性因素引起的本征功能错误或失效，还是人为攻击导致的安全威胁都可能影响路由器/交换机系统的可靠性、可信性与可用性；二是网管部件，一旦被基于内生安全问题的广义不确定扰动影响就可能丧失期望的功能表达，从而致使路由器/交换机被非法控制或瘫痪宕机。

(2) 寻找控制器和网管部件内源性安全构造。

我们知道基于动态异构冗余构造 DHR 的系统或部件，其本征功能具有高可靠、高可信、高可用一体化表达的特点，选用该结构或算法作为控制器或网管部件的基本构造或算法，既能够实现所需要的协议处理与控制功能，又能达成量化管控基于内生安全问题的确定或不确定扰动的影响。

(3) 设计白盒测试方案。

在 DHR 架构内分析和确定敏感安全点，并设计可通过攻击表面通道、方法注入测试例的标准接口，该接口内的测试例既能被正常调用执行，也能够适时修改其功能。

(4) 验证度量。

在完成路由器/交换机本征功能性测试的基础上，基于白盒测试方案及其敏感点上为验证专门设计的测试例接口(COTS 级产品中将被删除)，从攻击表面注入相应的测试例并观察是否与期望的效果相一致，同时测试整个过程中与内生安全机制相关的响应速度、迭代次数、收敛时间、逃逸概率等相关参数是否达到安全性设计要求。

以上过程和步骤的技术实践与应用情况详见 12.1 节、13.1 节和 14.2 节内容。

2) 赋能 SaaS 云平台内生安全功能

(1) 内生安全威胁分析。

在基于 DHR 架构的内生安全体制机制情况下，SaaS 云中内生安全风险的焦点问题集中在四个方面：①资源分配子系统中的问题引发的资源管理安全风险；②数据(库)中心或文件存储子系统中的问题引发的数据安全风险；③云管理子系统中的问题引发的业务管理风险；④具体云业务的可靠、可信、可用的使用风险。此外，众多的其他异构冗余的软硬件计算、存储、通信等资源，事实上也广泛存在着内生安全问题，但通过基于 DHR 构造的部署特点和调用机制可以有效规避。

(2) 确定 DHR 的应用点。

根据上述威胁分析及前提条件约束，用 DHR 架构作为资源分配子系统、数据库或文件存储子系统、云管理子系统、云业务软件的基础构造。

(3) 设计白盒测试方案。

在拟态构造内分析确定敏感功能点，并设计可通过攻击表面通道、方法注入测试例的标准接口，该接口内的测试例既能被正常调用执行，也能够适时修改其功能。

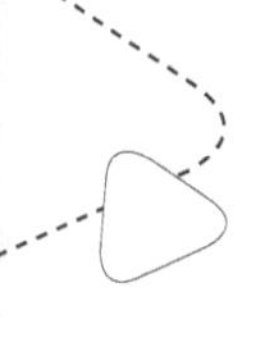

(4)验证度量。

在完成 SaaS 云平台本征功能性能测试的基础上,基于白盒测试方案及其敏感点上为验证专门设计的测试例接口(COTS 级产品中将被删除),从攻击表面注入相应的测试例并观察是否与期望的效果相一致,同时测试整个过程中与内生安全机制相关的响应速度、迭代次数、收敛时间、逃逸概率等相关参数是否达到安全性设计要求。

以上过程和步骤的技术实践详见 12.4 节内容。

7.2 DHR 的攻击表面

综上所述,无论是 DHR 的典型构造还是非典型构造,DHR 架构均可以视为一种以攻击者不可预测或不能确定的方式,部署的一维或多维移动攻击表面的融合式防御系统。例如,利用多元虚拟化技术形成多个功能等价的异构虚拟机(Virtual Machine, VM);或者由多个功能等价的非同源软硬件元素组成的构件池,通过随机抽取、动态调用和随机组合等策略选择或生成当前服务集所需的执行体或多样化的防御场景等。由于当前服务集或各执行体的运行环境存在时空维度上的多元性或多样性,使得攻击者可以利用的资源在时空维度上存在不确定性,宏观上表现为攻击表面在做不规则的移动。图 7.5 示意了不同时刻 t_1 和 t_2,由于异构执行体(服务场景)集合中的元素动态变化,使得目标系统视在攻击表面发生不确定性移动。

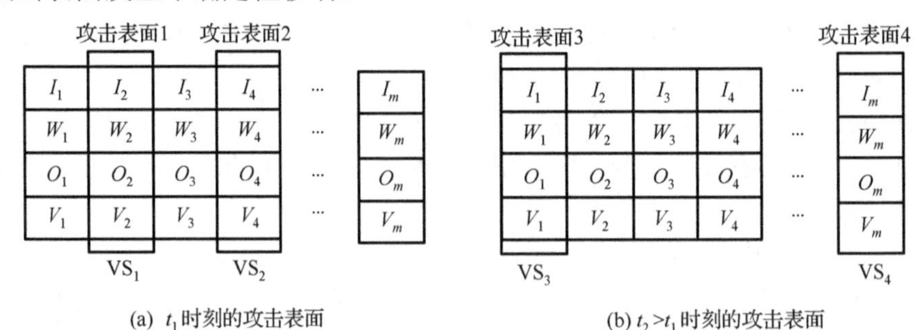

图 7.5 DHR 架构“移动攻击表面”示例

DHR 架构的这种“移动攻击表面”效果,可以归纳如下:

(1)在 DHR 构造中,系统在整体上呈现出不规则改变且难以预测的攻击面。某一时刻或者时间段,攻击者已“锁定”的某一个攻击面可能“不在线或不可达”,也可能是负载均衡器(如调度程序)将探测/攻击数据包导向到了其他攻击面。因而，攻击者难以通过锁定攻击面和资源的方式进行探测或实施预先规划好的攻击任务。

(2) 限制零日漏洞(0day)或未知后门等可能造成的危害。DHR 的迭代收敛环境使得针对当前服务集中具体执行体(服务场景)的“里应外合”式攻击不能持续,因为基于多模裁决的负反馈控制机制一旦发现某个执行体输出矢量异常,其宿主场景就可能被某种策略下线清洗或恢复甚至重构。即使未出现异常，系统也会根据某种预防性策略对执行体(服务场景)实施周期或非周期性地下线清洗、重组、重构等操作。换言之，即使攻击者能够基于架构内的某些“0day 或 Nday”漏洞后门等构建起攻击链，但由于很难获得跨执行体(服务场景)的共模攻击效果而不具有任何的可利用价值。

(3) 不同于仅仅关注系统内部或构件中某一特定方面的动态性或随机性的防御方法(例如指令随机化、地址/端口动态化等)，DHR 利用多模裁决条件下，基于策略调度和多维动态重构的可迭代收敛控制机制，能使多样化技术产品或开放的 COTS 级软硬构件通过架构效应达成动态性、多样性和随机性一体化呈现的鲁棒控制效果，使得架构内无论是软硬件代码设计缺陷还是蓄意植入的软硬件代码都难以成为攻击者可协调一致利用的资源。

(4) 因为存在基于多模裁决的负反馈机制，DHR 系统总是会充分利用策略调度和多维动态重构的手段，最大限度地发挥广义动态化作用，以期使输出矢量异常频次控制在给定的阈值范围内。与之相对应，DHR 系统攻击表面会随着被激活的负反馈控制机制作可收敛的移动，直至达到某种暂稳态状态。反馈环内对任何“故障摄动或攻击扰动或外部命令”的行动结果都会逐渐趋向这一状态，因此 DHR 攻击表面的移动规律也与上述扰动因素强相关，呈现出攻击者视角下经典的测不准效应。

由于 DHR 架构本质上是构造了多个攻击表面，其迭代收敛的鲁棒控制机制使得这些攻击表面在宏观上表现为平行移动的攻击表面(MAS)，客观上增大了目标对象整体攻击面，这与“缩小攻击表面有利于安全性”的攻击表面(AS)理论明显相悖。所以，针对给定攻击面的经典攻击表面理论并不适用于这种迭代收敛平行移动的 MAS 安全性分析。三个理由可以支持这一论断。首先，经典的 MAS 本身就打破了 AS 评测理论“攻击表面保持不变”的假设前提，其次是攻击者无法控制攻击数据包(上传病毒木马或交互信息)被导向到指定执行体，也就无法满足“目标攻击面对于攻击者而言总是可达”的假设前提。再者，DHR 迭代收敛移动攻击表面需要攻击者具有同时锁定多个非相似移动攻击表面的能力(相关内容见第 2 章)。

7.3 防御功能与防御效果

本质上，DHR 架构可以等效为，在本征功能等价条件下，基于多模裁决和策略反馈调度的多样化、随机化、动态化的纠错编码结构，其抑制广义不确定扰动影响的基本机制就是以迭代纠错的方式适时更换当前服务集内的编码结构，使得 DHR 架构内的编码结构或运行场景中存在的伴生或衍生暗功能甚至是病毒木马类的寄生功能，会随着广义不确定扰动效果导致的宿主编码结构的改变而改变，从而用“问题规避而非归零”的测不准机制形成内生安全防御迷雾，实现广义鲁棒控制功能，一体化地达成安全性与可靠性之双重目的。

7.3.1 造成目标对象认知困境

在 I【P】O 模型中，因为存在功能等价的异构冗余执行体(服务场景)，意味着服务功能 P 的表达既可以用固定构造或算法的执行体实现，也允许以执行体自身的重组、重构、虚拟化等软硬件可定义方式实现，当然也可以用执行体间的复杂组合方式(包括可收敛迭代组合方式)来实现。例如，当服务功能 P 的异构体集合中有三个可重构执行体时(分别用 A、B、C 表示)，P 的执行体集(用 P_A 表示)就可以有多种构建方式，可以是 $P_A = A$，$P_A = B$，$P_A = C$，$P_A = A \cup B$，$P_A = A \cup C$，$P_A = B \cup C$，$P_A = A \cup B \cup C$ 等。换言之，只要保证服务功能 P 的正常表达，执行体的实现结构(或算法)与服务功能的实际映射 (结构表征)在理论意义上就不再具有确定性的对应关系。这种不确定的结构表征直接导致构造内信息熵的增加，可以造成攻击者对目标对象运行环境或防御场景的认知困境抑或防御迷雾，增加系统指纹感知或脆弱性探查、漏洞后门发现或定位、上传病毒木马、隐蔽通联等攻击性操作的难度，且给针对漏洞后门等的攻击包(数据或可执行代码)的准确输送带来严峻挑战。任何导致多模输出矢量不一致的攻击操作，DHR 策略调度和多维动态重构负反馈机制，理论上都会做出改变当前服务场景或执行体构造场景的响应，直至此攻击场景下的多模输出矢量不一致情况消失，或发生频度被限制在某一阈值以下。理论上，任何形式的“差模攻击”或非协同攻击因为可屏蔽从而都将无效，也包括“即使攻击成功，也无法稳定维持”的共模逃逸事件。这将使任何攻击行动的可规划性与攻击成果的可利用性成为效果无法确定的棘手问题。

7.3.2 使暗功能交集呈现不确定性

在不改变部件或构件服务功能的条件下，DHR 架构及其运行机制可以使部件或构件中潜在的漏洞后门或隐匿的恶意功能(如病毒木马等)呈现或表现出相当程度的不确定性。寄生或伴生在各执行体(服务场景)上的漏洞后门等暗功能，一方面会随着宿主的重构、重组、虚拟化或清洗修复等操作而改变(但理论上不会彻底消除)；另一方面，随着宿主环境被策略调度、随机选择和组合呈现，在宏观上无论是对内或对外都表现为一种视在的环境不确定状态，使攻击者难以根据预先或现场获得的情报资料以及拟定好的攻击策略和选用的技术手段达成想定的攻击效果。

隐匿在相关执行体(服务场景)上的暗功能交集(包括后门等)一旦失去静态性、确定性与可持续的属性，对攻击者而言其可利用价值必然会大打折扣，甚至完全失效。具有挑战意味的是，若想在 DHR 架构内利用不确定暗功能交集实现执行体或服务场景间非配合条件下，多元异构动态目标协同一致的共模逃逸，几乎是件难以达成的任务。

7.3.3 造成目标对象漏洞利用难度

基于多模裁决的策略调度和多维动态重构负反馈机制使得执行体中即使存在未知漏洞后门等暗功能，其可视性、可达性、稳定性也会大大降低。

(1) DHR 使得攻击者想根据 I【P】O 模型，通过变化 I(输入)端的激励序列和获取 O(输出端)响应序列来分析算法(P)缺陷的方式寻找可利用漏洞变得难以实施。DHR 架构要求执行体中的软硬件模块实体或虚体具有异构性(至少具有多样性)，这种要求在理论上使得不同模块具有相同暗功能的可能性大为降低(社会工程学方面的因素除外)。在此场景下，如果攻击者试图通过变化输入激励并从异常输出响应中探测分析漏洞，由于执行体暗功能各不相同或者多数不同，凡是输出矢量的个性化表现都很难被多模裁决机制认可并予以正常呈现，这意味着包括扫描探测在内的任何攻击行为除非能得到完全一致或多数相同的共模输出，否则机理上就无法奏效。换言之，个性化或差模化的漏洞后门或者病毒木马等暗功能很难被外界准确感知，也难以在攻击表面内外建立起可靠的信息交互机制。

(2) 多模裁决机制显著增加了攻击者利用目标系统漏洞实施协同攻击的难度。一方面，DHR 通过策略调度从构件元素池中生成当前异构执行体集合(服务场景)，导致服务集内的执行体在时空维度上具有不同程度的不确定性，因而攻击者难以透过攻击表面“跟踪锁定”执行体内的具体漏洞后门等目标，这使得利用漏洞后门准确上传病毒木马的行动变得极其困难。另一方面，执行体的策略调度和多维动态重构机制使执行体或服务场景暗功能间的“蓄意协同”变得难以进行。换句话说，即使各执行体中存在个性化或差异化的漏洞等，也很难在广义动态化和非配合条件下，使相关执行体暗功能协同地产生完全相同的输出矢量。因而，任何利用漏洞后门、病毒木马等导出系统内部敏感信息、篡改目标信息或者借助攻击表面发布错误指令的企图都很容易被 DHR 构造的多模裁决机制及时发现并阻断。机理上，如果各执行体或服务场景中的暗功能完全独立，DHR 架构及其运作机制能够自然免疫任何基于或利用这些暗功能的攻击(停机或致瘫类攻击除外)，即 DHR 具有天然的信息安全功能，如同核按钮只有当所有相关人员同时按下时才能起作用那样。

7.3.4 增加攻击链不确定性

DHR 架构的策略调度和多维动态重构负反馈机制使得目标系统呈现出的构造场景或防御行为具有很强的不确定性，一旦攻击行动被多模裁决环节感知或当前运行场景被鲁棒控制过程更迭，同样的攻击序列或操作组合很难得到完全相同的输出响应。例如，静态架构下攻击者看到的目标系统漏洞及其呈现特性，在 DHR 环境下都将是不确定的，这将严重影响漏洞探测和回连、交互阶段获得信息的真实性，也会使上传病毒木马等攻击代码的过程失去可靠性，任何隐匿或潜伏攻击都将失去可以信赖或依靠的环境条件，且攻击成功的历史场景很难具有时空维度上的可复现性。显然，一个服务场景和防御行为具有太多不确定性的目标对象，或者是面对一个无法稳定利用的攻击链，就攻击者而言，如果没有超强的想象力和极具创造性的努力，基本就是无功而返的结局。

7.3.5 增加多模裁决逃逸难度

DHR 架构内在特性使得企图用试错法实现协同攻击的努力难以达成。这是因为多模裁决环节迫使任何“篡改”输出矢量的非配合性攻击行动在机理上失效，而要实现成功的逃逸甚至达成可持续的逃逸，不利用试错法又难以获得动态多元目标协同一致攻击行动所期望的共模输出矢量。此外，基于多模裁决的策略调度和多维动态重构负反馈机制，对试错攻击引起的差模输出具有机理上的强烈反应。例如：

(1)任何针对执行体或服务场景暗功能的操作或攻击行为，如果不能在给定的多模裁决窗口时间内产生协同一致的输出矢量，“异样”输出矢量的执行体就会被发现并会被策略性地更替或清洗。必要的话，甚至可以整体性地替换当前服务集内的所有执行体的运行场景，除非攻击行动与输出矢量无关(如造成停机问题或隧道穿越问题等)。

(2) 提供外部服务功能的当前执行体集合或目标运行场景都是从整个异构资源池中抽取的，如果抽取是按照给定的设计策略或用户可定义的规则进行，则要在当前执行体集合中发现或找到同源组合漏洞的逃逸条件也是极为困难的。

(3) 即使某一次攻击实现了裁决器的有感或无感逃逸，基于后向验证的 DHR 运行机制或基于外部命令的控制环路扰动机制，都将迭代式地改变当前执行体集合元素或运行场景，以确保 t 时刻的逃逸经验很难在后续攻击中成功应用。换言之，“即便能再次出现逃逸事件也不会成为确定性事件”，这是 DHR 与 DRS 的核心区别之一。

7.3.6　具有独立的安全增益

DHR 架构内生安全机理主要体现在三个层面。首先是能将任何针对执行体(服务场景)输出矢量个体的确定或不确定攻击转化为构造层面可以感知的攻击性事件；其次是能将可以感知的攻击事件尽可能变换为借助冗余处理方式可屏蔽的可靠性事件，且能借助策略调度和多维动态重构负反馈机制将规模逃逸概率控制在期望的阈值之下；再者，其面防御功效体现在输出矢量多模裁决机制能全面抑制已知或未知的非协同攻击，点防御功效则体现在一旦多模裁决环节发现执行体出现差模输出矢量，就会触发具有迭代收敛功能的广义动态负反馈控制机制。由此可见，DHR 架构的防御有效性，从机理上看仅由其内生安全机制和所拥有的异构冗余资源以及执行体间的异构度决定，并不以获得或掌握攻击者的先验知识或行为特征为前提，也不以任何附加型安全手段的有效性与可靠性为基础。实际上，DHR 在原理上通常也不清楚被阻断的攻击行动的具体细节情况，“只知其然不知其所以然”是其典型特征。因此，从严格意义上说，其安全增益既不属于被动防御范畴也不属于主动防御范畴，既不属于静态防御范畴也不属于动态防御范畴，可能用“点面结合”的融合防御来称呼是合适的。

需要特别指出的是，因为 DHR 架构的有效性在很大程度取决于执行体或服务场景间暗功能的不相交性，凡是能够增强服务集间相异性或多样性的手段都能非线性地提升目标对象的防御有效性与可靠性，这是由 DHR 自身构造和运行机制所决定的。例如，各种动态化、多样化、随机化的方法和手段，自然也包括入侵检测、入侵预防、入侵隔离、加密认证、杀毒灭马、封门堵漏、可信计算等传统安全技术或措施的应用。毋庸置疑，在执行体或服务场景内巧妙地运用这些经典的防御技术往往可以获得事半功倍的效果。

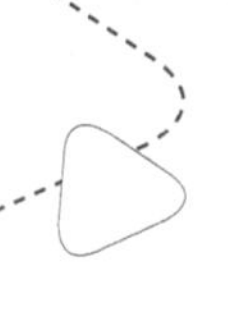

7.3.7 使漏洞价值与环境强关联

理论上，只要 DHR 架构中不同执行体(服务场景)的漏洞具有严格的相异性，在双盲条件下这些漏洞很难被协同化的利用，这是由多模裁决机制决定的。同理，即使动态异构冗余环境中存在同源或同宗漏洞，攻击者往往也要研究开发不同的利用方法才能克服环境差异带来的协同性挑战，而不同的利用方法尽管可能会在相应的执行体上获得成功，但是从整体上讲，只要无法实现“非配合条件下，动态多元目标协同一致的攻击效果”，对 DHR 目标系统就无实质性的危害(不依赖环境因素的漏洞除外)。换言之，DHR 架构在很大程度上能容忍执行体或服务场景中存在这样和那样的漏洞后门等暗功能，即使可能产生低概率的攻击逃逸事件也会因为策略调度和多维动态重构机制而缺乏可持续利用价值。例如，需要利用特定操作系统或支撑环境的漏洞才能实现的攻击会因为构造场景的改变而失效；借助应用软件漏洞进入系统并通过操作系统提权操作实现的蓄意攻击也将因为环境因素变化而难有作为；那些利用执行体或服务场景内存、缓存等侧信道效应(Side-channel)实施的应用层攻击也会随防御行为的改变而不再有效；根据个性化环境专门定制的后门、病毒木马也会随着攻击表面可达性和可利用资源状况变化而失去期望的功能等。

7.3.8 使多目标攻击序列创建困难

不同部件或构件上的可利用漏洞都离不开适宜的环境条件和“量身定制”的攻击流程与专门化工具。漏洞的发现和利用，也需要通过攻击表面的外部通道引入符合语法、语义甚至语用规则的输入激励序列(称为攻击序列)。强调这一前提的原因往往是目标对象攻击表面通道功能并非专为攻击者所定制的，即任何攻击序列的构建必须在系统正常输入规则和相应接收状态允许的范围内，否则会被服务请求合规性检查机制自动滤除或丢弃。DHR 架构内，攻击者要达到逃逸效果必须让多数执行体在相同或相近时刻出现完全一样的错误，而这些执行体的漏洞往往各不相同，有着不同的可利用攻击场景(或流程)、工具及内外部触发机制。如何在同一时间将这些攻击序列同时注入具有合规性限制的输入通道内并准确地实现分发接收，且不能因为可达性错误而暴露攻击行踪出现非一致性表达等等，在非配合条件下要实现这样精准的协同行动对任何攻击者来说都是件极其困难的事情。

7.3.9 可度量的广义动态性

DHR 架构负反馈控制机制既能使动态性、随机性和多样性防御元素呈现出体系化的效应，又能使广义动态化过程一般能够收敛于一个可有效应对当前攻击或随机性失效影响的运行场景。多模裁决获得的任何差模感知都会触发策略调度和多维动态重构反馈控制机制，通过替换、清洗、恢复异常执行体或者重构重组异常执行体等广义动态化手段，力图用可迭代的收敛方式消除裁决器感知到的异常状态或降低给定时间窗口内异常状态发生的频次，这使得任何企图通过试错法达成协同攻击的努力都很难奏效，这是 DHR 架构固有属性决定的。因而，对于给定 DHR 系统，可以借助可靠性验证理论与方法，在白盒条件下，通过在执行体或运行场景内“注入”相应的差模或共模测试例并规划好配套的输入序列，然后变换输入序列和测试例，观察多模裁决器的状态，用给定测试时段内统计异常判决出现频次来间接度量目标对象的安全等级。显然，与大多数安全防御技术不同，DHR 架构的抗攻击性能是可设计标定、可测试度量的，像可靠性指标那样能够用概率值的大小来衡量(详见 9.5 节)。需要强调的是，DHR 从机理上虽然能够百分之百地感知和屏蔽非合作性攻击，或差模故障等造成的多模输出矢量异常，但是恢复或规避这些异常的处理过程要以增加处理开销、降低执行体或运行场景的可用性为代价，极端条件下还可能出现劣化服务性能甚至短时间中止服务提供的情况。尽管这一过程代价可能不菲，但却能够显著增强攻击者利用同源或非同源漏洞实施协同攻击的难度，从而能降低可感知的“共模逃逸”概率(停机、隧道穿越等攻击除外)。

7.3.10 弱化同源漏洞后门的影响

“开放开源技术和产业发展模式”泛在化应用的今天，同源漏洞后门或恶意代码的传播问题已经不再是杞人忧天的事了，大量的事实表明，基于开源软硬件代码的信息产品生态环境正在遭到越来越严重的安全威胁。令人遗憾的是，状态爆炸等问题使得查找漏洞后门等暗功能的形式化证明往往无法有效实施，反过来这又助长了利用开源社区技术创新和产业发展模式威胁网络空间安全的不良势头。使 IT 界无比沮丧的是，至今还看不到可预期安全效果的解决方案。值得庆幸的是，DHR 架构，从理论上说，即使可重构执行体或服务场景间存在同源漏洞后门等暗功能，如果宿主环境存在不确定性改变、目标系统攻击表面呈现非规则性移动情况，且漏洞后门等的利用方式又严重依赖宿主环境，则欲实现“非配合条件下动态多元目标的协同一致攻击”基本上不可能。换言之，DHR 架构内执行体(服务场景)的调度策略或者执行体本身的重构重组策略或者多模裁决策略，都会显著地弱化基于环境依赖型的同源漏洞后门等的可协同利用价值。由此不难推论，DHR 架构及其鲁棒控制机制对于相异性设计要求比

DRS 架构应当宽松得多，特别是诸如应用软件那样的个性化很强的产品，很难满足可归一化多模裁决所需的多样化部署要求时，使用单一来源应用软件将是普遍性的场景。此时若用 DHR 构造的宿主处理系统来支撑应用软件的运行，则绝大部分必须基于特定运行环境起作用的应用层同源漏洞威胁将被变换为“差模”形态的表达，这将极大地提高 DHR 的技术经济性和应用的普适性。

从已经开展的工程实践来看，在相同安全性要求下，基于反馈控制的广义动态性实现代价确实比 DRS 相异性设计代价要低得多。

7.4 相关问题思考

DHR 使得动态性、多样性和随机性等防御要素的作用，可以基于多模裁决激励的策略调度和多维动态重构负反馈控制机制超一体化地呈现。因而能最大限度地发挥这些要素与内生或融合防御因素的汇聚效应，比较容易获得非线性的安全增益或指数量级增强的防御效果，且能通过白盒条件下直接注入差模或共模测试例的方式较为准确地度量 DHR 的抗攻击性与可靠性设计。理论上，即使 DHR 的可重构执行体或服务场景“有毒带菌”，只要无法使这些宿主构件在时空维度上表现出多数一致或者完全一致的错误，则任何形式的攻击都难以危及目标系统的稳定鲁棒性和品质鲁棒性。

7.4.1 以内生安全机理应对不确定威胁

暂且不论哲学原理上是否可以彻底消除内生安全问题，就是约束性、指向性都很强的工程应用领域，往往因为设计缺陷或漏洞、“被后门”、“被陷门”的情况在复杂系统的实现上都很难做到问题归零，所以网络空间目标对象始终要面对来自设计链、工具链、制造链、供应链和维保链等基于内生安全问题的不确定性威胁。DHR 架构的内源性安全机理与内生安全问题因为是出自同一构造的不同效应，只要保证各执行体内漏洞后门或病毒木马等(如 Windows 特有漏洞相对于其他操作系统而言)的相异性(或多样性)足够大，就不会导致多模裁决机制下发生共模逃逸的问题。换句话说，凡是 DHR 架构内生安全机理“可纠错、可容错”的内生安全问题都不会影响到目标对象的功能、性能及安全性。这说明 DHR 架构具有在不改变或移除漏洞后门和病毒木马等暗功能情况下，“容忍设计与实现缺陷”的特质和基于已知或未知威胁的容侵属性。同时也表明 DHR 架构自身能对给定服务功能外的确定或不确定威胁，从内生的融合式防御机理上产生“非线性的破坏和抑制作用"。基于多模裁决的广义鲁棒控制构造和机制会导致以下三种非线性增强的防御功效：

(1)能在动态异构冗余的非配合环境中，轻易地瓦解潜在的协同攻击。一方面，攻击者既要排除系统广义动态机制的干扰准确锁定目标的攻击资源以确保攻击的可达性，又要精心构造非配合环境下的协同攻击以实现本次操作的成功逃逸；另一方面，最终攻击任务的完成又严重依赖攻击链各个环节、各个阶段的逃逸成功率。换句话说，防御方给攻击者造成的是"一步不慎，全盘皆输"的困局。

(2)由于试错或排除等算法的应用要以背景环境或条件不变为基本前提，自适应的负反馈控制机制使得任何可感知的试错或排除法攻击会因为当前构造场景的改变而失去可成立的前提条件。除非具有非配合条件下精准协同(一次攻击就能逃逸)的攻击能力，或者具备对目标系统所有执行体实施致瘫(例如中国式菜刀)攻击能力。

(3)导入传统安全技术可以得到"超非线性的防御增益"。例如，在部分或全部可重构执行体中差异化地部署入侵隔离、检测、预防等传统安全手段，或采用防火墙、蜜罐密网、智能沙箱、杀毒灭马、封门堵漏等多样化的技术措施，或者应用动态化、虚拟化迁移以及加密认证等主被动防御技术，等效的作用都是指向执行体或服务场景之间相异度的增强，而相异度的增加能给非配合条件下协同攻击造成更大的不确定性，最终都将导致共模逃逸概率呈指数量级下降。

7.4.2 以结构效应同时保证可靠性与可信性

DHR 架构具有内生的高可靠、高可用性特质。在可靠性领域，DRS 提供了构造级的可靠性增益并被实际应用所证明。DHR 构造引入了策略调度和基于可重构执行体的多维动态重构负反馈机制，不仅能大幅度提高相同余度条件下的可靠性，还显著增强了系统抑制广义不确定扰动的鲁棒性，同时还具备自主、可持续对抗网络空间基于已知或未知漏洞后门等的人为攻击能力。一般而言，高可靠性场合总存在广义鲁棒控制要求。不同于传统的在高可靠性的架构上通过增添外在或嵌入安全防护层来提高系统服务可信性的做法，结合了广义动态性(包括策略调度，执行体重构、重组、重建、虚拟化和随机化等)和负反馈机制的 DHR 架构，其高可靠、高可用、高可信三位一体的特性是由构造的固有内生机制保证的。换言之，DHR 构造的可靠性与安全性是不可分割的，因此作者才用"内生安全(ESS)"一词一并表达。

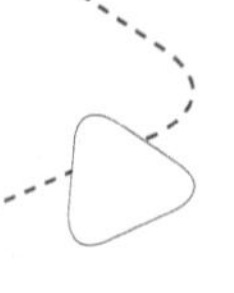

7.4.3 安全可信的新方法与新途径

理论上，DHR 系统不仅可以在构件层也可以在构造层达成安全可信的目标。实践中，可重构执行体或服务场景集合中的元素由于算法结构和资源配置上的差异，不同元素在满足相同的服务功能要求下，其性能、效能和成熟度等方面必然存在差异。如果在构建 DHR 当前服务集时，在调度策略中有意识地利用这些差异，则可能获得非 DHR 架构所不具备的经济与技术上的互补性。例如，有的异构部件或构件设计时考虑了安全可信因素，有的可能没有考虑安全可控需求；有的性能可能较高而成熟度相对较低，有的性能一般但成熟度相对较高;有的在先进性和经济性方面有很强的比较优势但其可信性不能确保等。在 DHR 架构中，可以通过策略调度使高性能但安全可信程度不足的构件承担经常性的服务提供，将性能稍弱或成熟度不足但安全可信程度较高的部件或构件作为前者的“伴随式监视者”，实时、准实时或伴随式地观察监视前者提供服务的合规性，及时触发系统清洗、初始化或重启重构机制，必要时可用后者作服务功能或性能降额替换。当然，也可以采用组合或混合的环境构成方式，例如主板使用 x86，操作系统使用 Linux 或麒麟 OS，数据库使用金山公司产品等，或者在可能的情况下动态地配置防御场景资源。总之，一方面，DHR 在构件供应链可信性不能确保的情况下，可以利用构造技术达成系统层面的“安全可控、可信服务”目标(见 14.8 节)；另一方面，即使构件已能满足供应链的可信性要求，仍可以应用 DHR 构造在可靠、可用和可信方面获得更高级别的鲁棒控制效果(见 14.9 节)。不失一般性，DHR 从理论和技术层面回答了美国《2017 年国防授权法案》提出的代表性问题，“如何保证来自全球化市场、商用等级、非可信源构件的可信性？”在保障网络空间国家主权和信息安全的前提下，DHR 的“白盒可度量与用户可定制安全”的功能/性能对于消除 IT 及相关领域技术交流与政策性贸易壁垒，坚持推进经济技术全球化战略等有着非常积极的建设性作用和意义。

7.4.4 创造多元化市场新需求

网络空间的市场通常遵循“先入为主，赢者通吃”的零和游戏规则。作为广义鲁棒控制架构的 DHR 推广应用，需要市场化的“同质异构”多元化供应机制和产业生态环境支撑。这等同于创造了供给侧的新需求，使传统的“同质化弱肉强食竞争”转变为“同质异构多元化竞争”，为后来的市场参与者、技术的跟进者或超越者提供了更为广阔的创新发展空间甚至是“重新洗牌”的机会。

同时，也能大大促进信息系统“黑盒”提供向“白盒”透明开发模式的演进。事实上，透明程度越高、标准化越彻底、多元化供应越充分，基于商业化环境和COTS级软硬构件的DHR架构，在对抗已知或未知威胁、提高系统鲁棒性、降低产品全生命周期使用成本等方面将拥有更为广阔的技术与产业创新空间，将会深刻改变网络空间现有的游戏规则(包括军事的、商业的、法律的、技术的，等等)。特别是，广义鲁棒控制构造和机制使得IT或相关领域软硬件产品，对包括未知安全威胁在内的不确定扰动具有可量化设计、可验证度量的稳定鲁棒性和品质鲁棒性，为保险类的金融资本进入网络空间安全领域扫除了“无法精算”的技术壁垒。同时，对技术或产业先行者试图通过市场垄断行为在网络空间实施基于“后门工程和隐匿漏洞”的“卖方市场”攻势战略具有颠覆性的影响，任何人都不再能或不敢再声称拥有“网络空间绝对行动自由”的能力。基于漏洞后门、病毒木马等的攻击理论和技术横行网络空间的时代行将结束！

7.4.5 超级特权与超级逃逸问题

假如攻击者拥有足够的攻击资源和超强的攻击能力，掌握多数程序控制执行体中的高危漏洞并能获得最高控制权(例如OS系统态或安全态权限)，且能准确地完成上传或注入病毒木马的操作。此时，攻击者在理论上说已不受执行体间相异性和非配合条件的掣肘了，可以实现任意满足可计算性要求的攻击功能，即有能力在多数执行体中设置完全等价甚至相同的任意暗功能，攻击方可以借助外部输入通道发送内外约定好的并符合输入规则的激励序列，就可以达成执行体间的任何协同性操作，我们将此无感共模逃逸情况称之为超级逃逸(Super-Escape，SE)。显然，超级逃逸的充分必要条件是，能获得掌控多数执行体的超级特权，可以利用同源的外部输入通道获得操作指示并达成执行体间的操作级协同。但是，攻击者仍然存在诸多不易克服的挑战。例如，①用黑盒方法怎样获得目标对象拟态界的设置个数和配置位置；②要搞清楚每一个DHR架构用了什么样的运行配置，当前使用的都是什么样的版本；③摸清DHR当前执行体上的漏洞情况，是何性质，能否上传攻击代码，如何知道代码上传成功；④怎样知道上传代码已被激活并获得了相关执行体的超级特权；⑤前述动作无论是漏洞扫描、上传代码、提权操作等都不能让目标对象任何拟态界感知；⑥反馈控制环路何时会对多少执行体产生基于外部指令的预防性扰动；⑦各个拟态界的裁决策略是什么，稳定逃逸需要什么条件；等等，上述操作的任何“闪失”都会导致攻击者围绕获取超级特权精心构造的攻击场景(尤其是基于内存驻留方式的跨域协同攻击场景)失去可规划或可持续利用的价值。换言之，即使攻击者拥有SE能力也很难克服DHR架构测不准防御迷雾的影响。其实，在DHR的工程实践中碰到的最具挑战性的问题之一，就是如何在最小的裁决窗口内完成多模执行体相关输出矢量的合规性裁决操作，因为有太多的因素会影响多模执行体输出矢量到达裁决部件的时间。例如，OS进程调度、输出/输入缓冲队列、协议栈等实现算法上的差异都会带来不小的影响。所以，在缺乏严格时间同步手段的情况下，即使具备超级逃逸的条件但要实现精准稳定的逃逸也并非易事。不过，SE问题确实给了我们一个重要的警示，这就是即使看起来形式上完全不同的差模漏洞(理论上甚至可以假定为相异度无穷大)，例如非同宗同源操作系统的高危漏洞，但在诸如CPU等程序可重定向与现场可编程的智能处理环境下，仍然有可能通过超级特权的获得而实现任意的暗功能交集。从这一视角考虑，理论上执行体间的漏洞后门等即使完全相异也有可能实现攻击逃逸，尽管是很小概率的事件。但在一些高安全等级、高敏感度应用防护领域，工程实践上仍有必要通过限制现场程序或数据修改之类的手段(例如使用x86的SGX或ARM的TrustedZone保护区功能)，也可以采用专用协处理部件(例如TPM)那样的物理空间分离方式限制CPU构架下所能获得的操作特权，当然还有混合使用私密处理器或操作系统等方法都能显著提升攻击者获得超级特权难度。

需要强调指出，由于DHR机理上的原因，当前服务集的所有冗余执行体或服务场景内具有相同的数据环境，如果攻击者具有侧信道攻击能力或能够避开多模裁决环节实现当前服务集内暗功能的内外通信，则DHR构造内的数据机密性将难以保证。例如，如果攻击者能够利用执行体的声、光、电、磁、热等侧信道效应，或者多用户间能建立起“隐形”信息泄漏通道“绕过”多模裁决环节，实现敏感信息泄漏。幸运的是，物理性的侧信道防护有大量的技术可借鉴，困难的是如何证明设置的拟态界都能处于“自古华山一条道和一夫当关万夫莫开”的位置。

7.5 不确定性影响因素

在信息领域，信息熵可以用来度量系统的不确定性程度，一个系统的不确定性越高，信息熵就越大；反之，信息系统有序化程度越高，信息熵就越低。对防御者来说，DHR架构视在的不确定程度或初始信息熵越高就越能保持稳定，攻击者的攻击难度或降低信息熵的代价就越大。DHR架构中存在两类不确定性影响因素，一类是架构自身机制产生的，我们称之为DHR架构的内生因素；另一类是从外部导入或附加到架构中的，我们称之为导入因素。内生因素和导入因素的组合效应会显著增加防御场景的初始信息熵或维持信息熵不变的能力。

7.5.1 DHR 内生因素

DHR 内生因素又可以理解为产生不确定效应的架构因素。内生因素同时也是 DHR 架构可以不依赖于传统防御手段获得内生安全增益的根本原因。DHR 架构的内生因素带来的系统安全增益可以从以下几个方面来理解：

(1) 可重构或软件可定义执行体在功能等价条件下的多样性(即提高信息熵)，能够造成目标对象(这里特指需要安全可信功能的软硬件系统)外在功能与其内在结构或算法视在关系的不确定性，攻击者无法通过输入激励和输出响应关系导出 I【P】O 模型中 P 的性质与构造包括发现和定位可能存在的功能缺陷。因为功能等价的关系，P 本身可以是异构体集合 $E(E=\{E_1, E_2,\cdots, E_n\})$ 中的任意元素，也可以是这些异构元素的各种并集或交集的组合形态。显然，在构件集合中增加新元素或者改变已有元素实现算法与构造，或变化执行体集合中元素的选择与调用策略等措施都能对目标对象视在结构的不确定性产生影响，最终使攻击者因无法掌控防御对象运行环境情况而难以构建起稳定的攻击链。

(2) DHR 架构的理想目标是使攻击者可能掌控的资源、手段或方法失去确定性利用价值。因而，动态异构冗余构造及运用策略(包括静态冗余、动态冗余、硬件冗余、软件冗余、空间冗余、时间冗余及其可能的其他组合等)、可重构元素内部构造场景与资源配置关系的迭代式改变等，都能在不同程度上影响攻击效果的确定性。

(3) 动态性和随机性是不确定度的本源因素。DHR 架构中执行体构造场景的调度时机和策略、运行场景的重构时机与算法选择、虚拟化环境中任务迁移与容器调配、可编程裁决器内部的重构重组算法、功能等价构件集合中元素的增减时机等方方面面的变化努力，最终效果都是要使目标对象视在结构的不确定度(或多样性)在时空维度上得到尽可能的延展。就像生物学中核酸与 DNA 一样，核酸虽然只有 4 种含碳碱基(腺嘌呤 A、胸腺嘧啶 T、胞嘧啶 C 和鸟嘌呤 G)，但却可以在空间维度上得到几乎无限多的 DNA 排列。

(4) 基于输出矢量的多模裁决机制使隐藏于可重构执行体中的暗功能难以独立发挥作用。DHR 环境下，分布在各执行体中的暗功能通常属于给定功能之外的功能(即设计者不希望或不知晓的功能)，而且与执行体配置的构造场景和运行机制强相关。理论上，DHR 执行体中完全相异的暗功能的作用都会被多模裁决机制屏蔽。实践中，由于无法保证绝对的相异性(迄今为止，相异性设计的理论和工程实现问题仍未得到根本性的解决)，因而不排除执行体间存在有暗功能交集的情况。但是，除非这些暗功能交集能导致多模输出矢量出现时空维度上的一致性表达，否则对目标系统不会产生实质性的危害。例如，在攻击链的扫描阶段，即使查询操作系统版本号的探测操作被当前服务集内所有执行体响应，但 OS 版本的异构性使得给出的输出矢量必然存在差异，扫描查询输出结果自然会被多模裁决机制所拒绝或张冠李戴。由此可见，多模裁决的时空一致性要求使得即便存在相同的暗功能，攻击者还必须克服不确定环境和非配合条件下协同利用的难度。尤其当输出矢量语义复杂度和信息表达丰度与执行体环境的随机参数强相关时，协同攻击难度将呈指数级增加(同时给正常多模裁决也会带来挑战)。

(5)多模裁决机制非线性地放大了非配合条件下的协同攻击难度。无论是动态性、多样性、随机性，还是输出矢量的信息丰度或者 DHR 架构中执行体构造场景的选择与组合策略等，只要能增加目标环境防御行为的不确定性因素，都将使基于执行体暗功能的攻击行动，在非配合条件下的多模裁决机制面前成为不确定事件或小概率事件。众所周知，“没有完善的同步和协商机制条件下，多元个体之间的精确协同几乎不可能完成，且其成功率与协同任务的复杂性成反比”。因此，DHR 架构内的非配合、跨域、一致性协同攻击很难取得确定性的成功战果。

(6)DHR 的负反馈控制机制使得目标对象的不确定性效应得以维持。因为多模输出矢量任何的不合规表现都会被多模裁决环节发现，并会触发策略调度和多维动态重构机制改变目标对象当前的构造场景。负反馈作用机制总是试图消除多模裁决环节的异常状态或者使异常发生频次低于某个给定阈值(即力图保持构造自身的不确定度)，这是一个自适应的迭代收敛过程。在攻击场景不变情况下，闭环控制环节的收敛速度不仅与配置的冗余资源数量和构造场景的相异度强关联，而且与反馈控制算法和裁决策略多样性强相关。负反馈机制会为目标对象选择出一个能够满足当下安全性要求的构造场景(可重构执行体的某种组合)，不过这绝非是一个恒稳状态。因为反馈控制器随时会被新的输出异常再度激活(包括软硬件物理和设计缺陷导致的偶发性故障)，也会被外部控制参数中有意识添加的随机性策略所触发。后者将增加隧道穿越的实现难度或“隐形传送”的可靠性。

7.5.2 DHR 导入因素

DHR 导入因素是指非系统固有的、需从外部添加或嵌入并能被“非配合条件下多元异构目标协同一致”架构效应非线性放大的因素。下列因素对系统安全增益或不确定性会产生积极影响：

(1) 在可重构执行体内导入指令、地址、数据、端口等随机化、动态化、多样化操作。

(2) 在可重构执行体软件版本上导入多样化编译机制将产生冗余形态的 N 版本或多态化的模块，如果按照某种策略激活这些版本或随机地调用这些模块，或者导入一个监控层按照严格次序执行多个变体并检查其行为是否不同[3]等方法，都会增加 DHR 系统视在的不确定度。

(3) 利用一些改变程序功能消除安全漏洞的方法[3]。例如，输入矫正、功能切除、功能替换、利用动态接口进行动态配置等。

(4) 在可重构执行体中添加入侵预防、入侵检测、入侵隔离等共生机制[3]，或者漏洞扫描、杀毒灭马等主被动的传统安全手段，都会显著地增加攻击方案实施过程中的不确定性。

(5) 在多模裁决环节引入更加多样化的表决算法，或者通过在输出代理环节增加屏蔽“系统指纹”等措施。例如，采用固定响应时延的方式使目标对象的视在输出特性因缺乏规律性而使“隧道穿越”类侧信道攻击无效。

(6) 一些不影响裁决语义的加密技术对于增加不确定性的作用也是十分显著的。例如 SGX 等可信计算中密钥的改变，或者 FPGA 算法的改变，或者改变内存空间分配算法，或者拟态括号与各个执行体间建立不同的且可改变的私密性辨识标志等。

7.5.3 DHR 组合因素

从以上分析我们可以自然地联想到，如果将 DHR 架构的内生因素与导入因素组合使用，无疑会使 DHR 系统运行环境的不确定性或信息熵进一步增大。这种情况下，即使部件或构件层面存在“同源同宗”的漏洞后门等暗功能，由于执行环境的不确定性，每一种服务场景下，执行体的策略调度和组合关系难以预测，而漏洞后门的可利用性与应用场景通常又是强相关的，基于同样的漏洞后门等的攻击在不同的服务场景下通常难以获得到完全相同的攻击效果(除非是不依赖环境的漏洞后门等)。当这些效果表现为可重构执行体间输出矢量内容上的差异时，攻击将会被多模裁决环节感知并触发策略调度和多维动态重构负反馈控制机制，当前服务集内疑似问题执行体可能会被替换下线或者被清洗重启，或者调用后台相关功能实施深度修复，也可用软件可定义方式赋予其他的多样性场景实施问题规避操作等。需要特别指出的是，DHR 架构要求其执行体具有可重构或软件可定义的特性，因而当外在服务功能(或性能)不变情况下就可能拥有更多的、可供反馈机制动态选择的多样性场景，这在相当程度上可以放宽执行体间或执行体内的相异性要求，也包括成熟度方面的要求，故而具有重要的工程应用意义。

7.5.4 暴力破解的挑战

加密机制中，一旦加密算法确定，通常是用密钥的随机性来制造解密的计算复杂度。类比而言，DHR 架构具有类似加密算法不确定、密钥不确定、现场难以复现、输入序列构造受限等特征，对攻击者而言，若想通过暴力破解稳定击穿防御壁垒将面临极大挑战。

(1) 等效加密算法不确定。广义动态化技术使得“加密算法”不仅具有多样性而且具有动态性和随机性。

(2) 等效秘钥不确定。使用目标系统内部的不确定值，如当前内存、CPU 资源占用情况，活跃的进程或线程数量，网络输入/输出流量，访存频度等，作为策略调度算法以及重构重组方案的选择参数。

(3) 现场难以复现，攻击效果难以评估。由于多模裁决环节一旦发现异常，在屏蔽异常输出的同时，会触发基于策略调度和多维动态重构的负反馈控制机制，自动更换、清洗记忆或重构当前执行体集合中的疑似问题元素，直至异常消除或者异常出现频次下降到给定阈值之内。因而攻击者的试错或排除等攻击方法将难以奏效。

(4) 输入序列构造受限。事实上，输入序列的构造条件往往是受限的。例如，我们不可能在某一时段去穷尽所有消息的定义域值，或者一厢情愿地期待重复某些消息内容，而消息之间通常存在严格的因果关系或时序关系，不符合逻辑关系与时间关系的消息可能会被网络或服务系统的语法语义检查环节自动滤除，等于自己破坏了攻击的可达性。

因此，DHR 架构内在的不确定性，大多不属于计算复杂度范畴的问题，暴力破解在理论和实践上都不适用。

7.6 基于编码理论的类比分析

香农信息论着力解决通信中数据压缩和信息传输速率问题。信源编码定理使信息实现有效压缩成为可能；信道编码定理通过引入冗余度，将通信编码的传输问题转化成概率论问题，实现了在不确定性噪声信道上的可靠信息传输。

由前述内容可知，DHR 架构既可以抑制物理因素引起的模型摄动，也能管控未知攻击导致的不确定扰动。这非常类似基于编解码理论与方法的香农信道特性，后者从理论上可以证明只要选出合适的信道编码方式和可以接受的冗余度，就能够同时应对信道中存在的随机性白噪声以及人为因素导入的加性干扰影响。故而，作者试图借用香农编码理论和方法对 DHR 架构的动态异构冗余特性进行类比分析(严格分析详见第 15 章)。

假如我们将网络空间针对信息系统的各种攻击所造成的危害或影响视作通信传输信道上的干扰噪声的话，DHR 架构的体系效应则可以类比为某种编码信道的纠错编码，目标对象受攻击的情况可以等同于通信信道受到加性干扰的情景，判断防御目标能否提供正确服务功能的过程与纠错编码能否精确地复现输入端信息的过程相类似。因此，借助信息与编码理论对 DHR 架构基本性质进行类比分析，可为 DHR 架构的工程设计和技术实现提供有益的借鉴。

7.6.1 编码理论与 Turbo 码

自 1948 年香农创立信息与编码理论这一学科以来，在不可靠信道上实现可靠通信所必需的信道编码技术得到了广泛关注和深入研究。香农于 1949 年发表的《通信的数学理论》的长篇论文中首次提出了通信系统模型[4]，并指出系统设计的中心问题是在干扰噪声中如何有效而可靠地传送信息。同时，他指出可以用编码的方法实现这一目标。

为研究信道的极限传输能力，香农引入了信道容量的概念，即信道中能传输的平均信息量的最大值。为提高信息传输的有效性和可靠性，香农先后提出信源编码和信道编码定理。限失真信源编码定理给出离散无记忆平稳信源的率失真函数为 $R(D)$，则当信息率 $R>R(D)$ 时，只要信源序列 L 足够长，一定存在一种编码，其译码失真小于或等于 $D+\varepsilon$，其中 ε 为任意小的正数。香农的信道编码定理则给出对于一个离散无记忆平稳信道，其信道容量为 C，当信息传输率 $R<C$ 时，只要随机码长 n 足够长，则总存在一种编码，可以使平均译码错误概率任意小。信源编码为提高信息传输有效性需要减少平均码长和改变码字结构，而信道编码则为了提高可靠性付出了增加编码冗余度的代价。

时至今日，寻找和构造可逼近信道容量极限的信道编码及其可实用的有效译码算法一直是信道编码理论与技术研究的热点问题。目前，已有多种可逼近信道容量极限的优秀编码方案，包括 Turbo 码、LDPC 码和 Polar 码等。现代信道编码通常采用类随机冗余编码方法，并结合迭代软译码以达到或逼近最大似然译码性能，一般用与香农限的距离远近来衡量编码方法的性能。

在 1993 年的 ICC 国际会议上，Berrou、Glavieux 等提出了一种全新的编码方式——Turbo 码。Turbo 码又称并行级联卷积码（Parallel Concatenated Convolutional Code，PCCC）。它巧妙地利用分量码（递归系统卷积码）与伪随机交织器结合，通过并行级联方式实现了用短码来构造伪随机长码，并在多次迭代译码中采用软判决机制来逼近最大似然译码。实验结果表明，在加性高斯白噪声信道下采用 BPSK 调制方式，对码率为 1/2 且随机交织器长度为 65536 的 Turbo 码进行 18 次迭代译码，可实现在信噪比 $E_b / N_0 \geqslant 0.7\,\mathrm{dB}$ 时，误码率为 $\mathrm{BER} \leqslant 10^{-5}$，达到了与香农限仅差 0.7dB 的优异性能。

从冗余容错和纠错角度观察 Turbo 码编译码原理，如图 7.6 所示，Turbo 码编码时，信号被分为 3 路，一路为原始信号 C^s，一路为分量码（递归系统卷积码）编码信号 C_1^p，一路为经交织器（行内行间交织）与分量码编码器后的编码信号 C_2^p，在对 3 路信号进行复接之前可按照传输速率要求进行奇偶删除即在并/串转换时，在校验位上交替选取 2 路编码输出，可使码率由 1/3 升为 1/2。

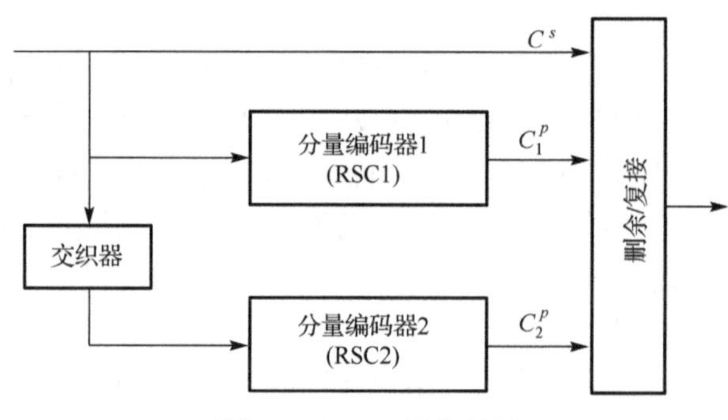

图 7.6　Turbo 码编码器

如图 7.7 所示，Turbo 码编译码时，在接收端将复接信号经串并转换还原成 2 路校验信号和 1 路系统位信息，首先将接收的系统位信息 y_k^s 与编码校验信息 y_k^{1p} 送入译码器 1，再将译码器 2 解交织后的外信息 $L_{21}^e(U_k)$ 作为先验信号同时送入译码器 1（第一次译码时译码器 2 的外信息为 0）。输出信息包含两部分，一部分为与码字相关的外信息，另一部分为系统位对应的译码输出；译码器 2 的 3 路信号分别为译码器 1 的外信息交织信号 $L_{12}^e(U_k)$，原经交织后的校验信号 y_k^{2p} 以及接收的系统位信息交织信号，经译码器 2 输出的信号减去译码器 1 提供的外信息 $L_{12}^e(U_k^e)$ 和系统位信息得到译码器 2 的外信息 $L_{21}^e(U_k)$。译码器 2 的系统位信息解交织后作为对数似然比译码输出结果。经过多次迭代，译码器 1 和译码器 2 的外信息趋于稳定，似然比渐近值逼近于对整个码的最大似然译码，在整个迭代过程中系统输出均采用软判决机制，最终输出时才对此似然比进行硬判决，即可得到信息序列 C_k 的每一比特的最佳估值序列 U_k。

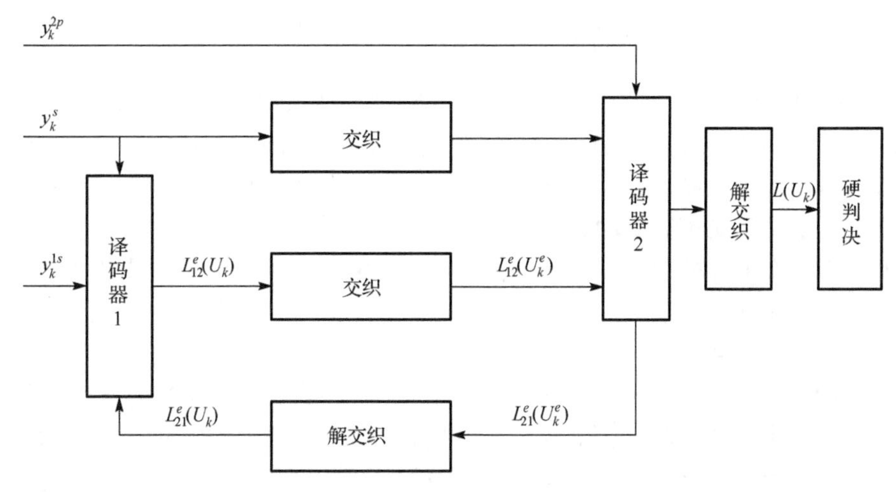

图 7.7　Turbo 码译码器

下面介绍 MAP 算法的判决原理。MAP 算法即最大后验概率算法，是为了估计出最大似然比特。通常译码算法采用软判决或硬判决机制，硬判决译码器只有二进制量化后的输入，其实现方法简单，而软判决则利用解调器送入的 Q 进制量化序列或模拟序列来提高性能。Turbo 码采用了一种软输入软输出的译码算法，软输出则包含系统位信息的判决值和做出这种判决的可信程度，用符号 $L(u)$ 和 $L^e(U_k)$ 表示为

$$L(U_k) = \ln\frac{P(U_k = +1 / y_1^N)}{P(U_k = -1 / y_1^N)}$$

$$L^e(U_k) = \ln\frac{P(U_k = +1)}{P(U_k = -1)}$$

其中，y_1^N 为译码器接收端序列 $\{y_1 \cdots y_N\}$。

经过 n 次迭代后：

$$L_1^n(U_k) = L_c y_k^s + \left[L_{21}^e(U_k)\right]^{n-1} + \left[L_{12}^e(U_k)\right]^n$$

$$L_2^n(U_k^e) = L_c y_k^s + \left[L_{12}^e(U_k^e)\right]^{n-1} + \left[L_{21}^e(U_k^e)\right]^n$$

等式右边第一项为系统位信道输出值；第二项为前一次迭代提供的先验信

息，其中 $L_{12}^{e}(U_{k}^{e})$ 由译码器 1 提供，$L_{21}^{e}(U_{k}^{e})$ 由译码器 2 提供；第三项是后续迭代所需的外部信息，$L_{21}^{e}(U_{k})$ 和 $L_{12}^{e}(U_{k})$ 为解交织信号。

7.6.2 基于 Turbo 编码的类比分析

从随机性角度看，香农信道编码定理将通信编码问题转化成了概率论问题，实现了在不确定性噪声信道上的可靠传输。如本章所述，动态异构冗余 DHR 架构的多模裁决机制，能将针对服务集内执行体个体的“单向透明，里应外合”确定性攻击转化成可感知的且协同攻击效果不确定的攻击事件，并能将该事件再变换为概率可控的随机性事件，因而针对 DHR 架构系统的攻击事件可以类比于信息传输过程中引入的随机噪声，使得 DHR 架构系统在分析上满足香农随机性编译码条件。

DHR 架构系统主要包含输入分发、可重构执行体、策略调度、多维动态重构和多模裁决等核心机制，利用执行体在时空维度上的多元异构性来打破信息系统技术架构的静态性、相似性和确定性格局，从而在一定程度上容忍基于已知和未知漏洞后门等的外部攻击以及未知病毒木马的渗透性攻击，实现防外部攻击与防内部渗透攻击、提高可靠性与增强抗攻击性的一体化处理目标。Turbo 编码过程要将输入数据分发到不同结构的编码器，这非常类似 DHR 架构系统的输入分发、策略调度和可重构执行体机制；Turbo 编码中存在各种不同的交织器、分量编码器和组合型判决器等基础单元，可将不同的基础单元结合，动态构造出各种异构的编译码结构，这可类比于 DHR 架构系统基于反馈控制的动态重构机制；Turbo 编码的译码环节包含有迭代叠加机制、软硬判决机制等，并对每次判决结果配置可信度，这可类比于 DHR 架构系统中的多模策略裁决机制。图 7.8 给出了 Turbo 码编译码与 DHR 架构系统架构类比关系。下面将根据加性高斯白噪声(Additive White Gaussian Noise，AWGN)信道模型下，对 DHR 架构系统相似的编码异构性、编码冗余性、编码输出矢量、译码与裁决以及编译码动态性进行仿真分析。

1. 编码异构性

在 DHR 架构中，需按照相异性设计原则实现各执行体功能等价但结构独立的要求，以便在多模裁决时能容忍非协同性攻击，降低协同性攻击效果，即执行体间的相异度越大，DHR 架构抗非协同性攻击能力就越强。而在 Turbo 编码系统中也具有同样的要求，即原始信号与编码信号之间的相关性越小，该编码的纠错能力就越强。

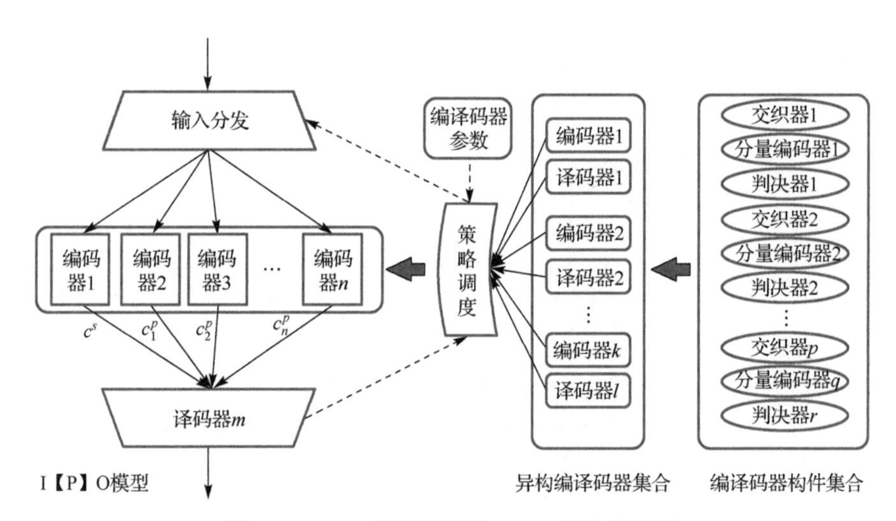

图 7.8 Turbo 码编译码与 DHR 架构类比图

Turbo 码的编码输出信号由原始信号经相异性处理转换为 3 路异构信号，分别为原始信号 C^s 、分量编码器编码信号 C_1^p 和经交织器(行内行间交织)与分量编码器编码后的信号 C_2^p ，在进行复接后传输，使得不确定性噪声无法同时干扰信息的同一位置，从而在译码时可以依据信息的可信程度 $L^e(U_k)$ 进行判决。其中

$$L^e(U_k) = \ln\frac{P(U_k = +1)}{P(U_k = -1)}$$

此外，编码系统内部可结合异构的交织器和异构的分量编码器。从交织器角度看，交织器分为分组交织器、分组螺旋交织器、随机交织器等。分组交织是将信息序列按行写入，按列读出的方式实现码元交织。交织函数表示如下：

$$\pi(i) = \left[(i-1)\bmod n\right]\times m + \left[(i-1)/n\right]+1,\quad i\in C$$

分组交织方式简单，对短序列交织效果较好，但交织后的信息仍具有一定相关性。随机交织则是信息序列以随机的方式从交织器内读出，通过引入一个索引数组存放 N 个随机数来对应 N 个随机地址，每个随机置换地址 $\pi(i)$ 需与前 s 个值进行比较，且应满足如下条件：

$$\pi(i) - \pi(i-j) \geqslant s,\quad j = 1,2,\cdots,s$$

信息序列越长，随机数越均匀，信息比特间的相关性越小。如图 7.9 的仿真结果所示，与无编码无交织以及分组交织器相比，经伪随机交织器后的信息序列随机性更大，因此纠错效果也更好。表 7.1 给出了不同交织器对应的其他相同参数状态。

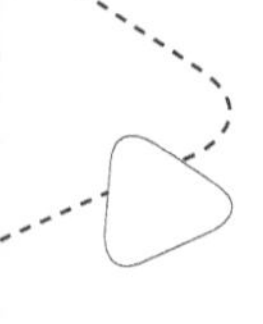

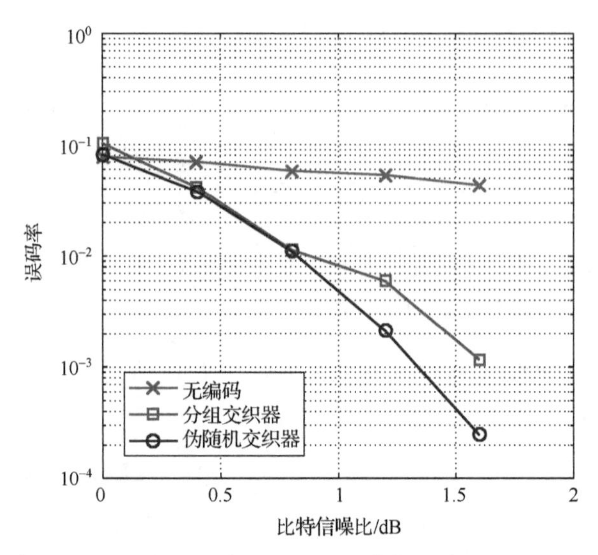

图 7.9 交织器对误码率的影响

表 7.1 不同交织器对应的其他相同参数状态

译码算法	码率	分量码	交织长度	迭代次数
Log-MAP	1/3	（7，5）	1024	3

由仿真结果可以得出如下结论：在 DHR 架构中，执行体的异构性越高(相关性越低)，系统的纠错能力(抗攻击能力)越强；当异构性提高一定程度后，系统的抗攻击性能提升效果不明显；由于高异构性执行体的研发成本较高，因此执行体异构性达到一定程度即可，不应苛求执行体异构性而导致系统研发成本过高。

2．编码冗余性

在典型 DHR 架构中，冗余性要求同时存在多个功能等价的可重构执行体，每个执行体能够独立完成服务功能或组合实现服务功能，而组合呈现可导致攻击者对目标对象的结构和性质出现感知模糊。而在 Turbo 码的编码系统中也恰好利用了多路冗余信号的组合编码，其中各路编码信号并非原信号的简单变换，而是利用交织与编码器产生的校验信息，使得不确定性噪声难以同时干扰原始数据的特定信息位以及交织数据和编码数据的恢复信息位。对于码率为 1/3 的 Turbo 码，编码接收信号可表示如下：

$$y_k = (y_k^s, y_k^{1p}, y_k^{2p})$$

尽管增加编码冗余可增大裁决的可靠性，但传输性能也会因此而降低，因此需要综合考虑。当码率为 1/3 时，译码性能要优于 1/2 码率，如图 7.10 所示，通过降低码率提高冗余度，可以改善 Turbo 码的性能，但同时也降低了传输效率；并且码率越低，性能提升越不明显，因此在选择码率时要权衡传输效率和传输质量两方面的得失。不同码率对应的其他相同参数状态如表 7.2 所示。

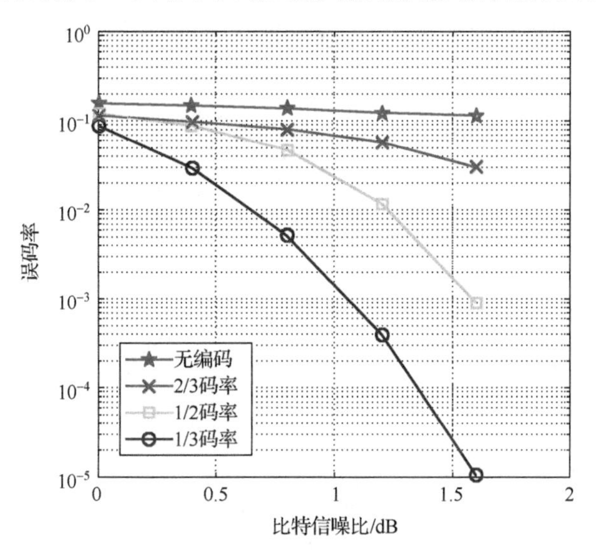

图 7.10 传输码率对误码率的影响

表 7.2 不同码率对应的其他相同参数状态

交织方式	译码算法	分量码	交织长度	迭代次数
伪随机	Log-MAP	（13，15）	1024	3

根据仿真结果，可以得出如下结论：在 DHR 架构中，通过增加冗余度可以有效提升系统抗攻击性；当执行体具有 2～3 余度时，系统就已经具有较高的抗攻击性了，更高余度的执行体对系统抗攻击性能提升效果并不明显；为降低系统成本，可以根据模块重要程度选取不同的冗余度，对于核心模块可采用相对较高的的冗余度，对于外围模块则相对降低冗余度甚至不设余度。

3. 编码输出矢量

DHR 多模裁决机理上可以通过扩大输出矢量空间，指数级地增大攻击者的协同一致攻击难度，从而使攻击者在非配合条件下无法实施精确协同，难以实现攻击逃逸。在 Turbo 码编码系统中，通常利用交织长度来刻画输出矢量。如图 7.11 的仿真结果所示，交织器长度的增加可以显著地提高 Turbo 码性能，降低译码的误码率，改善传输质量。但是交织器会引入时延，交织长度越长，造成的时延越大。这样，在确定交织长度的时候，既要考虑到传输质量，又要顾及时延的要求。对于那些允许有较大时延的业务(如数据业务)，我们可以选择较大的交织长度，以确保较低的误码率；对于那些不允许有较大时延的业务(如语音业务)，可以选择短交织长度，以确保较低的时延。不同交织长度对应的其他相同参数状态如表 7.3 所示。

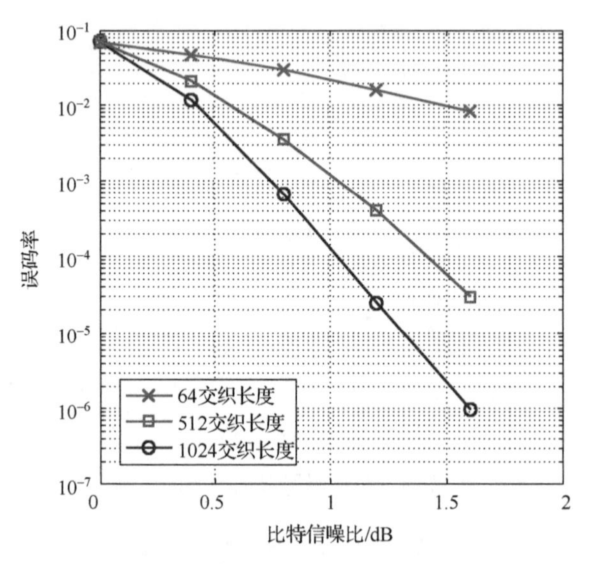

图 7.11　交织长度对误码率的影响

表 7.3　不同交织长度对应的其他相同参数状态

交织方式	译码算法	码率	分量码	迭代次数
伪随机	Log-MAP	1/3	(13，15)	5

根据仿真结果，可以得出如下结论：在 DHR 架构中，增加输出矢量长度可以有效提升系统的抗攻击性；随着输出矢量长度的增加，一定程度上会增大输出时延和裁决代价。在工程实现上应合理选取输出矢量长度，在技术和经济代价可承受情况下增大攻击者协同攻击的难度。

4．译码与裁决

在 DHR 架构中，通常对多路执行体输出矢量采用一致性或多数判决策略，由于执行体之间的异构性使得任何攻击难以同时攻破各异构体并产生同样的输出矢量内容，因而使得系统暗功能的影响呈指数量级衰减。Turbo 码在译码时，

2 个分量码译码器(对应于 2 个分量编码器)分别采用软输出译码算法(如 MAP 算法)进行译码，并能够获得逼近香农限的性能。

Turbo 码将译码器 2 解交织后的外信息 $L_{21}^{e}(U_k)$ 作为先验信号送入译码器 1，通过多次迭代反馈，对每一次研判的外信息进行可信度叠加，从而不断改善噪声所造成的失真。对应到 DHR 架构系统中，不同执行体设有一个历史置信度参数，每次多模裁决后相应执行体的参数都会变化，这种变化记录了执行体的历史表现。一旦多模输出矢量完全不一致时，多模裁决器将调用该参数转入策略性裁决，以便从多模矢量中选择或形成置信度较高的输出矢量。因此，除非攻击行动能影响到全部可重构执行体并使多模输出矢量相关位出现完全一致的错误内容(即出现攻击逃逸)，否则防御功能都是有效的。这与 Turbo 码通过多次迭代反馈译码不断改善噪声失真的做法十分相似。

在 MAP 算法中，经过 n 次迭代后有

$$L_1^n(U_k) = L_c y_k^s + \left[L_{21}^e(U_k)\right]^{n-1} + \left[L_{12}^e(U_k)\right]^n$$

等式右边第二项为前一次迭代提供的先验信息，为本次译码提供可信参考；第三项是下一级译码器所需的外部信息。这样一次译码的高可信度便可容忍噪声带来的失真。

译码迭代的次数对检错与纠错有显著的影响。随着迭代次数的增多，编码器的外信息 $L^e(U_k)$ 趋于稳定，似然比渐近值逼近最大似然码。在迭代五次后，$\dfrac{E_b}{N_0}=1.6\text{dB}$ 时，$\text{BER}<10^{-5}$。不同迭代次数对应的其他相同参数状态如表 7.4 所示。不同译码算法对应的其他相同参数状态如表 7.5 所示。

表 7.4　不同迭代次数对应的其他相同参数状态

交织方式	译码算法	码率	分量码	交织长度
伪随机	Log-MAP	1/3	(13，15)	1024

表 7.5　不同译码算法对应的其他相同参数状态

交织方式	码率	分量码	交织长度	迭代次数
伪随机	1/3	(13，15)	1024	3

如图 7.12 的仿真结果所示，一定次数的迭代会在很大程度上修正噪声造成的失真，但随着迭代次数的增多，系统外信息趋于稳定，系统的输出将基本不变。此时再增加迭代次数会进一步增大时延，使其无法满足低时延系统的使用要求。

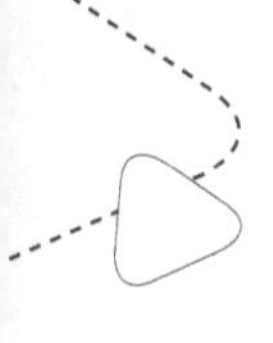

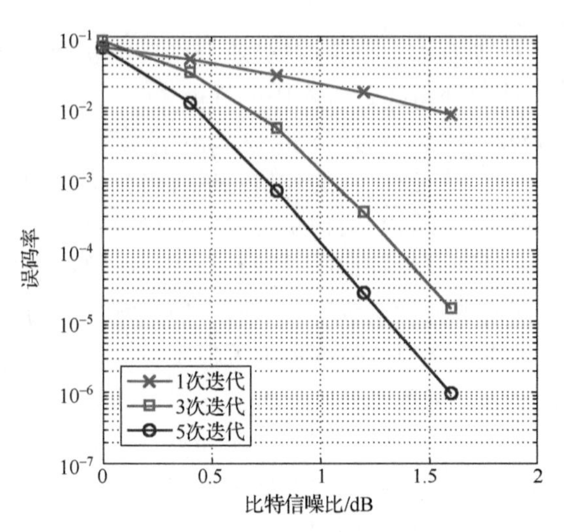

图 7.12　迭代次数对误码率的影响

如图 7.13 的仿真结果所示，选择高复杂度的译码算法一般会带来较大的性能提升，但也会增大时延和计算量。

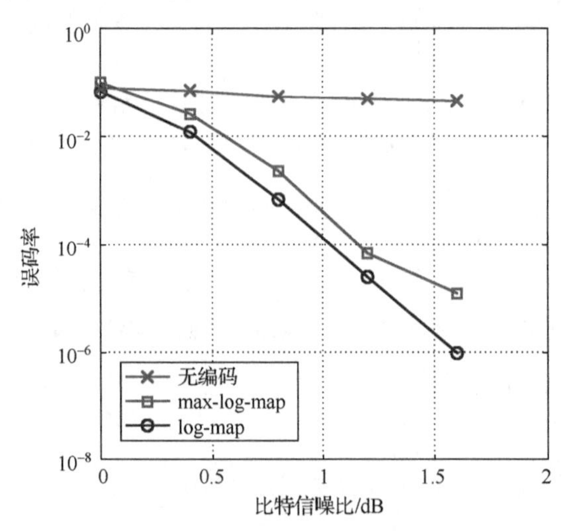

图 7.13　译码算法对误码率的影响

根据仿真结果，可以得出如下结论：在 DHR 架构中，在裁决时增加迭代次数以及选择较复杂的裁决算法，可以有效提升系统的抗攻击性；由于增加迭代次数能够降低对执行体冗余度要求，因此可以通过适当增加迭代次数的方式降低系统的实现成本；随着迭代次数和裁决算法复杂度的增加，会增大时延和计算量，因此需要合理选择迭代次数与裁决复杂度以照顾系统性价比的要求。

5. 编译码动态性

在 DHR 架构中，通过策略调度、动态重构执行体、上线运行和下线清洗执行体、改变裁决算法、调整执行体和裁决参数配置等方式，可以在编/译码过程中充分引入动态性。对于 Turbo 码，通过对编译码算法和参数的调整，能够适应各种不同的信道。编译码的动态性，在空间上表现为各编码执行体以串行、并行、串并行组合等形式呈现；在时间上则可表现为静态性、动态性和伪随机性等；在策略上则可引入历史性表现、结构性能优异性和随机化举措等；在生成方式上则可运用可重组、可重构和可重配置等机制。

DHR 架构支持主被动策略调度，具有非特异性和特异性威胁感知能力，通过对执行体、多模裁决的动态调整，对于攻击者而言具有不确定性效应，极大地提升了系统的抗攻击能力。图 7.14 的仿真结果表明，在编码系统中可根据外信息的变化情况对不同的信道环境采取相应的措施，如根据历史信息动态组合不同的交织器与分量编码器，也可动态地改变译码算法、译码迭代次数以及编码交织长度等，通过对不同的噪声信道进行动态调整以达到最高性价比的干扰对抗或纠错效果。

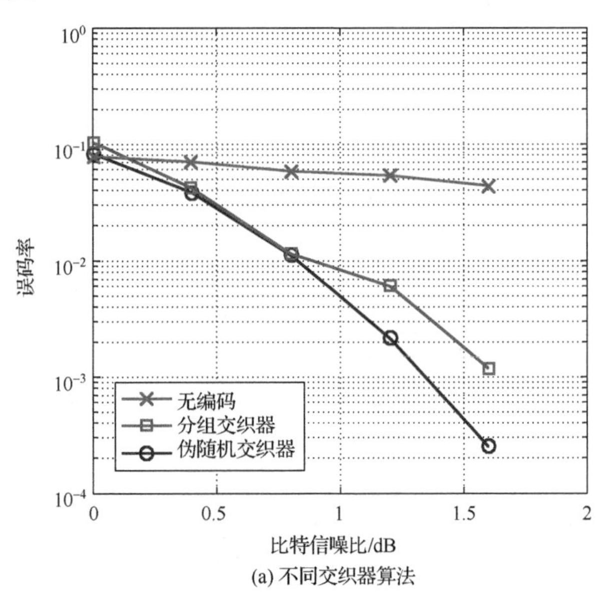

(a) 不同交织器算法

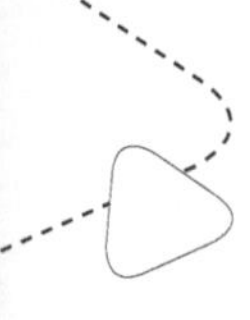

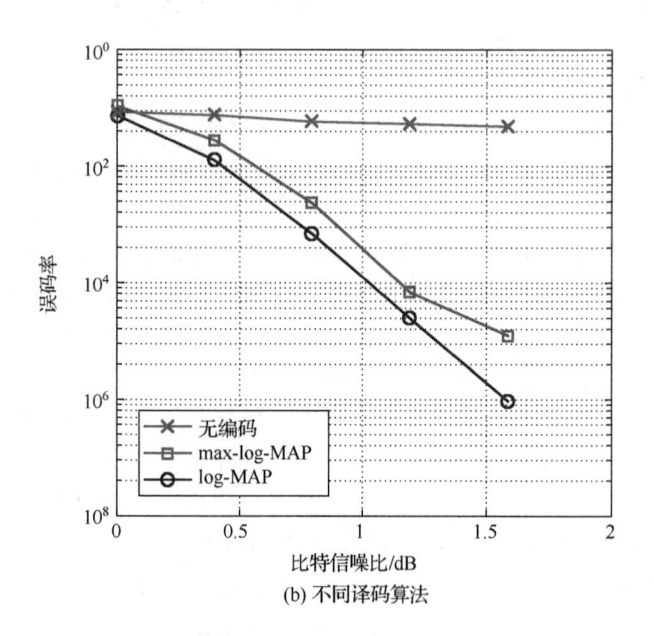

(b) 不同译码算法

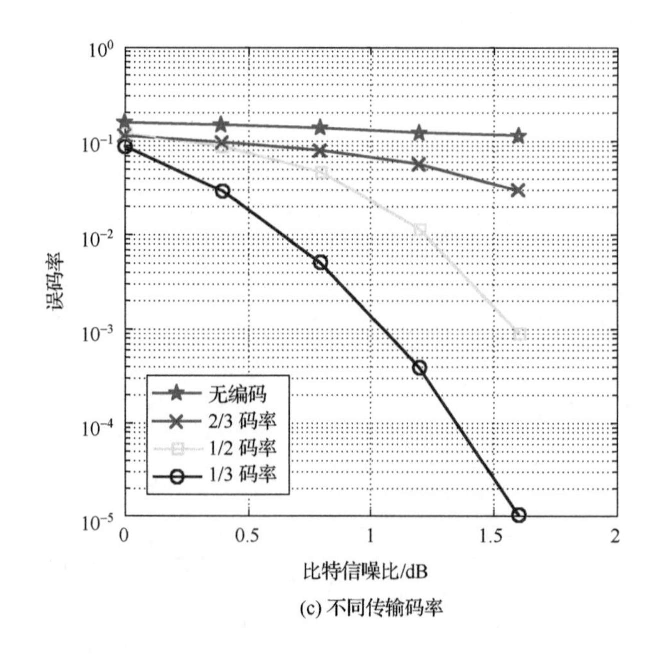

(c) 不同传输码率

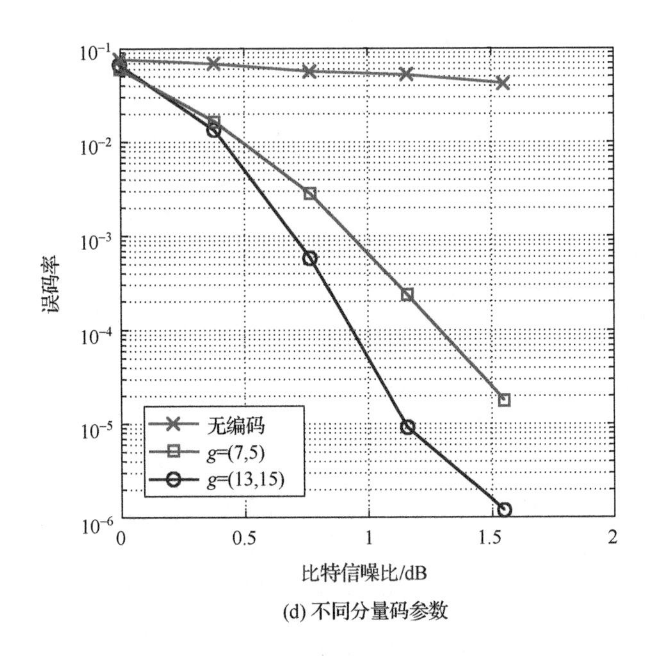

(d) 不同分量码参数

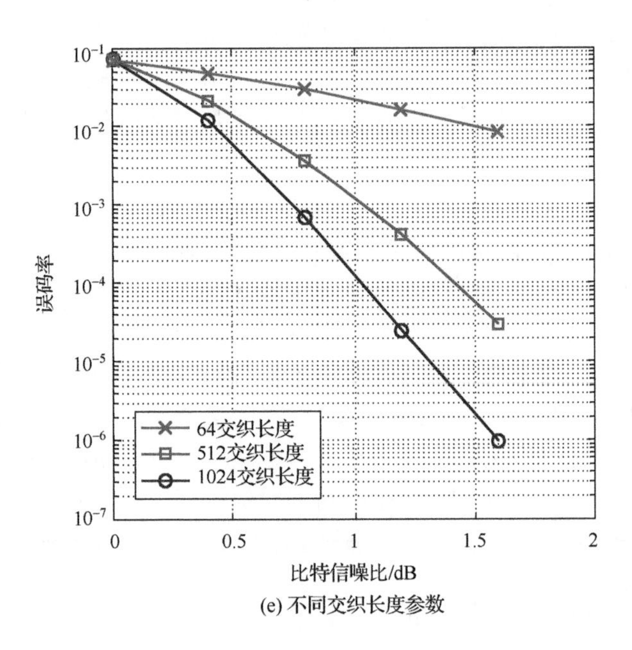

(e) 不同交织长度参数

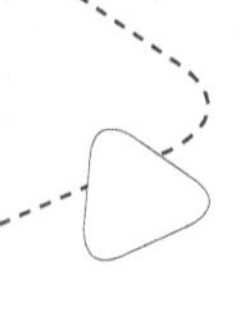

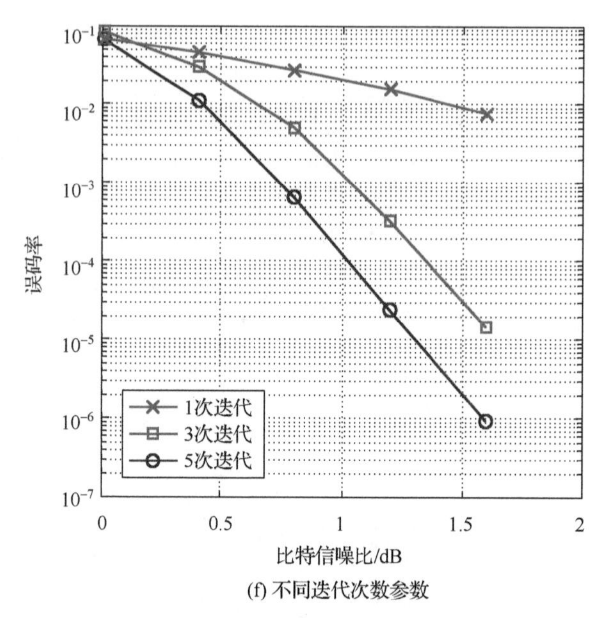

(f) 不同迭代次数参数

图 7.14 动态参数对误码率的影响

根据仿真结果，可以得出如下结论：在 DHR 架构中，通过动态调整各种系统参数，能够在统计意义上使得多模裁决出现不一致情况低于某一阈值，这一阈值应该是综合考虑了系统开销代价与抗攻击性能的要求，基于多模裁决的策略调度和多维动态重构负反馈控制机制应当是动态拟合这一目标的过程。

7.6.3 几点思考

1．随机和冗余是解决网络空间安全问题的核心要素

如果将网络空间设备视作通信传输系统，将基于内生安全问题的不确定扰动视作传输系统上的结构扰动噪声，则网络空间安全防御架构不妨看作是关于传输的纠错编码信道系统。参考香农信息与编码理论，在防御架构中引入类随机冗余编码体制机制，可能提出一种针对“随机或非随机、有记忆或无记忆”等效传输环境的编码信道数学模型和分析方法，用以评估给定攻击成功概率与随机性和冗余性的关系(第 15 章提出的编码信道理论就试图达成此目的)。

由于 DHR 架构模型与 Turbo 编码模型非常相似，因此也满足香农有噪信道编码定理中的随机性编译码条件，故而通过引入冗余配置的功能等价可重构执行体实现编码功能，利用多模裁决机制实现译码功能，通过基于反馈控制的策略调度和多维动态重构机制实现交织编码和迭代译码功能(在第 15 章中我们称

之为加噪编码信道)，于是能将防御已知或不确定性攻击问题转换为给定误码率条件下的可靠传输问题来研究。仿真结果表明，通过两者间模型的相同或相似性，可以对 DHR 架构相关性质和要素间的关系做出定性或定量的参考分析。作为一种猜想，是否存在一种类比于 LDPC 码或 Polar 码的网络空间安全防御架构？更进一步，是否存在与编码信道编译码理论和方法等价的其他安全防御架构呢？

2. DHR 架构具有不确定性效应

在物理学或其他任何看似无法预测的自然现象当中，其表面上的随机性可能只是噪声，或可能源自更深层的复杂动力学因素。对于 DHR 架构，由于其采用了基于多模裁决的策略调度和多维动态重构负反馈机制，任何导致多模输出矢量不一致的情况或动态调度动作都会触发防御场景的变换，直至输出矢量不一致情况消失或出现频度低于某一给定阈值。所以对攻击者而言，无论是扫描嗅探、上传病毒木马还是窃取、破坏、删除敏感信息，任何攻击动作只要触发防御机制，目标对象都会迅速改变当前服务环境中的防御场景，因而 DHR 架构可以认为是一种随机系统或具有不确定性效应的装置。同理，任何注入式的白盒测试例除非能避免扰动或触动防御机制，否则也很难达成攻击逃逸的目的。显然，这种不确定性效应可显著地提升攻击链构建、目标扫描、通道查证、上传攻击包、获取敏感信息和提升权限等环节的协同攻击难度，任何阶段性的攻击效果或经验知识都难以在时间维度上进行累积或复现，这使得 DHR 架构的抗攻击性可以直接通过白盒注入式测试手段来验证和量化评估。

3. DHR 架构的时空展开效应

DHR 架构是一种基于策略裁决的异构冗余的反馈迭代可重构体系，其当前执行体集合或运行场景是功能等价子系统的组合式场景，并受多模裁决状态驱动的反馈控制器调度，我们将这种迭代式变化场景在时间轴上展开可以发现：①每一种场景都是功能等价元素的组合式的场景；②各种组合式场景在时间轴上的排列与组合就如同生物核酸与 DNA 的关系，核酸虽然只有 4 种含碳碱基，但却可以在空间维度上得到几乎无限多的 DNA 排列；③每一种组合式场景尽管都可能存在结构缺陷，但是每一种场景都能有效对付基于某种或某类或某些场景缺陷的广义不确定扰动；④迭代式反馈调度机制就是尝试着在给定的时间内找到当前合适的防御场景，达成“兵来将挡水来土掩”的目的；⑤显然，迭代反馈机制应当具有一定程度的自学习能力以便最大限度地减小迭代收敛的时间；⑥与 DNA 中的核酸排列是固定的形态不同，DHR 运行场景在时间轴上的排列组合关系是动态的，与扰动场景强相关，因而具有测不准的属性；⑦当扰动不足以影响当前运行环境的稳定性时，说明当前运行环境对这种扰动具有合适的鲁棒性，因而不需要作任何形式的改变，于是 DHR 构造在微观上同时又具有静态的属性。

4. DHR 架构具有柔韧性和自恢复能力

DHR 架构通过在非相似余度机理中导入动态和随机化要素，通过非特异性/特异性感知、动态重构和策略调度的负反馈机制，将后者静态的、多样化的处理空间转变为动态的、多样化的随机化处理空间，使非相似余度架构 DRS 在"不可维持的容侵属性"方面的缺陷得到根本改观。如同信道编码使得在噪声甚至人为干扰信道上实现可靠传输成为可能一样，DHR 架构系统不但具有类似纠错编码那样强大的容错和纠错能力，而且具有非特异性/特异性威胁感知、柔韧性和自恢复能力，使得 DHR 架构能够针对已知和未知攻击实行自主判断、自动响应和自我恢复。

5. 用 Turbo 码模型作类比分析的不足

Turbo 码模型在架构上与 DHR 具有同一性或相似性，工作机理也十分类似，尤其是与 DHR 的暂稳态场景十分相似。但是，直觉告诉我们，基于目标对象漏洞后门的协同攻击就如同传输信道上的加性干扰，不同的干扰场景应该使用不同的纠错编码或不同的配置参数，而基于多模裁决的策略调度和多维动态重构负反馈机制在原理上就试图达成这一目的。不难想象，这应该是一个动态博弈过程，且随多模裁决威胁感知(输出矢量存在不一致)状况而作自适应改变，直到给定时间内多模输出矢量不一致的发生频次、规模或比例低于某个阈值时，系统所处的防御场景才能匹配当前的攻击场景，即达到了某种安全等级的要求。尽管以上类比分析中，我们也导入了动态改变译码迭代次数、译码算法复杂度以及交织长度等参量，并给出了调整相关参数的仿真结果。但是，如果能实时地变化冗余度和异构性使纠错编码发生高级形态的改变，会对诸如抗人为干扰，特别是跟随式、瞄准式干扰方面的能力提升产生什么样的影响，正是我们后续研究要特别关注的方面。

7.7 DHR 相关效应

7.7.1 感知不明威胁的能力

功能等价条件下的 DHR 架构运行方式，只要可重构执行体的输入可归一化，也就是说通过某种算法把输入限制在需要的范围内，则输出也可以用归一化或标准化的结果实施多模裁决。理论上，发生在 DHR 多模裁决界面输出矢量上的所有异常情况都能够识别出来，这使得实时感知和定位出现异常的执行体在工程上可行。这种基于相对性判断的不明威胁感知能力是由异构冗余内生机制带来的。恰当地运用这种能力，可以对具有标准化输入/输出协议或规程的“黑盒”装置(如路由器、域名服务器等专用网络设备)的安全性进行伴随式监测。与可信计算的应用场景要求不同，监测设备与被监测装置之间只要求有关于标准协议的功能等价关系，而无需精确了解被监测装置的实现细节和预期行为或状态，也不需要在其内部设置“探针”或“钩子”之类的“介入”式操作。

7.7.2　分布式环境效应

分布式网络环境中为了增强服务的健壮性、负载均衡或者数据一致性、安全性等方面的要求，一般采用分布式和互为冗余备份的网元部署方式。例如，域名服务器、文件存储服务器、路由器/交换机、内容服务器以及数据中心或云平台内各种通用或专用服务器等。这些网元设备通常由多厂家提供，配置的软硬部件也不都是单一来源，但却常常用来提供相同的服务功能甚至共享相同的数据资源。从 DHR 原理层面观察，这种部署方式和服务提供方式具有功能等价、异构冗余和资源动态调用的内在属性。从 DHR 抽象模型意义出发，这些网元又可以看作给定服务集合内的可重构执行体。倘若需要提供高可信和高可靠的鲁棒性服务，只需增加服务请求代理和输出裁决部件即可。以高可靠、高可信域名解析服务为例：用户请求被导向到请求代理服务器，后者根据域名解析服务网络的资源分布情况，按照某种策略向同一地域多个域名服务器发出同样的请求，这些服务器的域名响应信息被导向到输出裁决部件，经策略裁决后满足安全等级要求的域名解析信息再回传给请求用户，否则重复这一过程直至满足服务要求。显然，只要保证用户请求到代理服务器的传输信息安全(如使用 VPN 通道或采取加密措施等)，则域名解析服务具有很高的可信性，且与网内域名服务器是否存在这样那样的已知、未知安全威胁，或某条传输路径上是否存在劫持、假冒行为无关。

7.7.3　一体化综合效应

综上所述：

(1) DHR 的攻击难度是呈指数级增长的，很容易达成超非线性的防御效果，无论是从定性还是定量分析或“白盒”测评角度都不难得出这样的结论。

(2) DHR 系统的失效率也是呈指数量级下降的，按照可靠性模型分析不难得出同样余度数 $n(\geq 3)$ 的条件下，DHR 的可靠性相对于经典非相似余度 DRS 有指数量级的提升。

(3) DHR 架构内的成本代价从其一般性模型的直观分析来看，最多正比于可重构执行体的数量 n，成本增加率最多是线性的。但是，由于目标系统可以采用隘口设防、要地防御的部署方式，以及虚拟化和软件定义硬件甚至运行环境等技术，故而对系统总成本的影响将是十分有限的(详见本书 14 章)。不过，从全寿命周期综合性价比来看，一方面，集约化功能设备在部署方式要明显优于安全设施与目标系统分离部署的传统模式；另一方面，因为前者对于诸如零日(0day 或 Nday)攻击等未知威胁具有后者所不具备的自然免疫功效，从而可以显著降低代价高昂且实时性无法保障的安全维护成本。

(4) 考虑到 DHR 可以使用 COTS 级的软硬构件形成可重构执行体，甚至可以直接使用开放或开源的廉价产品，相比于专门设计、领域专用的安全系统或部件、构件，其开发和售后服务成本容易被规模化市场应用和批量化价格优势所抵消。

(5) 相对附加或堆砌专门的安全防御设施来防护网络服务系统的传统做法而言，DHR 构造系统具有集高可信服务功能提供、高可靠性保障和高可用性支撑三位一体的内生特性，因而性价比或效费比只能更佳。

7.7.4 构造决定安全

在全球化不可逆转的今天，理论上任何国家或企业都不可能完全掌控其产品或产业的全部生态环境，也不可能期待什么“黑科技”能够确保所有软硬零件、部件、模块、系统等设计链、制造链、供应链、工具链、服务链的可信性。此外，随着开源众创的新业态被广泛接受，“你中有我，我中有你”已成不可抗拒的发展趋势。于是，网络空间安全问题既是世界头等重要的国际政治问题之一，也是最大的网络经济问题之一。但是，即使能保证 IT 或相关产业供应链的完整性也无法确保网络空间的安全性。从本书第 1 章的内容可知，信息系统的设计缺陷或漏洞问题并非自主可控供应链能够完全解决的，不可信供应链中的后门问题也不是自主可控政策能够杜绝的。我们需要寻找“构造决定安全”的新模式。正如欧几里得空间三角形具有几何意义上的稳定性一样，DHR 架构就是能够在构造层面解决软硬构件可信性不能确保问题的利器。换言之，即便是软硬构件中“有毒带菌”，只要将其建立在 DHR 构造之上或者说形成一个 DHR 环境，就能够从理论和实践的结合上有效抑制基于目标对象内生安全问题的不确定威胁。由于反馈控制环路本体属于 DHR 构造的一部分，因而可以获得构造固有的内生安全增益，其简洁的逻辑和专门化的功能相对 DHR 构造内可重构执行体而言透明并独立，精心的设计可保证即使存在未知的漏洞也不具有攻击的可达性，其设计功能的安全性通常可以利用形式化证明工具来保证没有后门和尽可能少的漏洞，也可以用可信计算或动态防御甚至 DHR 迭代技术来增强构造控制部件自身的鲁棒性，并能够以标准化的嵌入模块方式使用。如同商业密码机那样，给反馈控制、策略裁决或可信存储区域，赋予用户可定制私密算法、可定义数据或敏感区域访问控制授权等专门功能，使用上的可信度是能够保证的。

7.7.5 内生的融合效应

由于 DHR 的动态异构冗余构造特性是内生性的，故而使得它很容易接纳传统的附加安全技术，特别是对应用服务无感的入侵检测、威胁感知和杀毒灭马等措施。这些措施不论其本身的安全功效如何，理论上都能增加执行体之间的异构性，从而造成协同逃逸的困难性。巧妙地运用这一内生特性，将多种附加安全技术动态化、差别化、智能化地部署在执行体集合中，能够使 DHR 抗攻击性得到指数量级的提升(详见本书第 9 章抗攻击分析)。不失一般性，在功能等价且可归一化裁决的前提下，DHR 架构对任何有利于增强执行体之间动态性、异构性和冗余性的软硬件技术都是开放与包容的。

7.7.6 改变网络空间攻防游戏规则

“漏洞不可避免、后门无法杜绝、科技能力尚不能彻查漏洞后门成为当今网络空间安全威胁的核心问题，没有之一”。但是，DHR 的提出将能改变基于目标系统软硬件代码缺陷的攻防游戏规则，扭转目前“易攻难守”的格局：

(1) 架构内部完全相异的漏洞后门失去可利用价值，且与其已知或未知性质无关。

(2) 架构内部完全相异的病毒木马在机理上很难有效，且与其已知或未知性质无关。

(3) 架构内部即使存在多元化的漏洞后门，如果不能被协同一致地利用则不会危及系统安全。

(4) 架构内部即使存在多元化的病毒木马，如果不能形成稳定的共模逃逸也无实际利用价值。

(5) 架构的不确定性效应能够阻断或瓦解任何企图通过试错或排除方法达成协同攻击的努力。

(6)架构内防御功能的有效性与攻击者先验知识了解程度和行为特征识别能力无关，如果融合使用传统安全技术手段则防御的有效性能够获得指数量级的提升。

(7)“即使出现共模逃逸，也难以稳定维持”，攻击经验和攻击成果不具有可复现性与可继承性。

(8)防御功能的有效性与安全维护实时性和人员技术素质弱相关。

(9)广义鲁棒控制构造使得在其基础上构建的软硬件系统的抗攻击性和可靠性能够量化设计、可验证度量。

(10)内生安全将成为新一代信息技术产品的必备功能。

(11)基于漏洞、后门、病毒、木马等的灰色或黑色产业链和交易市场将受到严重挤压，网络空间生态环境将得到净化。

显然，传统的基于软硬件系统脆弱性的攻击理论和方法将被彻底颠覆，网络空间攻防理论和方法将因此被改写，易攻难守的不对称态势将被逆转，信息产品的安全性与开放性、先进性与可信性将从目前的“势不两立”状态走向“对立统一”的可持续发展新阶段。

7.7.7 创建宽松生态环境

信息技术的飞速发展为软硬件多样性提供了肥沃的土壤，几乎每一个组件都不难找到功能等价或相似的替代品。异常丰富的多样性也使得漏洞后门等种类繁多，对基于特征信息获取的精准防御而言肯定是一场灾难。但对基于 DHR 架构的内生安全而言，却是个难得的发展机遇，丰富的多样性为 DHR 的工程化应用提供了良好的异构性基础。仅就 Web 而言，通过 5 层软件栈的异构，就可轻松实现 1550 种异构的 Web 服务执行体(详见第 12 章)。进一步的有，对承载软件栈的硬件平台也可进行异构化，采用不同的处理器平台，可以得到更多种类的 Web 执行体。借用狄更斯在《雾都孤儿》中的那句名言：“这是一个最好的时代，也是一个最坏的时代。”

1.“同质异构多元”生态

DHR 架构模式往往需要有功能等价的标准化、多样化、多元化的组件或构件的商品市场或业态支持，而开源社区、跨平台计算、可定制计算、异构计算、软硬件可定义、功能虚拟化、RISC-V 等方式能自然地支撑这样的发展要求。前者创造了供给侧新需求，同质异构产品市场不再只是排他性的零和游戏，DHR 体制给市场带来了强劲的开放性、互补性和多元化动力，倍增了同类非同源产品的市场容量。

2. 加快产品成熟度的新途径

利用 DHR 架构环境能促进欠成熟异构组件或构件的功能性能完善。一般而言，功能等价的组件或构件之间的技术成熟度肯定存在差异，市场后来者或者产品初期运用阶段尤其是这样。在 DHR 构造中增加日志分析功能，通过执行体之间运行情况的比较和鉴别，可以用在线或准在线方式快速发现新产品的设计缺陷和性能弱点。至少可以期待三个方面的好处：

(1)用户能够不再为市场上成熟度尚需完善的多元化组件或构件感到担忧和烦恼。

(2)因为“同质异构”需求的出现，为市场后来者开辟了巨大的同质异构蓝海市场。

(3)在一定程度上容忍设计缺陷可以显著减少设计阶段的验证工作量，缩短产品的试验试用时间及费用，加快新产品入市的进程。

3. 互补形态的自主可控

DHR 架构要求用多元化或多样化的软硬件实体或虚体构造服务环境，但不苛求构件本身的“无毒无菌”或“绝对可信”。这使得我们可以在全球化产业生态环境下，用一些供应链可信性不能确保但功能性能和成熟性较好的商业化产品，与自主可控程度较高但先进性或成熟性等方面尚存在差距的可信产品，采取混合配置和实时(或伴随式)监视工作模式，且在多模研判环节中导入权重参数，增加性能优先、置信度优先、新功能优先、历史表现优先等精细化、智能化的裁决策略，就可以从架构与构件两个技术层面充分发挥自主可控和可信性不能确保产品间的互补性优势，规避安全缺陷或系统性风险，用先进性和安全性等混合或高低搭配部署方式来降低目标系统全生命周期使用维护成本。

4. 创建一体化运行环境

网络空间信息系统不仅要处处防范传统安全问题，还要时时应对非传统安全威胁，新一代信息基础设施、工业控制、嵌入式应用、特殊应用领域和敏感行业等更是如此。

DHR 的广义鲁棒控制架构在机理上能够在很大程度上宽容设计缺陷(理论证明，在同等余度条件下比经典 DRS 架构的可靠性有数量级的提升)，只要这些缺陷不能同时在异构执行体间产生同态故障。换言之，不论是随机性的物理失效或设计原因导致的脆弱性，还是工程实现或运行环节被植入的恶意功能，除非能在异构执行体间同时产生完全一致的共模输出矢量(实现操作步骤级的可控逃逸)，而且还要保证实现“所有操作步骤级的可控逃逸”，否则会被“入侵容忍”或被“策略性地清洗”。因而 DHR 构造能同时应对传统和非传统安全威胁，可以通过这种广义鲁棒控制架构技术打造集柔韧性和可信性为一体的高可靠、高可用、高鲁棒的新一代的信息服务系统或控制装置。

7.7.8 受限应用

DHR 作为信息领域或网络空间创新的鲁棒控制架构技术，具有普适性，尤其在高可靠、高可用、高可信的应用场合具有很强的一体化优势甚至可能是不可或缺的。但也绝不是“放之四海皆准的万能技术”。以下(包括但不局限)应用场景可能受限。

1. 微同步时延敏感运行环境

与同构冗余模式不同，DHR 架构由于软硬件实现结构或算法上的相异性要求，造成多模裁决对输出矢量策略判决操作的复杂性，工程实现环节很难做到多模输出矢量在时间上的精确(例如微秒、纳秒甚至亚纳秒级)同步，也无法避免裁决环节导入的时延影响，对于有严格时延和微同步要求的应用场合确实存在不小的工程实现挑战。事实上，即使是经典的同构冗余系统也无法回避多数表决机制的插入时延和高精度的同步问题。

2. 有时延约束且不可更正的场合

由于 DHR 架构对于一个确定的输入激励，很难做到苛刻响应条件下，实时地完成多个执行体输出矢量的多模裁决。所以，DHR 架构方式往往被设计成按照某些权重策略或历史表现预选输出某执行体的操作结果，尽可能地保证应用系统的实时性要求，并在可接受的时间范围内与随后到达的输出矢量比较，以决定是否要对前序输出结果做出修正或更改操作。凡是有严格时延要求且完全不允许更正或修正结果的场合，DHR 应用会受限或需付出专门的代价。

3. 没有可归一化的输入/输出界面

DHR 架构要求功能执行体的输入和输出界面是可归一化或标准化的。在这个界面上，给定输入序列激励下，功能等价可重构执行体或服务场景的多模输出矢量在大概率上具有一致性。换言之，基于这个界面可以通过给定功能或性能的一致性测试方法判断执行体间的等价性。事实上，对于复杂系统而言，我们往往不可能给出完备的测试集，特别是具体到协议或标准之外的异常处理算法，各设备厂家常常是不一致的，所以说执行体功能性能的等价性只是在测试集可覆盖的范围内成立，小概率情况下可能是否定的。因此，存在可归一化(不一定非是开放标准)且可实施等价性测试的界面及相关资源是 DHR 架构得以应用的重要前提。

4. 缺乏异构软硬件环境资源

软硬件处理资源的异构冗余配置是 DHR 架构适用性的前提条件，且一般要求执行体在物理和逻辑空间上具有独立性。目前看来，市场面宽广的基础性和支撑性的软硬件及中间件、嵌入式系统、IP 核等 COTS 级产品的多样化程度正日益丰富，尤其是开源社区业态的发展使得同质多元化市场门槛大为降低。但是，个性化的第三方应用程序或服务软件仍很难有多样化的市场供给。特别是在不提供源码只发布二进制版本文件的商业模式下，虽然可以采用二进制反编译和多样化编译等有限程度的差异化处理手段，但对 DHR 架构的广泛应用仍带来不小的限制。后续章节对此有专门的讨论。

5. 软件更新“黑障”

一般来说，系统中各功能等价执行体软件版本升级可能不同步(这种情况在使用商化产品时往往无法避免)，可能会影响到 DHR 的多模裁决，但对不改变输入或输出归一化界面内容的版本更新(如打补丁、改进性能、优化算法等)则是例外。对那些涉及归一化界面变化的升级版本，可以在 DHR 系统中导入根据软件更新情况设定相关执行体输出权值的功能。当版本不同时，可以指定高版本所扩充的功能具有较高的输出权值(因为新老版本绝大多数功能是一样的)，当多模裁决环节出现不一致情况时引入权重值再作进一步的裁定。当然，这种策略多多少少会降低目标系统应对版本升级过程中的安全风险能力。

6. 成本敏感领域

通常消费类电子产品，如便携终端、手持终端、可穿戴设备、个人桌面终端等对购置价格、升级成本或供电能力比较敏感。DHR 构件在未完成微型化、可嵌入、多样化、集成化、低功耗等情况下，在这些领域的应用会受限(预计 2020 年 3Q 可规模化投产 SIP 封装的拟态化 MCU 器件)。当然，基于多核运行环境的 DHR 架构的软件产品或可编程产品除外。不过，当今电子信息时代，尤其是软硬件产品的设计和制造复杂度不再是市场价格的主要因素，虚拟化、异构众核处理器、用户可定制计算、软件可定义功能、CPU+FPGA、软件定义硬件 SDH、RISC-V 等技术的发展，将使 DHR 的应用可以不再为成本价格或体积功耗等因素所困扰。但是，可能会给软硬件版本的可维护性带来新问题。

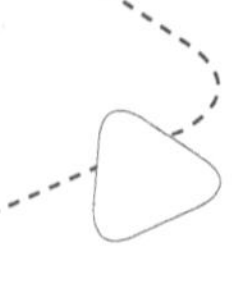

7．作为高鲁棒性软件架构的问题

理论上，DHR 架构对增强软件产品的可靠性与可信性具有重要的应用意义。因为软件漏洞问题当今技术条件下的确难以杜绝，开源社区的众创模式又可能导入陷门(无意带入的恶意代码)等问题，状态爆炸问题使得形式化证明在工程上并不总是可行的，而 DHR 在原理上并不担心这些看似棘手的问题。目前最大的挑战是 DHR 架构的软件运行效率太低，因为一次界面操作可能需要策略性地调用多个功能等价异构模块，还要对多个输出结果进行裁决处理，在单一处理空间、共享资源环境下其执行开销可能令人难以接受。幸运的是，多核、众核、用户可定义计算等新型计算架构的普及，我们可以运用并行处理技术解决多个异构模块同时计算的问题，而输出裁决开销问题则可以在功能等价异构模块中对输出结果作先期预处理(如进行某种编码计算)以降低裁决阶段的处理复杂度。剩下的就是异构冗余系统的固有问题了，即设计和维护复杂度与成本代价的增加问题(事实上，除了版本升级维护问题之外，DHR 架构的软件反而可以极大地降低产品全生命周期厂家和用户在安全维护方面的成本，因为不存在 0day/Nday 漏洞问题，也就没有迫在眉睫的打补丁、升版本需求)。作者认为，DHR 如果能得到规模化应用，这些都将不成为问题。特别是，在网络空间安全形势极其严峻的今天，我们需要更新传统的只追求功能性能而不考虑网络安全的产品设计模式，回归“产品设计缺陷(包括安全缺陷)由产品提供者负责”的商品经济基本法则，建立“安全是服务功能，安全是产品质量”的设计和使用新理念。

8．裁决问题

由于执行体环境的异构性使得同一源程序版本的可执行代码产生的输出响应会有所不同。例如，操作系统 IP 协议栈中 TCP 起始序列号往往是随机的；IP 包中的可选项或未定义扩展项之内容当使用不同协议栈时存在某种不确定性；输出数据包采用了加密算法且与宿主环境参数强相关；一些接入认证模块往往需要随机化的图形或验证码等等。理论上，包含这些不确定内容的多模输出矢量之间不能作“与语法、语义无关”的透明性裁决。此时，需要导入一些创造性的想象力来解决问题，比如在条件许可情况下，调整输出代理与执行体之间的功能安排、采用统一的协议栈版本、共享随机数发生器、使用掩码屏蔽技术、裁决共生体产生的检测矢量、比对与环境相关的参量、利用入侵检测的输出结果等。需要注意的是，有时需要比对的内容会很多从而造成可观的裁决时延，这时可能要在执行体上增加对输出矢量求校验和或哈希值等功能以减少裁决的时间开销。

7.8　基于 DHR 的内生安全体制机制

我们在 6.9 节给出了内生安全体制机制的初步设想，并列出了组织架构和结构、功能、运行关系的主要特征。本节将描述建立在动态异构冗余架构上的内生安全体制机制。

7.8.1　基于 DHR 的内生安全体制

本章 7.1 节重点讲述了 DHR 的基本原理、典型构造、技术目标与典型功效，诠释了 DHR 构造的内生安全体制机制。作者认为，按照 6.9 节内生安全体制的设想，DHR 几乎是一种完美的实现。

(1) DHR 是完全开放的组织架构，允许架构内的软硬模块或构件中包含任何的内生安全问题，即可以在任何“有毒带菌”场景下可靠地发挥期望的作用。

(2) DHR 是一体化的融合构造，能同时提供高可靠、高可信、高可用的使用功能。DHR 不仅能解决传统的功能安全问题还能管控非传统安全问题。

(3) DHR 架构能够协同使用多样性、随机性和动态性的防御要素，形成内源性测不准效应和无法窥探的“防御迷雾”。

(4) DHR 架构本身就由异构、冗余、动态、裁决和反馈控制四大环节组成，能最大限度地发挥防御三要素的协同效应。

(5) DHR 架构能够自然地接纳传统安全防护技术或其他技术的使用并可获得指数量级的防御增益。

(6) DHR 架构对所有软硬件系统具有普适性应用意义。

因此，DHR 从组织结构、运行模式、制度安排等方面已经具备了内生安全体制需要的全部要素，在目标对象中运用 DHR 的过程就是为其建立内生安全体制的过程。需要特别声明的是，DHR 应当只是内生安全体制的一种而不是全部。

7.8.2　基于 DHR 的内生安全机制

按照 6.9 节对内生安全机制的设想，以及本章前述内容的表述，我们有充分理由认为，DHR 同样是一种近似完美的实现。

(1) DHR 安全机制形成的测不准防御迷雾正是为了管控或抑制基于目标对象内生安全问题的广义不确定扰动，属于典型的人-机博弈关系，如果导入人工智能和大数据等后台处理功能完全可以在人-机、机-机、机-人博弈中占据优势。

(2) DHR 安全机制可以条件管控或抑制针对目标对象的广义不确定扰动，

但不可能完全杜绝共模逃逸现象的发生。

(3) DHR 安全机制的有效性不依赖关于攻击者的任何先验知识或附加、内置、内共生的其他安全措施或技术手段，但可以融合使用相关技术成果指数量级地提升安全增益。

(4) DHR 安全机制能以融合方式为目标对象提供一体化的高可靠、高可信、高可用的使用性能。

(5) DHR 安全机制形成的安全效应可通过“白盒注入”测试法检定，并具有可量化设计、可验证度量的稳定鲁棒性和品质鲁棒性。

(6) DHR 安全机制的使用效能与运维管理者的技术能力和过往的经验弱相关或不相关，具有全生命周期难以比拟的效费比优势。

因此，我们可以毫不夸张地说，基于 DHR 架构、功能、相关策略等形成的协同关系造就了一种具有独特优势的内源性安全机制。

7.9 对无线通信领域的积极影响

无线信道本质上具有动态异构冗余的特性。对于通信双方而言，电磁波在地球表面开放空间传播时存在多径效应，表现为传输路径的异构性；MIMO 阵列天线技术使得通信双方可以拥有多个通信信道，表现为冗余性；信道的时空衰落特性，表现为动态性；通信双方基于接收效果的时域、空域、编码域、功率域的调整，表现为反馈迭代性；超材料技术的发明使得人为控制收发双方电磁波的折返射环境成为可能，表现为可重构性。用 DHR 构造将这些要素整合起来的无线通信系统应该具有内源性的安全功效，可能会给保密通信、隐蔽通信、抗干扰通信等方面带来重要的理论与技术变革，甚至可能给整个无线通信领域的技术进步带来积极的影响。

参考文献

[1] Franklin G F. 动态系统的反馈控制. 北京: 电子工业出版社，2004.

[2] 上野川修一, 刘铁聪, 苏钟浦. 身体与免疫机制. 北京: 科学出版社, 2003.

[3] Jajodia S, Ghosh AK, Swarup V, et al. 动态目标防御——为应对赛博威胁构建非对称的不确定性. 杨林, 译. 北京: 国防工业出版社, 2014.

[4] Chung J, Owen H, Clark R. SDX architectures: A qualitative analysis//IEEE SoutheastCon, 2016: 1-8.